西门子PLC自学手册
S7-300/400 微视频版

岂兴明 李艳生
杨美美 成俊雯 / 编著

人民邮电出版社
北京

图书在版编目（CIP）数据

西门子PLC自学手册 : S7-300/400微视频版 / 岂兴明等编著. -- 北京 : 人民邮电出版社, 2020.10
ISBN 978-7-115-53283-1

Ⅰ. ①西… Ⅱ. ①岂… Ⅲ. ①PLC技术－技术手册 Ⅳ. ①TM571.6-62

中国版本图书馆CIP数据核字(2019)第297736号

内 容 提 要

本书主要介绍了西门子公司 S7-300/400 系列 PLC 的硬件组成、基本指令等基础知识，讲解了 S7-300/400 PLC 编程软件（TIA 博途）的安装和使用方法、PLC 网络通信，最后结合交通灯控制应用实例、在步进电机控制系统中的应用和啤酒发酵自动控制应用实例讲解了其在实际生产生活中的应用开发方法。本书采用图、表、文相结合的方法，并配有视频教学内容，使书中的内容通俗易懂又不失专业性。

本书可供工程技术人员自学使用，还可作为相关专业培训的参考教材。

◆ 编　　著　岂兴明　李艳生　杨美美　成俊雯
　责任编辑　黄汉兵
　责任印制　彭志环
◆ 人民邮电出版社出版发行　　北京市丰台区成寿寺路 11 号
　邮编　100164　　电子邮件　315@ptpress.com.cn
　网址　https://www.ptpress.com.cn
　涿州市京南印刷厂印刷
◆ 开本：787×1092　1/16
　印张：19.25　　　　2020 年 10 月第 1 版
　字数：490 千字　　　2020 年 10 月河北第 1 次印刷

定价：69.00 元

读者服务热线：(010)81055493　印装质量热线：(010)81055316
反盗版热线：(010)81055315
广告经营许可证：京东市监广登字 20170147 号

前 言

随着工业自动化和通信技术的飞速发展，可编程控制器（PLC）应用领域大大拓展。

可编程控制器以微处理器为核心，将微型计算机技术、自动控制技术及网络通信技术有机地融为一体，是应用十分广泛的工业自动化控制装置。可编程控制器具有控制能力强、可靠性高、配置灵活、编程简单、使用方便、易于扩展等优点，不仅可以取代继电器控制系统，还可以进行复杂的生产过程控制以及应用于工厂自动化网络，可编程控制器技术已成为现代工业控制的四大支柱技术（可编程控制器技术、机器人技术、CAD/CAM 技术和数控技术）之一。因此，学习、掌握和应用 PLC 技术已成为工程技术人员的迫切需求。西门子公司生产的 PLC 可靠性高，应用广泛。西门子的 S7 系列 PLC 包括 S7-200、S7-300 和 S7-400 三大系列，其中 S7-300 和 S7-400 属于大中型 PLC。

本书从 PLC 技术初学者自学的角度出发，从入门、提高、实践三个方面由浅入深地介绍了 S7-300/400 系列 PLC 的基础知识和应用开发方法，同时配有视频教学内容。入门篇包括 PLC 入门、S7-300/400 系列 PLC 的硬件组成和基本指令；提高篇包括编程软件的使用方法和 PLC 的网络通信；实践篇通过 3 个综合实例详细介绍了 S7-300/400 系列 PLC 在实际生产生活中的应用开发方法。

本书在编写时力图文字精练，分析步骤详细、清晰，且图、文、表相结合，内容充实、通俗易懂。读者通过本书的学习，可以全面快速掌握 S7-300/400 系列 PLC 的应用方法。本书适合广大初中级工程技术人员自学之用，也可供技术培训及在职人员进修学习使用。

本书由岂兴明、李艳生、杨美美、成俊雯编著，同时参与本书编写的还有重庆邮电大学的胡果和齐一丹以及浙江邮电职业技术学院程奇同学。由于编者水平有限且编写时间仓促，书中如有疏漏之处欢迎广大读者提出宝贵的意见和建议。

编者

2020.4

目录

入门篇

提 高 篇

实 践 篇

入门篇

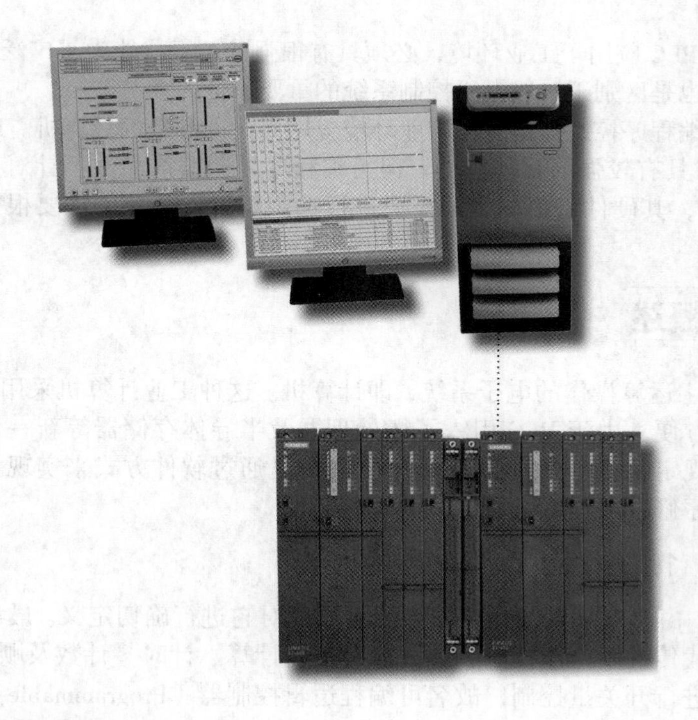

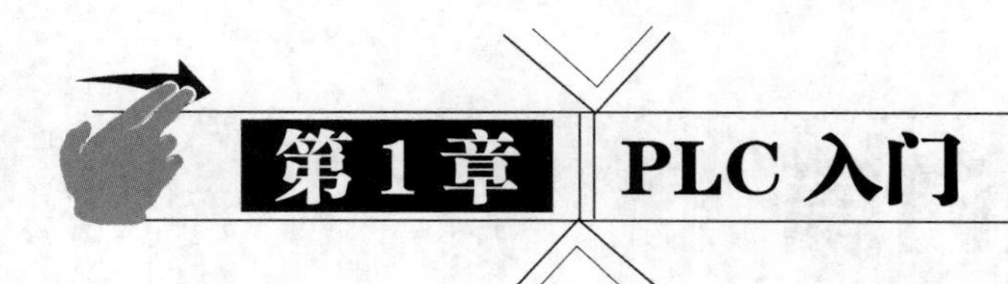

第1章 PLC入门

早期的可编程控制器主要用来实现逻辑控制。随着科学技术的发展，PLC 不仅有逻辑运算功能，还有算术运算、模拟处理和通信联网等功能。PLC 这一名称已不能准确地反映其功能。1980 年，美国电气制造商协会（National Electrical Manufacturers Association，NEMA）将它命名为可编程序控制器（Programmable Controller，PC）。为避免与个人计算机（Personal Computer，PC）混淆，后来仍习惯称其为 PLC。

为了使 PLC 的生产和发展标准化，1987 年，国际电工委员会（International Electrotechnical Commission）颁布了可编程序控制器标准草案第三稿，对可编程序控制器定义如下："可编程序控制器是一种数字运算操作的电子系统，专为在工业环境下应用而设计。它采用可编程序的存储器，用来在其内部存储执行逻辑运算、顺序控制、定时、计数和算术运算等操作的指令，并通过数字式和模拟式的输入和输出，控制各种类型的机械或生产过程。可编程序控制器及其有关外围设备，都应按易于与工业系统连成一个整体，易于扩充其功能的原则设计。"

该定义强调了 PLC 应用于工业环境，必须具有很强的抗干扰能力、广泛的适应能力和广阔的应用范围，这也是区别于一般微机控制系统的重要特征。

综上所述，可编程序控制器是专为工业环境应用而设计制造的计算机。PLC 具有丰富的输入/输出接口，并具有较强的驱动能力。但可编程序控制器产品并不针对某一具体工业应用，在实际应用时，其硬件需根据实际需要进行选用配置，其软件需要根据控制需求进行设计编制。

1.1 PLC 概述

PLC 是一种数字运算操作的电子系统，即计算机。这种工业计算机采用"面向用户的指令"，因此编程更方便。由于 PLC 引入了微处理器及半导体存储器等新一代电子器件，并用规定的指令进行编程，所以 PLC 是通过软件方式来实现"可编程"的，程序修改灵活、方便。

PLC 概述：
PLC 简介

1.1.1 PLC 简介

由于 PLC 不断地发展，因而难以对它进行确切定义。最早的 PLC 专用于替代传统继电器控制装置，只有逻辑计算、计时、计数及顺序控制等功能，仅进行开关量控制，故名可编程逻辑控制器（Programmable Logic Controller，PLC）。后来，随着电子科技的发展及产业应用的需要，其功能远远超出了逻辑控制的范畴，增加了模拟量、位置控制及网络通信等功能。PLC 是一种数字式的自动化控制装置，带有指令存储器、数字的或模拟的输入/输出接口，以位运算为主，能实现逻辑、顺序控制、定时、计数和算术运算等功能，用于控制机器或生产过程。

之后国际电工委员会（International Electrotechnical Commission，IEC）、电气和电子工程师协会（Institute of Electrical and Electronics Engineers，IEEE）及中国科学院也定义了 PLC。这些定义表明，PLC 是一种能直接应用于工业环境的数字电子装置，是以微处理器为基础，结合计算机技术、自动控制技术和网络通信技术，用面向控制过程、面向用户的“自然语言”编程的一种简便可靠的新一代通用工业控制装置。

1.1.2 PLC 技术的由来

20 世纪 20 年代，继电器控制系统开始盛行。继电器控制系统是将继电器、定时器、接触器等电器件按照一定的逻辑关系连接起来而组成的控制系统。由于继电器控制系统结构简单、操作方便、价格低廉，在工业控制领域一直占据着主导地位。但是继电器控制系统具有体积大、噪声大、能耗大、动作响应慢、可靠性差、维护性差，功能单一，采用硬连线逻辑控制，设计安装调试周期长，通用性和灵活性差等缺点。

1968 年，美国通用汽车公司（GM）为了提高市场竞争力，更新汽车生产线，以便将生产方式从少品种大批量转变为多品种小批量，公开招标一种新型工业控制器。为尽可能减少更换继电器控制系统的硬件及连线，缩短重新设计、安装、调试周期，降低成本，GM 提出了十条技术指标。

1）新型工业控制器编程方便，可现场编辑及修改程序。

2）新型工业控制器维护方便，最好是插件式结构。

3）新型工业控制器的可靠性高于继电器控制装置。

4）新型工业控制器的数据可直接输入管理计算机。

5）新型工业控制器的输入电压可为市电 115V（国内 PLC 产品电压多为 220V）。

6）新型工业控制器的输出电压可为市电 115V，电流大于 2A，可直接驱动接触器、电磁阀等。

7）新型工业控制器的用户程序存储器容量大于 4KB。

8）新型工业控制器的体积小于继电器控制装置。

9）新型工业控制器扩展时，系统变更最少。

10）新型工业控制器的成本与继电器控制装置相比，有一定的竞争力。

1969 年，美国数字设备公司（DEC）根据上述要求，研制出了世界上第一台可编程控制器（PLC）：型号为 PDP-14 的一种新型工业控制器。它把计算机的完备功能、灵活及通用等优点和继电器控制系统的简单易懂、操作方便、价格便宜等优点结合起来，制成了一种适合于工业环境的通用控制装置，并把计算机的编程方法和程序输入方式加以简化，用“面向控制过程，面向对象”的“自然语言”进行编程，使不熟悉计算机的人也能方便地使用。它在美国通用公司的汽车生产线上首次应用成功，取得了显著的经济效益，开创了工业控制的新局面。几乎同时，美国莫迪康（Modicon）公司也研制出 084 控制器，此程序化手段用于电气控制，开创了工业控制的新纪元，从此这一新的控制技术迅速在工业发达国家发展。我国 1973 年至 1977 年研制成功以 MC14500——位微处理器为核心的 PLC 并开始在工业中应用。

1.1.3 PLC 的发展历史及趋势

PLC 问世时间虽然不长，但是随着微处理器的出现，大规模、超大规模集成电路技术的迅速发展和数据通信技术、自动控制技术、网络技术的不断进步，PLC 也在迅速发展。其发展过程大致可分为以下 5 个阶段。

PLC 概述：发展趋势

（1）从 1969 年到 20 世纪 70 年代初期

PLC 的 CPU 由中小规模数字集成电路组成，存储器为磁芯式存储器；控制功能比较简单，主要用于定时、计数及逻辑控制。其产品没有形成系列，应用范围不是很广泛，与继电器控制装置比较，可靠性有一定的提高，但仅仅是其替代产品。

（2）20 世纪 70 年代末期

PLC 采用 CPU 微处理器、半导体存储器，使整机的体积减小，而且数据处理能力获得很大提高，增加了数据运算、传送、比较、模拟量运算等功能。其产品已初步实现了系列化，并具备软件自诊断功能。

（3）从 20 世纪 70 年代末期到 80 年代中期

由于大规模集成电路的发展，PLC 开始采用 8 位和 16 位微处理器，使数据处理能力和速度大大提高。PLC 开始具有了一定的通信能力，为实现 PLC 分散控制、集中管理奠定了重要基础。软件上开发出了面向过程的梯形图语言及助记符语言，为 PLC 的普及提供了必要条件。在这一时期，发达的工业化国家在多种工业控制领域开始应用 PLC 控制。

（4）从 20 世纪 80 年代中期到 90 年代中期

超大规模集成电路促使 PLC 完全计算机化，CPU 已经开始采用 32 位微处理器；数学运算、数据处理能力大大提高，增加了运动控制、模拟量 PID 控制等功能，联网通信能力进一步加强。PLC 在功能不断增加的同时，体积在减小，可靠性更高。在此期间，国际电工委员会颁布了 PLC 标准，使 PLC 向标准化、系列化发展。

（5）从 20 世纪 90 年代中期至今

PLC 实现了特殊算术运算的指令化，通信能力进一步加强。

PLC 经过了 40 多年的发展，在美国、德国、日本等工业发达国家已成为重要的产业之一，世界总销售额不断上升、生产厂家不断涌现、品种不断翻新，产量产值大幅度上升而价格则不断下降。技术发展动向主要有以下 8 个方面。

1. 产品规模向大、小两个方向发展

PLC 向大型化方向发展，如西门子公司的 S7-400、S5-155U。现在高功能、大容量、智能化、网络化的 PLC 与计算机组成集成控制系统，对大规模、复杂系统进行综合的自动控制。I/O 点数达 14336 点、32 位微处理器、多个 CPU 并行工作，实现大容量存储器、扫描速度高速化（如有的 PLC 达 0.065μs/步）。

PLC 向小型化方向发展，如三菱 A、欧姆龙 CQM1、S7-1200，体积越来越小、功能越来越强、控制质量越来越高，小型模块式结构增加了配置的灵活性，降低了成本。我国台湾广成公司生产的超小型 PLC，外观尺寸（W×H×D）为 20mm×26mm×30mm，24 颗零件，9～36V 的工作电压，功能集于一颗芯片，将常用的计数器、延时器、闪烁器软件化，并用计算机配线方式取代传统电线配线，整合 16 种器件，命名为 SPLC。

2. PLC 在闭环过程控制中应用日益广泛

当今的自动控制技术都是基于反馈的概念。反馈理论的要素包括三个部分：测量、比较和执行。测量关心的变量与期望值相比较，用这个误差纠正调节控制系统的响应，整个控制过程是一个闭环控制（过程控制）。简单而优秀的 PID 模块能编制各种控制算法程序，完成 PID 调节。

PID 控制器输入 $e(t)$ 与输出 $u(t)$ 的关系为：

$$u(t)=K_{\mathrm{p}}e(t)+K_{\mathrm{I}}\int_{0}^{t}e(\tau)\mathrm{d}\tau+K_{\mathrm{d}}\frac{\mathrm{d}e(t)}{\mathrm{d}t}$$

它的传递函数为：$G_o(s)=\dfrac{U(s)}{E(s)}=K_{\mathrm{p}}+\dfrac{K_{\mathrm{i}}}{s}+K_{\mathrm{d}}s$

使用 PID 模块只需根据过程的动态特性及时整定 3 个参数：K_{p}、K_{i} 和 K_{d}，在很多情况下，可只取包括比例单元在内的 1～2 个单元。虽然很多工业过程是非线性或时变的，但可简化成基本线性和动态特性不随时间变化的系统，这样就可进行 PID 控制了。

3. 网络通信功能不断增强

网络化和强化通信能力是 PLC 的一个重要发展趋势。PLC 具有计算机集散系统（DCS）的功能，构成的网络由多个 PLC、I/O 模块相连，并与工业计算机、以太网等构成整个工厂的自动控制系统。40 余种现场总线及智能化仪表的控制系统（Fieldbus Control System，FCS）将逐步取代 DCS。信息处理技术、网络通信技术和图形显示技术，使 PLC 系统的生产控制功能和信息管理功能融为一体，满足大型生产控制与管理的要求。

4. 新器件和模块不断推出

除了提高 CPU 处理速度外，还有带微处理器的 EPROM 或 RAM 的智能 I/O、通信、位置控制、快速响应、闭环控制、模拟量 I/O、高速计数、数控、计算、模糊控制、语言处理、远程 I/O 等专用化模块，使 PLC 在实时精度、分辨率、人机对话等方面进一步得到改善和提高。

可编程自动化控制器（PAC）用于描述结合了 PLC 和 PC 功能的新一代工业控制器，将成为未来的工业控制方式。可编程计算机控制器（PCC）采用分时多任务操作系统和多样化的应用软件的设计，应用程序的运行周期与程序长短无关，而由操作系统的循环周期决定，因此，将程序的扫描周期同外部的可调控制周期区别开来，满足了真正实时控制的要求。

5. 编程工具及语言多样化、标准化

在结构不断发展的同时，PLC 的编程语言也越来越丰富，各种简单或复杂的编程器及编程软件，采用梯形图、功能图、语句表等编程语言，对过程进行模拟仿真，还有面向顺序控制的步进编程语言、SFC 标准化语言、面向过程控制的流程图语言、与计算机兼容的高级语言（如 BASIC、Pascal、C、Fortran 等）等得到应用。在 Windows 界面下，用可视化的 Visual C++、Visual Basic 来编程比较复杂，而组态软件使编程简单化且工作量小。

6. 容错技术等进一步发展

人们日益重视控制系统的可靠性，将自诊断技术、冗余技术、容错技术进行应用，推出高可靠性的冗余系统，并采用热备用或并行工作、多数表决的工作方式。

7. 实现硬、软件的标准化

针对硬、软件封闭而不开放，模块互不通用、语言差异大、PLC 互不兼容的情况，IEC 下设 TC65 的 SC65B，专设 WG（工作组）制定 PLC 国际标准，成为一种方向或框架，如 IEC 61131-1/2/3/4/5。标准化硬、软件缩短了系统开发周期。

8. 人机交互

PLC 可以配置操作面板、触摸屏等人机对话手段，不仅为系统设计开发人员提供了便捷的调试手段，还为用户提供了一个掌控 PLC 运行状态的窗口。在设计阶段，设计开发人员可以通过计算机上的组态软件，方便快捷地创建各种组件，设计效率大大提高；在调试阶段，调试人员可以通过操作面板、状态指示灯、触摸屏等反馈的报警、故障代码，迅速定位故障源，分析排除各类故障；在运行阶段，用户操作人员可以方便地根据反馈的数据和各类状态信息掌控 PLC 的运行情况。

PLC 的特点（1）

1.2 PLC 的特点

PLC 是由继电器控制系统和计算机控制系统相结合发展而来的。PLC 与传统继电器控制系统的比较见表 1-1。

表 1-1 PLC 与传统继电器控制系统的比较

项目	类型	
	PLC	传统继电器控制系统
结构	紧凑	复杂
体积	小巧	大
扩展性	灵活，逻辑控制由内存中的程序实现	困难，硬线连接实现逻辑控制功能
触点数量	无限对（理论上）	4～8 对继电器
可靠性	强，程序控制无磨损现象，寿命长	弱，硬器件控制易磨损、寿命短
自检功能	有，动态监控系统运行	无
定时控制	精度高，范围宽，从 0.001s 到若干天，甚至更长	精度低，定时范围窄，易受环境湿度、温度变化影响

PLC 是专为工业环境下应用而设计的，以用户需求为主，采用了先进的微型计算机技术。PLC 与工业 PC、DCS、PID 等其他工业控制器相比，市场份额超过 55%。主要原因是 PLC 具有继电器控制、计算机控制及其他控制不具备的显著特点。

1. 运行稳定、可靠性高、抗干扰能力强

PLC 由于选用了大规模集成电路和微处理器，使系统器件数大大减少，而且在硬件和软件的设计制造过程中采取了一系列隔离和抗干扰措施，使它能适应恶劣的工作环境，所以具有很高的可靠性。PLC 控制系统平均无故障工作时间可达到 2 万小时以上，高可靠性是 PLC 成为通用自动控制设备的首选条件之一。PLC 的使用寿命一般在 4 万～5 万小时以上，西门子、ABB 等品牌的微小型 PLC 寿命可达 10 万小时以上。在机械结构设计与制造工艺上，为使 PLC 更安全、可靠地工作，采取了很多措施以确保 PLC 耐振动、耐冲击、耐高温（有些产品的工作环境温度达 80～90℃）。另外，软件与硬件采取了一系列提高可靠性和抗干扰的措施，如系统硬件模块冗余、采用光电隔离、掉电保护、对干扰的屏蔽和滤波、在运行过程中运行模块热插拔、设置故障检测与自诊断程序以及其他措施等。

（1）硬件措施

主要模块均采用大规模或超大规模集成电路，大量开关动作由无触点的电子存储器完成，

I/O 系统设计有完善的通道保护和信号调理电路。

1）对电源变压器、CPU、编程器等主要部件，采用导电、导磁良好的材料进行屏蔽，以防外界干扰。

2）对供电系统及输入线路采用多种形式的滤波，如 LC 或 π 型滤波网络，以消除或抑制高频干扰，也削弱了各种模块之间的相互影响。

3）对微处理器这个核心部件所需的+5V 电源，采用多级滤波，并用集成电压调节器进行调整，以适应交流电网的波动和过电压、欠电压的影响。

4）在微处理器与 I/O 电路之间，采用光电隔离措施，有效地隔离 I/O 接口与 CPU 之间的联系，减少故障和误动作；各 I/O 口之间亦彼此隔离。

5）采用模块式结构有助于 PLC 在故障情况下短时修复。一旦查出某一模块出现故障，能迅速替换，使系统恢复正常工作；同时也有助于加快查找故障原因。

（2）软件措施

PLC 的特点（2）

PLC 编程软件具有极强的自检和保护功能。

1）采用故障检测技术，软件定期检测外界环境，如掉电、欠电压、锂电池电压过低及强干扰信号等，以便及时进行处理。

2）采用信息保护与恢复技术，当偶发性故障条件出现时，不破坏 PLC 内部的信息。一旦故障条件消失，就可以恢复正常，继续原来的程序工作。所以，PLC 在检测到故障条件时，立即把现状态存入存储器，软件配合对存储器进行封闭，禁止对存储器的任何操作，以防止存储信息被冲掉。

3）设置警戒时钟 WDT（看门狗）。如果程序循环执行时间超过了 WDT 的规定时间，预示着程序进入死循环，立即报警。

4）加强对程序的检查和校验，一旦程序有错，立即报警，并停止执行。

5）停电后，利用后备电池供电，有关状态和信息就不会丢失。

2. 设计、使用和维护方便

用 PLC 实现对系统的各种控制是非常方便的。首先，PLC 控制逻辑的建立是通过程序实现的，而不是硬件连线，更改程序比更改接线方便得多；其次，PLC 的硬件高度集成化，已集成为各种小型化、系列化、规格化、配套的模块。各种控制系统所需的模块，均可在市场上各 PLC 厂家提供的丰富产品中进行选购。因此，硬件系统配置与建造同样方便。

用户可以根据工程控制的实际需要，选择 PLC 主机单元和各种扩展单元进行灵活配置，提高系统的性价比，若生产过程对控制功能要求提高，则 PLC 可以方便地对系统进行扩充，如通过 I/O 扩展单元来增加输入/输出点数，通过多台 PLC 之间或 PLC 与上位机的通信，来扩展系统的功能；利用 CRT 屏幕显示进行编程和监控，便于修改和调试程序，易于故障诊断，缩短维护周期。设计开发在计算机上完成，采用梯形图（LAD）、语句表（STL）和功能块图（FBD）等编程语言，还可以利用编程软件相互转换，满足不同层次工程技术人员的需求。

由于 PLC 采用了软件来取代继电器控制系统中大量的中间继电器、时间继电器、计数器等器件，控制柜的设计安装接线工作量大大减少。同时，PLC 的用户程序可以在实验室模拟调试，减少了现场的调试工作量。PLC 的低故障率及很强的监视功能、模块式等特点，使维修极为方便。

3. 体积小、质量轻、能耗低

PLC 是将微电子技术应用于工业设备的产品，其结构紧凑、坚固、体积小、质量轻、能耗低。由于 PLC 的强抗干扰能力，易于安装在各类机械设备的内部。例如，三菱公司的 FX_{2N}-48MR 型 PLC：外形尺寸仅为 182mm×90mm×87mm，质量为 0.89kg，能耗为 25W；而且具有很好的抗震，适应环境温度、湿度变化的能力。在系统配置上既固定又灵活，输入/输出为 24～128 点。PLC 还具有故障检测和显示功能，使故障处理时间缩短为 10min，对维护人员的技术水平要求也不太高。

4. 通用性强、控制程序可变、使用方便

PLC 不仅具有逻辑运算、计时、计数、顺序控制等功能，还具有数字和模拟量的输入/输出、功率驱动、通信、人机对话、自检、记录显示等功能，既可控制一台生产机械、一条生产线，又可控制一个生产过程。PLC 品种齐全的各种硬件装置，可以组成能满足各种要求的控制系统，用户不必自己再设计和制造硬件装置。用户在硬件确定以后，在生产工艺流程改变或生产设备更新的情况下，不必改变 PLC 的硬件设备，只需更改程序就可以满足要求，因此，PLC 除应用于单机控制外，在工厂自动化中也被大量采用。

PLC 的功能全面，几乎可以满足大部分工程生产自动化控制的要求。这主要是与 PLC 具有丰富的处理信息的指令系统及存储信息的内部器件有关。PLC 的指令多达几十条、几百条，可进行各式各样的逻辑问题处理，还可以进行各种类型数据的运算。PLC 内存中的数据存储器种类繁多，容量大。I/O 继电器可以存储 I/O 信息，少则几十、几百，多达几千、几万，甚至十几万。PLC 内部集成了继电器、计数器、计时器等功能，并可以设置成失电保持或失电不保存（即通电后予以清零），以满足不同系统的使用要求。PLC 还提供了丰富的外围设备，可建立友好的人机界面，进行信息交换。PLC 可送入程序、送入数据，也可读出程序、读出数据。

PLC 不仅精度高，而且可以选配多种扩展模块、专用模块，功能几乎涵盖了工业控制领域的所有需求。随着计算机网络技术的迅速发展，通信和联网功能在 PLC 上的应用迅速崛起，将网络上层的大型计算机的强大数据处理能力和管理功能与现场网络中 PLC 的高可靠性结合起来。利用这种新型的分布式计算机控制系统，可以实现远程控制和集散系统控制。

目前，大多数 PLC 仍采用继电控制形式的梯形图编程方式。这种编程方式既继承了传统控制线路的清晰直观，又考虑到大多数工厂企业电气技术人员的读图习惯及编程水平，所以读者非常容易接受和掌握。梯形图语言的编程元件符号和表达方式与继电器控制电路原理图十分接近。通过阅读 PLC 的用户手册或短期培训，电气技术人员和技术工人很快就能学会用梯形图编制控制程序。同时，PLC 还提供了功能图、语句表等编程语言。

1.3 PLC 的特性

PLC 是一种专门为工业生产自动化而设计开发的数字运算操作系统，可以把它简单地理解成专为工业生产领域而设计的计算机。目前，PLC 已经广泛应用于钢铁、石化、机械制造、汽车、电力等各个行业，并取得了可观的经济效益。特别是在发达的工业国家，PLC 已广泛应用于所有工业领域。随着性能价格比的不断提高，PLC 的应用领域还将不断扩大。PLC 不仅拥有现代计算机所拥有的全部功能，同时，PLC 还具有一些为适应工业生产的特性。

PLC 的特性

1. 开关量逻辑控制功能

开关量逻辑控制是 PLC 的最基本功能，PLC 的输入/输出信号都是通/断的开关信号，并且这种控制价格较低，又与继电器控制最为接近，因此在逻辑控制和顺序控制方面已经完全取代了传统的继电器控制系统。目前，用 PLC 进行开关量控制遍及许多行业，如机床电气控制、电梯运行控制、汽车装配线、啤酒灌装生产线等。

2. 运动控制功能

PLC 可用于直线运动或圆周运动的控制。目前，制造商已经提供了拖动步进电机或伺服电机的单轴或多轴位置控制模块，即把描述目标位置的数据送给模块，模块移动单轴或多轴到目标位置。当每个轴运动时，位置控制模块保持适当的速度和加速度，确保运动平滑。PLC 还提供了变频器控制的专用模块，能够实现对变频电机的转差率控制、矢量控制、直接转矩控制、U/f 控制方式。

3. 闭环控制功能

PLC 通过模块实现 A/D（模数）、D/A（数模）转换，能够实现对模拟量的控制，包括对温度、压力、流量、液位等连续变化模拟量的 PID 控制。此功能广泛应用于锅炉、冷冻、核反应堆、水处理、酿酒等领域。

4. 数据处理功能

PLC 具有数学运算（包括函数运算、逻辑运算、矩阵运算）、数据处理、排序和查表、位操作等功能；可以完成数据的采集、分析和处理，也可以和存储器中的参考数据相比较，并将这些设计传递给其他智能装备。有些 PLC 还具有支持顺序控制与数字控制设备紧密结合，实现 CNC（Computer Number Control，计算机数字控制）功能。数据处理一般用于大、中型控制系统中。

5. 联网通信功能

PLC 的通信包括 PLC 与 PLC 之间、PLC 与上位计算机及其他智能设备之间的通信。PLC 与计算机之间具有串行通信接口，利用双绞线、同轴电缆将它们连成网络，实现信息交换。PLC 还可以构成“集中管理，分散控制”的分布式控制系统。联网可以增加系统的控制规模，甚至可以实现整个工厂生产的自动化控制。

1.4 PLC的分类

目前，PLC 的品种很多，性能和型号规格也不统一，结构形式、功能范围各不相同，一般按外部特性进行如下分类。

1.4.1 根据控制规模来分

PLC 的分类：按照控制规模来分

（1）小型 PLC

小型 PLC 的 I/O 点数一般在 128 点以下，其中 I/O 点数小于 64 点的为超小型或微型 PLC。其特点是体积小、结构紧凑，整个硬件融为一体，除了开关量 I/O 以外，还可以连接模拟量 I/O 以及其他各种特殊功能模块。小型 PLC 能执行包括逻辑运算、计时、计数、算术运算、数据处理和传送、通信联网以及各种应用指令。它的结构形式多为整体式。小型 PLC 产品应用的比例最高。

（2）中型 PLC

中型 PLC 的 I/O 点数一般在 256～2048 点，采用模块式结构，程序存储容量小于 13KB，可完成较为复杂的系统控制。I/O 的处理方式除了采用 PLC 一般通用的扫描处理方式外，还能采用直接处理方式，通信联网功能更强，指令系统更丰富，内存容量更大，扫描速度更快。

（3）大型 PLC

大型 PLC 的 I/O 点数一般在 2048 点以上，采用模块式结构，程序存储容量大于 13KB。大型 PLC 的软、硬件功能强，具有极强的自诊断功能。通信联网功能强，可与计算机构成集散型控制，以及更大规模的过程控制，形成整个工厂的自动化网络，实现工厂生产管理自动化。

1.4.2 根据控制性能来分

PLC 的分类：按照控制性能来分

（1）低档 PLC

低档 PLC 主要以逻辑运算为主，具有逻辑运算、定时、计数、移位以及自诊断、监控等基本功能，还可有少量的模拟量输入/输出、算术运算、数据传送和比较、通信等功能。一般用于单机或小规模过程控制。

（2）中档 PLC

除了具有低档 PLC 的功能外，中档 PLC 还加强了对开关量、模拟量的控制，提供了数字运算能力，如算术运算、数据传送和比较、数制转换、远程 I/O、子程序等功能，而且加强了通信联网功能，可用于小型连续生产过程的复杂逻辑控制和闭环调节控制。

（3）高档 PLC

除了具有中档 PLC 的功能外，高档 PLC 还增加了带符号算术运算、矩阵运算、位逻辑运算、平方根运算及其他特殊功能函数运算、制表及表格传送等功能。高档 PLC 进一步加强了通信网络功能，适用于大规模的过程控制。

1.4.3 根据结构来分

PLC 的分类：按照结构来分

根据结构形式的不同，PLC 可分为整体式和模块式两种。

（1）整体式 PLC

将 I/O 接口电路、CPU、存储器、稳压电源封装在一个机壳内，通常称为主机。主机两侧分装有输入、输出接线端子和电源进线端子，并有相应的发光二极管指示输入/输出的状态。通常小型或微型 PLC 常采用这种结构，适用于简单控制的场合，如西门子的 S7-200 系列、松下的 FP1 系列、三菱的 FX 系列产品。

（2）模块式 PLC

模块式 PLC 为总线型结构，在总线板上有若干个总线插槽，每个插槽上可安装一个 PLC 模块，不同的模块实现不同的功能，根据控制系统的要求来配置相应的模块，如 CPU 模块（包括存储器）、电源模块、输入模块、输出模块以及其他高级模块、特殊模块等。大型的 PLC 通常采用这种结构，一般用于比较复杂的控制场合，如西门子的 S7-300/400 系列、三菱的 Q 系统产品。

1.5 PLC 的编程语言

由于 PLC 是专门为工业控制而开发的装置，其主要使用者是广大电气技术人员，为了满足他们的传统习惯，PLC 的主要编程语言采用比计算机语言简单、易懂、形象的专用语言。

PLC 的编程语言多种多样，不同的 PLC 厂家提供的编程语言也不尽相同。常用的编程语言包括以下几种。

1. 梯形图（LAD）

梯形图（LAD）编程语言是从继电器控制系统原理图的基础上演变而来的。梯形图是目前 PLC 应用最广、最受电气技术人员欢迎的一种编程语言。梯形图与继电器控制原理图相似，具有形象、直观、实用的特点。PLC 的梯形图与继电器控制系统梯形图的基本思想是一致的，只是在使用符号和表达方式上有一定的区别。梯形图是使用最多的 PLC 图形编程语言，它具有直观易懂的优点，很容易被工厂熟悉继电器控制的人员掌握，特别适合于数字量逻辑控制。

梯形图由触点、线圈和用方框表示的指令框组成，如图 1–1 所示。触点代表逻辑输入条件，例如外部的开关、按钮和内部条件等。线圈通常代表逻辑运算的结果，常用来控制外部的指示灯、交流接触器和内部的标志位等。指令框用来表示定时器、计数器或者数学运算等附加指令。使用编程软件可以直接生成和编辑梯形图，并将它下载到 PLC。

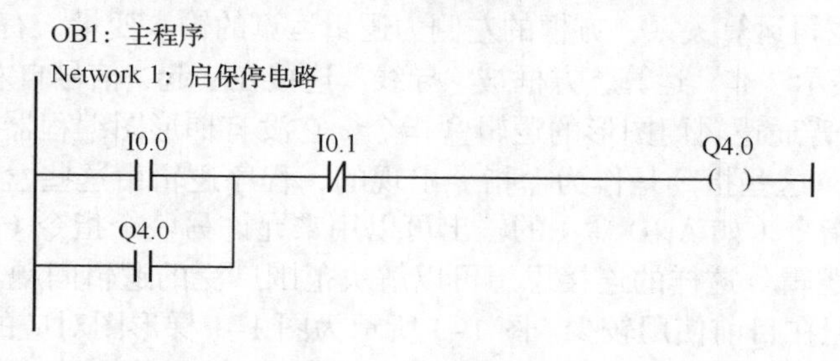

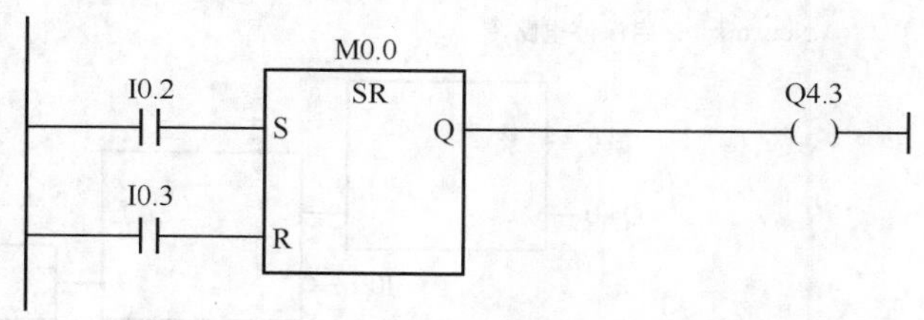

图1-1　梯形图

梯形图的一个关键概念是“能流”（Power Flow），这仅是概念上的“能流”。如图 1–1 所示，触点和线圈等组成的独立电路称为网络（Network）。把左边的母线假想为电源的“火线”，而把右边的母线假想为电源的“零线”。如果有“能流”从左至右流向线圈，则线圈被激励；如果没有“能流”，则线圈未被激励。

“能流”可以通过激励（ON）的常开触点和未被激励（OFF）的常闭触点自左向右流动。“能流”在任何时候都不会通过触点自右向左流动。在图 1–1 中，当 I0.0 和 I0.1 或者 Q4.0 和 I0.1 触点都接通后，线圈 Q4.0 才能接通（被激励），只要其中一个触点不接通，线圈就不会接通。

要强调指出的是，引入“能流”的概念，仅仅是为了和继电接触器控制系统相比较，可以对梯形图有一个深入的认识，其实“能流”在梯形图中是不存在的。

梯形图中的触点和线圈可以使用物理地址，如 I0.1、Q4.0 等。如果在符号表中对某些地址定义了符号，例如，令 I0.0 的符号为“启动”，在程序中可用符号地址“启动”来代替物理地址 I0.1，使程序更易阅读和理解。

用户可以在网络号的右边加上网络的标题，在网络号的下面为网络加上注释，还可以选择在梯形图下面自动加上该网络中使用符号的信息（Symbol Information）。

如果将两块独立电路放在同一个网络内会出错。如果没有跳转指令，网络中程序的逻辑运算按从左到右的方向执行，与“能流”的方向一致。网络之间按从上到下的顺序执行，执行完所有的网络后，下一次循环返回最上面的网络（网络 1）重新开始执行。

2. 语句表（STL）

语句表（STL）编程语言类似于计算机中的助记符语言，是 PLC 最基础的编程语言。语句表编程是指使用一个或者几个容易记忆的字符来代表 PLC 的某种操作功能。它是一种类似于微机的汇编语言中的文本语言，多条语句组成一个程序段。语句表比较适合经验丰富的程序员使用，可以实现某些不能用梯形图或者功能块图表示的功能。图 1-2 所示为图 1-1 梯形图对应的语句表。

3. 功能块图（FBD）

功能块图（FBD）使用类似于布尔代数的图形逻辑符号来表示控制逻辑。一些复杂的功能（例如数学运算功能等）用指令框来表示，有数字电路基础的人员很容易掌握。功能块图用类似于与门、或门的方框来表示逻辑运算关系，方框的左侧为逻辑运算的输入变量，右侧为输出变量，输入、输出端的小圆圈表示“非”运算，方框被“导线”连接在一起，信号自左向右流动。

利用 FBD 可以查看到像普通逻辑门图形的逻辑盒指令。它没有梯形图编程器中的触点和线圈，但有与之等价的指令，这些指令是作为盒指令出现的，程序逻辑由这些盒指令之间的连接决定。也就是说，一个指令（如 AND 盒）的输出可以用来允许另一个指令（如定时器），这样可以建立所需要的控制逻辑。这样的连接思想可以解决范围广泛的逻辑问题。FBD 编程语言有利于程序流的跟踪，但在目前使用较少。图 1-3 所示为图 1-1 梯形图对应的功能块图。

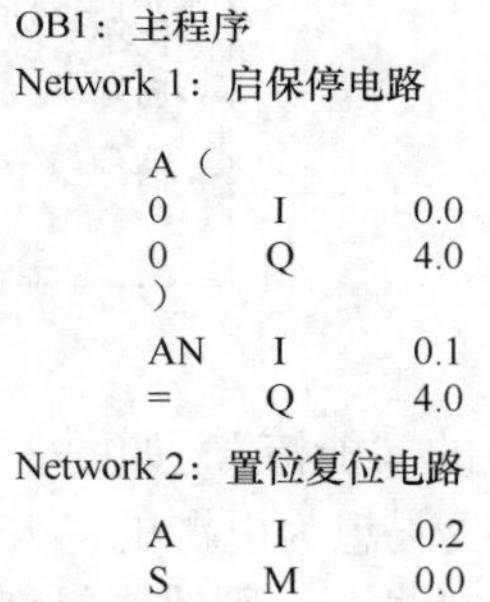

```
OB1：主程序
Network 1：启保停电路

    A(
    O     I     0.0
    O     Q     4.0
    )
    AN    I     0.1
    =     Q     4.0
Network 2：置位复位电路
    A     I     0.2
    S     M     0.0
    A     I     0.3
    R     M     0.0
    A     M     0.0
    =     Q     4.3
```

图1-2 语句表

OB1：主程序

Network 1：启保停电路

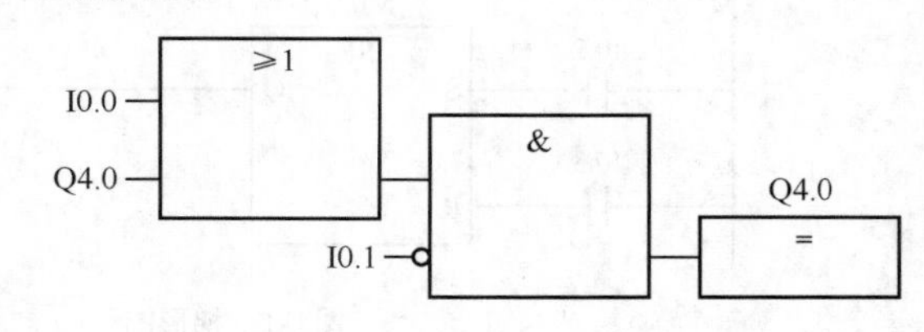

Network 2：置位复位电路

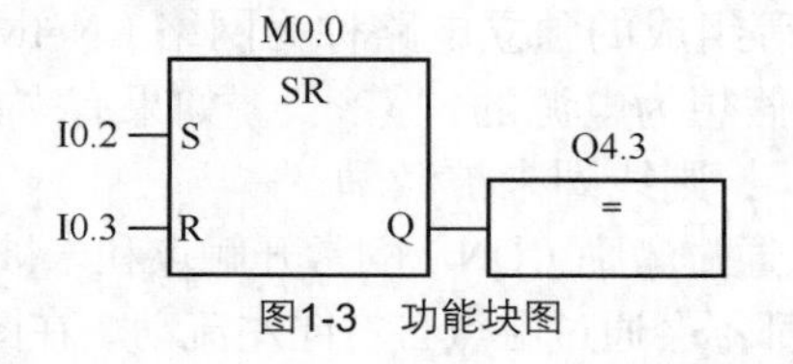

图1-3 功能块图

4. 逻辑符号图

如图 1-4 所示，逻辑符号图由与（AND）、或（OR）、非（NOT）以及定时器、计数器、触发器等组成的。

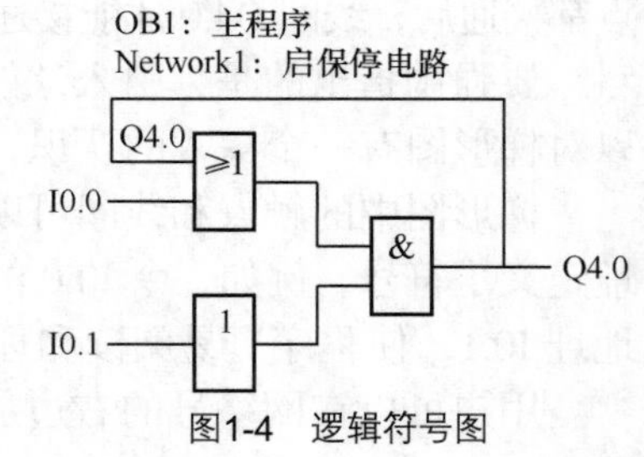

图1-4 逻辑符号图

1.6 PLC 的构成和工作原理

PLC 的工作原理建立在计算机基础上，故其 CPU 以分时操作方式来处理各项任务，即串行工作方式，而继电器–接触器控制系统是实时控制的，即并行工作方式。那么如何让串行工作方式的计算机系统完成并行方式的控制任务，可以通过可编程控制器的工作方式和工作过程的说明，理解 PLC 的工作原理。

1.6.1 PLC 的硬件构成

PLC 是微机技术和控制技术相结合的产物，是一种以微处理器为核心的用于控制的特殊计算机，因此，PLC 的基本组成与一般的微机系统相似。

PLC 的种类繁多，但是其结构和工作原理基本相同。PLC 虽然专为工业现场应用而设计，但是其依然采用了典型的计算机结构，主要是由中央处理器（CPU）、存储器（EPRAM、ROM）、输入/输出单元、扩展 I/O 接口、电源几大部分组成。小型的 PLC 多为整体式结构，中、大型 PLC 则多为模块式结构。

如图 1–5 所示，对于整体式 PLC，所有部件都装在同一机壳内。而模块式 PLC 的各部件独立封装成模块，各模块通过总线连接，安装在机架或导轨上（图 1–6）。无论是哪种结构类型的 PLC，都可根据用户需要进行配置和组合。

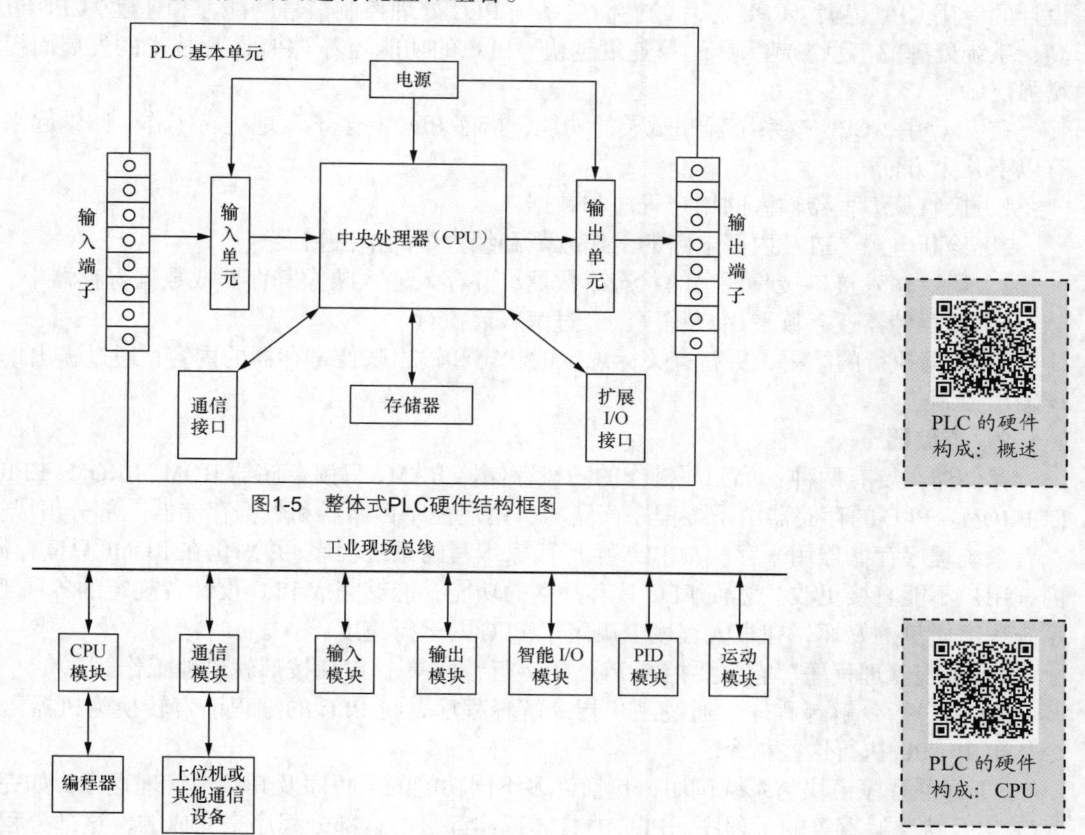

图1-5　整体式PLC硬件结构框图

图1-6　模块式PLC硬件结构框图

1. 中央处理器（CPU）

同一般的微机一样，CPU 是 PLC 的核心。PLC 中所配置的 CPU 可分为三类：通用微处理器（如 Z80、8086、80286 等）、单片微处理器（如 8031、8096 等）和位片式微处理器（如 AMD29W 等）。小型 PLC 大多采用 8 位通用微处理器和单片微处理器，中型 PLC 大多采用 16 位通用微处理器或单片微处理器，大型 PLC 大多采用高速位片式微处理器。

目前，小型 PLC 为单 CPU 系统，而中、大型 PLC 则大多为双 CPU 系统，甚至有些 PLC 中配置了 8 个 CPU。双 CPU 系统中一般一个为字处理器，另外一个为位处理器。字处理器为主处理器，用于执行编程器接口功能，监视内部定时器和扫描时间，处理字节指令以及对系统总线和位处理器进行控制等。位处理器为从属处理器，主要用于位操作指令和实现 PLC 编程语言向机器语言的转换。位处理器的采用，提高了 PLC 的运行速度，使 PLC 更好地满足实时控制要求。

CPU 的主要任务包括：控制用户程序和数据的接收与存储；用扫描的方式通过 I/O 部件接收现场的状态或数据，并存入输入映像寄存器中；诊断 PLC 内部电路的工作故障和编程中的语法错误等；PLC 进入运行状态后，从存储器中逐条读取用户指令，经过命令解释后按指令规定的任务进行数据传递、逻辑或算术运算等；根据运算结果，更新有关标志位的状态和输出映像寄存器的内容，再经输出部件实现输出控制、制表打印或数据通信等功能。

不同型号的 PLC 其 CPU 芯片是不同的，有些采用通用的 CPU 芯片，有些采用厂家自行设计的专用 CPU 芯片。CPU 芯片的性能关系到 PLC 处理控制信号的能力和速度，CPU 位数越高，系统处理的信息量越大，运算速度越快。PLC 的功能随着 CPU 芯片技术的发展而提高和增强。

在 PLC 中，CPU 按系统程序赋予的功能，指挥 PLC 有条不紊地进行工作，归纳起来主要有以下几个方面。

1）接收从编程器输入的用户程序和数据。

2）诊断电源、PLC 内部电路的工作故障和编程中的语法错误等。

3）通过输入接口接收现场的状态或数据，并存入输入映像寄存器或数据寄存器中。

4）从存储器逐条读取用户程序，经过解释后执行。

5）根据执行的结果，更新有关标志位的状态和输出映像寄存器的内容，通过输出单元实现输出控制。

2. 存储器

存储器主要有两种：可读/写操作的随机存储器 RAM，只读存储器 ROM、PROM、EPROM、EEPROM。PLC 的存储器由系统程序存储器、用户程序存储器和数据存储器三部分组成。

系统程序存储器用来存放由 PLC 生产厂家编写的系统程序，并固化在 ROM（只读存储器）内，用户不能直接更改。它使 PLC 具有基本的功能，能够完成 PLC 设计者规定的各项工作。系统程序质量的好坏，在很大程度上决定了 PLC 的运行速度。

1）系统管理程序。它主要控制 PLC 的运行，使整个 PLC 按部就班地工作。

2）用户指令解释程序。通过用户指令解释程序，将 PLC 的编程语言转换为机器语言指令，再由 CPU 执行这些指令。

3）标准程序模块与系统调用，包括许多不同功能的子程序及其调用管理程序，如完成输入/输出及特殊运算等的子程序。PLC 的具体工作都是由这部分程序来完成的，这部分程序的多少也决定了 PLC 性能的高低。

用户程序存储器（程序区）和数据存储器（数据区）总称为用户存储器。用户程序存储器用来存放用户根据控制任务而编写的程序。用户程序存储器根据所选用的存储器单元类型的不同，可以使RAM（随机存储器）、EPROM（可擦除可编写只读存储器）或EEPROM（带电可擦可编程只读存储器），其内容可以由用户任意修改或增减。用户数据储存器是用来存放用户程序中所使用器件的状态（ON/OFF）/数值数据等。在数据区中，各类数据存放的位置都有严格的划分，每个存储单元有不同的地址编号。用户存储器容量的大小关系到用户程序容量的大小，是反映PLC性能的重要指标之一。

用户程序是随PLC控制对象的需要编制的。由用户根据对象生产工艺和控制要求而编制的应用程序。为了便于读出、检查和修改，用户程序一般存于CMOS静态RAM中，用锂电池作为后备电源，以保证掉电时不会丢失信息。为了防止干扰对RAM中程序的破坏，当用户程序正常运行不需要改变时，可将其固化在只读存储器EPROM中。现在许多PLC直接采用EEPROM作为用户存储器。

工作数据是PLC运行过程中经常变化和存取的一些数据。它存放在RAM中，以适应随机存取的要求。在PLC的工作数据存储器中，设有存放输入/输出继电器、辅助继电器、定时器、计数器等逻辑器件的存储区，这些器件的状态都是由用户程序的初始化设置和运行情况而确定的。根据需要，部分数据在掉电后，用后备电池维持其现有的状态，这部分在掉电时可保存数据的存储区域为保持数据区。

3. 输入/输出单元

输入/输出单元通常也称为I/O单元，是PLC与工业生产现场之间的连接部件。PLC通过输入接口可以检测被控对象的各种数据，以这些数据作为PLC对被控对象进行控制的依据；同时PLC又通过输出接口将处理后的结果传送给被控制对象，以实现控制的目的。

由于外部输入设备和输出设备所需的信号电平是多种多样的，而PLC内部CPU处理的信息只能是标准电平，所以I/O接口要实现这种转换。I/O接口一般都具有光电隔离和滤波功能，以提高PLC的抗干扰能力。另外，I/O接口上通常还有状态指示，工作状况直观，便于维护。

输入/输出单元包含两部分：接口电路和输入/输出映像寄存器。接口电路用于接收来自用户设备的各种控制信号，如限位开关、操作按钮、选择开关、行程开关以及其他传感器的信号。通过接口电路将这些信号转换成CPU能够识别和处理的信号，并存入输入映像寄存器。运行时，CPU从输入映像寄存器读取输入信息并进行处理，将处理结果存放到输出映像寄存器中。输入/输出映像寄存器由输出点相对的触发器组成，输出接口电路将其由弱电控制信号转换成现场需要的强电信号输出，以驱动电磁阀、接触器、指示灯等被控设备的执行元件。

PLC提供了多种操作电平和驱动能力的I/O接口，有各种各样功能的I/O接口供用户选用。在工业生产现场工作，PLC的输入/输出接口必须满足两个基本要求：抗干扰能力强；适应性强。输入/输出接口必须能够不受环境的温度、湿度、电磁、振动等因素的影响；同时又能够与现场各种工业信号相匹配。目前，PLC能够提供的接口单元包括以下几种：数字量（开关量）输入、数字量（开关量）输出、模拟量输入、模拟量输出等。

（1）开关量输入接口

开关量输入接口把现场的开关量信号转换成PLC内部处理的标准信号。为防止各种干扰信号和高电压信号进入PLC，影响其可靠性或造成设备损坏，现场输入接口电路一般都有滤波电路和耦合隔离电路。滤波有抗干扰的作用，耦合隔离有抗干扰及产生标准信号的作用。耦合隔离电路的管径器件是光电耦合器，一般由发光二极管和光敏晶体管组成。

常用的开关量输入接口按使用电源的类型不同可分为直流输入单元（图 1-7）、交流/直流输入单元（图 1-8）和交流输入单元（图 1-9）。图 1-7 所示的输入电路的电源可由外部提供，也可由 PLC 内部提供。

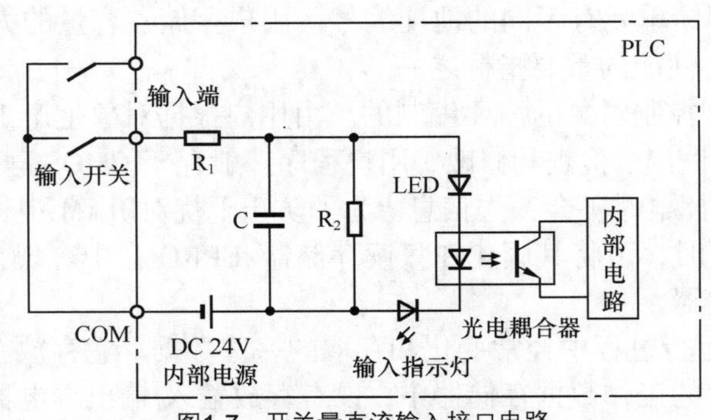

图1-7 开关量直流输入接口电路

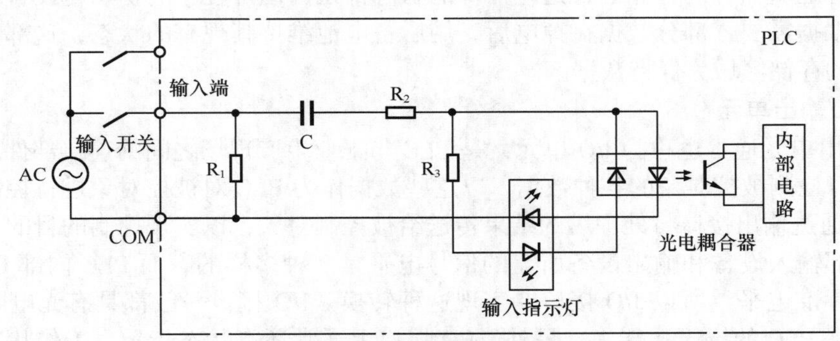

图1-8 开关量交流/直流输入接口电路

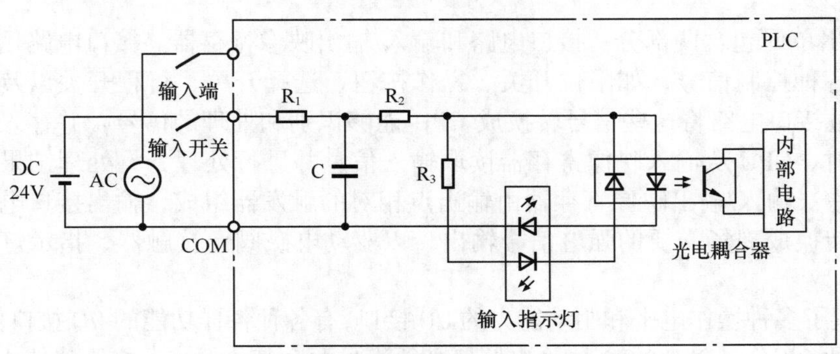

图1-9 开关量交流输入接口电路

（2）开关量输出接口

开关量输出接口把 PLC 内部的标准信号转换成执行机构所需的开关量信号。开关量输出接口按 PLC 内部使用电器件可分为继电器输出型（图 1-10）、晶体管输出型（图 1-11）和晶闸管输出型（图 1-12）。每种输出电路都采用电气隔离技术，输出接口本身不带电源，电源由外部提供，而且在考虑外接电源时，还需考虑输出器件的类型。

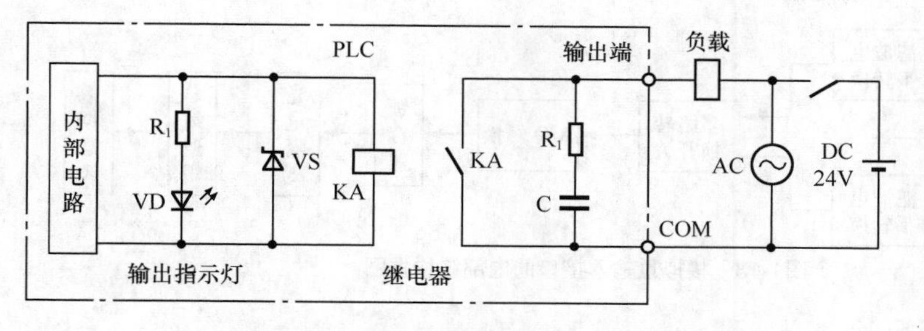

图1-10 开关量继电器输出型接口电路

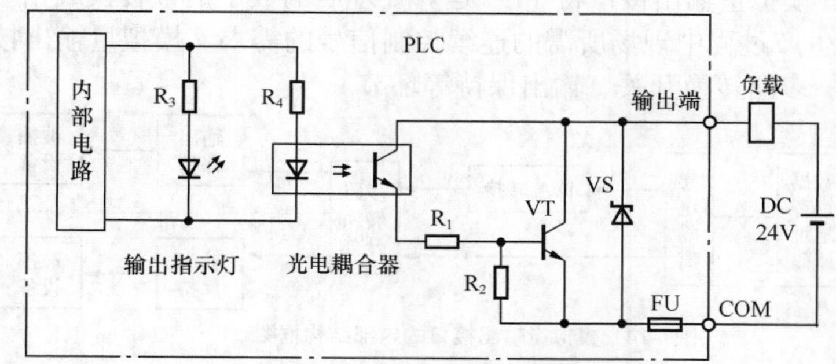

图1-11 开关量晶体管输出型接口电路

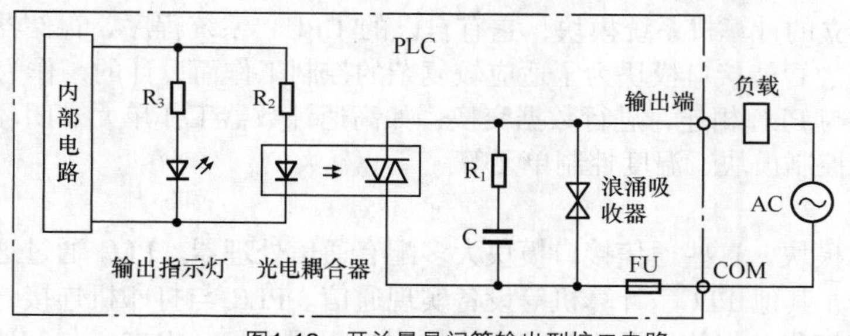

图1-12 开关量晶闸管输出型接口电路

从图 1-7～图 1-12 可以看出，各类输出接口中也都有隔离耦合电路。继电器型输出接口可用于直流及交流两种电源，但接通断开的频率低；晶体管型输出接口有较高的通断频率，但是只适用于直流驱动的场合；晶闸管型输出接口仅适用于交流驱动的场合。

为了使 PLC 避免瞬间大电流冲击而损坏，输出端外部接线必须采取保护措施：在输入/输出公共端设置熔断器保护；采用保护电路对交流感性负载一般用阻容吸收回路，对直流感性负载使用续流二极管。由于 PLC 的输入/输出端是靠光电耦合的，在电气上完全隔离，输出端的信号不会反馈到输入端，也不会产生地线干扰或其他串扰，因此 PLC 输入/输出端具有很高的可靠性和极强的抗干扰能力。

（3）模拟量输入接口

模拟量输入接口把现场连续变化的模拟量标准信号转换成适合 PLC 内部处理的数字信号。模拟量输入接口能够处理标准模拟量电压和电流信号。由于工业现场中模拟量信号的变化范围并不标准，所以在送入模拟量接口前一般需要经转换器处理。如图 1-13 所示，模拟量信号输入后经运算放大器放大后，再进行 A/D 转换，再经光电耦合转换为 PLC 的数字信号。

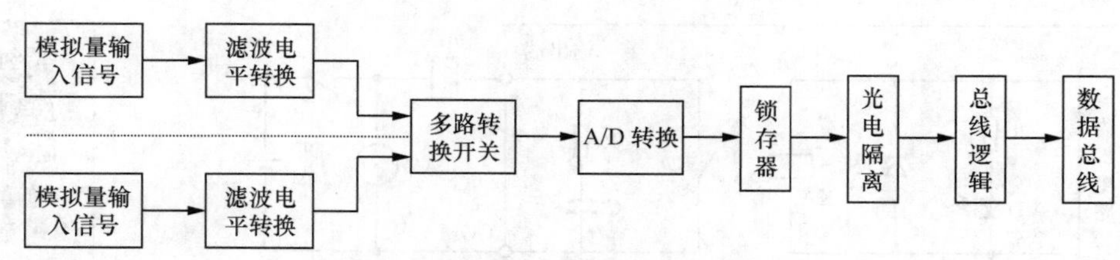

图1-13　模拟量输入接口的内部结构框图

（4）模拟量输出接口

如图 1-14 所示，模拟量输出接口将 PLC 运算处理后的数字信号转换成相应的模拟量信号输出，以满足工业生产过程中现场所需的连续控制信号的需求。模拟量输出接口一般包括光电隔离、D/A 转换、多路转换开关、输出保持等环节。

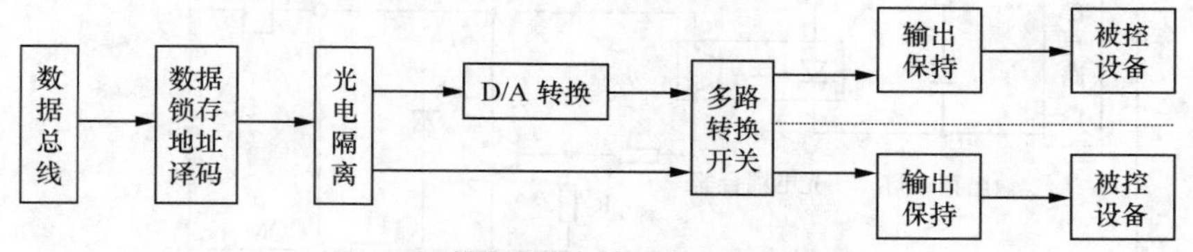

图1-14　模拟量输出接口的内部结构框图

4. 智能接口模块

智能接口模块是一个独立的计算机系统模块，它有自己的 CPU、系统程序、存储器、与 PLC 系统总线相连的接口等。智能接口模块为了适应较复杂的控制工作而设计的，作为 PLC 系统的一个模块，通过总线与 PLC 相连，进行数据交换，如高速计数器工作单元、闭环控制模块、运动控制模块、中断控制模块、温度控制单元等。

5. 通信接口模块

PLC 配有多种通信接口模块，这些通信接口模块大多配有通信处理器。PLC 通过这些通信接口可与监视器、打印机、其他 PLC、计算机等设备实现通信。PLC 与打印机连接，可将过程信息、系统参数等输出打印；与监视器连接，可将控制过程图像显示出来；与其他设备连接，可组成多机系统或连成网络，实现更大规模控制；与计算机连接，可组成多级分布式控制系统，实现控制与管理相结合。

6. 电源部件

电源部件就是将交流电转换成 PLC 正常运行的直流电。PLC 配有开关电源，小型整体式可编程控制器内部有一个开关式稳压电源。电源一方面可为 CPU 板、I/O 板及控制单元提供工作电源（5V DC）；另一方面可为外部输入元件提供 24V DC（200 mA）电源。与普通电源相比，PLC 电源的稳定性好、抗干扰能力强。对电网提供的电源稳定度要求不高，一般运行电源电压在其额定值 ± 15%的范围内波动。一般使用的是 220V 的交流电源，也可以选配到 380V 的交流电源。由于工业环境存在大量的干扰源，这就要求电源部件必须采取较多的滤波环节，还需要集成电压调整器以适应交流电网的电压波动，对过电压和欠电压都有一定的保护作用。另外，还需要采取较多的屏蔽措施来防止工业环境中的空间电磁干扰。常用的电源电路由串联稳压电源、开关式稳压电路和设有变压器的逆变式电路。

7. 编程装置

编程装置的作用是编制、编译、调试和监视用户程序，也可在线监控 PLC 内部状态和参数，与 PLC 进行人机对话。它是开发、应用、维护 PLC 不可或缺的工具。编程装置可以是专用编程器，也可以是配有专用编程软件包的通用计算机系统。专用编程器是由厂家生产，专供该厂家生产的 PLC 产品使用，它主要由键盘、显示器和外存储器接插口等部件组成。专用编程器分为简易型编程器和智能型编程器两种。

简易型编程器只能进行联机编程，且往往需要将梯形图转化成机器语言助记符（指令表）后，才能输入。它一般由简易键盘和发光二极管或其他显示器件组成。简易编程器体积小、价格低，可以直接插在 PLC 的编程插座上，或者专用电缆与 PLC 连接，以方便编程和调试。有些简易编程器带有存储盒，可用来存储用户程序，如三菱的 FX-20P-E 简易编程器。

智能型编程器又称图形编程器，不仅可以联机编程，还可以脱机编程，具有 LCD 或 CRT 图形显示功能，也可以直接输入梯形图并通过屏幕进行交换。本质上它就是一台专用便携计算机，如三菱的 GP-80FX-E 智能型编程器。智能型编程器使用时更加直观、方便，但价格较高，操作也比较复杂。

专用编程器只能对指定厂家的几种 PLC 进行编程，使用范围有限，价格较高。同时，由于 PLC 差评不断，更新换代快，所以专用编程器的生命周期也很有限。现在的趋势是使用以个人计算机为支持的编程装置，用户只需购买 PLC 厂家提供的编程软件和应用的硬件接口装置。这样，用户只用较少的投资即可得到高性能的 PLC 程序开发系统。

如表 1-2 所示，PLC 编程可采用的 3 种方式的比较。

表 1-2　3 种 PLC 编程方式的比较

比较项目	类型		
	简易型编程器	智能型编程器	计算机组态软件
编程语言	语句表	梯形图	梯形图、语句表等
效率	低	较高	高
体积	小	较大	大（需要计算机连接）
价格	低	中	适中
适用范围	容量小、用量少产品的组态编程及现场调试	各型产品的组态编程及现场调试	各型产品的组态编程，不易于现场调试

8. 其他部件

PLC 还可以选配的外围设备包括编程器、EPROM 写入器、外部储存器卡（盒）、打印机、高分辨率大屏幕彩色图形监控系统和工业计算机等。

EPROM 写入器是用来将用户程序固化到 EPROM 存储器中的一种 PLC 外围设备。为了使调试好的用户程序不易丢失，经常用 EPROM 写入器将用户程序从 PLC 内的 RAM 保存到 EPROM 中。

PLC 可用外部的磁带、磁盘和存储盒等来存储 PLC 的用户程序，这些存储器件称为外存储器。外存储器一般是通过编程器或其他智能模块提供的接口，实现与内部存储器之间相互传递用户程序。

综上所述，PLC 主机在构成实际硬件系统时，至少需要建立两种双向信息交换通道。最基本的构造包括 CPU 模块、电源模块、输入/输出模块。通过不断地扩展模块，来实现各种通信、计数、运算等功能，通过人为操作可灵活地变更控制规律，实现对生产过程或某些工业参数的自动控制。

1.6.2 PLC 的软件系统

软件是 PLC 的“灵魂”。当 PLC 硬件设备搭建完成后，通过软件来实现控制规律，高效地完成系统调试。PLC 的软件系统包括系统程序和用户程序。系统程序是 PLC 设备运行的基本程序；用户程序使 PLC 能够实现特定的控制规律和预期的自动化功能。

1. 系统程序

系统程序是由 PLC 制造厂商设计编写的，并存入 PLC 的系统存储器中，用户不能直接读写与更改。系统程序一般包括系统诊断程序、输入处理程序、编译程序、信息传递程序、监控程序等。PLC 的系统程序有三种类型。

（1）系统管理程序

系统管理程序控制着系统的工作节拍，包括 PLC 运行管理（各种操作的时间分配）、存储器空间管理（生成用户数据区）和系统自诊断管理（如电源、系统出错、程序语法、句法检验等）。

（2）编辑和解释程序

编辑和解释程序将用户程序变成内码形式，便于程序进行修改、调试。解释程序能将编程语言转换为机器语言，便于 CPU 操作运行。

（3）标准子程序与调用管理程序

为了提高程序的运行速度，在程序中执行某些信息处理（如 I/O 处理）或特殊运算等是通过调用标准子程序来完成的。

2. 用户程序

PLC 的用户程序是用户利用 PLC 的编程语言，根据控制要求编制的程序。在 PLC 的应用中，最重要的是用 PLC 的编程语言来编写用户程序，以实现控制目的。根据系统配置和控制要求而编辑的用户程序，是 PLC 应用于工程控制的一个最重要的环节。

控制一个任务或者过程，是通过在 RUN 模式下，使主机循环扫描并连续执行用户程序来实现的，用户程序决定了一个控制系统的功能。程序的编制可以使用编程软件在计算机或者其他专用编程设备中进行（如图形输入设备、编程器等）。

广义上的程序由 3 部分组成：用户程序、数据块和参数块。

（1）用户程序

用户程序在存储器空间也称为组织块（OB），它处于最高层次，可以管理其他块，可采用各种语言（如 STL、LAD 或者 FBD 等）来编制。不同机型的 CPU，其程序空间容量也不同。用户程序的结构比较简单，一个完整的用户控制程序应当包含一个主程序（OB1）、若干子程序和若干中断程序 3 部分。不同的编程设备，对各程序块的安排方法也不同。程序结构示意图如图 1-15 所示。

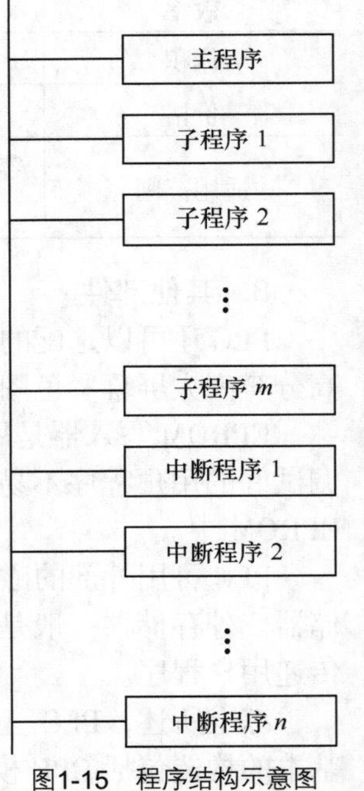

图1-15　程序结构示意图

用编程软件在计算机上编程时，在编程软件的程序结构窗口中双击主程序、子程序和中断程序的图标，即可进入各程序块的编程窗口。编译时，编程软件自动对各程序段进行连接。

（2）数据块（DB）

数据块为可选部分，它主要存放控制程序运行所需的数据，在数据块中允许以下数据类型：布尔型，表示编程元件的状态；二进制、十进制或者十六进制；

字母、数字和字符型。

（3）参数块

参数块也是可选部分，主要存放 CPU 的组态数据。如果在编程软件或者其他编程工具上未进行 CPU 的组态，则系统以默认值进行自动配置。

1.6.3　PLC 的工作原理

1. PLC 的扫描工作方式

PLC 的工作原理是建立在计算机工作原理基础之上，即通过执行反映控制要求的用户程序来实现的。PLC 控制器程序的执行是按照程序设定的顺序依次完成相应的电器的动作，PLC 采用的是一个不断循环的顺序扫描工作方式。每一次扫描所用的时间称为扫描周期或工作周期。CPU 从第一条指令执行开始，按顺序逐条地执行用户程序直到用户程序结束，然后返回第一条指令，开始新的一轮扫描，PLC 就是这样周而复始地重复上述循环扫描。

PLC 的工作方式是用串行输出的计算机工作方式实现并行输出的继电器–接触器工作方式。其核心手段就是循环扫描。每个工作循环的周期必须足够小以至于我们认为是并行控制。PLC 运行时，是通过执行反映控制要求的用户程序来完成控制任务的，需要执行众多的操作，但 CPU 不可能同时去执行多个操作，它只能按分时操作（串行工作）方式，每一次执行一个操作，按顺序逐个执行。由于 CPU 的运算处理速度很快，所以从宏观上来看，PLC 外部出现的结果似乎是同时（并行）完成的。这种循环串行工作过程称为 PLC 的循环扫描工作方式。

用循环扫描工作方式执行用户程序时，扫描是从第一条指令开始的，在无中断或跳转控制的情况下，按程序存储顺序的先后，逐条执行用户程序，直到程序结束。然后再从头开始扫描执行，周而复始地重复运行。

如图 1–16 所示，从第一条程序开始，在无中断或跳转控制的情况下，按照程序存储地址序号递增的顺序逐条执行程序，即按顺序逐条执行程序，直到程序结束；然后再从头开始扫描，并周而复始地重复进行。

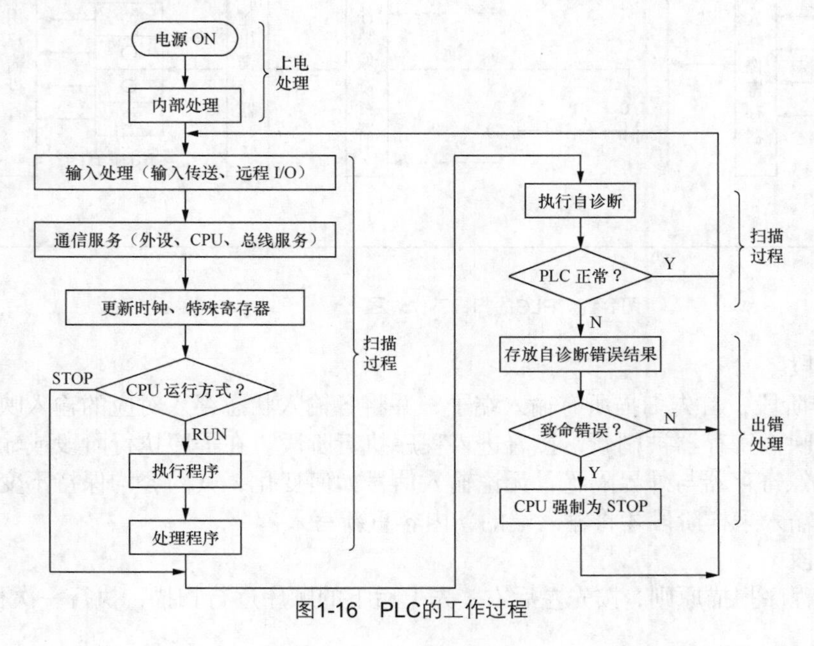

图1-16　PLC的工作过程

PLC 的运行工作过程

PLC 的运行工作过程包括以下三部分。

第一部分是上电处理。可编程控制器上电后对 PLC 系统进行一次初始化工作，包括硬件初始化，I/O 模块配置运行方式检查，停电保持范围设定及其他初始化处理。

第二部分是扫描过程。可编程控制器上电处理完成后，进入扫描工作过程：先完成输入处理，再完成与其他外设的通信处理，进行时钟、特殊寄存器更新。因此，扫描过程又被分为输入采样阶段、程序执行阶段和输出刷新阶段三个阶段。当 CPU 处于 STOP 方式时，转入执行自诊断检查。当 CPU 处于 RUN 方式时，要完成用户程序的执行和输出处理，再转入执行自诊断检查，如果发现异常，则停机并显示报警信息。

第三部分是出错处理。PLC 每扫描一次，执行一次自诊断检查，确定 PLC 自身的动作示范正常，如 CPU、电池电压、程序存储器、I/O、通信等是否异常或出错，如检查出异常，CPU 面板上的 LED 及异常继电器会接通，在特殊寄存器中会存入错误代码。当出现致命错误时，CPU 被强制为 STOP 方式，所有的扫描停止。

PLC 运行正常时，扫描周期的长短与 CPU 的运算速度、I/O 点的情况、用户应用程序的长短及编程情况等均有关。通常用 PLC 执行 1KB 指令所需时间来说明其扫描速度（一般为 1～10ms/KB）。值得注意的是，不同的指令其执行时不同的，从零点几微秒到上百微秒不等，故选用不同指令所用的扫描时间将会不同。若用于高速系统缩短扫描周期时，可从软、硬件两个方面考虑。

2. PLC 的工作过程

一般来说，当 PLC 开始运行后，其工作过程可以分为输入采样阶段、程序执行阶段和输出刷新阶段。完成上述三个阶段即称为一个扫描周期，如图 1-17 所示。

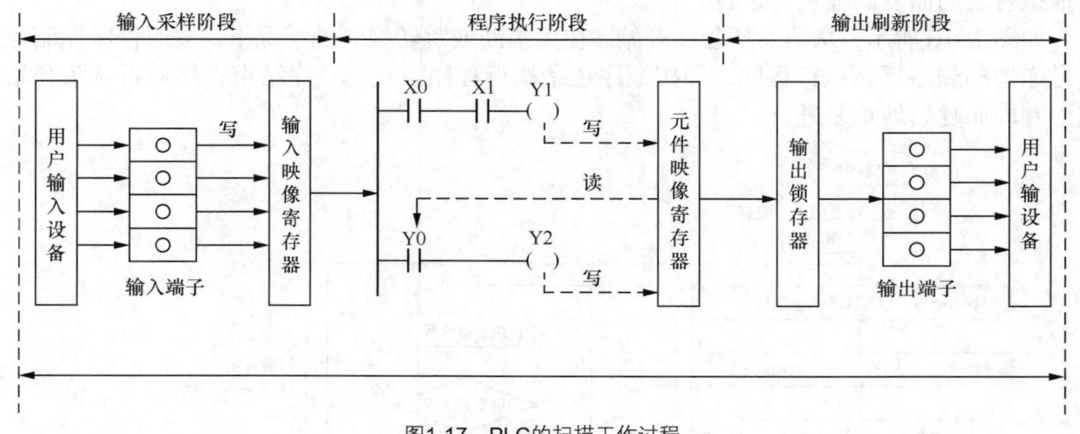

图1-17　PLC的扫描工作过程

（1）输入采样阶段

PLC 在输入采样阶段，首先扫描所有输入端子，并将各输入状态存入对应的输入映像寄存器中，此时，输入映像寄存器被刷新，接着进入程序执行阶段。在程序执行阶段或输出刷新阶段，输入元件映像寄存器与外界隔绝，无论输入信号如何变化，其内容均保持不变，直到下一个扫描周期的输入采样阶段才将输入端的新内容重新写入。

（2）程序执行阶段

PLC 根据梯形图程序扫描原则，按先左后右、先上后下的顺序逐行扫描，执行一次程序，结果存入元件映像寄存器中。但遇到程序跳转指令，则根据跳转条件来决定程序的跳转地址。当指令中涉及输入、输出状态时，PLC 就从输入映像寄存器“读入”上一阶段采入的对应输入端子状态，从元件映像寄存器“读入”对应元件的当前状态；然后进行相应的运算，运算结果再存入元件映像寄存器中。对于元件映像寄存器，每个元件（除输入映像寄存器外）的状态会随着程序的执行而发生变化。

（3）输出刷新阶段

在所有指令执行完毕后，输出元件映像寄存器中所有输出继电器的状态（“1”或“0”）在输出刷新阶段被转存到输出锁存器中。再通过一定的方式输出，驱动外部负载。

3. PLC 的输入/输出原则

根据 PLC 的工作原理和工作特点，可以归纳出 PLC 在处理输入/输出时的一般原则。

1）输入映像寄存器的数据取决于输入端子板上各输入点在上一个刷新周期的接通和断开状态。

2）程序执行结果取决于用户所编程序和输入/输出映像寄存器的内容及其他各元件映像寄存器的内容。

3）输出元件映像寄存器的数据取决于输出指令的执行结果。

4）输出锁存器中的数据，由上一次输出刷新期间输出映像寄存器中的数据决定。

5）输出端子的接通和断开状态，由输出锁存器决定。

4. PLC 的中断处理

综上所述，外部信号的输入总是通过可编程控制器扫描由“输入传送”来完成，这就不可避免地带来了“逻辑滞后”。PLC 能像计算机那样采用中断输入的方法，即当有中断申请信号输入后，系统会中断正在执行的程序而转去执行相关的中断子程序；系统有多个中断源时，按重要性（优先级）进行先后顺序的排队；系统由程序设定允许中断或禁止中断。

1.7 西门子 S7 系列 PLC 介绍

德国西门子公司生产的可编程控制器在我国的应用非常广泛，在冶金、化工、印刷生产线等领域都有应用。西门子公司的 S7 系列 PLC 产品包括：S7-200、S7-300、S7-400、S7-1200 等。其中，S7-200 为整体式结构的微型（超小型）PLC，S7-300 为模块式小型 PLC，S7-400 为模块式中型高性能 PLC，S7-1200 是一款紧凑型、模块式的 PLC。由于第 2 章将详细介绍 S7-300、S7-400 的结构组成，本节仅介绍 S7-200 和 S7-1200 的特点。

1.7.1 S7-200 系列 PLC

S7-200 系列 PLC 是德国西门子公司设计和生产的一类超小型 PLC。S7-200 系列的最小配置为 8DI/6DO，可扩展 2～7 个模块，最大 I/O 点数为 64DI/64DO、12AI/4AO。它具有体积小、价格低廉等很多优点。

S7-200 推出的 CPU22*系列 PLC（它是 CPU21*的替代产品）具有多种可供选择的特殊功能模块和人机界面（HMI），所以其系统容易集成，并且可以非常方便地组成 PLC 网络。它同时拥有功能齐全的编程和工业控制组态软件，因此，在设计控制系统时更加方便、简单，可以完成大部分的功能控制任务。

S7-200 系列 PLC 属于超小型机，采用整体式结构。因此，配置系统时，当输入/输出端口数量不足时，可以通过扩展端口来增减输入/输出的数量，也可以通过扩展其他模块的方式来实现不同的控制功能。S7-200 系列 PLC 由于带有部分输入/输出单元，既可以单机运行，也可以扩展其他模块运行。其特点是结构简单、体积较小，具有比较丰富的指令集，能实现多种控制功能，具有非常好的性价比，所以广泛应用于各个行业中。

CPU22*系列 PLC 的主机（图 1-18），包括一个中央处理器 CPU、数字 I/O、通信口及电源，这些器件都被集成到一个紧凑独立的设备中。该模块的主要功能为：采集的输入信号通过中央处理器运算后，将生成结果传给输出装置，然后输出点输出控制信号，驱动外部负载。

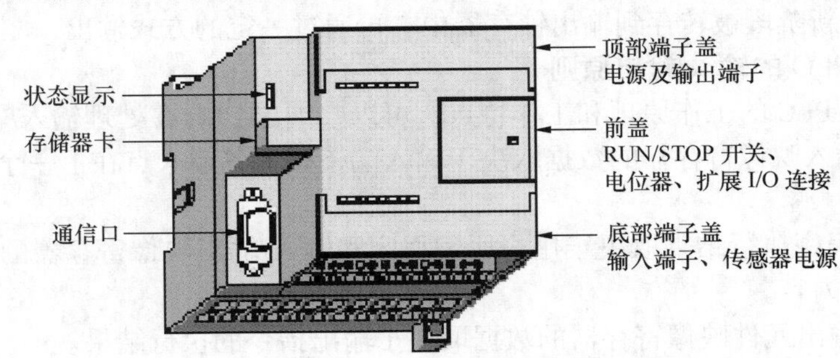

图1-18　CPU22*系列PLC的主机外形图

1.7.2　S7-1200 系列 PLC

如图 1-19 所示，S7-1200 是一款紧凑型、模块式的 PLC，可完成简单逻辑控制、高级逻辑控制、HMI 和网络通信等任务。它具有支持小型运动控制系统、过程控制系统的高级应用功能，可实现简单却高度精确的自动化任务。

S7-1200 系统有五种不同模块，分别为 CPU1211C、CPU1212C、CPU1214C、CPU1215C 和 CPU1217C。其中的每一种模块都可以进行扩展，以完全满足系统的需要。可在任何 CPU 的前方加入一个信号板，轻松扩展数字或模拟量 I/O，同时不影响控制器的实际大小。可将信号模块连接至 CPU 的右侧，进一步扩展数字量或模拟量 I/O 容量。CPU 1212C 可连接 2 个信号模块，CPU 1214C、CPU1215C 和 CPU1217C 可连接 8 个信号模块。最后，所有的S7-1200 CPU 控制器的左侧均可连接多达 3 个通信模块，便于实现端到端的串行通信。

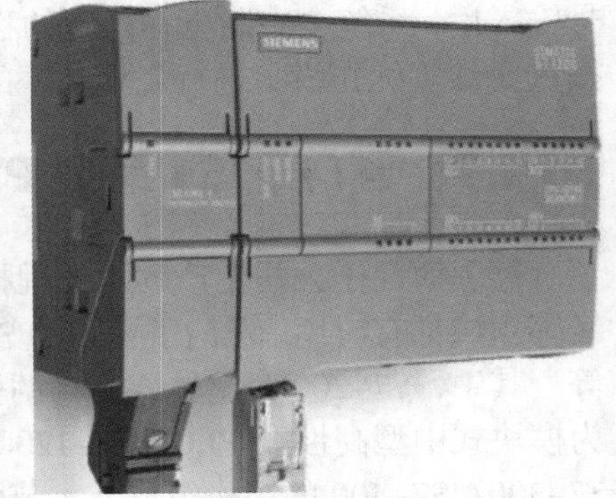

图1-19　S7-1200系列PLC

所有的 S7-1200 硬件都有内置的卡扣，可简单方便地水平或竖直安装在标准的 35 mm DIN 导轨上。这些内置的卡扣也可以卡入已扩展的位置，当需要安装面板时，可提供安装孔。所有的 S7-1200 硬件都经过专门设计，以节省控制面板的空间。例如，CPU 1214C 的宽度仅为 110 mm，CPU 1212C 和 CPU 1211C 的宽度仅为 90 mm。

S7-1200 具有用于进行计算和测量、闭环回路控制和运动控制的集成技术，用于速度、位置或占空比控制的高速输出，是一个功能非常强大的系统，可以实现多种类型的自动化任务。S7-1200 控制器集成了两个高速输出，可用作脉冲序列输出或调谐脉冲宽度的输出。当作为 PTO 进行组态时，以高达 100kHz 的速度提供 50%的占空比脉冲序列，用于控制步进马达和伺服驱动器的开环回路速度和位置。使用其中两个高速计数器在内部提供对脉冲序列输出的反馈。当作为 PWM 输出进行组态时，将提供带有可变占空比的固定周期数输出，用于控制马达的速度、阀门的位置或发热组件的占空比。使用轴技术对象和国际认可的 PLCopen 运动功能块，在工程组态软件西门子 STEP 7 中可轻松组态该功能。除了“home”和“jog”功能，也支持绝对移动、相对移动和速度移动。

S7-1200 系列 PLC

西门子 S7-1200 最多可支持 16 个 PID 控制回路，用于简单的过程控制应用。借助 PID 控制器技术对象和工程组态软件西门子 STEP 7 中提供的支持编辑器，可轻松组态这些控制回路。西门子 STEP 7 中随附的 PID 调试控制面板，简化了回路调整过程，并为单个控制回路提供了自动调整和手动控制功能，同时为调整过程提供了图形化的趋势视图。另外，西门子 S7-1200 支持 PID 自动调整功能，可自动为节省时间、积分时间和微分时间计算最佳调整值。

1.8 本章小结

本章简述了 PLC 的基本知识，主要包括 PLC 的发展历史、功能特点、工作原理、性能指标、系统基本组成以及西门子 PLC 产品的特点。

本章的重点是了解 PLC 的技术发展趋势及其功能特点，难点是掌握 PLC 的工作原理和系统基本组成。

通过本章的学习，读者对 PLC 有了一定程度的理解，为后续的设计开发打下坚实的基础。

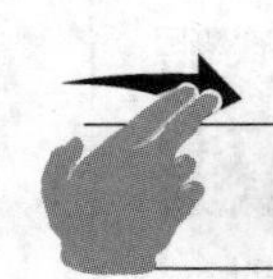

第2章 S7-300/400系列PLC的硬件组成

硬件设备是搭建PLC控制系统的基本条件，是任何工程实际项目的基础。因此，技术人员必须掌握PLC硬件系统的特点、组成。而每个品牌的PLC产品都有差别，主要体现在CPU、输入/输出、信号处理、通信以及存储器管理等方面。这也是不同品牌、不同型号PLC的区别。在第1章中，已经介绍了PLC的通用基本结构和工作原理，本章将主要介绍西门子公司的S7-300/400系列PLC的特性、硬件系统及内部资源。

2.1 硬件组成

2.1.1 概述

SIMATIC S7系列PLC是德国西门子公司于1995年陆续推出的性能价格比较高的PLC系列产品。SIMATIC S7系列包括：微型SIMATIC S7-200系列，最小配置为8DI/6DO，可扩展2～7个模块，最大I/O点数为64DI/64DO、12AI/4AO；中小型SIMATIC S7-300系列，如图2-1所示，最多可扩展32个模块；中高档性能的SIMATIC S7-400系列，如图2-2所示，最多可扩展300多个模块。

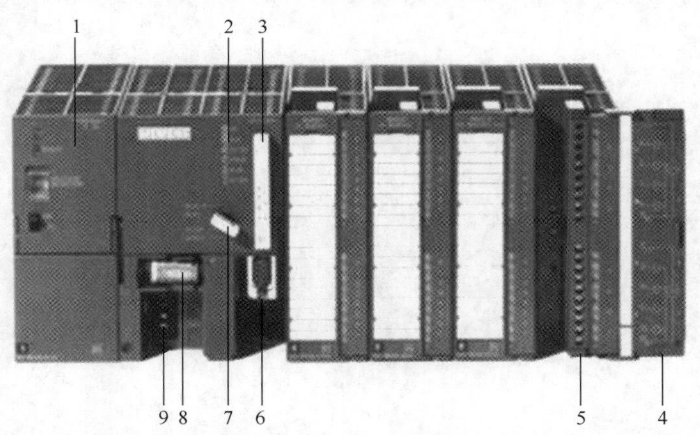

1—电源模块（选项）；2—状态和故障指示灯；3—存储器卡（CPU313以上）；4—前门；5—前连接器；6—多点接口（MPI）；7—模式开关；8—后备电池（CPU313以上）；9—DC 24V连接器

图2-1 S7-300系列PLC

S7-300/400系列PLC均采用模块式结构，由机架和模块组成。品种繁多的CPU模块、信号模块和功能模块能满足各种领域的自动控制任务，用户可以根据系统的具体情况选择合适的模块，维修时更换模块也很方便。当系统规模扩大和更为复杂时，可以增加模块，对PLC

进行扩展。简单实用的分布式结构和强大的通信联网能力，使其应用十分灵活。近年来，它被广泛应用于机床、纺织机械、包装机械、通用机械、控制系统、普通机床、楼宇自动化、电器制造工业及相关产业等诸多领域。

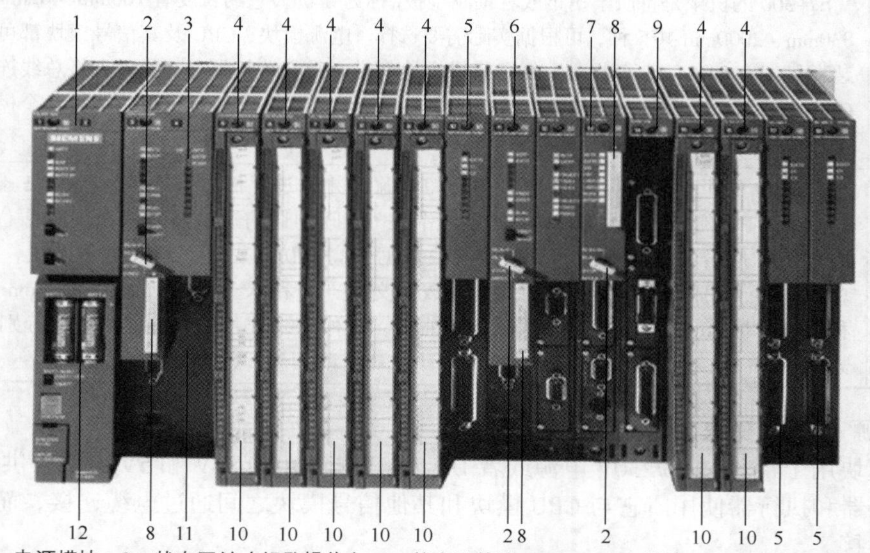

1—电源模块；2—状态开关（钥匙操作）；3—状态和故障LED；4—I/O模块；5—接口模块（IM）；
6—CPU2；7—FM 456-4（M7）应用模块；8—存储器卡；9—M7扩展模块；
10—带标签的前连接器；11—CPU1；12—后备电池

图2-2　S7-400系列PLC（CR2机架）

2.1.2　S7-300/400 系列 PLC 的构成模块

S7-300/400 系列 PLC 采用模块化结构设计，各种单独模块之间可以进行广泛的组合和扩展。它的主要组成部分有机架（或者导轨）、电源（PS）模块、中央处理单元（CPU）模块、接口模块（IM）、信号模块（SM）、功能模块（FM）和通信处理器（CP）模块。

1. 机架（或者导轨）

如图 2-3 所示，机架用来安装和固定 PLC 的各类模块。表 2-1 给出了 S7-300/400 机架的特点。

S7-400 系列 PLC 的结构

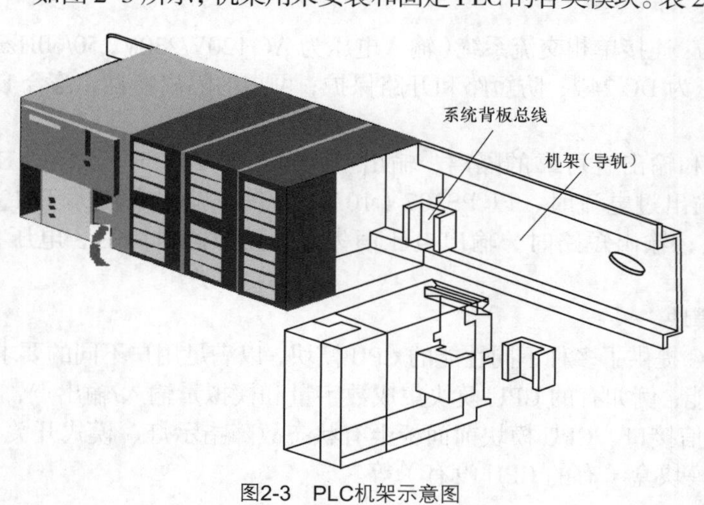

图2-3　PLC机架示意图

构成模块 1

表 2-1 S7-300/400 机架的特点

PLC 名称	特点
S7-300	S7-300 的机架是特质不锈钢或者铝制型板（称为导轨），它的长度有 160mm、482mm、530mm、830mm、2000mm 共 5 种，可根据实际需要选择。电源模块、CPU 及其信号模块都可方便地安装在机架上。除 CPU 模块外，每个信号模块都带有总线连接器，安装时先将总线连接器装在 CPU 模块上，并固定在机架上，然后依次将各个模块装入，通过背板总线将各个模块从物理上和电气上连接起来即可
S7-400	S7-400 的机架为各类模块提供支架和电源，并通过背板总线连接各个模块。采用分布式总线（P 总线和 C 总线），使 CPU 与中央 I/O 间的通信速度非常快，P 总线（I/O 总线）用于 I/O 信号的高速交换和对信号模块数据的高速访问；C 总线（通信总线，也称为 K 总线）用于在 C 总线各站之间的高速数据交换，C 和 K 分别是英语单词 Communication 和德语单词 Konununikation（通信）的缩写。两种总线分开后，控制和通信分别有各自的数据通道

2. 电源（PS）模块

电源模块用于将 AC 120/230V 电源或者 DC 24V 转换为 DC 24V 和 5V 电源，供 CPU、I/O 模块、传感器和执行器使用。它与 CPU 模块和其他信号模块之间通过电缆连接，而不是通过背板总线连接。

S7-300 系列 PLC 可供选择的电源模块有：PS305（2A）、PS307（2A）、PS307（5A）和 PS307（10A）等。

PS305（2A）电源模块的特点为：连接直流电源（输入电压为 DC 24V/48V/72V/96V/110V）；输出电流为 2A，输出电压为 DC 24V；防短路和开路保护；可靠的隔离特性，符合 EN 60950；可用作负载电源。

PS307 系列电源模块是西门子公司为 S7-300 PLC 专配的 DC 24V 电源，可安装在 S7-300 PLC 的专用导轨上，其额定输出电流有 2A、5A 和 10A 等多种。PS307 系列电源模块除输出额定电流不同外，它们的工作原理和各种参数都基本相同。

图 2-4 所示为 PS307 电源模块的布置示意图，图 2-5 所示为 PS307 电源模块的基本电路原理图。

PS307 系列电源模块的特点为：连接单相交流系统（输入电压为 AC 120V/230V，50/60Hz）；输出电流为 2A/5A/10A，输出电压为 DC 24V；防短路和开路保护；可靠的隔离特性，符合 EN 60950；可用作负载电源。

PS307 系列电源模块的输入和输出有可靠的隔离，输出正常电压为 24V 时，绿色 LED 亮；输出过载时，LED 闪烁；输出过电流时，以 PS307（10A）为例，输出电流大于 13A 时，电压跌落，跌落后自动恢复；输出短路时，输出电压消失，短路故障排除后，电压自动恢复。

3. 中央处理单元（CPU）模块

SIMATIC S7-300/400 系列 PLC 提供了多种不同性能的 CPU 模块，以满足用户不同的要求，见表 2-2。各种 CPU 有不同的性能，例如有的 CPU 模块集成数字量和模拟量输入/输出点，有的 CPU 集成 PROFIBUS-DP 等通信接口。CPU 模块前面板上有状态故障指示灯、模式开关、24V 电源端子、电池盒与存储器模块盒（有的 CPU 没有）等。

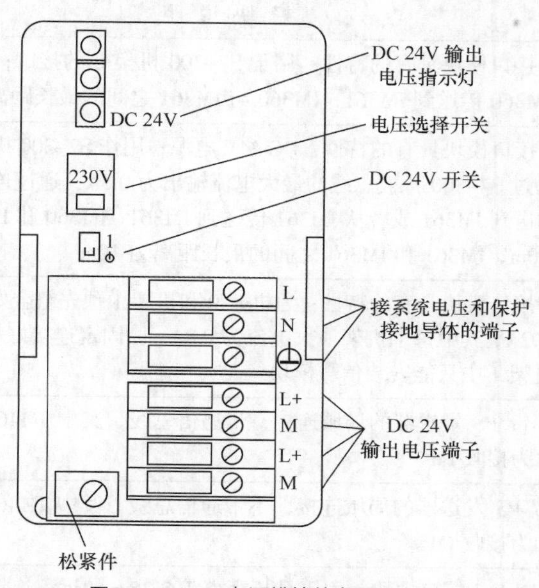

图2-4　PS307电源模块的布置示意图

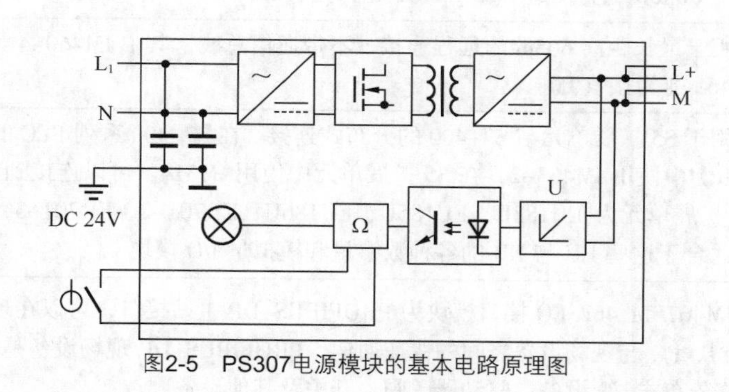

图2-5　PS307电源模块的基本电路原理图

表 2-2　S7-300/400 中央处理单元

PLC 类别	中央处理单元介绍
S7-300	S7-300 PLC 的 CPU 模块种类有 CPU312 IFM、CPU313、CPU314、CPU315、CPU315-2DP 等。CPU 模块除完成执行用户程序的主要任务外，还为 S7-300 PLC 背板总线提供 DC 5V 电源，并通过 MPI 与其他中央处理器或者编程装置通信
S7-400	S7-400 PLC 的 CPU 模块种类有 CPU412-1、CPU413-1/413-2DP、CPU414-1/414-2DP、CPU416-1 等。S7-400 PLC 的 CPU 模块都具有实时时钟功能、测试功能，内置两个通信接口等特点

4. 接口模块（IM）

接口模块用于多机架配置时连接主机架（或者称中央机架，CR）和扩展机架（ER），S7-300/400 的接口模块见表 2-3。

表 2-3 S7-300/400 接口模块

PLC 类别	接口模块	模块说明
S7-300	IM360	IM360 接口模块具有的特性：用于 S7-300 机架 0 的接口；通过连接电缆将数据从 IM360 传送到 IM361；IM360 与 IM361 之间的最长距离为 10m
	IM361	IM361 接口模块具有的特性：DC 24V 电源；用作 S7-300 机架 1 到机架 3 的接口；通过 S7-300 背板总线的最大电流输出为 0.8A；通过连接电缆将数据从 IM360 传送到 IM361 或者从 IM361 传送到 IM361；IM360 和 IM361 之间的最长距离为 10m；IM361 和 IM361 之间的最长距离为 10m
	IM365	IM365 接口模块具有的特性：为机架 0 和机架 1 预先组合好的配对模块；总电流为 1.2A，其中每个机架最大电流为 0.8A；已固定连接好一个长 1m 的连接电缆；机架 1 中只能安装信号模块
S7-400	IM460/461-0	用于不带 PS 发送器的局域连接，带通信总线，其中 IM460-0 为发送 IM，IM461-0 为接收 IM
	IM460/461-1	用于带 PS 发送器的局域连接，不带通信总线，其中 IM460-1 为发送 IM，IM461-1 为接收 IM
	IM460/461-3	IM460/461-3 接口模块，用于最长距离 102.25m 的远程连接，带通信总线，其中 IM460-3 为发送 IM，IM461-3 为接收 IM
	IM460/461-4	用于最长距离 605m 的远程连接，不带通信总线，其中 IM460-4 为发送 IM，IM461-4 为接收 IM
	IM463-2	用于 S5 扩展单元与 S7-400 的分布式连接。在 S7-400 系列 PLC 的中央机架（CR）中使用 IM463-2，在 S5 扩展单元中使用 IM314。可以连接到 S7-400 的 S5 扩展单元为 EU183U、EU185U、EU186U、ER701-2、ER701-3，并可以使用适合于这些 EU 与 ER 的各种数字量和模拟量 I/O 模块
	IM467/IM 467 FO	IM467/IM 467 FO 接口模块为 PROFIBUS-DP 主站接口，可以在现场实现编程器、PC 与现场设备之间的快速通信。PROFIBUS-DP 现场设备是指诸如 ET 200 分布式 I/O 设备、驱动器、阀、开关及其他设备。 IM467/IM 467 FO 接口模块在 S7-400 系列 PLC 中使用，它允许 S7-400 与 PROFIBUS-DP 连接。在中央机架（CR）中最多可使用 4 个 IM467/IM 467 FO 接口模块，没有插槽限制；IM467/IM 467 FO 与 CPU443-5 扩展型不能同时使用；传输速率可通过软件设置为 9.6kbit/s～12Mbit/s

5. 信号模块（SM）

信号模块是数字量输入/输出模块和模拟量输入/输出模块的总称，它们使不同的过程信号电压或者电流与 PLC 内部的信号电平匹配。S7-300/400 系列 PLC 的信号模块见表 2-4。

6. 功能模块（FM）

功能模块主要用于实时性强、存储计数量较大的过程信号处理任务。S7-300/400 系列 PLC 的功能模块见表 2-5。

表 2-4　S7-300/400 系列 PLC 的信号模块

PLC 类别	信号模块介绍
S7-300	数字量输入模块 SM321 和数字量输出模块 SM322，数字量输入/输出模块 SM323、模拟量输入模块 SM331、模拟量输出模块 SM332 和模拟量输入/输出模块 SM334 和 SM335。模拟量输入模块可以输入热电阻、热电偶、DC 4～20mA 和 DC 0～10V 等多种不同类型和不同量程的模拟信号。每个信号模块都配有自编码的螺栓锁紧型前连接器，外部过程信号可方便地连在信号模块前连接器上
S7-400	数字量输入模块 SM421 和数字量输出模块 SM442，模拟量输入模块 SM431 和模拟量输出模块 S432

表 2-5　S7-300/400 系列 PLC 的功能模块

PLC 类别	功能模块介绍
S7-300	计数器模块 FM350-1/2 和 CM 35、快速/慢速进给驱动位置控制模块 FM351、电子凸轮控制器模块 FM352、步进电机定位模块 FM353、伺服电机定位模块 FM354、定位和连续路径控制模块 FM338、闭环控制模块 FM355 和 FM355-2/2C/2S、称重模块 SIWAREX U/M 和智能位控制模块 SINUMERIK FM-NC 等
S7-400	计数器模块 FM450-1、快速/慢速进给驱动位置控制模块 FM451、电子凸轮控制器模块 FM452、步进电机和伺服电机定位模块 FM453、闭环控制模块 FM455、应用模块 FM458-1DP 和 S5 智能 I/O 模块等

7. 通信处理器（CP）模块

通信处理器模块是一种智能模块，它用于 PLC 之间、PLC 与计算机和其他智能模块之间的通信，可以将 PLC 接入 PROFIBUS-DP、AS-i 和工业以太网，或者用于实现点对点通信等。通信处理器可以减轻 CPU 处理通信的负担，并减少用户对通信的编程工作，S7-300/400 系列 PLC 的通信处理模块的介绍见表 2-6。

表 2-6　S7-300/400 系列 PLC 的通信处理模块

PLC 类别	通信处理模块介绍
S7-300	S7-300 系列 PLC 有多种用途的通信处理器模块，如 CP340、CP342-5DP、CP343-FMS 等。其中，既有为装置进行点对点通信设计的模块，也有为 PLC 上网到西门子的低速现场总线网 SINEC L2 和高速网 SINEC H1 而设计的网络接口模块
S7-400	S7-400 系列 PLC 的通信处理器模块 CP 有 CP441-1、CP441-2、CP443-5 和 CP443-1 TF 等，它们用来与各种通信设备互连

西门子 S7-300/400 系列 PLC 具体的结构又各有特点，下面进行具体的介绍。

1. S7-300 系列 PLC 的结构

S7-300 系列 PLC 采用紧凑的、无槽位限制的模块化组合结构，根据应用的不同，可选用不同型号和不同数量的模块，并可以将这些模块安装在同一个机架（导轨）或者多个机架上。与 CPU312 IFM 和 CPU313 配套的模块只能安装在同一个机架上。机架是一种专用的金属机架，只需将模块装在 DIN 标准的安装机架上，然后用螺栓锁紧就可以了。有多种不同长度规格的机架供用户选择。

S7-300 的结构如图 2-6 所示，电源模块总是安装在机架的最左边，CPU 模块紧靠电源模块；如果有接口模块（IM），接口模块放在 CPU 模块的右侧；除了电源模块、CPU 模块和接口模块外，一个机架上最多只能再安装 8 个信号模块、通信处理器模块或者功能模块。

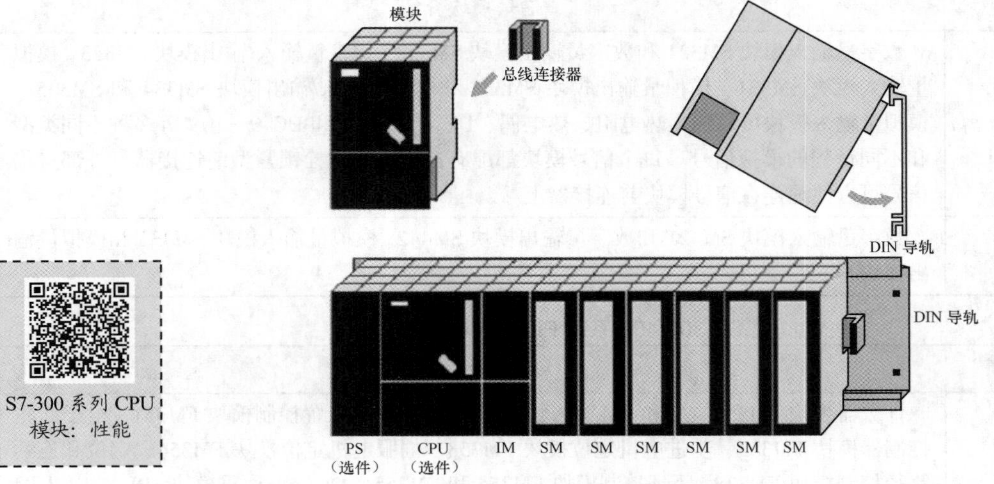

S7-300 系列 CPU 模块：性能

图2-6　S7-300系列PLC的结构

如果系统任务需要的信号模块、功能模块和通信处理器模块超过 8 个，则可以增加扩展机架（ER）来进行系统的扩展，如图 2-7 所示。CPU314/315/315-2DP 最多可以扩展 4 个机架，包括带 CPU 的中央机型（CR）和 3 个扩展机架（ER），每个机架可以插 8 个模块（不包括电源模块、CPU 模块和接口模块），4 个机架最多可以安装 32 个模块。

S7-300 系列 CPU 模块：面板

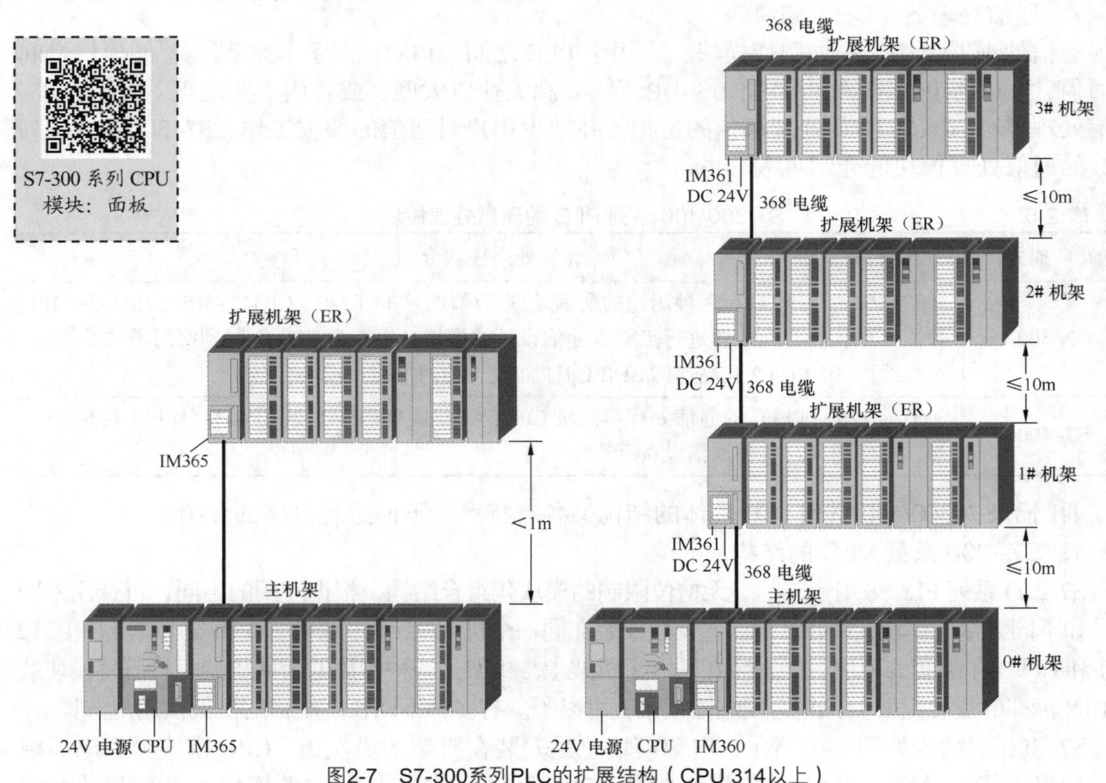

图2-7　S7-300系列PLC的扩展结构（CPU 314以上）

2. S7–400 PLC 的结构

S7–400 系列 PLC 采用模块化无风扇设计，适用于对可靠性要求极高的大型复杂的控制系统。其大部分模块的尺寸为 25mm（宽）× 290mm（高）× 210mm（深）。

S7–400 系列 PLC 的结构如图 2–8 所示。S7–400 系列 PLC 的模块安装采用无槽位规则，除电源和扩展机架（ER）的接口模块外，所有模块可插入任何槽位。

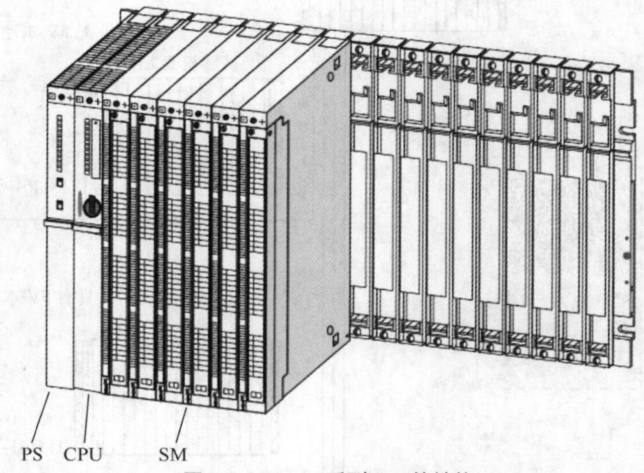

图2-8　S7-400系列PLC的结构

S7–400 系列 PLC 的机架用来固定模块、提供模块工作电压和实现局部接地，并通过信号总线将不同模块连接在一起。模块插座焊在机架中的总线连接板上，模块插在模块插座上，有不同槽数的机架供用户选用。

S7–400 系列 PLC 提供了多种级别的 CPU 模块和种类齐全的通用功能模块，使用户能根据需要组合成不同的专用系统。S7–400 系列 PLC 采用模块化设计，性能范围宽广的不同模块可以灵活组合，扩展十分方便。

中央机架（或者称为中央控制器，CC）必须配置 CPU 模块和一个电源模块，可以安装除用于接收的接口模块（IM）外的所有 S7–400 模块。

如果一个机架容纳不下所有的模块，可以增设一个或者多个扩展机架（或者称为扩展单元，EU），各机架之间用接口模块和通信电缆交换信息，扩展机架可以安装除 CPU、发送 IM、IM463–2 适配器外的所有 S7–400 模块。但是电源模块不能与 IM461–1（接收 IM）一起使用。

S7–400 系列 PLC 的扩展结构如图 2–9 所示。当中央控制器不够用时，S7–400 可以集中式或者分布式扩展多达 21 个扩展单元。

S7–400 系列 PLC 具有以下几个特点。

① 运行速度高，存储器容量大，I/O 扩展能力强，可以扩展 21 个机架。

② 有极强的通信能力，容易实现分布式结构和冗余控制系统，集成的 MPI（多点接口）能建立最多 32 个站的简单网络。大多数 CPU 集成有 PROFIBUS–DP 主站接口，可以用来建立高速的分布式系统。从用户的角度看，分布式 I/O 的处理与集中式 I/O 没有什么区别，具有相同的配置、寻址和编程方法。CPU 能与在通信总线和 MPI 上的站点建立联系，站点为 16～44 个，通信传输速率最高达 12Mbit/s。

③ 通过钥匙开关和口令实现安全保护。

④ 诊断功能强，最新的故障和中断时间保存在 FIFO（先入先出）缓冲区中。

⑤ 集成的 HMI（人机接口）服务，用户只需要为 HMI 服务定义源和目的地址，系统会自动传送信息。

S7–400 系列 PLC 与 S7–300 系列 PLC 一样，都用 STEP 7 编程软件编程，编程语言与编程方法完全相同。

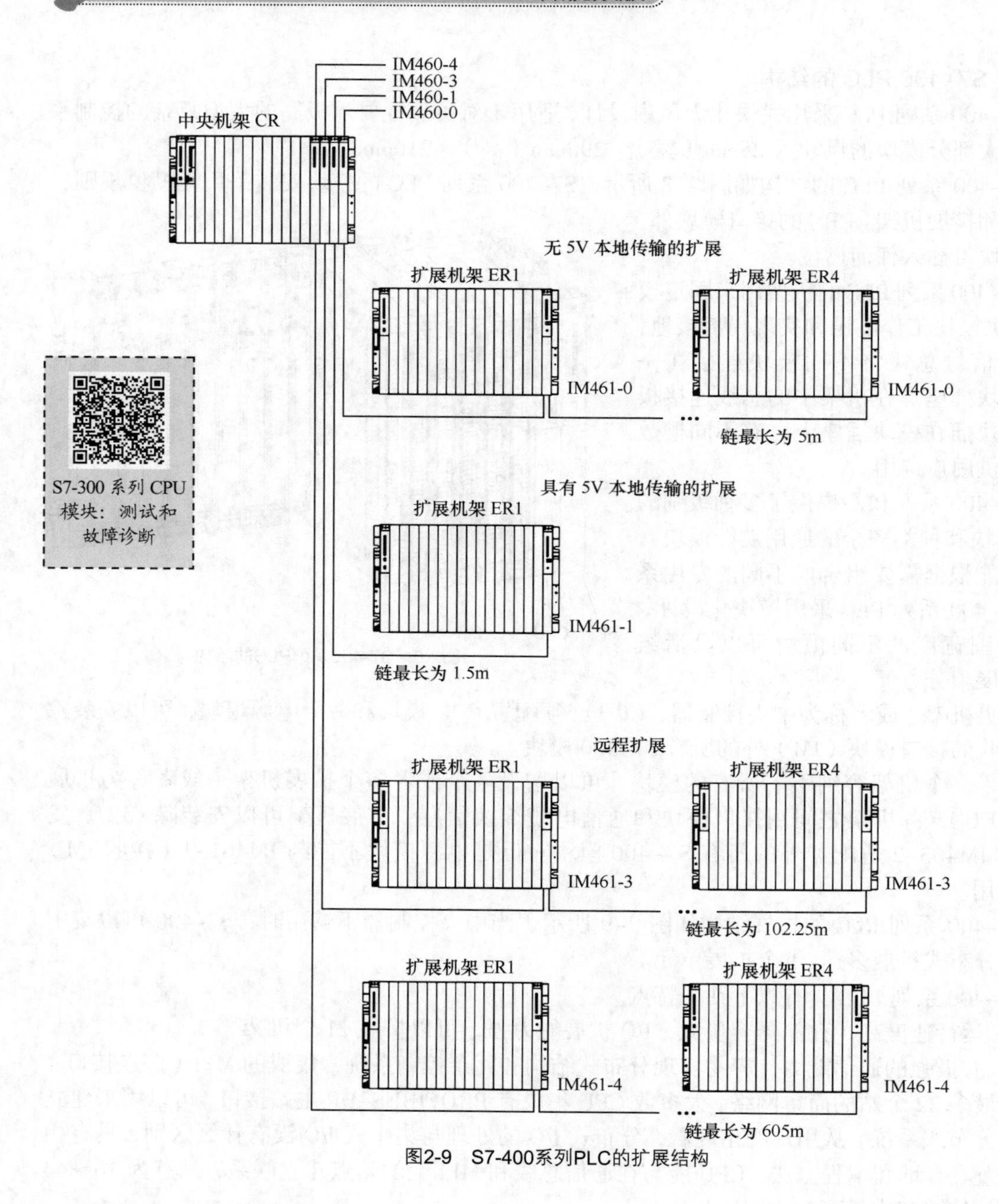

图2-9　S7-400系列PLC的扩展结构

2.2　CPU 模块介绍

SIMATIC S7-300/400 系列 PLC 提供了多种不同性能的 CPU 模块，以满足用户不同的要求。

2.2.1　S7-300 系列 CPU 模块

S7-300 有 CPU312 IFM、CPU313、CPU314、CPU314 IFM、CPU315/315-2DP、CPU316-2DP、

CPU318-2DP 等多种不同的中央处理单元模块可供选择。CPU312 IFM 和 CPU314 IFM 是带有集成的数字量和模拟量输入/输出的紧凑型 CPU 模块，用于要求响应快速并具有许多特殊功能的装备。CPU313、CPU314 和 CPU315 模块上不带集成的 I/O 端口，其存储容量、指令执行速度、可扩展的 I/O 点数、计数器/定时器数量、软件块数量等随序号的递增而增加。CPU315-2DP、CPU316-2DP 和 CPU318-2DP 模块都具有现场总线扩展功能。CPU 模块以梯形图（LAD）、功能块（FBD）或者语句表（STL）进行编程。

1. CPU 模块的面板

S7-300 系列 PLC CPU 模块的面板上有状态和故障指示 LED、模块选择开关和通信接口等，如图 2-10 所示，它们的功能及说明见表 2-7。大多数 CPU 还有后备电池盒，存储器卡插座可以插入多达数兆字节的 Flash EPROM 卡或微存储器卡（简称为 MMC），用于掉电后程序和数据的保存。

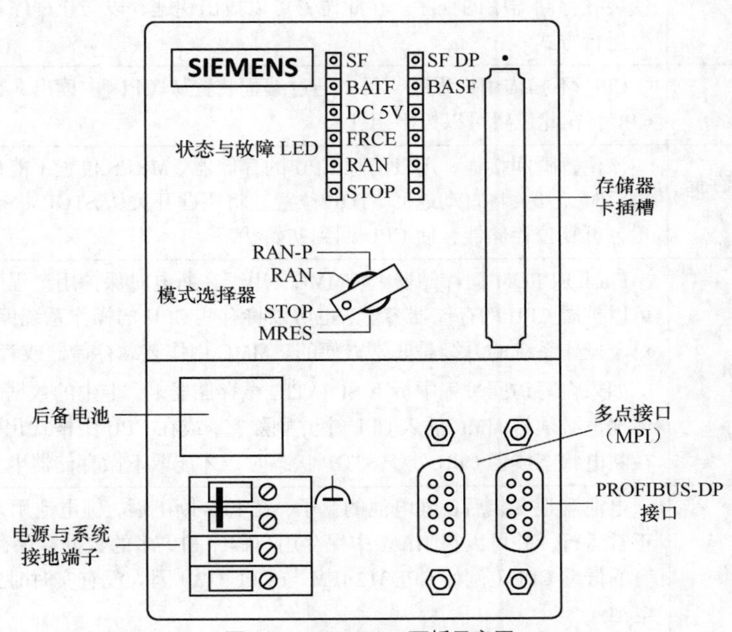

图2-10　CPU318-2面板示意图

表 2-7　S7-300 系列 PLC CPU 面板的功能及说明

面板按钮名称		功能及说明
状态与故障指示灯 LED	SF	系统出错/故障指示，红色。该 LED 指示灯亮的原因有：CPU 硬件故障，固件故障，编程出错，参数设置出错，算术运算出错，定时器出错，存储卡故障（只在 CPU313 和 CPU314 以上），电池故障或者电源接通时无后备电池（只用于 CPU313 和 CPU314 上），外部 I/O 故障或者错误。可通过编程装置读出诊断缓冲器中的内容，以确定故障/错误的具体原因
	BATF	电池故障指示，红色，电池电压低或者没有电池时亮
	DC 5V	+5V 电源指示，绿色，CPU 和 S7-300 总线的 5V 电源正常时亮
	FRCE	强制信号指示，黄色，至少有一个 I/O 被强制时亮，部分低序号 CPU 该指示灯功能为保留（未用）

续表

<table>
<tr><th colspan="2">面板按钮名称</th><th>功能及说明</th></tr>
<tr><td rowspan="3">状态与故障指示灯LED</td><td>RUN</td><td>运行方式指示，绿色，CPU 处于 RUN 状态时亮，重新启动时以 2Hz 的频率闪亮，HOLD 状态时以 0.5Hz 的频率闪亮</td></tr>
<tr><td>STOP</td><td>停止方式指示，黄色，CPU 处于 STOP、HOLD 状态或者重新启动时亮，请求存储器复位时以 2Hz 的频率闪亮</td></tr>
<tr><td>SF-DP</td><td>用于指示现场总线及 DP 接口的错误</td></tr>
<tr><td rowspan="4">模式选择器</td><td>RUN-P（可编程运行方式）</td><td>CPU 扫描用户程序，既可以用编程装置从 CPU 中读出，也可以由编程装置装入 CPU 中。用编程装置可监控程序的运行，在此位置钥匙不能拔出</td></tr>
<tr><td>RUN</td><td>CPU 扫描用户程序，可以用编程装置读出并监控 PLC CPU 中的程序，但不能改变装载存储器中的程序。在此位置可以拔出钥匙，以防止程序在正常运行时被改变运行方式</td></tr>
<tr><td>STOP</td><td>CPU 不扫描用户程序，可以通过编程装置从 CPU 中读出，也可以下载程序到 CPU，在此位置可以拔出钥匙</td></tr>
<tr><td>MRES（清存储器方式）</td><td>该位置瞬间接通，用以清除 CPU 的存储器。MRES 位置不能保持，在这个位置松手时，开关将自动返回 STOP 位置。将钥匙开关从 STOP 状态调整到 MRES 位置，可复位存储器，使 CPU 回到初始状态</td></tr>
<tr><td colspan="2">微存储器卡（MMC）</td><td>Flash EPROM 微存储器卡（MMC）用于在断电时保护用户程序和某些数据，它可以扩展 CPU 的存储器容量，也可以将有些 CPU 的操作系统保存在 MMC 中，这对于操作系统的升级是非常方便的。MMC 用作装载存储器或者便携式保存媒体。
如果在写访问过程中拆下 SIMATIC 微存储器卡，卡中的数据会被破坏。在这种情况下必须将 MMC 插入 CPU 中并删除它，或在 CPU 中格式化微存储器卡。只有在断电状态或者 CPU 处于 STOP 状态时，才能取下微存储器卡</td></tr>
<tr><td colspan="2">电池盒</td><td>电池盒是安装后备锂电池的盒子，在 PLC 断电后，锂电池用来保证实时时钟的正常运行，并可以在 RAM 中保存用户程序和更多的数据，保存的时间为 1 年。有的低端 CPU（例如 CPU312 IFM 与 CPU313）因为没有实时时钟，就没有配备锂电池</td></tr>
<tr><td colspan="2">通信接口</td><td>所有的 CPU 模块都有一个多点接口（MPI），有的 CPU 模块有一个 MPI 和一个 PROFIBUS DP 接口，有的 CPU 模块有一个 MPI/DP 接口和一个 DP 接口。
MPI 用于 PLC 与其他西门子 PLC、PG/PC（编程器或者个人计算机）、OP（操作员接口）的通信。CPU 通过 MPI 或者 PROFIBUS DP 接口在网络上自动地广播它设置的总线参数（即波特率），PLC 可以自动地“挂到”MPI 网络上。
PROFIBUS DP 的传输速率最高为 12Mbit/s，用于与其他西门子带 DP 接口的 PLC、PG/PC、OP 和其他 DP 主站与从站的通信</td></tr>
<tr><td colspan="2">电源接线端子</td><td>电源模块的 L1、N 端子接 AC 220 电源，电源模块的接地端子和 M 端子一般用短路片短接后接地，机架的导轨也应接地。
电源模块上的 L+和 M 端子分别是 DC 24V 输出电压的正极和负极，用专用的电源连接器或者导线连接电源模块和 CPU 模块的 L+和 M 端子</td></tr>
</table>

CPU 模块上的 M 端子（系统的参考点）一般是接地的，接地端子与 M 端子用短接片连接。

某些大型工厂（例如化工厂和发电厂）为了监视对地的短路电源，可能采用浮动参考电位，这时应将 M 点与接地点之间的短接片去掉，可能存在的干扰电流通过集成在 CPU 中 M 点与接地点之间的 RC 电路，如图 2-11 所示，对接地母线放电。

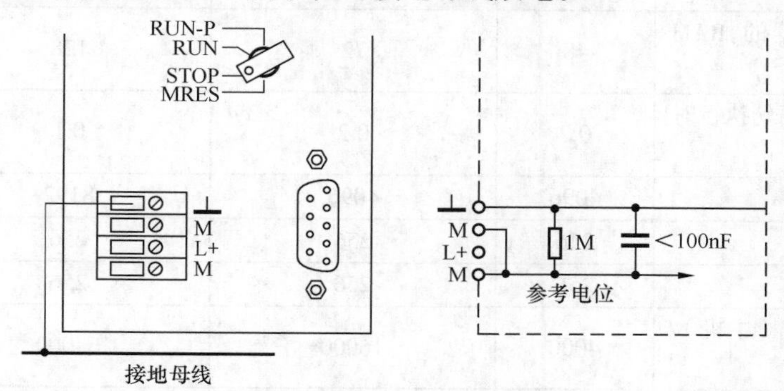

图2-11　S7-300的浮动参考电位

2. CPU 模块的测试和诊断故障功能

S7-300 系列 PLC 的中央处理单元（CPU）提供了测试和诊断故障功能，通过编程装置和 STEP 7 软件可以查看这些相应的内容。CPU 模块的测试功能包括状态变量、强制变量和状态块 3 种，它们的功能及说明见表 2-8。编程器在程序执行过程中可显示信号状态，可改变与用户程序无关的变量，输出存储器堆栈中的内容。

表 2-8　S7-300 系列 PLC CPU 模块的功能及说明

名称	功能及说明
状态变量	“状态变量”测试功能用于监视用户程序执行过程中所选定的过程变量的数值。它的作用是在规定的点（循环结束/开始，从 RUN 到 STOP 转变时）监视选定的过程变量（输入、输出、位存储器、定时器、计数器、数据块等）
状态块	“状态块”测试功能与“状态变量”测试功能的作用类似，只是监视的对象不同。“状态块”是监视一个和程序顺序有关的块，用来支持启动和故障诊断。状态块提供了在指令执行中监视某一内容的可能性，如累加器、地址寄存器、状态寄存器、DB 寄存器等
强制变量	“强制变量”测试功能可以给所选定的过程变量强制赋值，强制改变用户程序的执行条件。它的作用在规定的点（循环结束/开始，从 RUN 到 STOP 转变时）给选定的过程变量赋值。同样的，可以强制改变用户程序的执行条件

2.2.2　S7-400 系列 CPU 模块

1. CPU 模块的性能概述

S7-400 系列 PLC 的 CPU 模块种类中的 CPU412-1、CPU413-1/413-2DP、CPU414-1/414- 2DP 和 CPU416-2DP 适用于中等性能的较大系统；CPU414-1 和 CPU414-2DP 适用于中等性能，对程序规模、指令处理速度及通信要求较高的场合；CPU416-1 适用于高性能要求的复杂场合，具有集成 DP 接口的 CPU 可作为 PROFIBUS DP 的主站。

S7-400 系列
CPU 模块

部分中央处理单元（CPU）的主要性能指标见表 2-9，包括存储器容量、指令执行时间、I/O 点数、位存储器、计数器、定时器数量和通信接口等。

表 2-9　　S7-400 CPU 的技术参数

项目	SIMATIC S7-400			
	CPU412-1	CPU413-1/413-2DP	CPU414-1/414-2DP	CPU416-1
存放程序和数据的 RAM（内置）/KB	48	72	128	512
每 1KB 二进制语句执行时间/ms	0.2	0.2	0.1	0.08
位存储器/个	4096	4096	8192	16384
计数器/个	256	256	256	512
定时器/个	256	256	256	512
数字量输入/输出（主机）/点数	4000	16000	64000	128000
模拟量输入/输出（主机）/点数	256	1024	4096	8192
通信接口	MPI	MPI，SINEC L2/L2-DP	MPI，SINEC L2/L2-DP	MPI
网络	SINEC L2/H1	SINEC L2/H1	SINEC L2/H1	SINEC L2/H1
实时时钟	内置	内置	内置	内置

2. CPU 模块的面板

S7-400 系列 PLC CPU 模块的面板上有状态和故障指示 LED、模式选择开关、存储卡插座、通信接口和外部后备电源输入接口等，如图 2-12 所示，面板的按钮功能及说明见表 2-10。S7-400 系列 PLC 不同型号的 CPU 的面板上元件不完全相同。

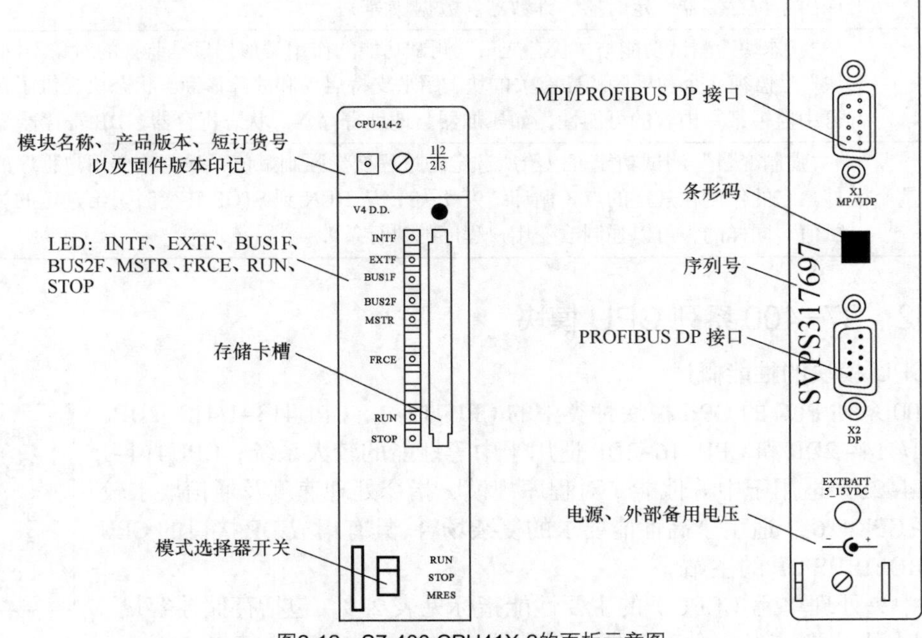

图2-12　S7-400 CPU41X-2的面板示意图

表 2-10 S7-400 系列 PLC CPU 面板按钮功能及说明

面板按钮名称		功能及说明
状态与故障指示灯 LED	INTF	红色，内部故障
	EXTF	红色，外部故障
	FRCE	黄色，强制工作
	RUN	绿色，运行状态
	STOP	黄色，停止状态
	BUS1F	红色，MPI/PROFIBUS DP 接口 1 的总线故障
	BUS2F	红色，MPI/PROFIBUS DP 接口 2 的总线故障
	MSTR	黄色，CPU 运行
模式选择器	RUN-P（可编程运行方式）	CPU 扫描用户程序，既可以用编程装置从 CPU 中读出，也可以由编程装置装入 CPU 中。用编程装置可监控程序的运行，在此位置钥匙不能拔出
	RUN	CPU 扫描用户程序，可以用编程装置读出并监控 PLC CPU 中的程序，但不能改变装载存储器中的程序。在此位置可以拔出钥匙，以防止程序在正常运行时被改变运行方式
	STOP	CPU 不扫描用户程序，可以通过编程装置从 CPU 中读出，也可以下载程序到 CPU。在此位置可以拔出钥匙
	MRES（清存储器方式）	该位置瞬间接通，用以清除 CPU 的存储器。MRES 位置不能保持，在这个位置松手时开关将自动返回 STOP 位置
存储器卡插槽	RAM 卡	用 RAM 卡可以扩展 CPU 装载存储器的容量
	Flash EPROM 卡	用 Flash EPROM 卡存储程序和数据，即使没有后备电池的情况下，其内容也不会丢失。可以在编程器或者 CPU 上编写 Flash EPROM 卡的内容。Flash EPROM 卡也可以扩展 CPU 装载存储区的容量
通信接口		集成了 MPI 和 DP 通信接口，并可选配 PROFIBUS DP、工业以太网和点对点（PtP）通信模块。通过 PROFIBUS DP 或者 AS-i 现场总线，可以周期性地自动交换 I/O 模块的数据（过程映像数据交换）
后备电源		根据模块类型的不同，可以使用一个或两个后备电池，为存储在装载存储器、工作存储器 RAM 中的用户程序和内部时钟提供后备电源，保持存储器中的存储器器、定时器、计数器、系统数据和数据块中的变量

2.3 信号模块介绍

输入/输出模块统称为信号模块（SM），包括数字量（或称开关量）输入模块、数字量输出模块、数字量输入/输出模块、模拟量输入模块、模拟量输出模块和模拟量输入/输出模块。

2.3.1 S7-300 系列信号模块

S7-300 系列 PLC 的输入/输出模块的外部接线接在插入式的前连接器的端子上，前连接器插在前盖后面的凹槽内。无须断开前连接器上的外部连线，就可以更换模块。第一次插入连接器时，有一个编码元件与之啮合，这样该连接器就只能插入同样类型的模块中。

信号模块面板上的 LED 用来显示各数字量输入/输出点的信号状态，模块安装在 DIN 标准导轨上，通过总线连接器与相邻的模块连接。模块的默认地址由所在的位置决定，也可以用 STEP 7 指定模块的地址。

S7-300 系列信号模块：数字量模块

1．数字量模块

（1）数字量输入模块 SM321

数字量输入模块将现场过程送来的数字 1 信号电平转换成 S7-300 内部信号电平。数字量输入模块有直流输入方式和交流输入方式。对现场输入器件，仅要求提供开关触点即可。输入信号进入模块后，一般都经过光电隔离和滤波，然后才送至输入缓冲期等待 CPU 采样。采样时，信号经过背板总线进入到输入映像区。

图 2-13 所示为直流 32 点数字量输入模块的内部电路和外部端子接线图，图中只画出了 2 路输入电路，其中的 M 为同一输入组内输入信号的公共端，L+为负载电压输入端。

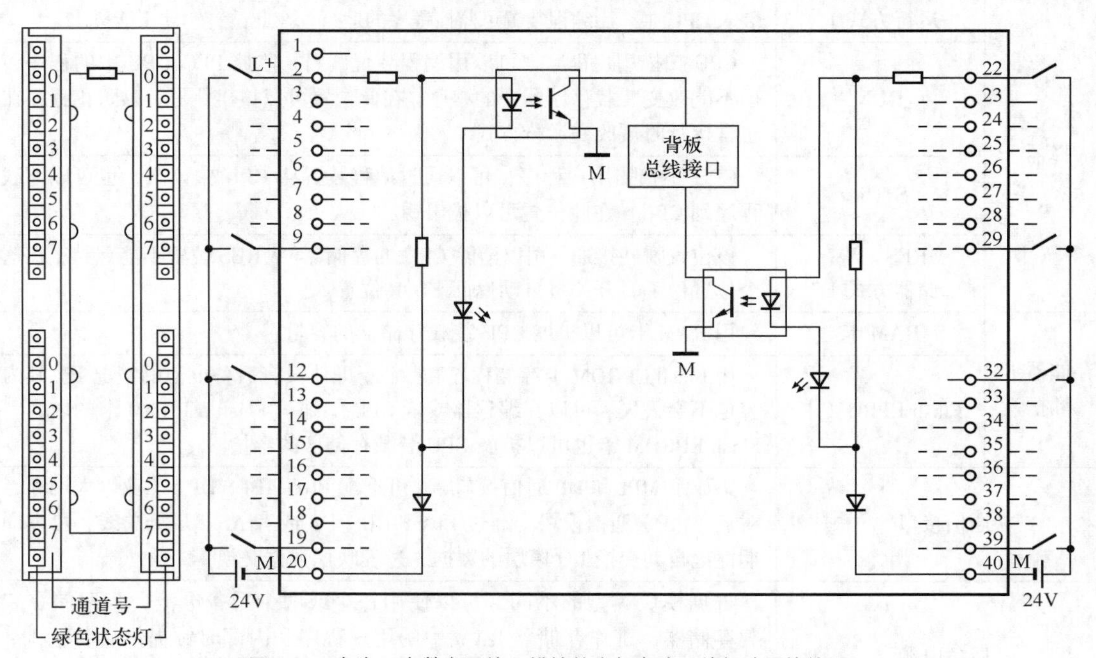

图2-13　直流32点数字量输入模块的内部电路及外部端子接线图

图 2-14 所示为交流 32 点数字量输入模块的内部电路及外部端子接线图。其中的 1N 和 1L、2N 和 2L、3N 和 3L、4N 和 4L 等分别为同一输入组内各输入信号的交流电源零线和相线输入端。

数字量输入模块 SM321 的技术特性见表 2-11。模块的每个输入点有一个绿色发光二极管显示输入状态，输入开关闭合（即有输入电压）时，二极管点亮。

（2）数字量输出模块 SM322

数字量输出模块 SM322 将 S7-300 内部信号电平转换成过程所要求的外部信号电平，同时有隔离和功率放大作用，可直接用于驱动电磁阀、接触器、小型电动机、灯和电动机启动器等，输出电流的典型值为 0.5～2A，负载电源由外部现场提供。

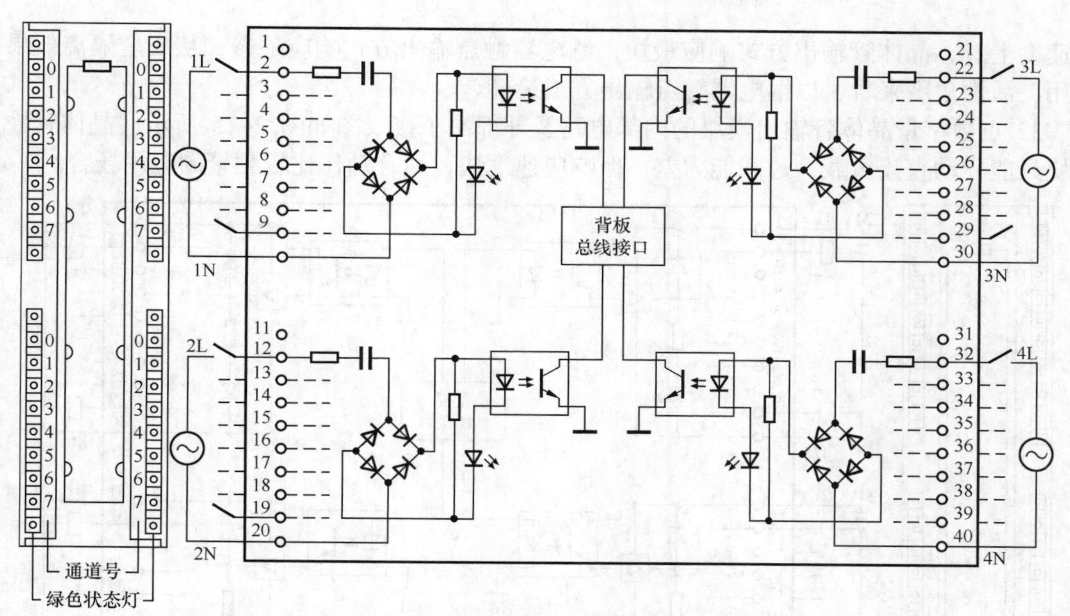

图2-14　交流32点数字量输入模块的内部电路及外部端子接线图

表 2-11　数字量输入模块 SM321 的技术特性

技术特性	SM32 模块			
	直流 16 点输入模块	直流 32 点输入模块	交流 16 点输入模块	交流 8 点输入模块
输入点数	16	32	16	8
额定负载直流电压 L+/V	24	24	—	—
负载电压范围/V	20.4～28.8	20.4～28.8	—	—
额定输入电压/V	DC 24	DC 24	AC 120	AC 120/230
额定输入电压“1”范围/V	13～30	13～30	79～132	79～264
额定输入电压“2”范围/V	−3～5	−3～5	0～20	0～40
输入电压频率/Hz	—	—	47～63	47～63
与背板总线隔离方式	光电耦合	光电耦合	光电耦合	光电耦合
输入电流（“1 信号”）/mA	7	7.5	6	6.5/11
最大允许静态电流/mA	15	15	1	2
典型输入延迟时间/ms	1.2～4.8	1.2～4.8	25	25
消耗背板总线最大电流/mA	25	25	16	29
消耗 L+最大电流/mA	1	—	—	—
功率损耗/W	3.5	4	4.1	4.9

数字量输出模块按输出开关器件的种类不同，可分为晶体管输出方式、晶闸管输出方式和继电器触点输出方式。晶体管输出方式的模块只能带直流负载，属于直流输出模块；晶闸管输出方式属于交流输出模块；继电器触点输出方式的模块属于交直流两用输出模块。从响

应速度上看，晶体管输出方式响应最快，继电器触点输出方式响应最慢；从安全隔离效果及应用灵活性角度来看，以继电器触点输出方式最佳。

32 点数字量晶体管输出模块的内部电路及外部端子接线图如图 2-15 所示。晶体管输出模块只能驱动直流负载，过载能力差，但响应速度快，适合动作比较频繁的应用场合。

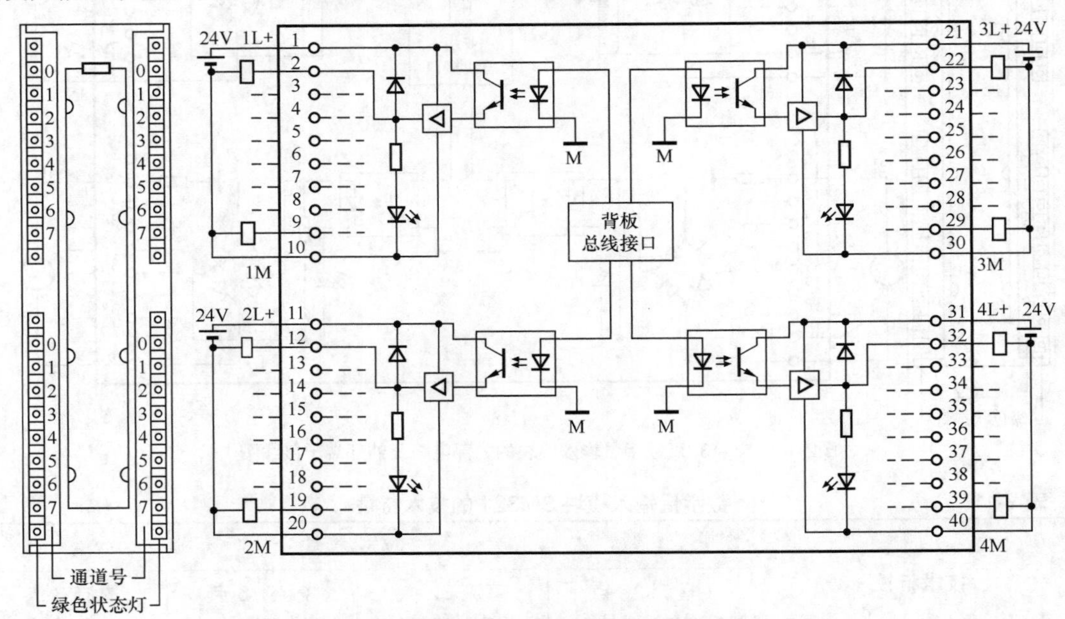

图2-15　32点数字量晶体管输出模块的内部电路及外部端子接线图

32 点数字量晶闸管输出模块的内部电路及外部端子接线图如图 2-16 所示。晶闸管输出模块一般只能驱动交流负载，响应速度快，但过载能力差，适合动作比较频繁的应用场合。

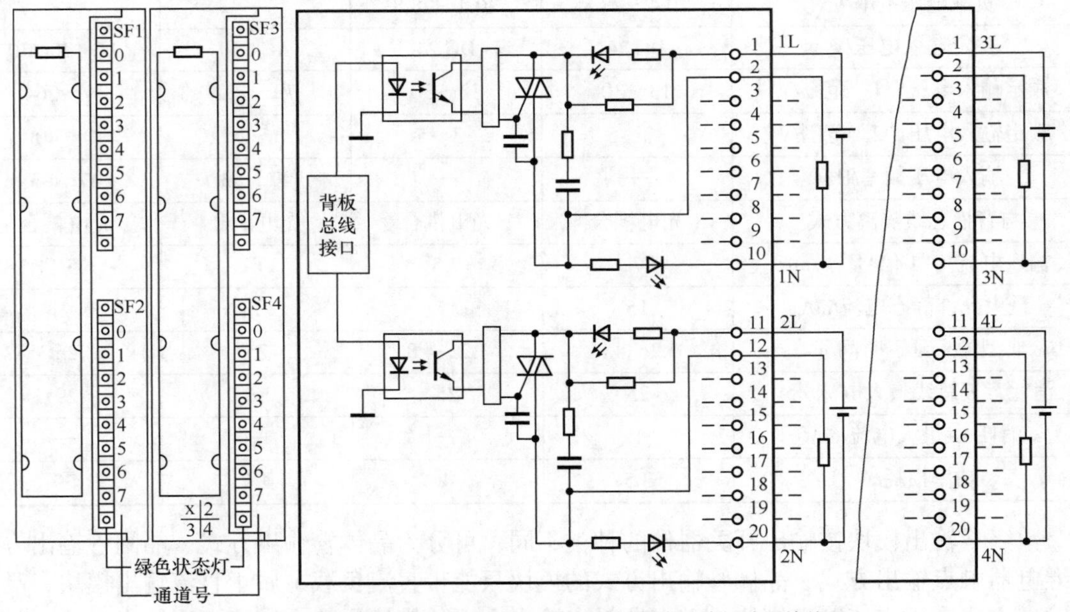

图2-16　32点数字量晶闸管输出模块的内部电路及外部端子接线图

16 点数字量继电器触点输出模块的内部电路及外部端子接线图如图 2-17 所示。继电器触点输出模块既能用于交流负载，也能用于直流负载，具有负载电压范围宽、道通压降小、承受瞬时过电压和过电流的能力强等优点，但继电器动作时间长，不适合要求频繁动作的应用场合。

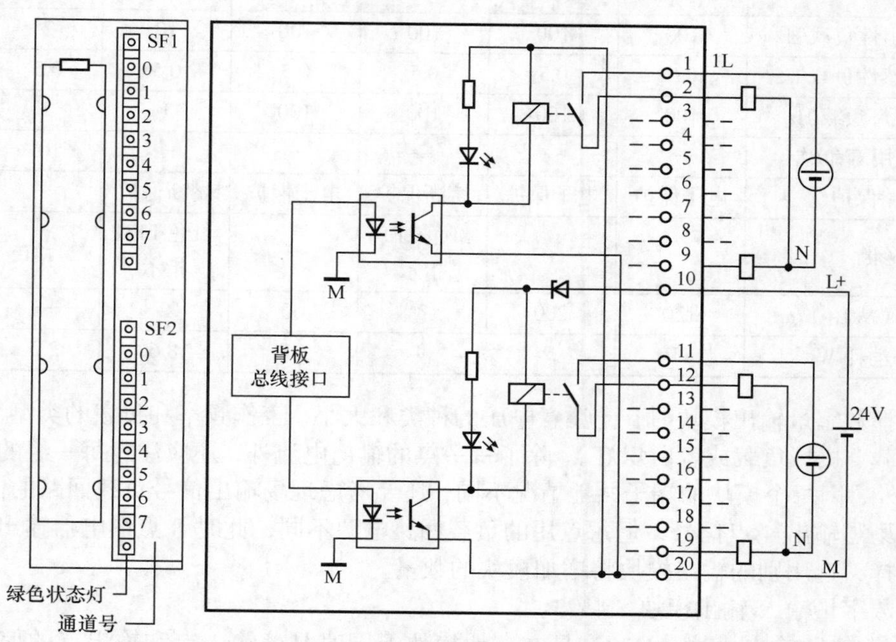

图2-17　16点数字量继电器触点输出模块的内部电路及外部端子接线图

数字量输出模块 SM322 的技术特性见表 2-12。模块的每个输出点都有一个绿色发光二极管显示输出状态，输出逻辑“1”时，发光二极管点亮。

表 2-12　数字量输出模块 SM322 的技术特性

技术特性		SM322						
		16 点晶体管	32 点晶体管	16 点晶闸管	8 点晶体管	8 点晶闸管	8 点继电器	16 点继电器
输出点数		16	32	16	8	8	8	16
额定电压/V		DC 24	DC 24	DC 120	DC 24	AC 120/230	—	—
额定电压范围/V		DC 20.4～28.8	DC 20.4～28.8	AC 93～132	DC 20.4～28.8	AC 93～264	—	—
与总线隔离方式		光电耦合	光电耦合	光电耦合	光电耦合	光电耦合	光电耦合	光电耦合
最大输出电流	“1”信号/A	0.5	0.5	0.5	2	1	—	—
	“2”信号/A	0.5	0.5	0.5	0.5	2	—	—
最小输出电流（“1”信号）/mA		5	5	5	5	10	—	—
触点开关容量/A		—	—	—	—	—	2	2

续表

技术特性		SM322						
		16 点 晶体管	32 点 晶体管	16 点 晶闸管	8 点 晶体管	8 点 晶闸管	8 点 继电器	16 点 继电器
触点开关频率	阻性负载/Hz	100	100	100	100	10	2	2
	感性负载/Hz	0.5	0.5	0.5	0.5	0.5	0.5	0.5
	灯负载/Hz	100	100	100	100	1	2	2
触点使用寿命/次		—	—	—	—	—	10^6	10^6
短路保护		电子保护	电子保护	熔断保护	电子保护	熔断保护	—	—
诊断		—	—	红色 LED 指示	—	红色 LED 指示	—	—
电流消耗（从 L+）/mA		120	200	3	60	2	—	—
功率消耗/W		4.9	5	9	6.8	8.6	2.2	4.5

在选择数字量输出模块时，应注意电压的种类和大小、工作频率和负载的类型（电阻性、电感性负载、机械负载或者白炽灯）。除了每一点的输出电流外，还应注意每一组的最大输出电流。此外，因每个模块的端子共地情况不同，还要考虑现场输出信号负载回路的供电情况。例如，现场需输出 4 点信号，但每点用的负载回路电源不同，此时 8 点继电器输出模块将是最佳的选择，选用别的输出模块将增加模块的数量。

（3）数字量输入/输出模块 SM323

数字量输入/输出模块 SM323 是在一块模块上同时具备输入点和输出点的信号模块。SM323 模块的输入和输出电路均设有光电隔离电路，输出点采用晶体管输出，并设有电子式短路保护装置，在额定输入电压下输入延时为 1.2～4.8ms。SM323 DI16/DO16 模块的内部电路及外部端子接线图如图 2-18 所示。

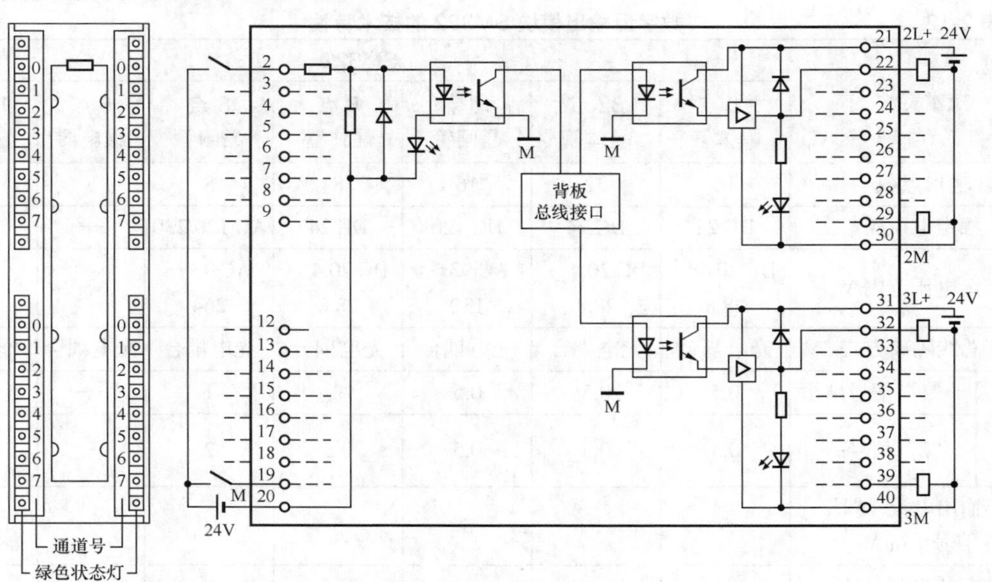

图2-18 SM323 DI16/DO16模块的内部电路及外部端子接线图

（4）数字量输入/可配置输入或输出模块 SM327

数字量输入/可配置输入或输出模块 SM327 具有 8 个独立输入点，8 个可独立配置为输入或输出点，带隔离功能，额定输入电压和额定负载电压均为 DC 24V，输出电流为 0.5A，在 RUN 模式下可动态地修改模块的参数。SM327 DI8/DX8 内部电路及外部端子接线图如图 2-19 所示。

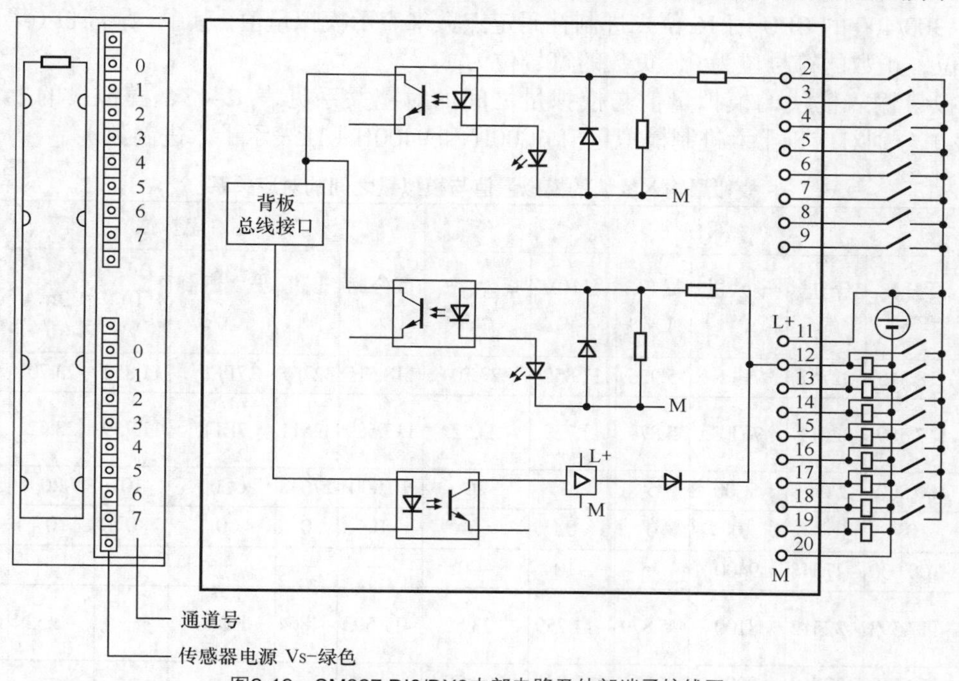

图2-19　SM327 DI8/DX8内部电路及外部端子接线图

（5）仿真模块 SM374

仿真模块 SM374 主要用于程序的调试，比较适合于教学使用。它可以仿真 DI16/DO16、DI8/DO8 的数字量模块。仿真模块 SM374 的操作面板如图 2-20 所示。

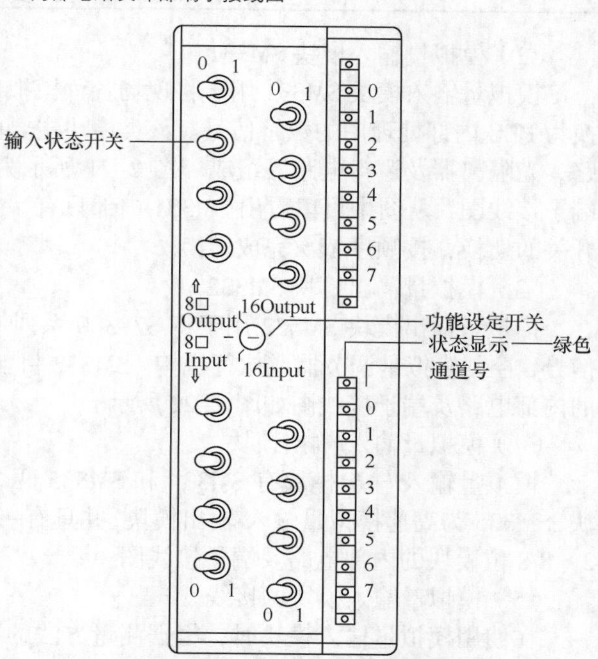

图2-20　仿真模块SM374的操作面板

SM374 面板上有一个功能设定开关，它可以仿真所需要的数字量模块；有 16 个开关，用于输入状态的设置；有 16 个绿色 LED，用于指示 I/O 状态。

需要注意，当 CPU 处于 RUN 模式时，不能通过开关进行模式设置。

2. 模拟量模块

在生产过程中，大量连续变化的模拟量需要用 PLC 来测量或者控制，有的是非电量，如温度、压力、流量、液位、物体的成分（例如气体中的含氧量）和频率等；有的是强电电量，如发电动机机组的电流、电压、有功功率和无功功率、功率因数等。

模拟量模块包括模拟量输入模块（AI）SM331、模拟量输出模块（AO）SM332 和模拟量输入/输出模块（AI/AO）SM334 等。

（1）模拟量值的表示方法

S7-300/400 的 CPU 用 16 位二进制补码定点数来表示模拟量值。其中，最高位（第 15 位）为符号位，正数的符号位为 0，负数的符号位为 1。

模拟量输入模块的模拟量值与模拟量之间的对应关系见表 2-13，模拟量的上、下限（±100%）分别对应于十六进制模拟量值 6C00H 和 9400H（H 表示十六进制数）。

表 2-13　模拟量输入模块的模拟量值与模拟量之间的对应关系

范围	双极性						单极性					
	百分比（%）	十进制	十六进制（H）	±5V（V）	±10V（V）	±20mA/mA	百分比（%）	十进制	十六进制（H）	0～10V（V）	0～20mA（mA）	4～20mA（mA）
上溢出	118.515	32767	7FFF	5.926	11.852	23.70	118.515	32767	7FFF	11.852	23.70	22.96
超出范围	117.589	32511	7EFF	5.879	11.759	23.52	117.589	32511	7EFF	11.759	23.52	22.81
正常方位	100.000	27648	6C00	5	10	20	10.000	27648	6C00	10	20	20
	0	0	0	0	0	0	0	0	0	0	0	4
	−100.000	−27648	9400	−5	−10	−20	—	—	—	—	—	—
低于范围	−117.593	−32512	8100	−5.879	−11.759	−23.52	−17.593	−4864	ED00	—	−3.52	1.185
下溢出	−118.519	−32768	8000	−5.926	−11.851	−23.70	—	—	—	—	—	—

（2）模拟量输入模块 SM331

模拟量输入模块 SM331 用于将现场各种模拟量测量传感器输出的直流电压或电流信号转换为 PLC 内部处理用的数字信号。该类模块主要由 A/D 转换器、转换开关、恒流源、补偿电路、光隔离器及逻辑电路等组成。图 2-21 所示为 AI 8×13 位模拟量输入模块的内部电路及端子接线图，从图中可以看出 SM331 内部只有一个 A/D 转换器，各路模拟信号可以通过转换开关的切换，按顺序依次完成转换。

（3）模拟量输出模块 SM332

模拟量输出模块 SM332 用于将 S7-300 系列 PLC 的数字信号转换成系统所需要的模拟量信号，控制模拟量调节器或执行机构。SM332 目前有 4 种模块，其中 SM332 AO 4×12 位模块的内部电路及端子接线图如图 2-22 所示。

（4）模拟量输入/输出模块

模拟量输入/输出模块有 SM334 和 SM335 两个子系列，SM334 为通用模拟量输入/输出模块，SM335 为高速模拟量输入/输出模块，并具有一些特殊功能。图 2-23 所示为 SM334 AI 4/AO 2×8/8 位模块的内部电路及端子接线图。

（5）模拟量输入模块的接线

在使用模拟量输入模块时，根据测量方法的不同，可以将电压、电流传感器或电阻器等连接到模拟量输入模块。

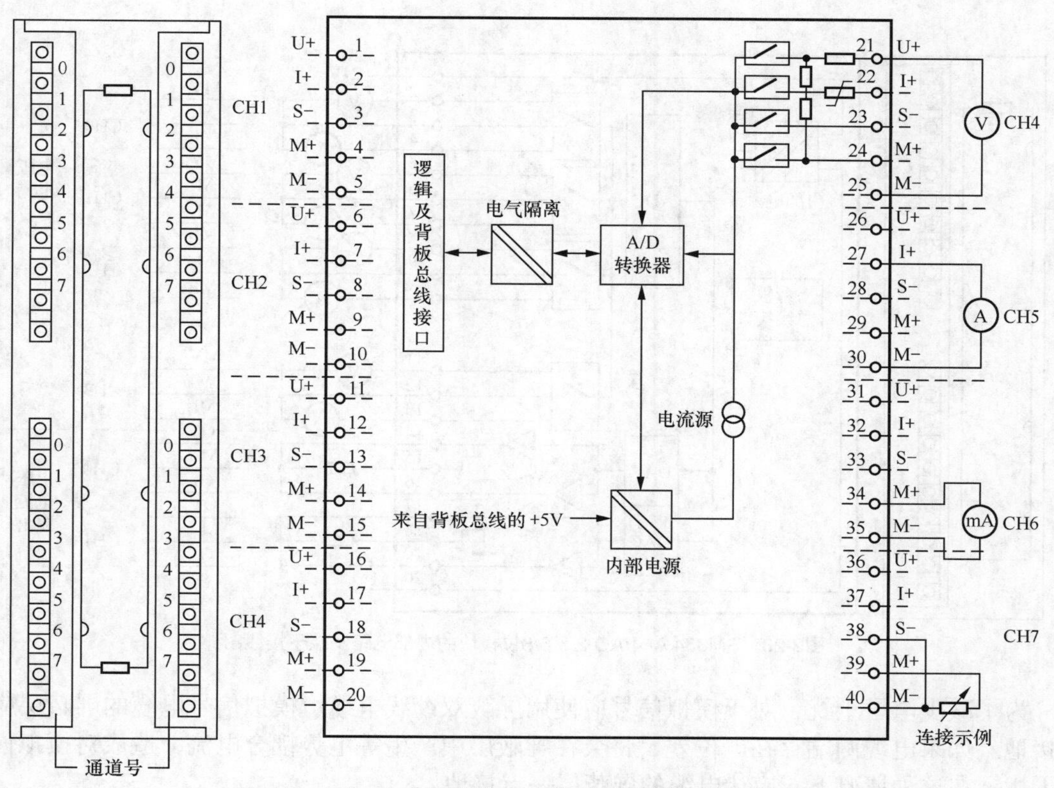

图2-21　AI 8×13位模拟量输入模块的内部电路及端子接线图

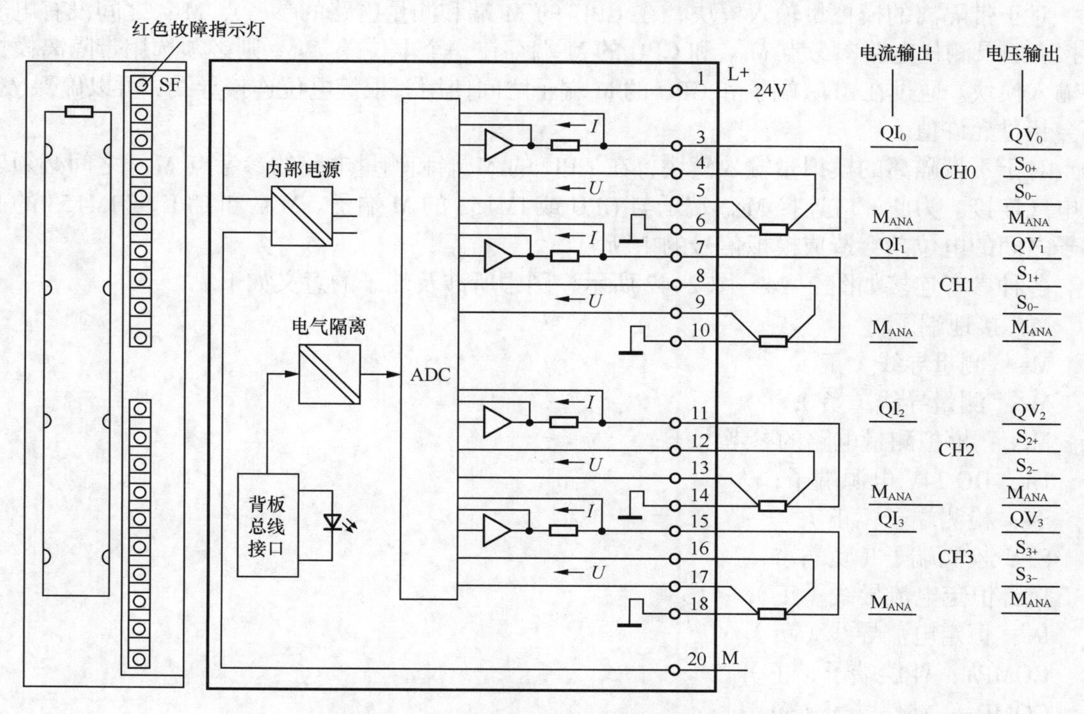

图2-22　AO 4×12位模拟量输出模块的内部电路及端子接线图

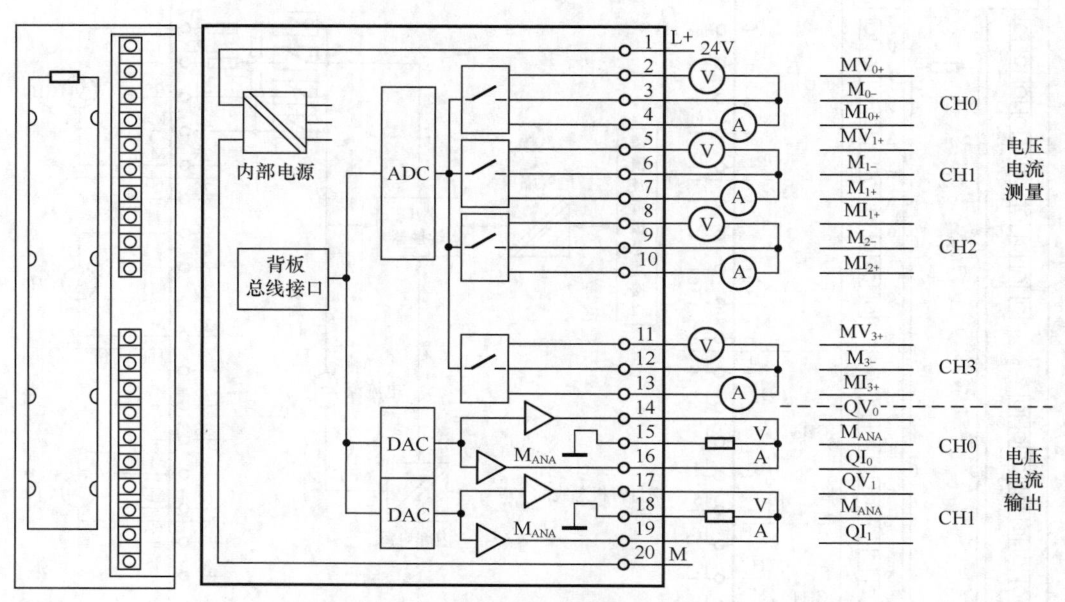

图2-23　SM334 AI 4/AO 2 × 8/8位模块的内部电路及端子接线图

为了减少电子干扰，对于模拟信号应使用屏蔽双绞线电缆。模拟信号电缆的屏蔽层应两端接地。如果电缆两端存在电位差，将会在屏蔽层中产生等电势耦合电流，造成对模拟信号的干扰，在这种情况下，应让电缆的屏蔽层一点接地。

对于带隔离的模拟量输入模块，在 CPU 的 M 端和测量电路的参考点 M_{ANA} 之间没有电气连接。如果测量电路参考点 M_{ANA} 和 CPU 的 M 端存在一个电位差 U_{ISO}，则必须选用带隔离模拟量输入模块。通过在 M_{ANA} 端子和 CPU 的 M 端子之间使用一根等电位连接导线，可以确保 U_{ISO} 不会超过允许值。

对于不带隔离的模拟量输入模块，在 CPU 的 M 端和测量电路的参考点 M_{ANA} 之间必须建立电气连接。为此，应连接 M_{ANA} 端子与 CPU 或 IM153 的 M 端子。M_{ANA} 和 CPU 或 IM153 的 M 端子之间的电位差会造成模拟信号的中断。

各种参考连接如图 2-24～图 2-42 所示，图中所涉及端子的意义如下。

M：接地端子；

M+：测量导线（正）；

M−：测量导线（负）；

M_{ANA}：模拟测量电路的参考电压；

L+：DC 24V 电源端子；

S+：检测端子（正）；

S−：检测端子（负）；

I_{C+}：恒定电流导线（正）；

I_{C-}：恒定电流导线（负）；

COMP+：补偿端子（正）；

COMP−：补偿端子（负）；

P5V：模块逻辑电源；

K_{V+}和K_{V-}：分路比较端子；

U_{CM}：M_{ANA}测量电路的输入和参考电位之间的电位差；

U_{ISO}：M_{ANA}和CPU的M端子之间的电位差。

① 连接隔离传感器。隔离传感器不能与本地接地电线连接，隔离传感器应无电势运行。对于隔离传感器，在不同传感器之间会引起电位差，这些电位差可能是由于干扰或传感器的本地布置情况造成的。为了防止在具有强烈电磁干扰的环境中运行时电位差超过 U_{CM} 的允许值，建议将 M–与 M_{ANA} 连接，而对于双线电流型测量传感器和电阻型传感器，切勿将 M–和 M_{ANA} 互连。连接电路如图 2–24 和图 2–25 所示。

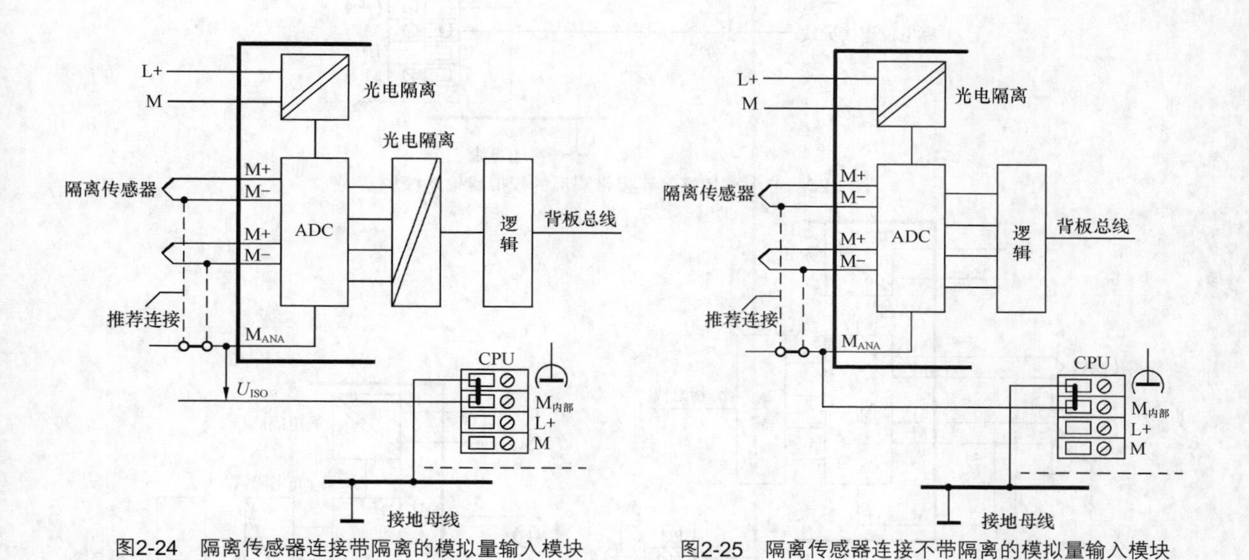

图2-24　隔离传感器连接带隔离的模拟量输入模块　　图2-25　隔离传感器连接不带隔离的模拟量输入模块

② 连接非隔离传感器。非隔离传感器可以与本地电线连接（本地接地）。使用非隔离传感器时，请务必将 M_{ANA} 连接至本地接地。由于本地条件或干扰，在本地分布的各个测量点之间会造成电位差 U_{CM}（静态或动态）。若电位差 U_{CM} 超过允许值，必须在测量点之间使用等电位连接导线。

如果将非隔离传感器连接到光电隔离的模块，如图 2–26 所示，则 CPU 既可以在接地模式下运行，也可以在未接地模式下运行。如果将非隔离的传感器连接到不带隔离的模块，如图 2–27 所示，则 CPU 只能在接地模式下运行。非隔离的二线制变送器和非隔离的阻性传感器不能与非隔离的模拟输入一起使用。

③ 连接电压传感器。电压传感器与模拟量输入模块的连接参考电路如图 2–28 所示。

④ 连接二线制变送器。二线制变送器可通过模拟量输入模块的端子进行短路保护供电，并将所测得的变量转换为电流，二线制变送器必须是一个带隔离的传感器，连接参考电路如图 2–29 所示。

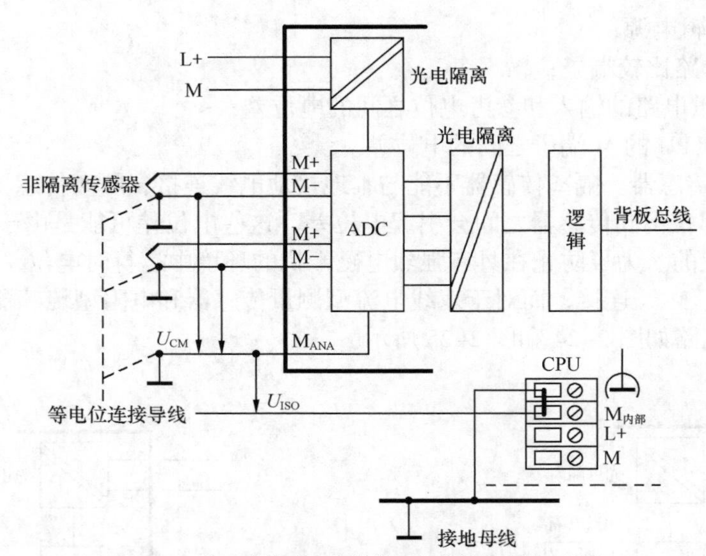

图2-26　非隔离传感器连接带隔离的模拟量输入模块

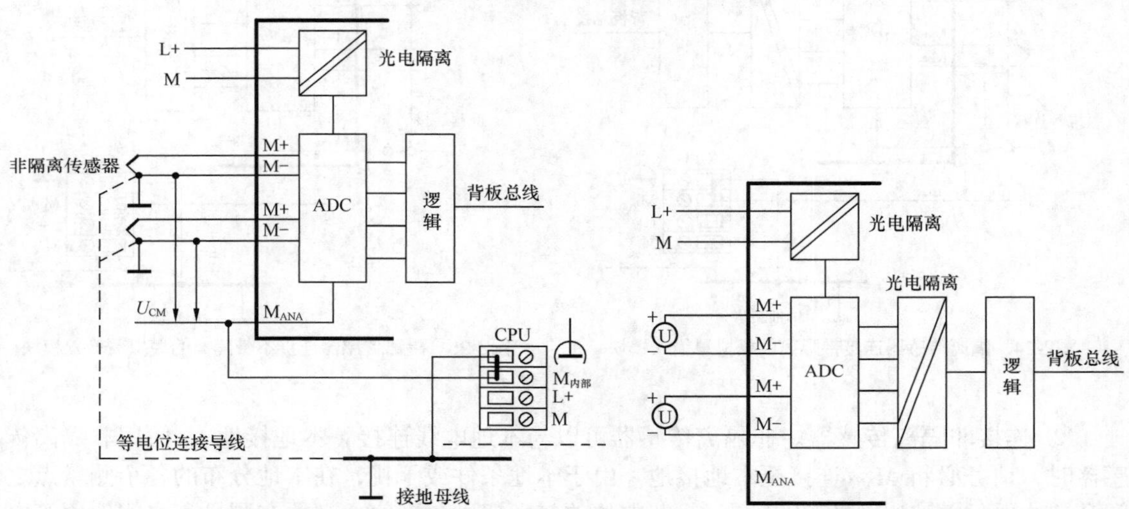

图2-27　非隔离传感器连接不带隔离的模拟量输入模块　　图2-28　连接电压传感器与模拟量输入模块

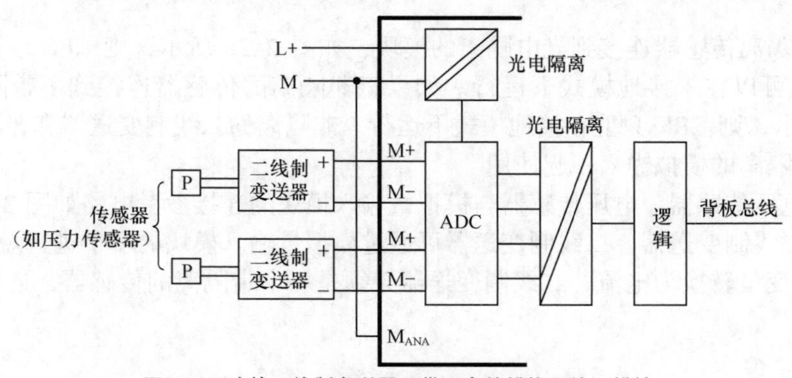

图2-29　连接二线制变送器至带隔离的模拟量输入模块

二线制变送器的供电电压 L+也可以从模块馈入，连接参考电路如图 2-30 所示，这种方式则必须使用 STEP 7 将二线制变送器作为四线制变送器进行参数赋值。

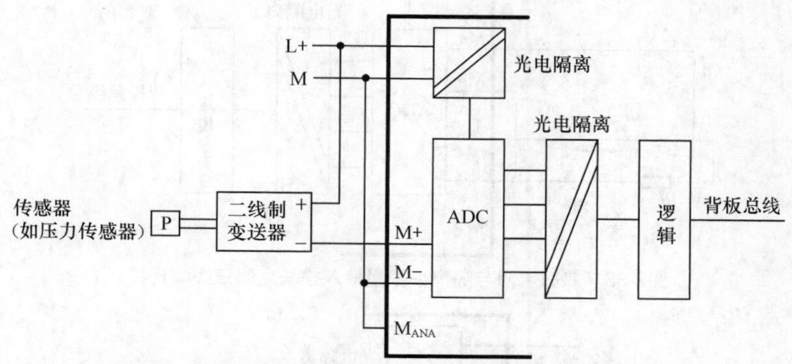

图2-30　连接从L+供电的二线制变送器至带隔离的输入模块

⑤ 连接四线制变送器。四线制变送器与模拟量输入模块的连接参考电路如图 2-31 所示。

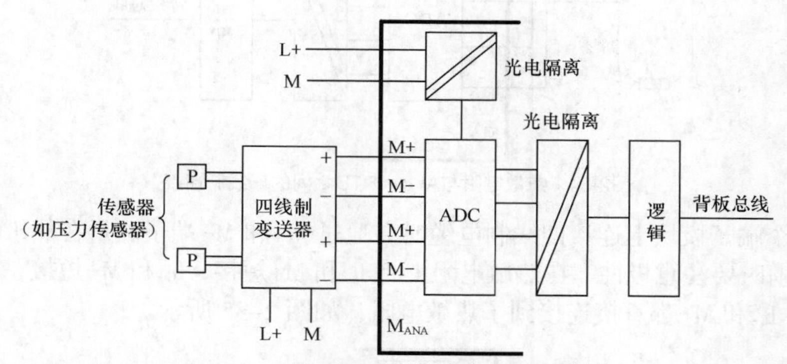

图2-31　连接四线制变送器与模拟量输入模块

⑥ 连接热敏电阻和普通电阻。热敏电阻和普通电阻可以使用二线制、三线制或四线制端子进行接线。对于四线制端子和三线制端子，模块可以通过端子 I_{C+}和 I_{C-}提供恒定电流，以补偿测量电缆中产生的电压降。如果使用 4 位或 3 位端子进行测量，由于可以补偿 2 位端子的测量，测量结果将更精确。

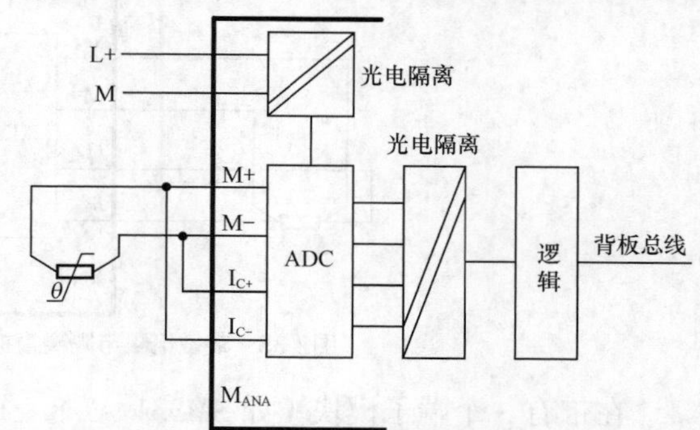

图2-32　热敏电阻与隔离模拟量输入模块之间的二线制连接

在带有 4 个端子模块上连接二线制电缆时，需在热敏电阻上将 I_{C-}和 M+短接，I_{C+}和 M−短接，如图 2-32 所示。

在带有 4 个端子模块上连接三线制电缆时，通常应当短接 M−和 I_{C-}，并确保所连接电缆 I_{C+}和 M+都直接连接到热敏电阻上，如图 2-33 所示。但 SM331 AI 8 × RTD 例外，其连接电路如图 2-34 所示，必须确保 I_{C-}和 M−电缆直接连接到热敏电阻上。

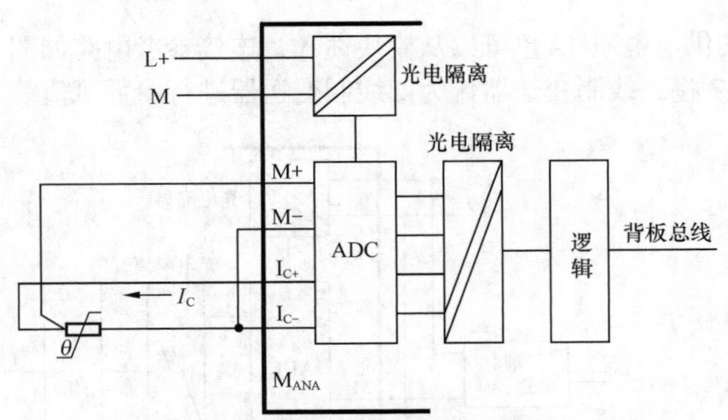

图2-33　热敏电阻与隔离模拟量输入模块之间三线制连接

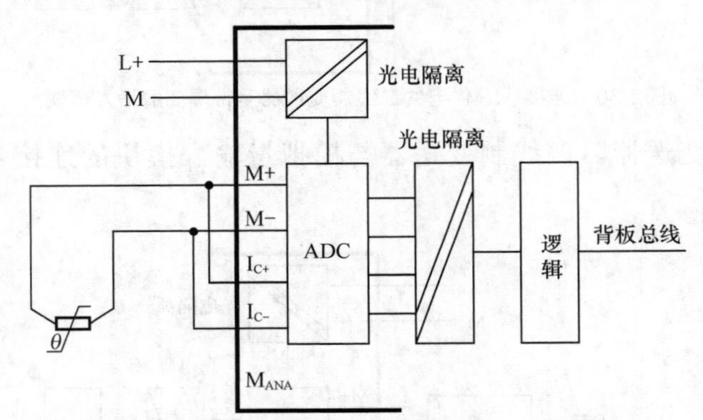

图2-34　热敏电阻与AI 8 × RTD之间的三线制连接

在带有 4 个端子模块上连接四线制电缆时，通过 M+和 M−端子测量在热敏电阻上产生的电压。连接电缆时要注意极性，在热敏电阻上将 I_{C+}和 M+短接，I_{C-}和 M−短接，并确保所连接电缆 I_{C+}、M+、I_{C-}和 M−都直接连接到了热敏电阻，如图 2-35 所示。

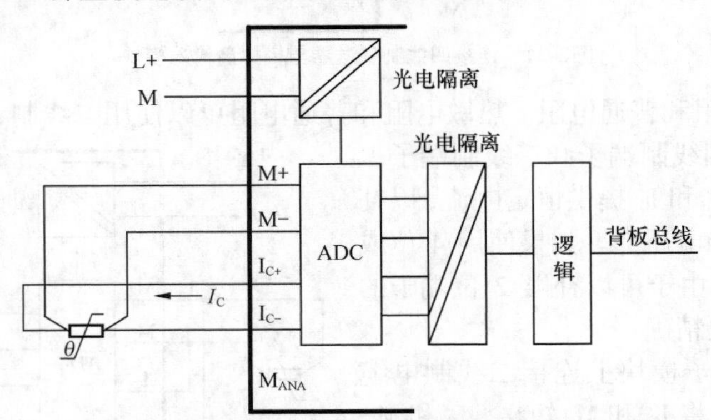

图2-35　热敏电阻与隔离模拟量输入模块之间的四线制连接

在带有 3 个端子模块（如 SM331 AI 8 × 13 位）上连接二线制电缆时，需短接模块的 M−和 S−端子，连接电路如图 2-36 所示。三线制连接电路如图 2-37 所示。在带有 3 个端子上连接四线制电缆时，电缆的第 4 条线必须悬空，连接电路如图 2-38 所示。

⑦ 连接热电偶。热电偶与模拟量输入模块之间的连接有多种方式，可以直接连接，也可以使用补偿导线连接，且每一个通道组都可以使用一个模拟量模块所支持的热电偶，与其他通道无关。

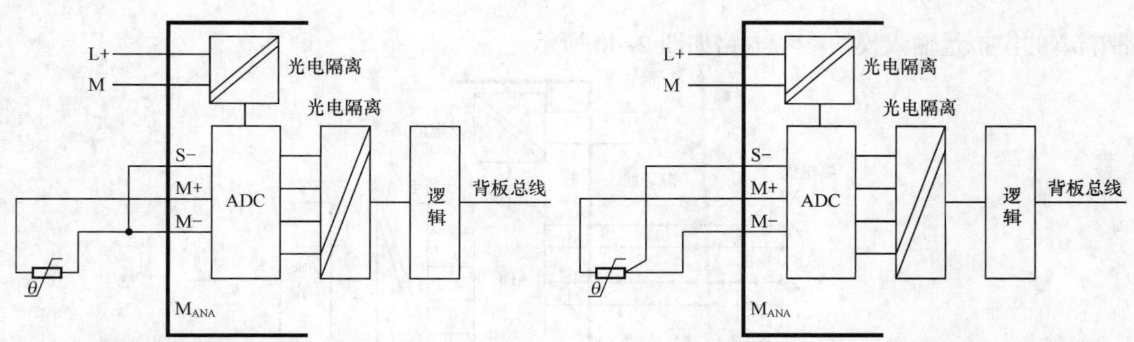

图2-36　热敏电阻与AI 8 × 13位之间的二线制连接　　图2-37　热敏电阻与AI 8 × 13位之间的三线制连接

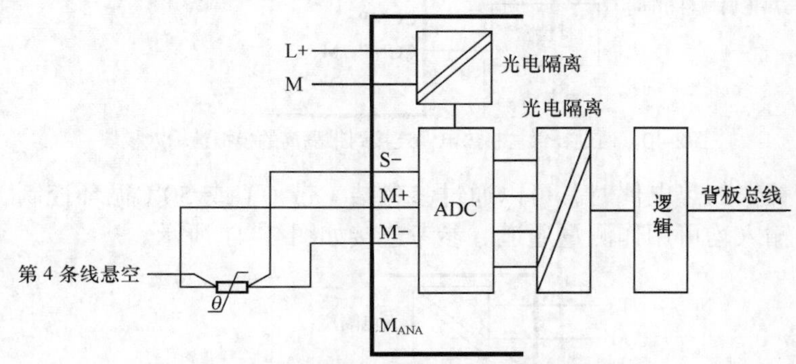

图2-38　热敏电阻与AI8 × 13位之间的四线制连接

使用内部补偿导线连接热电偶时，则利用内部补偿在模拟量输入模块的端子上建立参考点。在这种情况下，请将补偿线路直接连接到模拟量模块上，内部温度传感器会测量模块的温度并返回补偿电路，但内部补偿没有外部补偿精确。使用内部补偿导线的参考连接如图 2-39 所示。

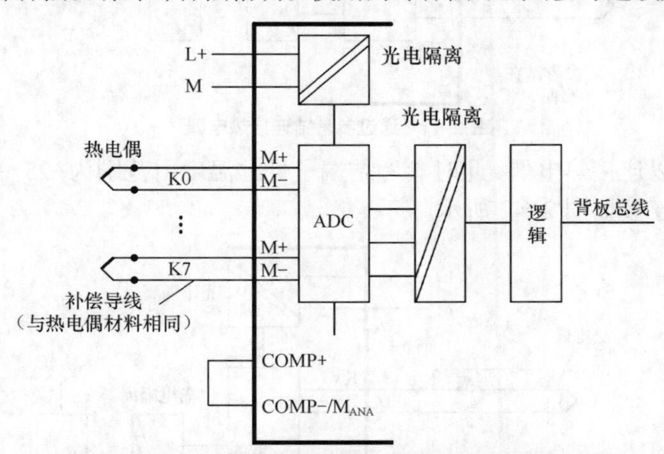

图2-39　使用内部补偿的热电偶连接带隔离的模拟量输入模块

通过补偿盒连接热电阻时，补偿盒应连接到模块的 COMP 端子，可以将补偿盒放置在热电偶的参考结处。补偿盒必须单独供电，且电源必须精确滤波（例如通过接地屏蔽线圈）。补偿盒上不需要热电偶端子，应将热电偶端子短路。这种补偿方式下，一个通道组的参数一般对通道组所有通道都有效（例如输入电压、积分时间等），该方式只适用于一种热电偶类型，即使用外部补偿运行的所有通道都必须使用相同类型的热电偶。通过补偿盒将热电偶连接到带隔离的模拟量输入模块参考电路如图 2-40 所示。

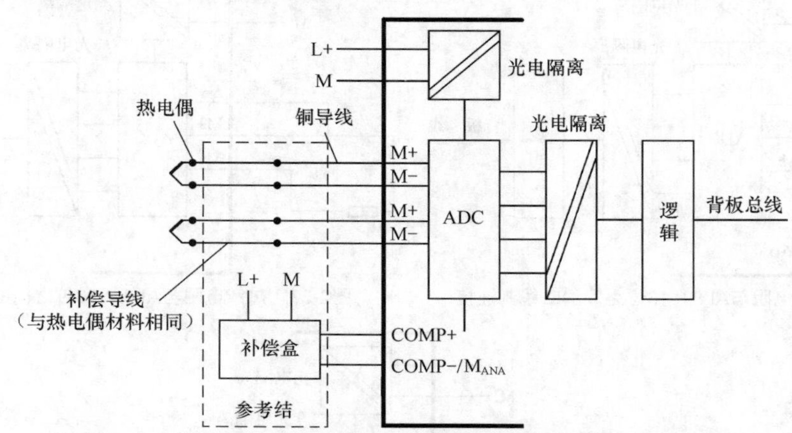

图2-40　通过补偿盒将热电偶连接到带隔离的模拟量输入模块

连接带温度补偿的热电偶时，可以通过参考结（带 0℃或 50℃循环控制）连接热电偶，此时的所有 8 个输入均可用作测量通道。参考连接如图 2-41 所示。

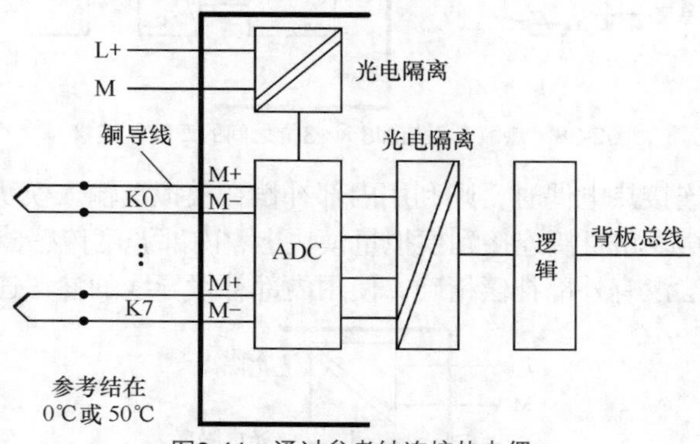

图2-41　通过参考结连接热电偶

热敏电阻也可以连接热电偶，此时参考结端子处的温度由范围为−25～85℃的热电偶温度发送器确定。参考连接如图 2-42 所示。

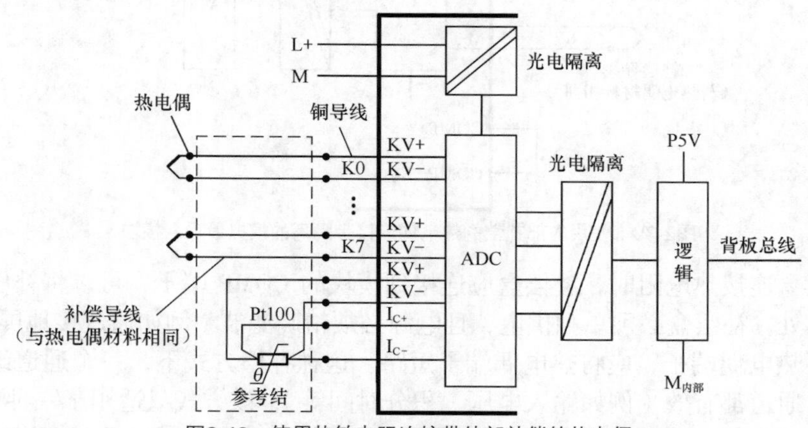

图2-42　使用热敏电阻连接带外部补偿的热电偶

（6）模拟量输出模块的接线

模拟量输出模块可用于驱动负载或驱动端，其输出有电流和电压两种形式。对于电压型模拟量输出模块，与负载的连接可以采用二线制或四线制电路；对于电流型模拟量输出模块，与负载的连接只能采用二线制电路。各种参考连接如图 2-43～图 2-46 所示，图中各符号的意义如下。

M：接地端子；

L+：DC 24V 电源端子；

S+：检测端子（正）；

S−：检测端子（负）；

Q_V：电压输出端；

Q_I：电流输出端；

R_L：负载阻抗；

M_{ANA}：模拟测量电路的参考电压；

U_{ISO}：M_{ANA} 和 CPU 的 M 端子之间的电位差。

S7-300 系列信号模块：模拟量模块

对于带隔离的电压输出型模拟量输出模块，采用四线制连接电路可实现高精度输出，连接时需要在输出检测接线端子（S−和 S+）之间连接负载，以便检测负载电压并进行修正。参考连接如图 2-43 所示。

对于非隔离的电压输出型模拟量输出模块，若采用二线制电路，则只需将 Q_V 和 M_{ANA} 端子与负载相连即可，但输出精度一般。参考连接如图 2-44 所示。

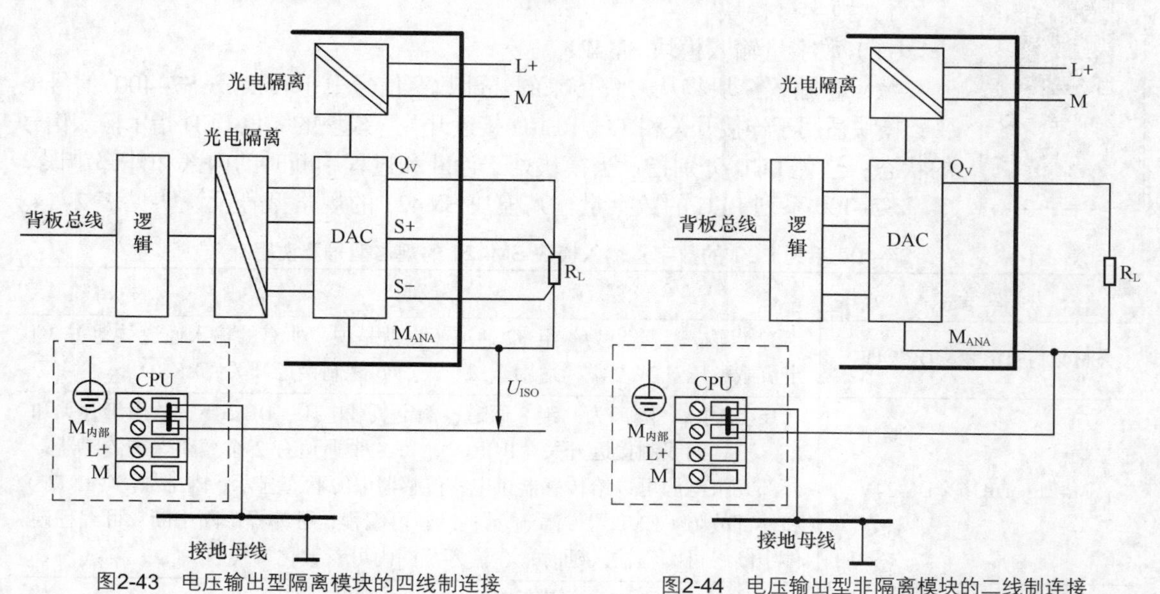

图2-43　电压输出型隔离模块的四线制连接

图2-44　电压输出型非隔离模块的二线制连接

对于带隔离的电流型模拟量输出模块，必须将负载连接到该模块的 Q_I 和 M_{ANA} 端，而 M_{ANA} 端与 CPU 的 M 端不能相连。参考连接如图 2-45 所示。

对于非隔离的电流型模拟量输出模块，必须将负载连接到该模块的 Q_I 和 M_{ANA} 端，而 M_{ANA} 端与 CPU 的 M 端相连。参考连接如图 2-46 所示。

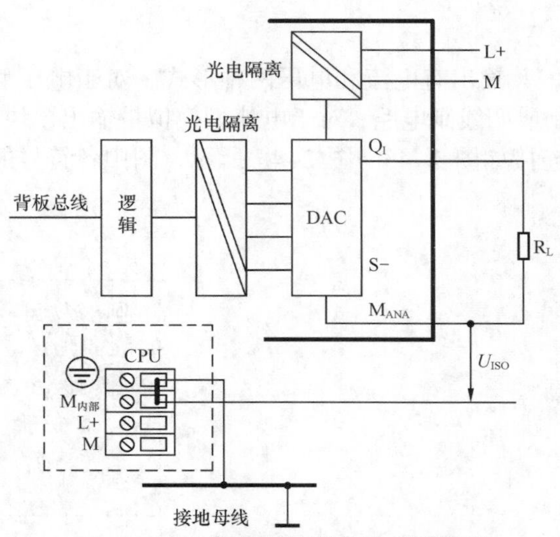

图2-45 电流输出型隔离模块的二线制连接

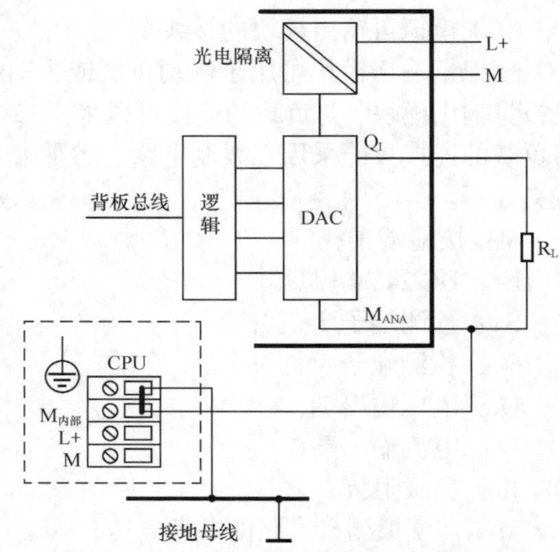

图2-46 电流输出型非隔离模块的二线制连接

2.3.2 S7-400 系列信号模块

将 S7-400 系列 PLC 的信号模块（SM）插入机架用螺钉拧紧即可，模块通过插入式前连接器来接线。当接线器第一次插入时，记号元件便会嵌入，该连接器就只能插入具有相同电压范围的模块中。更换模块时，前连接器及其完全接好的线可用于其他相同类型的模块。

S7-400 系列信号模块：数字量模块

1. 数字量模块

（1）数字量输入模块 SM421

数字量输入模块将从过程传来的外部数字信号电平转换成 S7-400 信号电平，模块适用于连接开关和二线 BERO 接近开关。模块的绿色 LED 指示输入信号的状态；红色 LED 分别指示当模块处于诊断和过程中断时的内部和外部错误。

S7-400 系列 PLC 的数字量输入模块 SM421 的规格型号及说明见表 2-14。

表 2-14 S7-400 系列 PLC 的数字量输入模块 SM421 的规格型号及说明

型号	说明
SM421：DI 32 × DC 24V	32 点输入，隔离为一组 32 通道（也就是说，所有的输入通道共地）；额定负载电压：DC 24V；适用于二、三、四线制接近开关（BERO）
SM421：DI 16 × DC 24V	16 点输入，隔离为一组 8 通道；额定负载电压：DC 24V；适用于开关和二、三、四线制接近开关（BERO）；每 8 个通道有 2 个短路保护传感器；外部冗余电源可以给传感器供电；传感器电源状态显示；内部故障（INTF）和外部故障（EXTD）错误显示；诊断可编程；可编程诊断中断；可编程硬件中断；可编程输入延时；在输入范围内可参数化替代值
SM421：DI 16 × AC 120V	16 点输入，隔离；额定输入电压：AC 120V
SM421：DI 16 × UC 24/60V	16 点输入，单独隔离；额定输入电压：UC 24～60V；内部故障（INTF）和外部故障（EXTF）故障显示；可编程诊断；可编程诊断中断；可编程硬件中断；可编程输入延时
SM421：DI 16 × UC 120/230V	16 点输入，隔离（或者隔离为 4 组）；额定输入电压：UC 120/230V
SM421：DI 32 × UC 120V	32 点输入，隔离；额定输入电压：UC 120V

（2）数字量输出模块 SM422

数字量输出模块将 S7-400 内部信号转换成过程要求的外部信号电平。模块适用于连接电磁阀、接触器、小电动机、灯和电动机启动器等。绿色 LED 指示输出状态，红色 LED 指示内外故障，在 6E S7 422-1FF 和 6E S7 422-1FH 上显示熔丝和负载掉电。

S7-400 系列 PLC 的数字量输出模块 SM422 的规格型号及说明见表 2-15。

表 2-15　S7-400 系列 PLC 的数字量输出模块 SM422 的规格型号及说明

型号	说明
SM422：DO 16 × DC 24V/2A	16 点输出，隔离为 2 组；输出电流：2A；额定负载电压：DC 24V；即使没插入前连接器，也能通过状态 LED 指示系统状态
SM422：DO 16 × DC 20～125V/1.5A	16 点输出，各通道均有熔丝，具有反极性保护，隔离为 2 组，8 个一组；输出电流：1.5A；额定负载电压：DC 20～125V；内部故障（INTF）及外部故障（EXTF）的故障显示；可编程诊断；可编程替代值输出
SM422：DO 32 × DC 24V/0.5A	32 点输出，隔离为一组 32 通道；每 8 个通道一组进行供电；输出电流：0.5A；额定负载电压：DC 24V；即使没插入前连接器，也能通过状态 LED 指示系统状态
SM422：DO 32 × DC 24V/0.5A	32 点输出，带熔丝保护，隔离为 4 组，每 8 组通道一组；输出电流：0.5A；额定负载电压：DC 24V；内部故障（INTF）及外部故障（EXTF）的故障显示；可编程诊断；可编程诊断中断；可编程替代值输出；即使没插入前连接器，也能通过状态 LED 指示系统状态
SM422：DO 8 × AC 120/230/V5A	8 点输出，隔离为 8 组，每组 1 个通道；输出电流：5A；额定负载电压：AC 120/230V；即使没插入前连接器，也能通过状态 LED 指示系统状态
SM422：DO 16 × AC 120/230V/2A	16 点输出，隔离为 4 组，每 4 通道一组；输出电流：2A；额定负载电压：AC 120/230V；即使没插入前连接器，也能通过状态 LED 指示系统状态
SM422：DO 16 × AC 20～120V/2A	16 点输出，隔离为 16 组，每 1 通道一组；输出电流：2A；额定负载电压：AC 20～120V；内部故障（INTF）及外部故障（EXTF）的故障显示；可编程诊断；可编程诊断中断；可编程替代值输出
SM422：DO 16 × UC 30/230V/继电器 5A	16 点输出，隔离为 8 组，每 2 通道一组；输出电流：5A；额定负载电压：UC 30/230V/DC 125V；即使没插入前连接器，也能通过状态 LED 指示系统状态

2. 模拟量模块

（1）模拟量输入模块 SM431

S7-400 系列信号模块：模拟量模块

模拟量输入模块将过程模拟量信号转换成用于 S7-400 内部处理的数字量信号，电压和电流传感器、热电偶、电阻和热电阻可作为传感器连接。分辨率可设置为 13～16 位；测量范围可设为基本电流、电压和电阻测量范围，用接线或者量程卡设定，微调设定用 STEP 7 软件的硬件组态功能在编程器上实现；某些模块可传送诊断或者极限值中断到 PLC 的 CPU。

S7-400 系列 PLC 的模拟量输入模块 SM431 的规格型号及说明见表 2-16。

表 2-16　　S7-400 系列 PLC 的模拟量输入模块 SM431 的规格型号及说明

型号	说明
SM431：AI 8 × 13 位	8 点输入，可测量电压/电流；4 点输入，用于测量电阻；无量程选择限制；13 位分辨率；通道间及所连接传感器的参考电动势和 M_{ANA} 之间的最大允许共模电压为 AC 30V
SM431：AI 8 × 14 位	8 点输入，可测量电压/电流；4 点输入，用于测量电阻和温度；无量程选择限制；14 位分辨率；特别适用于测量温度；可设置温度传感器类型；传感器特性曲线的显性化；二线制变送器连接时需要 DC 24V
SM431：AI 8 × 14 位	快速 A/D 转换，特别适用于高速动态处理；8 点输入，可测量电压/电流；4 点输入，用于测量电阻；无量程选择限制；14 位分辨率；只有连接二线制变送器需要 DC 24V；模拟部分与 CPU 隔离；通道间及通道与中央接地点间的最大共模电压为 AC 8V
SM431：AI 16 × 13 位	16 点输入，可测量电压/电流；无量程选择限制；13 位分辨率；模拟部分与总线无隔离；通道间及通道与中央接地点间的最大共模电压为 DC/AC 2V
SM431：AI 16 × 16 位	16 点输入，可测量电压/电流；8 点输入，用于测量电阻；无量程选择限制；16 位分辨率；可编程诊断；可编程诊断中断；当超过极限值时可编程硬件中断；可编程扫描结束中断；模拟部分与 CPU 隔离；通道间及通道与中央接地点间的最大共模电压为 AC 120V
SM431：AI 8 × RTD × 16 位	8 点输入，用于测量电阻；热电阻可参数化；16 位分辨率；8 个通道更新时间为 25ms；可编程诊断；可编程诊断中断；当超过极限值时可编程硬件中断；模拟部分与 CPU 隔离
SM431：AI 8 × 16 位	8 路隔离差分输入，用于测量电压、电流和温度；无量程选择限制；16 位分辨率；可编程诊断；可编程诊断中断

（2）模拟量输出模块 SM432

模拟量输出模块将 S7-400 的数字信号转换成用于过程的模拟量信号。模拟量输出模块 SM 432 只有一个型号：AO 8 × 13 位，其输出点数为 8 点，每个输出通道均可编程为电压输出和电流输出；13 位分辨率；模拟部分与 CPU 隔离；通道间及通道与 M_{ANA} 间的最大共模电压为 DC 3V。额定负载电压为 DC 24V，输出电压范围为±10V、0～10V 和 1～5V；输出电流范围为 ± 20mA、0～20mA 和 4～20mA。电压输出的最小负载阻抗为 1kΩ，有短路保护，短路电流为 28mA；电流输出的最大阻抗为 500Ω，开路电压最大为 18V。每通道最大转换时间为 420μs。运行误差极限（0～60℃，对应输出范围）为 ± 0.5%（电压）和 ± 1%（电流）；基本误差（25℃，对应输出范围）为 ± 0.2%（电压）和 ± 0.3%（电流）。

2.3.3　模块诊断功能简介

1．模块诊断功能

有些 S7-300/400 系列 PLC 的信号模块具有对信号进行监视（诊断）和过程中断的智能功能。通过诊断可以确定数字量模块获取的信号是否正确，或者模拟量模块的处理是否正确，具体内容见表 2-17。

表 2-17　　模块诊断功能说明

模块诊断名称	功能说明
数字量输入/输出模块	数字量输入/输出模块可以诊断出无编码器电源、无外部辅助电压、无内部辅助电压、熔断器熔断、看门狗故障、EPROM 故障、RAM 故障、过程报警丢失等
模拟量输入/输出模块	模拟量输入模块可以诊断出无外部电压、共模故障、组态参数错误、断线、测量范围上溢出或者下溢出等。模拟量输出模块可以诊断出无外部电压、组态参数错误、断线和对地短路等

2. 过程中断

通过过程中断，可以对过程信号进行监视和响应。

根据设置的参数，可以选择数字量输入模块每个通道组是否在信号的上升沿、下降沿，或者两个边沿都产生中断。信号模块可以对每个通道的一个中断进行暂存。

模拟量输入模块通过上限值和下限值定义一个工作范围，模块将测量值与上、下限值进行比较。如果超限，则执行过程中断。

执行过程中断时，CPU 暂停执行用户程序，或者暂停执行低优先级的中断程序，来处理相应的诊断中断功能块。

2.3.4　信号模块地址管理

1. S7-300 系列 PLC 信号模块的地址

S7-300 系列 PLC 信号模块的开关量地址由地址标识符、地址的字节部分和位部分组成。一个字节由 0～7 这 8 位组成。地址标识符 I 表示输入，Q 表示输出，M 表示位存储器。例如：I3.2 是一个数字量输入的地址，小数点前面的 3 是地址的字节部分，小数点后的 2 表示这个输入点是 3 号字节中的第 2 位。

开关量除了按位寻址外，还可以按字节、字和双字寻址。例如，输入量 I2.0～I2.7 组成输入字节 IB2，B 是 Byte 的缩写。字节 IB2 和 IB3 组成一个输入字 IW2，W 是 Word 的缩写，其中的 IB2 为最高字节。IB2～IB5 组成一个输入双字 ID2，D 是 Double Word 的缩写，其中的 IB2 为最高位字节。以组成字和双字的第一个字节的地址作为字和双字的地址。

S7-300 系列 PLC 信号模块的字节地址与模块所在的机架号和槽号有关，位地址与信号线接在模块上的端子位置有关。

对于数字量模块，从 0 号机架的 4 号槽开始，每个槽位分配 4B（4 个字节，等于 32 个 I/O 点）的地址。S7-300 系列 PLC 最多可能有 32 个数字量模块，共占用 32 × 4B = 128B。数字量 I/O 模块内最小的位地址（如 I0.0）对应的端子位置最高，最大的位地址（如 16 点输入模块的 I1.7）对应的端子位置最低。

对于模拟量模块，以通道为单位，一个通道占一个字地址（或者两个字节地址）。例如：模拟量输入通道 IW640 由字节 IB640 和 IB641 组成。一个模拟量模块最多有 8 个通道，从 0 号机架的 4 号槽开始，每个槽位分配 16B（16 个字节，即 8 个字，等于 8 个通道）的地址。

S7-300 为模拟量模块保留了专用的地址区域，字节地址范围为 IB256～IB767。S7-300 可以用于装载指令和传送指令访问模拟量模块。

SM 的字节地址分配见表 2-18，SM 的地址举例见表 2-19。

表 2-18　　SM 的字节地址分配

机架号	模块类型	槽号							
		4	5	6	7	8	9	10	11
0	数字量	0～3	4～7	8～11	12～15	16～19	20～23	24～27	28～31
0	模拟量	256～271	272～287	288～303	304～319	320～335	336～351	352～367	368～383
1	数字量	32～35	36～39	40～43	44～47	48～51	52～55	56～59	60～63
1	模拟量	384～399	400～415	416～431	432～447	448～463	464～479	480～495	496～511
2	数字量	64～67	68～71	72～75	76～79	80～83	84～87	88～91	92～95
2	模拟量	512～527	528～543	544～559	560～575	576～591	592～607	608～623	624～639
3	数字量	96～99	100～103	104～107	108～111	112～115	116～119	120～123	124～127
3	模拟量	640～655	656～671	672～687	688～703	704～719	720～735	736～751	752～767

表 2-19　　SM 的地址举例

机架号	模块类型	槽号					
		4	5	6	7	8	9
0	模块类型	16 点数字量输入	16 点数字量输入	32 点数字量输入	32 点数字量输入	16 点数字量输入	8 通道模拟量输入
0	地址	I0.0～I1.7	I4.0～I5.7	I8.0～I11.7	I12.0～I15.7	Q16.0～Q17.7	IW336～IW350
1	模块类型	8 通道模拟量输入	8 通道模拟量输出	2 通道模拟量输出	8 点数字量输出	32 点数字量输出	—
1	地址	IW384～IW386	QW400～QW414	Q416～QW418	Q44.0～Q44.8	Q48.0～Q51.7	—

2. S7-400 系列 PLC 信号模块的地址

S7-400 系列 PLC 信号模块的地址是在 STEP 7 软件中用硬件组态工具将模块配置到机架时自动生成的。根据同类模块所在的机架号和在机架中的插槽号，按从小到大的顺序自动连续分配地址，用户可以修改模块的起始地址。每个 8 点、16 点和 32 点数字量模块分别占用 1B、2B 和 4B 地址。假设 32 点数字量输入模块各输入点的地址为 I44.0～I47.7，模块内各点的地址按照从上到下的顺序排列。其中，I44.0 对应的接线端子在最上面，I47.7 对应的接线端子在最下面。

S7-400 的模拟量模块默认的起始地址从 512 开始，每个模拟量输入/输出各占 2B（两个字节，即 1 个字），模块内最上面的通道使用模块的起始地址。同类模块的地址按顺序连续排列。例如，某 8 通道模拟量输出模块的起始地址为 832，从上到下各通道的地址分别为 QW832，QW834，……，QW846。

信号模块默认地址举例见表 2-20。

表 2-20　信号模块默认地址举例

0 号机架			1 号机架		
槽号	模块种类	地址	槽号	模块种类	地址
1	PS417 10A 电源模块	—	1	32 点 DI	IB4～IB7
2			2	16 点 DO	QB2，QB3
3	CPU 412-2DP	IB0，IB1	3	16 点 DO	QB4，QB5
4	16 点 DO	QB0，QB1	4	8 通道 AO	QW528～QW542
5	16 点 DI	IB0，IB1	5	8 通道 AI	IW544～IW558
6	8 通道 AO	QW512～QW526	6	16 点 DO	QB6，QB7
7	16 通道 AI	IW512～IW542	7	8 通道 AI	IW560～IW574
8	16 点 DI	IB2，IB3	8	32 点 DI	IB8～IB11
9	IM460-1	4093	9	IM461-0	4092

2.4　S7-300/400 系列 PLC 的内部组成模块

S7-300/400 系列 PLC 的 CPU 内部组成模块如图 2-47 所示。由图可见，除了 3 个基本存储区——装载存储区、工作存储区和系统存储区外，S7 CPU 中还有外设 I/O 存储区、累加器、地址寄存器、数据块地址寄存器和状态字寄存器等。CPU 程序所能访问的存储区为系统存储区的全部、工作存储区中的数据块（DB）、临时本地数据存储区（L 堆栈或者临时局域存储区）、外设 I/O 存储区（P）等。

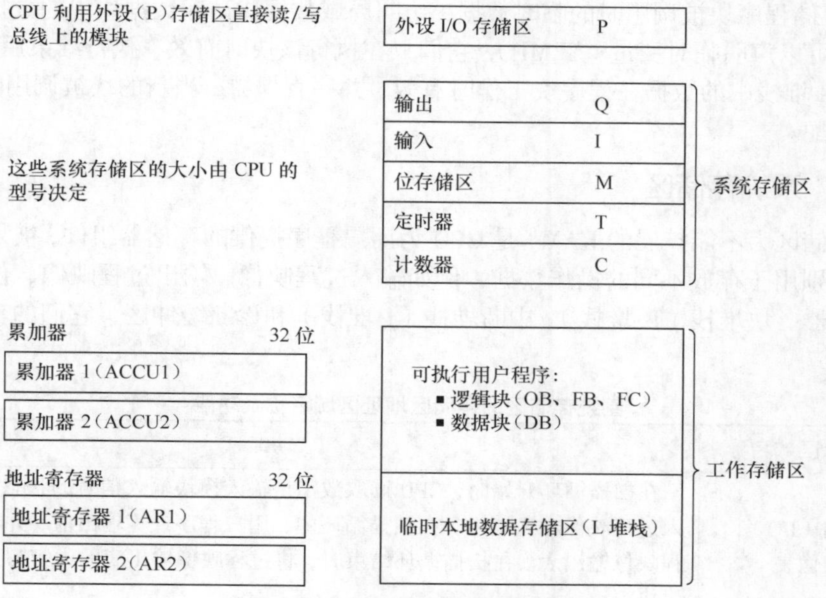

图2-47　S7-300 CPU的内部组成模块

S7-300/400 系列 PLC 的内部组成模块：装载、工作和系统存储区

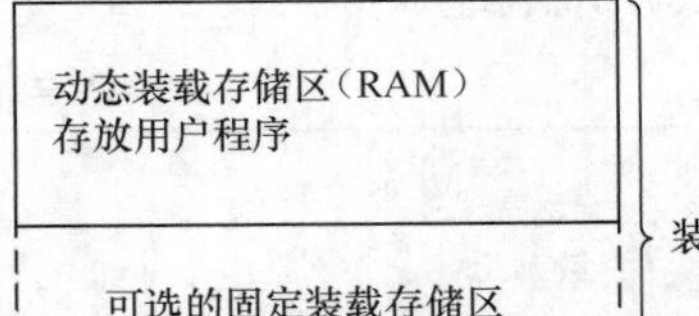

图2-47　S7-300 CPU的内部组成模块（续）

2.4.1　装载存储区

装载存储区是 CPU 模块中的部分 RAM、内置的 EEPROM 或者选用的可拆卸 Flash EPROM（FEPROM）卡，用于保存不包含符号地址、注释的用户程序和系统数据（组态、连接和模块参数等）。

有的 CPU 包含集成的装载存储器，有的 CPU 可以用微存储器卡（MMC）来扩展，CPU31×C 的用户程序只能装入插入式的 MMC。断电时数据保存在 MMC 中，因此，数据块的内容基本上被永久保留。

下载程序时，用户程序（逻辑块和数据块）被下载到 CPU 的装载存储器，CPU 把可执行部分复制到工作存储器，符号表和注释保存在编程设备中。

2.4.2　工作存储区

工作存储区占用 CPU 模块中的部分 RAM，它是集成的高速存取的 RAM 存储器，用于存储 CPU 运行时所执行的用户程序单元（逻辑块和数据块）的复制件。为了保证程序执行的快速性和不过多地占用工作存储器，只有与程序执行有关的块被装入工作存储区。

CPU 工作存储区也为程序块调用安排了一定数量的临时本地数据存储区（或者称为 L 堆栈），用来存储程序块被调用时的临时数据，访问局域数据比访问数据块中的数据更快。用户生成块时，可以声明临时变量（TEMP），它们只在执行该块时有效，执行结束后就被覆盖了。也就是说，L 堆栈中的数据在程序块工作时有效，并一直保持，当新的块被调用时，L 堆栈将进行重新分配。

2.4.3　系统存储区

系统存储区为不能扩展的 RAM，是 CPU 为用户程序提供的存储器组件，被划为若干个地址区域，分别用于存放不同的操作数据，例如输入过程映像、输出过程映像、位存储器、定时器及计数器、块堆栈（B 堆栈）、中断堆栈（I 堆栈）和诊断缓冲区，它们的功能及说明见表 2–21。

表 2-21　　系统存储区的存储区地址区域名称及功能

存储区地址区域名称	功能
输入/输出（I/O）过程映像表	在扫描循环开始时，CPU 读取数字量输入模块输入信号的状态，并将它们存入过程映像输入表中。在扫描循环中，用户程序计算输出值，并将它们存入过程映像输出表。在扫描循环结束时，将过程映像输出表的内容写入数字量输出模块

续表

存储区地址区域名称	功能
内部存储器标志位	内部存储器标志位（M）用来保存控制逻辑的中间操作状态或者其他控制信息。虽然名为“位存储器区”，表示按位存取，但是也可以按字节、字或者双字来存取
定时器（T）存储器区	定时器相当于继电器系统中的时间继电器。给定时器分配的字用于存储时间基值和时间值（0～999），时间值可以用二进制或者 BCD 码方式读取
计数器（C）存储器区	计数器用来累计其计数脉冲上升沿的次数，有加计数器、减计数器和加/减计数器。给计数器分配的字用于存储计数当前值（0～999），计数值可以用二进制或者 BCD 码方式读取
数据块	数据块用来存放程序数据信息，分为可被所有逻辑块公用的“共享”数据块（DB，简称数据块）和被功能块（FB）特定占用的“背景”数据块（DI）。 DBX 是共享数据块中的数据位，DBB、DBW 和 DBD 分别是数据块中的数据字节、数据字和数据双字。 DI 为背景数据块，DIX 是背景数据块中的数据位，DIB、DIW 和 DID 分别是背景数据块中的数据字节、数据字和数据双字
诊断缓冲区	诊断缓冲区是系统状态列表的一部分，包括系统诊断事件和用户定义的诊断事件的信息。这些信息按它们出现的顺序排列，第一行中是最新的事件。 诊断事件包括模块的故障、写处理的错误、CPU 中的系统错误、CPU 的运行模式切换错误、用户程序中的错误和用户用系统功能 SFC 52 定义的诊断错误等

系统存储区可通过指令在相应的地址区内对数据直接进行寻址。

2.4.4 其他模块

S7-300/400 系列 PLC 的内部组成模块：其他模块

1. 外设 I/O 存储区

通过外设 I/O 存储区（PI 和 PO），用户可以不经过过程映像输入和过程映像输出，直接访问本地的和分布式的输入模块和输出模块。不能以位（bit）为单位访问外设 I/O 存储区，只能以字节、字和双字为单位访问。

外设输入（PI）和外设输出（PO）存储区除了和 CPU 型号有关外，还和具体的 PLC 应用系统的模块配置相联系，其最大范围为 64KB。

S7-300 系列 PLC 的输入映像表 128B 是外设输入存储区（PI）首 128B 的映像，是在 CPU 循环扫描中读取输入状态时装入的。输出映像表 128B 是外设输出存储区（PO）首 128B 的映像。CPU 在输出时，可以将数据直接输出到外设输出存储区（PO）；也可以将数据传送到输出映像表，在 CPU 循环扫描更新输出状态时，将输出映像表的值传送到物理输出。

S7-300 由于模拟量模块的最小地址已超过了 I/O 映像表的最大值 128B，因此只能以字节、字或者双字的形式通过外设 I/O 存储区（PI 和 PO）直接存取，不能利用 I/O 映像表进行数据的输入、输出。而开关量模块既可以用 I/O 映像表，也可通过外设 I/O 存储区进行数据的输入、输出。

2. 累加器（ACCU x）

32 位累加器用于处理字节、字或者双字的寄存器。S7-300 有两个累加器（ACCU1 和 ACCU2），S7-400 有 4 个累加器（ACCU1～ACCU4）。可以把操作数送入累加器，并在累加器中进行运算和处理，保存在 ACCU1 中的运算结果可以传送到存储区。处理 8 位或者 16 位数据时，数据放在累加器的低端（右对齐）。

3. 状态寄存器

状态字是一个 16 位寄存器，如图 2-48 所示，用于存储 CPU 执行指令的状态。状态字中的某些位用于决定某些指令是否执行和以什么样的方式执行，执行指令时可能改变状态字中的某些位，用位逻辑指令和字逻辑指令可以访问和检测它们。

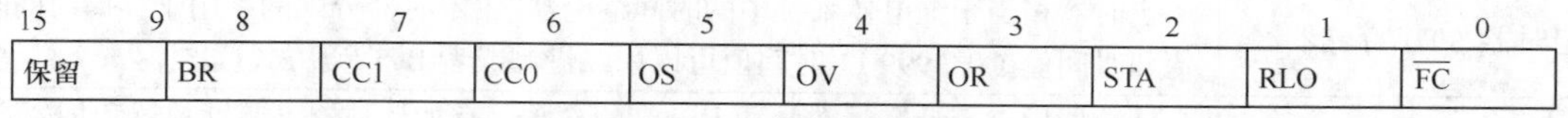

图2-48 状态字的位

状态字位的功能见表 2-22。

表 2-22 状态字位的功能

位的名称	功能
$\overline{FC}$	状态字的第 0 位称为首次检测位（$\overline{FC}$）。若该位的状态为 0，则表明一个梯形逻辑网络的开始，或者指令为逻辑串的第一条指令。CPU 对逻辑串第一条指令的检测（称为首次检测）产生的结果直接保存在状态字的 RLO 位中，经过首次检测存放在 RLO 中的 0 或者 1 称为首次检测结果。该位在逻辑串的开始时总是 0，在逻辑串指令执行过程中该位为 1，输出指令或者与逻辑运算有关的转移指令（表示一个逻辑串结束的指令）将该位清零
RLO	状态字的第 1 位称为逻辑运算结果位（Result of Logic Operation，RLO），该位用来存储执行逻辑指令或者比较指令的结果。RLO 的状态为 1，表示有能流流到梯形图中的运算点处；RLO 的状态为 0 则表示无能流流到该点。可以用 RLO 触发跳转指令
STA	状态字的第 2 位称为状态位（STA），执行位逻辑指令时，STA 总是与该位的值一致
OR	状态字的第 3 位称为域值位（OR），在先逻辑“与”后逻辑“或”的逻辑运算中，OR 位暂存逻辑“与”的操作结果，以便进行后面的逻辑“或”运算。其他指令将 OR 位复位
OV	状态字的第 4 位称为溢出位（OV），如果算术运算或者浮点数比较指令执行时出现错误（如溢出、非法操作和不规范的格式），溢出位被置 1
OS	状态字的第 5 位称为溢出状态保持位（OS，或者称为存储器溢出位）。OV 位被置 1 时 OS 位也被置 1；OV 位被清零时 OS 位仍保持 1，所以它保存了 OV 位，用于指明前面的指令执行过程中是否产生过错误。只有 JOS（OS=1 时跳转）指令、块调用指令和块结束指令才能复位 OS 位
CC1 和 CC0	状态字的第 7 位和第 6 位称为条件码位（CC1 和 CC0）。这两位用于表示在累加器 1（ACCU1）中产生的算术运算或逻辑运算结果与 0 的大小关系、比较指令的执行结果或者移位指令的移出位状态（表 2-23 和表 2-24）
BR	状态字的第 8 位称为二进制结果位（BR）。它将字处理程序与位处理联系起来，在一段既有位操作又有字操作的程序中，用于表示字操作结果是否正确。将 BR 位加入程序后，无论操作结果如何，都不会造成二进制逻辑链中断。在梯形图的方框指令中，BR 位与 ENO 有对应关系，用于表明方框指令是否被正确执行：如果执行出现了错误，BR 位为 0，ENO 也为 0；如果功能被正确执行，BR 位为 1，ENO 也为 1
保留	状态字的 9～15 位未使用

表 2-23　　算术运算后的 CC1 和 CC0

CC1	CC0	算术运算无溢出	整数算术运算有溢出	浮点数算术运算有溢出
0	0	结果=0	整数相加下溢出（负数绝对值过大）	正数、负数绝对值过小
0	1	结果<0	乘法下溢出；加减法上溢出（正数过大）	负数绝对值过大
1	0	结果>0	乘除法上溢出；加减法下溢出	正数上溢出
1	1	—	除法或 MOD 指令的除数为 0	非法的浮点数

表 2-24　　指令执行后的 CC1 和 CC0

CC1	CC0	比较指令	移位和循环移位指令	字逻辑指令
0	0	累加器 2 = 累加器 1	移出位为 0	结果为 0
0	1	累加器 2 < 累加器 1	—	—
1	0	累加器 2 > 累加器 1	—	结果不为 0
1	1	非法的浮点数	移出位为 1	—

4. 系统存储器区域的划分及功能

DB 和 DI 地址寄存器分别用来保存打开的“共享”数据块（DB）和“背景”数据块（DI）的编号。S7-300/400 系列 PLC 的存储器区域划分、功能、访问方式、标识符见表 2-25，表中给出最大地址范围不一定是实际可使用的地址范围，实际可使用的地址范围由 CPU 的型号和硬件组态（配置、设置，在 PLC 中称为组态）决定。

表 2-25　　存储区及其功能

区域名称	区域功能	访问区域的单元	标识符	最大地址范围
输入过程映像存储区（I）	在循环扫描的开始，操作系统从过程中读入输入信号存入本区域，供程序使用	输入位	I	0～65535.7
		输入字节	IB	0～65535
		输入字	IW	0～65534
		输入双字	ID	0～65532
输出过程映像存储区（Q）	在循环扫描期间，程序运算得到的输出值存入本区域。循环扫描的末尾，操作系统从中读出输出值并将其传送至输出模块	输出位	Q	0～65535.7
		输出字节	QB	0～65535
		输出字	QW	0～65534
		输出双字	QD	0～65532
位存储器（M）	本区域提供的存储器用于存储在程序中运算的中间结果	存储器位	M	0～255.7
		存储器字节	MB	0～255
		存储器字	MW	0～254
		存储器双字	MD	0～252
外部输入（PI）	通过本区域，用户程序能够直接访问输入和输出模块（即外部	外部输入字节	PIB	0～65535
		外部输入字	PIW	0～65534
		外部输入双字	PID	0～65532

续表

区域名称	区域功能	访问区域的单元	标识符	最大地址范围
外部输出（PQ）	输入和外部输出）	外部输出字节	PQB	0～65535
		外部输出字	PQW	0～65534
		外部输出双字	PQD	0～65532
定时器	定时器指令访问本区域可得到定时剩余时间	定时器（T）	T	0～255
计数器（C）	计数器指令访问本区域可得到当前计数器值	计数器（C）	C	0～255
数据块	本区域包含所有数据库的数据。如果需要同时打开两个不同的数据块，则可用“OPN DB”打开一个，用“OPN DI”打开另一个。用指令 L DBWi 和 L DIWi 进一步确定被访问数据块中的具体数据。在用“OPN DI”指令打开一个数据时，打开的是与功能块（FB）和系统功能块（SFB）相关联的背景数据块	用“OPN DB”打开数据块数据位	DBX	0～65535.7
		数据字节	DBB	0～65535
		数据字	DBW	0～65534
		数据双字	DBD	0～65532
		用“OPN DI”打开数据块数据位	DIX	0～65535.7
		数据位	DIB	0～65535
		数据字节	DIW	0～65534
		数据双字	DID	0～65532
本地数据（L）	本区域存放逻辑块（OB、FB或者 FC）中使用的临时数据，也称为动态本地数据，一般用作中间暂存器。当逻辑块结束时，数据丢失，因为这些数据是存储在本地数据堆栈（L 堆栈）中的	临时本地数据	L	0～65535.7
		临时本地数据字节	LB	0～65535
		临时本地数据字	LW	0～65534
		临时本地数据双字	LD	0～65532

2.5 本章小结

本章主要介绍了 S7-300/400 系列 PLC 的硬件结构及内部组成模块。通过本章的介绍，读者对 S7-300/400 系列 PLC 的硬件系统有了初步的认识，为后面程序指令系统等内容的学习打下良好的基础。

S7-300/400 系列 PLC 的硬件结构主要由机架（或者导轨）、电源（PS）模块、中央处理单元（CPU）模块、接口模块（IM）、信号模块（SM）、功能模块（FM）和通信处理器（CP）模块等组成，本章重点介绍了 S7-300/400 系列 PLC 的信号模块（SM）。

本章还简单地介绍了 S7-300/400 系列 PLC 的内部资源，对 S7-300/400 系列 PLC 的存储区、累加器和状态寄存器也进行了简单的介绍，使读者有初步的认识。

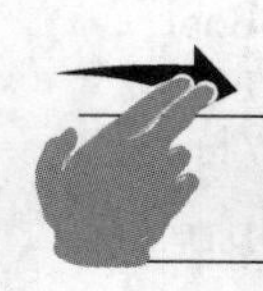

第3章 S7-300/400系列PLC的基本指令

PLC 的程序由两部分组成：一是操作系统，二是用户程序。操作系统由 PLC 生产厂家提供，它支持用户程序的运行；用户程序是用户为完成特定的控制任务而编写的应用程序。用户要开发应用程序，就要用到 PLC 的编程语言。

本章将用梯形图和功能块图两种方法介绍 S7-300/400 的基本指令，同时对全局库指令进行简单介绍。

3.1 位逻辑指令

位逻辑指令软件调用

打开程序编辑器，位逻辑指令在“Instructions”（指令）任务卡的 Bit Logic 文件夹下。位逻辑指令分类、LAD 和说明见表 3-1。

表 3-1 位逻辑指令分类、LAD 和说明

序号	指令分类	LAD	说明
1	位逻辑指令	---| |---	常开触点（地址）
2	位逻辑指令	---|/|---	常闭触点（地址）
3	位逻辑指令	---| NOT |---	信号流反向
4	位逻辑指令	---()	线圈输出
5	位逻辑指令	---(#)---	中间输出
6	位逻辑指令	---(R)	复位
7	位逻辑指令	---(S)	置位
8	位逻辑指令	RS	置位优先触发器
9	位逻辑指令	SR	复位优先触发器
10	位逻辑指令	---(N)---	RLO 下降沿检测
11	位逻辑指令	---(P)---	RLO 上升沿检测
12	位逻辑指令	---(SAVE)---	将 RLO 存入 BR 存储器
13	位逻辑指令	NEG	地址下降沿检测
14	位逻辑指令	POS	地址上升沿检测

3.1.1 基本元素指令

1. LAD 触点

如图 3-1 所示，LAD 触点有动合和动断两种，分配位参数“IN”，数据类型为“Bool”，可将触点相互连接并创建用户自己的组合逻辑。位值赋 1 时，动合触点闭合（ON）；位值赋 0 时，动断触点闭合（ON）。触点串联为与（AND）逻辑；触点并联为或（OR）逻辑。

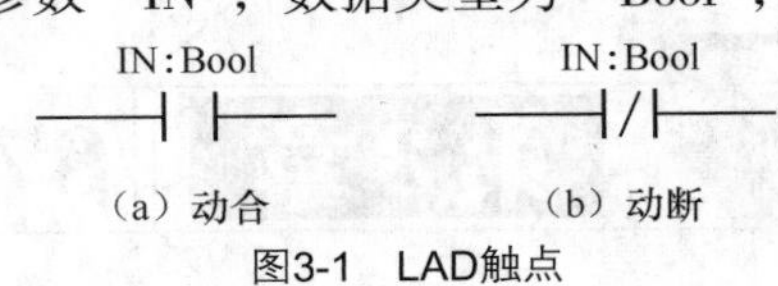

（a）动合　（b）动断

图3-1 LAD触点

如果用户指定的输入位使用存储器标识符 I（输入）或 Q（输出），则从过程映像寄存器中读取位值。控制过程中的物理触点信号会连接到 PLC 上的 I 端子，CPU 扫描已连接的输入信号并持续更新过程映像输入寄存器中的相应状态值。通过在 I 偏移量后加入“: P”，可指定立即读取物理输入（例如，“16.2%: P”）。对于立即读取，直接从物理输入读取位数据值，而非从过程映像寄存器中读取；立即读取不会更新过程映像。

2. FBD 编程中的 AND、OR 和 XOR 功能框

在 FBD 编程中，LAD 触点程序段变为如图 3-2 所示的与（&）、或（>=1）和异或（X）功能框程序段，“IN1”“IN2”的数据类型为“Bool”，可指定位值，功能框输入和输出可连接其他逻辑框创建新的逻辑组合。在程序段中放置功能框后，可从“收藏夹”（Favorites）工具栏或指令树中拖动“插入二进制输入”（Insert binary input）工具或者右键单击功能框输入连接器并选择“Insert input”（插入输入）命令，给功能框添加更多的输入。

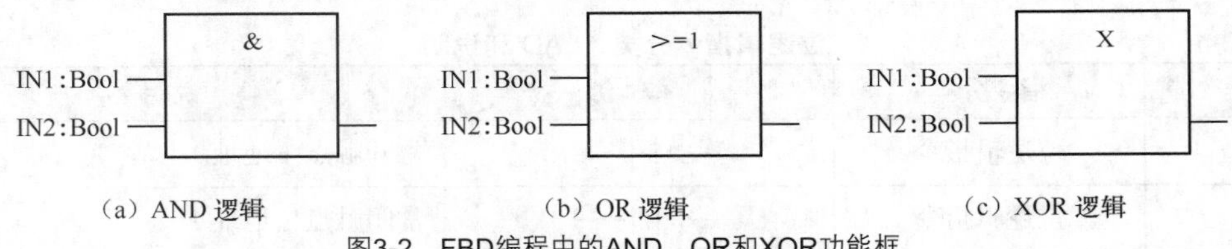

（a）AND 逻辑　（b）OR 逻辑　（c）XOR 逻辑

图3-2 FBD编程中的AND、OR和XOR功能框

AND 功能框的所有输入必须都为“1”，输出才能为“1”；OR 功能框只要有一个输入为“1”，输出就为“1”；XOR 功能框必须有奇数个输入为“1”，输出才能为“1”。

3. NOT 逻辑反相器

对于 FBD 编程，可从“收藏夹”（Favorites）工具栏或指令树中拖动“取反二进制数值”（Negate binary value）工具，放置在功能框输入或输出端形成逻辑反相器，如图 3-3 所示。

基本元素指令:
NOT 逻辑反相器和 LAD 输出线圈

&　IN1:Bool　IN2:Bool　&　IN1:Bool　IN2:Bool　IN:Bool　NOT

（a）FBD 中带一个反向逻辑输入的 AND 功能框　（b）FBD 中带反向逻辑输入和输出的 AND 功能框　（c）LAD 中的 NOT 触点反相器

图3-3 NOT逻辑反相器

LAD 中的 NOT 触点“Invert result of logic operation”是将能取反能流输入的逻辑状态进行输出。

4. LAD 输出线圈

线圈输出指令向输出位 Q 写入值（等于能流状态），连接 S7-300/400 的 Q 端子，控制执行器。在 Q 偏移量后加入“：P”，是指定立即写入物理输出（例如，“%Q6.2：P”），对于立即写入，将位数据值写入过程映像输出并直接写入物理输出。

图 3-4 所示的分配位参数“OUT”的数据类型为“Bool”。如果有能流通过输出线圈，则输出位设置为 1；如果没有能流通过输出线圈，则输出位设置为 0。如果有能流通过反向输出线圈，则输出位设置为 0；如果没有能流通过反向输出线圈，则输出位设置为 1。

OUT：Bool　——( )——　　OUT：Bool　——(/)——

（a）输出线圈　　（b）反向输出线圈

图3-4　LAD输出线圈

5. FBD 输出分配功能框

在 FBD 编程中，LAD 线圈变为“Assignment”或者“Negate assignment”功能框，如图 3-5 所示。功能框的输入和输出可连接到其他功能框，也可输入位地址。

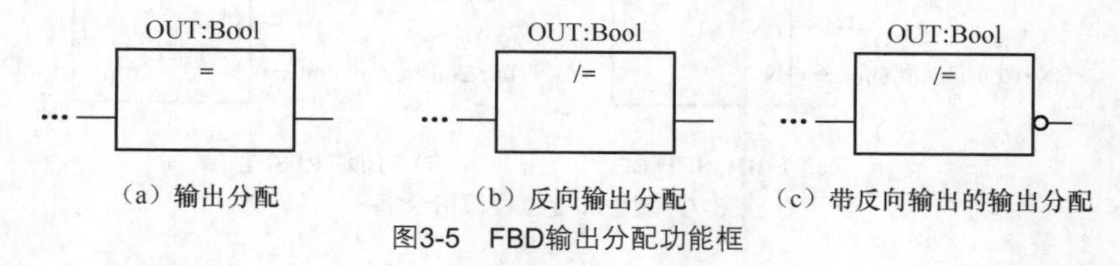

（a）输出分配　　（b）反向输出分配　　（c）带反向输出的输出分配

图3-5　FBD输出分配功能框

图 3-5 中分配位参数“OUT”的数据类型为“Bool”。如果输出框输入为 1，则 OUT 位设置为 1；如果输出框输入为 0，则 OUT 位设置为 0。如果反向输出框输入为 1，则 OUT 位设置为 0；如果反向输出框输入为 0，则 OUT 位设置为 1。

置位和复位指令

3.1.2　置位和复位指令

1. S 和 R：置位和复位 1 位

在 LAD 编辑窗口或 FBD 编辑窗口下均可拖曳“Bit logic”（位逻辑）下的“Set output”（置位）和“Reset output”（复位）对应的图标至程序网络中，即出现图 3-6 所示的指令框。

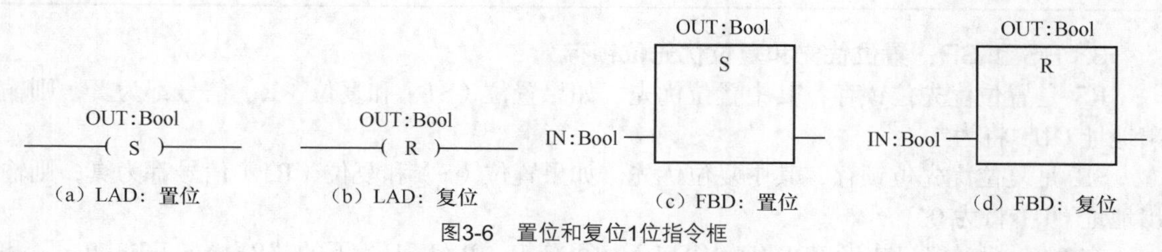

（a）LAD：置位　　（b）LAD：复位　　（c）FBD：置位　　（d）FBD：复位

图3-6　置位和复位1位指令框

S 和 R 指令的参数说明见表 3-2。S（置位）激活时，OUT 地址处的数据值设置为 1；S 未激活时，OUT 不变。R（复位）激活时，OUT 地址处的数据值设置为 0；R 未激活时，OUT 不变。这些指令可放置在程序段的任何位置。

表 3-2　　S 和 R 指令的参数说明

参数	数据类型	说明
IN（或连接到触点/门逻辑）	Bool	要监视的位地址
OUT	Bool	要置位或复位的位地址

2. SET_BF 和 RESET_BF：置位和复位位域

打开程序编辑器，在 LAD 编辑窗口或者 FBD 编辑窗口下均可拖曳“Bit logic”下的“Set bit field”（置位位域）和“Reset bit field”（复位位域）对应的图标至程序网络中，即出现图 3-7 所示的置位和复位位域指令框。

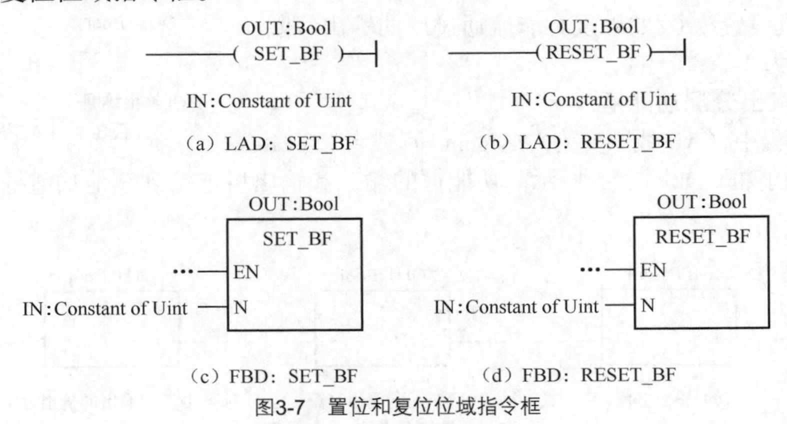

（a）LAD：SET_BF （b）LAD：RESET_BF

（c）FBD：SET_BF （d）FBD：RESET_BF

图3-7 置位和复位位域指令框

置位和复位位域指令的参数说明见表 3-3。SET_BF 激活时，为从地址 OUT 处开始的“*n*”位分配数据值 1；SET_BF 未激活时，OUT 不变。RESET_BF 激活时，为从地址 OUT 处开始的“*n*”位写入数据值 0；RESET_BF 未激活时，OUT 不变。SET_BF 和 RESET_BF 指令必须是分支中最右端的指令。

表 3-3 置位和复位位域指令的参数说明

参数	数据类型	说明
N	常数	要写入的位数
OUT	布尔数组的元素	要置位或复位的位域的起始元素，如 # SunArray[5]

3. RS 和 SR：置位优先和复位优先位锁存

RS 是置位优先位锁存，其中置位优先。如果置位（S1）和复位（R）信号都为真，则输出地址 OUT 将为 1。

SR 是复位优先位锁存，其中复位优先。如果置位（S）和复位（R1）信号都为真，则输出地址 OUT 将为 0。

在 LAD 编辑窗口或者 FBD 编辑窗口下均可拖曳“Bit logic”下的“Reset/Set flip-flop”和“Set/Reset flip-flop”对应的图标至程序网络中，即出现图 3-8 所示的置位优先位锁存和复位优先位锁存指令框。

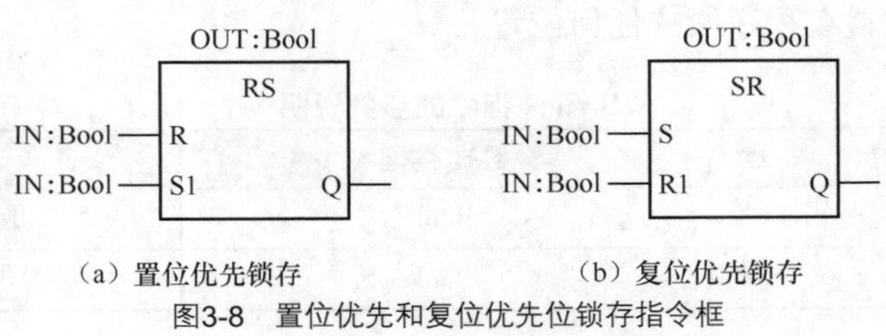

（a）置位优先锁存 （b）复位优先锁存

图3-8 置位优先和复位优先位锁存指令框

置位优先和复位优先位锁存指令的参数说明见表 3-4，OUT 参数指定置位或复位的位地址，可选 OUT 输出，Q 反映“OUT”地址的信号状态。

表 3-4　置位优先和复位优先位锁存指令的参数说明

参数	数据类型	说明
S、S1	Bool	置位输入；1 表示优先
R、R1	Bool	复位输入；1 表示优先
OUT	Bool	分配的位输出“OUT”
Q	Bool	遵循“OUT”位的状态

RS 和 SR 指令在各种输入情况下的输出位变化见表 3-5。

表 3-5　RS 和 SR 指令的输出位变化

	输入 S1	输入 R	输出 OUT 位
指令 RS	0	0	先前状态
	0	1	0
	1	0	1
	1	1	1
	输入 S	输入 R1	输出 OUT 位
指令 SR	0	0	先前状态
	0	1	0
	1	0	1
	1	1	0

3.1.3　边沿指令

上升沿和下降沿指令又可称为上升沿和下降沿跳变检测器，在 LAD 编辑窗口拖曳“Bit logic”下的“Scan positive signal edge at operand”“Scan negative signal edge at operand”“Set operand on positive signal edge”“Set operand on negative signal edge”“Set output on positive signal edge”、N_TRIG“Set output on negative signal edge”对应的图标至程序网络中，即出现图 3-9 所示的指令框图；在 FBD 编辑窗口进行类似操作，即出现图 3-10 所示的指令框图；各个参数的进一步说明见表 3-6。

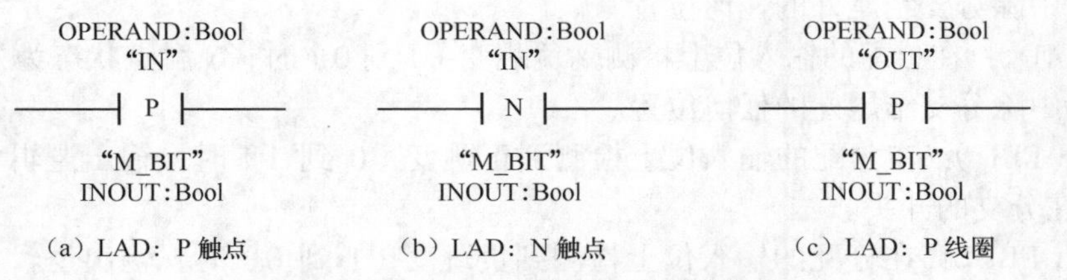

图3-9　LAD窗口下上升沿和下降沿指令框

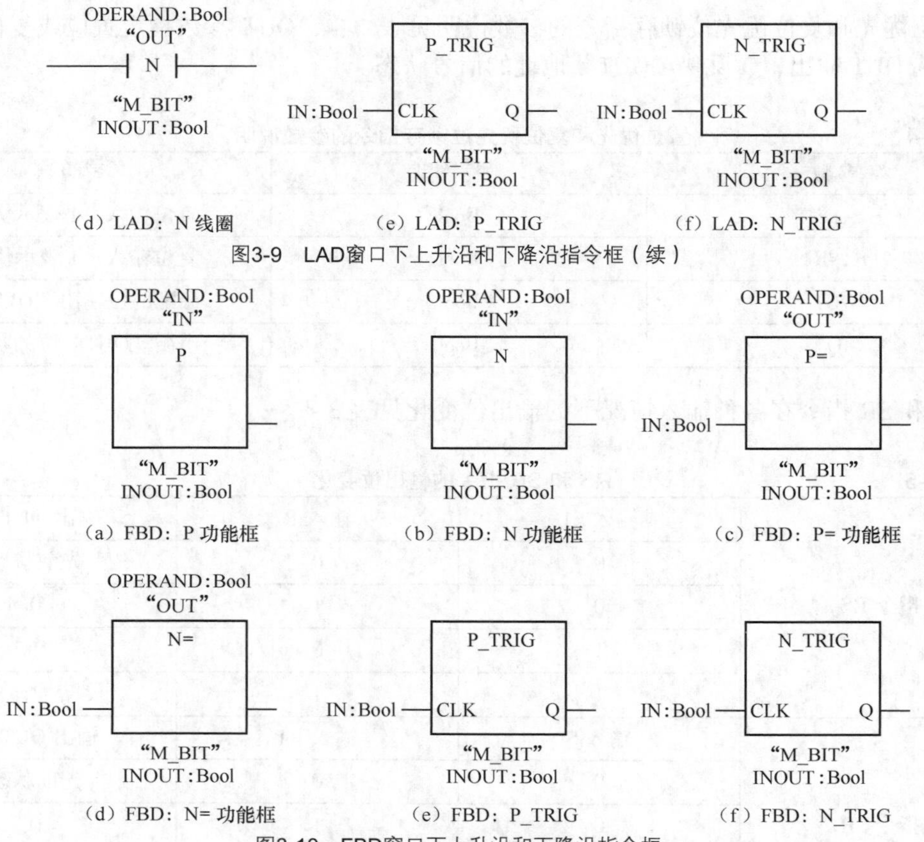

图3-9　LAD窗口下上升沿和下降沿指令框（续）

图3-10　FBD窗口下上升沿和下降沿指令框

表 3-6　上升沿和下降沿指令各个参数的说明

参数	数据类型	说明
M_BIT	Bool	保存输入的前一个状态的存储器位
IN	Bool	要检测其跳变沿的输入位
OUT	Bool	指示检测到跳变沿的输出位
CLK	Bool	要检测其跳变沿的能流输入位
Q	Bool	指示检测到跳变沿的输出

以下是对指令的具体解释：

1）P 触点（LAD）：在分配的“IN”位上检测到正跳变（0 到 1）时，P 触点状态为 TRUE，可以放置于程序段中除分支结尾外的任何位置。

2）N 触点（LAD）：在分配的输入位上检测到负跳变（1 到 0）时，N 触点状态为 TRUE，也可放置于程序段中除分支结尾外的任何位置。

3）P 功能框（FBD）：在分配的输入位上检测到正跳变（0 到 1）时，输出逻辑状态为 TRUE，只能放置在分支的开头。

4）N 功能框（FBD）：在分配的输入位上检测到负跳变（1 到 0）时，输出逻辑状态为 TRUE，只能放置在分支的开头。

5）P 线圈（LAD）：在进入线圈的能流中检测到正跳变（0 到 1）时，“OUT”为 TRUE，能流输入状态总是通过线圈后变为能流输出状态。P 线圈可以放置在程序段中的任何位置。

6）N 线圈（LAD）：在进入线圈的能流中检测到负跳变（1 到 0）时，“OUT”为 TRUE，能流输入状态总是通过线圈后变为能流输出状态。N 线圈可以放置在程序段中的任何位置。

7）P=功能框（FBD）：在功能框输入连接的逻辑状态中或输入位赋值中（如果该功能框位于分支开头）检测到正跳变（0 到 1）时，“OUT”为 TRUE，可以放置于分支中的任何位置。

8）N=功能框（FBD）：在功能框输入连接的逻辑状态中或输入位赋值中（如果该功能框位于分支开头）检测到负跳变（1 到 0）时，“OUT”为 TRUE，可放置于分支中的任何位置。

9）P_TRIG（LAD/FBD）：在 CLK 输入状态（FBD）或 CLK 能流输入（LAD）中检测到正跳变（0 到 1）时，Q 输出能流或逻辑状态为 TRUE。在 LAD 中，P_TRIG 指令不能放置在程序段的开头或结尾；在 FBD 中，P_TRIG 指令可以放置在除分支结尾外的任何位置。

10）N_TRIG（LAD/FBD）：在 CLK 输入状态（FBD）或 CLK 能流输入（LAD）中检测到负跳变（1 到 0）时，Q 输出能流或逻辑状态为 TRUE。在 LAD 中，N_TRIG 指令不能放置在程序段的开头或结尾；在 FBD 中，P_TRIG 指令可以放置在除分支结尾外的任何位置。

所有沿指令均使用存储器位（M_BIT）存储要监视的输入信号的前一个状态，通过将输入的状态与存储器位的状态进行比较来检测沿。如果状态指示与要检测的跳变沿一致，则输出为 TRUE，否则输出为 FALSE。

沿指令每次执行时都会对输入和存储器位的值进行评估，包括第一次执行。在程序设计期间必须考虑输入和存储器位的初始状态，以允许或避免在第一次扫描时进行沿检测。由于存储器位必须从一次执行保留到下一次执行，所以应该对每个沿指令都使用唯一的位，并且不应在程序中的任何其他位置使用该位，还应避免使用临时存储器和可受其他系统功能（例如，I/O 更新）影响的存储器。

例 3-1　故障显示电路。

设计故障信息显示电路，如图 3-11 所示，从故障信号 I0.0 的上升沿开始，Q0.7 控制的指示灯以 1Hz 的频率闪烁。操作人员按复位按钮 I0.1 后，如果故障已经消失，则指示灯熄灭；如果没有消失，则指示灯转为常亮，直至故障消失。

如图 3-12 所示，M0.5 提供周期为 1s 的时钟脉冲。出现故障时，将 I0.0 提供的故障信号用 M2.1 锁存起来，M2.1 和 M0.5 的常开触点组成的串联电路使 Q0.7 控制的指示灯以 1Hz 的频率闪烁。按下复位按钮 I0.1，故障锁存标志 M2.1 被复位为 0 状态。如果故障已经消失，指示灯熄灭；如果故障没有消失，M2.1 的常闭触点与 I0.0 的常开触点组成的串联电路使指示灯转为常亮，直至 I0.0 变为 0 状态，故障消失，指示灯熄灭。

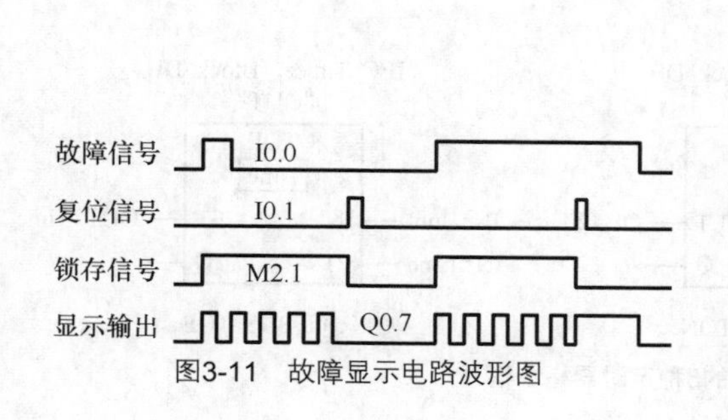

图3-11　故障显示电路波形图

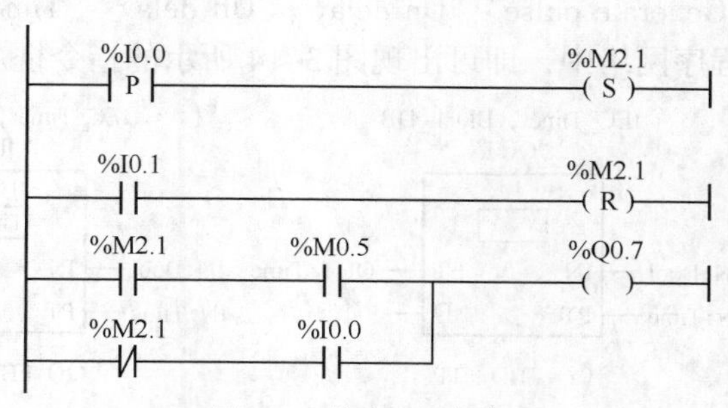

图3-12　故障显示电路

3.2 定时器指令

使用定时器指令可创建编程的时间延迟。脉冲定时器（TP）可生成具有预设宽度时间的脉冲；接通延迟定时器（TON）输出 Q 在预设的延时过后设置为 ON；关断延迟定时器（TOF）输出 Q 在预设的延时过后重置为 OFF；保持型接通延迟定时器（TONR）输出在预设的延时过后设置为 ON，在使用 R 输入重置经过的时间之前，会跨越多个定时时段一直累加经过的时间；通过清除存储在指定定时器背景数据块中的时间数据来重置定时器（RT）。

每个定时器都使用一个存储在数据块中的结构来保存定时器数据，在编辑器中放置定时器指令时即可分配该数据块。在功能块中放置定时器指令后，可以选择多重背景数据块选项，各数据结构的定时器结构名称可以不同，但定时器数据包含在单个数据块中，从而无须每个定时器都使用一个单独的数据块，这样可减少处理定时器所需的时间和数据存储空间。在共享的多重背景数据块中的定时器数据结构之间不存在交互作用。

定时器指令

在 LAD 编辑窗口的“指令”（Instructions）任务卡中分别拖曳 Timers 文件夹下“Generate pulse”“On delay”“Off delay”“Time accumulator”“Reset IEC timer”对应的图标至程序网络中，即出现图 3-13 所示的指令框。

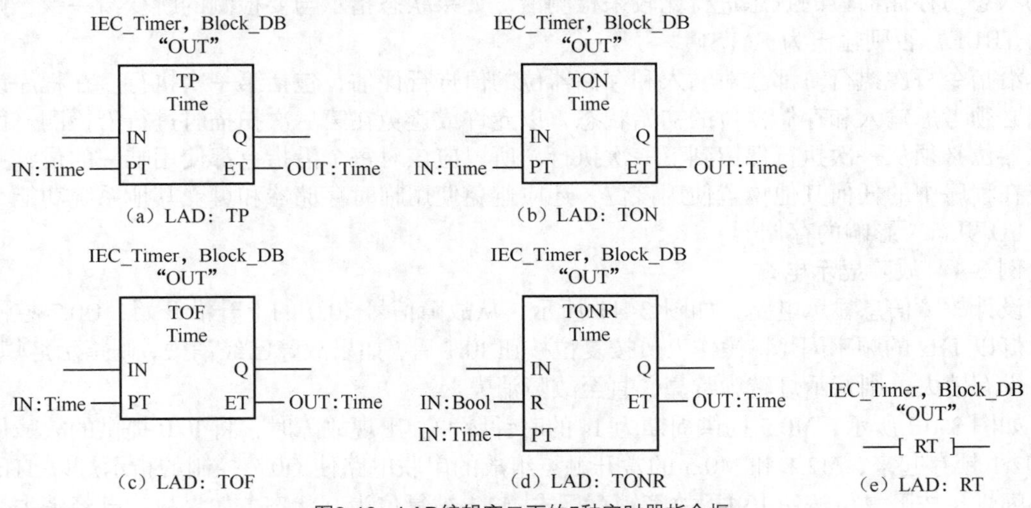

图3-13 LAD编辑窗口下的5种定时器指令框

再切换到 FBD 编辑窗口，在“指令”（Instructions）任务卡中分别拖曳 Timers 文件夹下“Generate pulse”“On delay”“Off delay”“Time accumulator”“Reset IEC timer”对应的图标至程序网络中，即可出现图 3-14 所示的指令框。

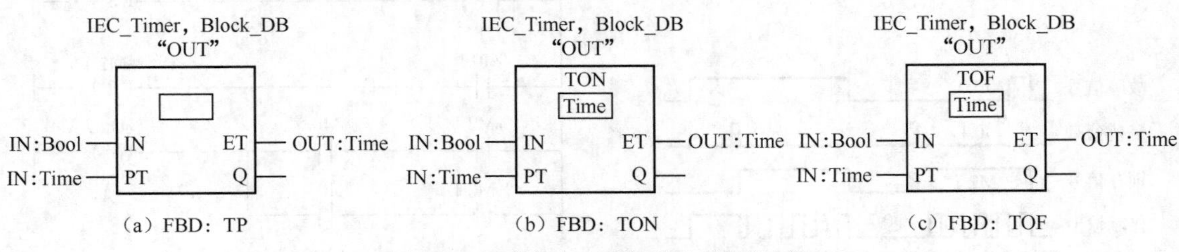

图3-14 FBD编辑窗口下的5种定时器指令框

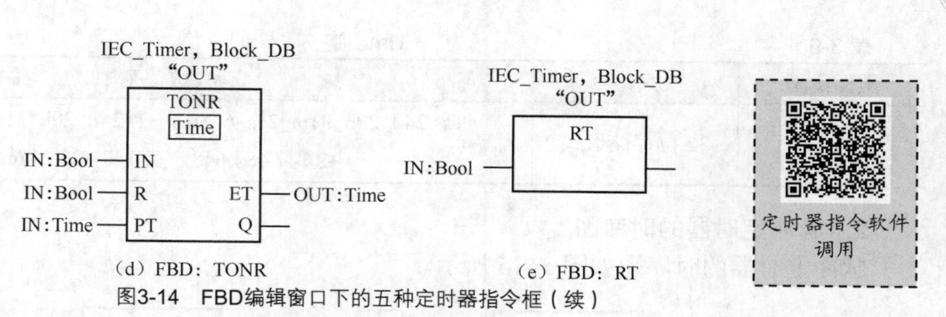

图3-14 FBD编辑窗口下的五种定时器指令框（续）

TP、TON 和 TOF 定时器具有相同的输入和输出参数；TONR 定时器具有附加的复位输入参数 R，可创建自己的"定时器名称"来命名定时器数据块，还可以描述该定时器在过程中的用途；RT 指令可重置指定定时器的定时器数据。定时器指令的各参数说明见表 3-7。

表 3-7 定时器指令的各参数说明

参数	数据类型	说明
IN	Bool	启用定时器输入
R	Bool	将 TONR 经过的时间重置为零
PT	Bool	预设的时间输入
Q	Bool	定时器输出
ET	Time	经过的时间值输出
定时器数据块	DB	指定要使用 RT 指令复位的定时器

其中，参数 IN 可启动和停止定时器：参数 IN 从 0 跳变为 1 将启动定时器 TP、TON 和 TONR；参数 IN 从 1 跳变为 0 将启动定时器 TOF。

表 3-8 列出了 PT 和 IN 参数值变化对定时器的影响。

表 3-8 PT 和 IN 参数值变化对定时器的影响

定时器	PT 和 IN 参数值变化
TP	定时器运行期间，更改 PT 和 IN 都没有任何影响
TON	定时器运行期间，更改 PT 没有任何影响，而将 IN 更改为 FALSE 会复位并停止定时器
TOF	定时器运行期间，更改 PT 没有任何影响，而将 IN 更改为 TRUE 会复位并停止定时器
TONR	定时器运行期间，更改 PT 没有任何影响，但对定时器中断后继续运行会有影响；定时器运行期间，将 IN 更改为 FALSE 会停止定时器但不会复位定时器，将 IN 改回 TRUE 将使定时器从累积的时间值开始定时

1. Time 值

PT（预设时间）和 ET（消逝时间）的值以表示毫秒时间的有符号双精度整数形式存储在存储器中。Time 数据使用 T#标识符，以简单时间单元如"T#100ms"或复合时间单元如"T#4s_100ms"的形式输入。

在定时器指令中，无法使用表 3-9 中 Time 数据类型的负数范围。负的 PT（预设时间）值在定时器指令执行时被设置为 0，ET（消逝时间）始终为正值。

表 3-9　Time 值

数据类型	大小	有效数值范围
Time	32 位存储形式	T#-24d_20h_31m_23s_648ms～T#24d_20h_31m_23s_647ms -2 147 483 648～+2 147 483 647ms

2. 脉冲定时器的时序图

脉冲定时器的时序图如图 3-15 所示。

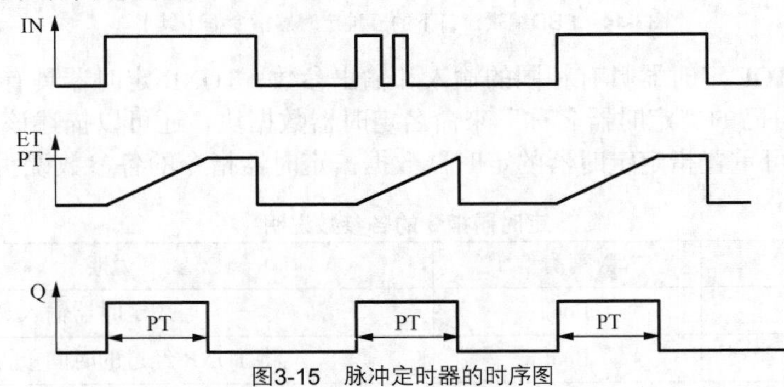

图3-15　脉冲定时器的时序图

3. 接通延迟定时器的时序图

接通延迟定时器的时序图如图 3-16 所示。

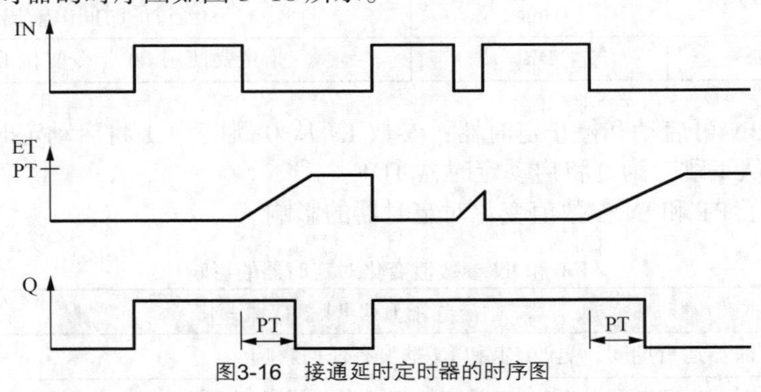

图3-16　接通延时定时器的时序图

4. 关断延迟定时器的时序图

关断延迟定时器的时序图如图 3-17 所示。

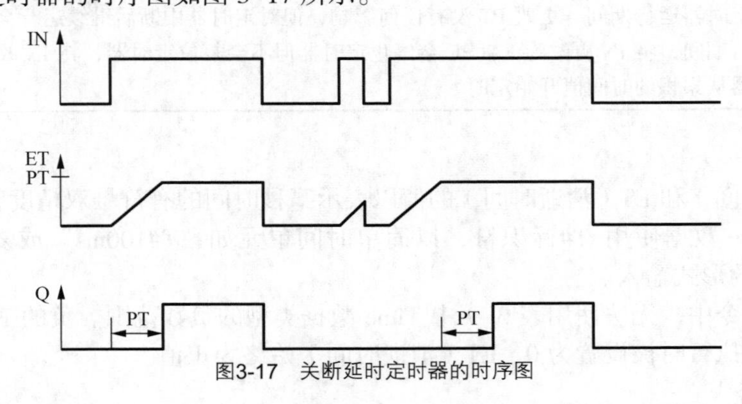

图3-17　关断延时定时器的时序图

5．保持型接通延迟定时器的时序图

保持型接通延迟定时器的时序图如图 3-18 所示。

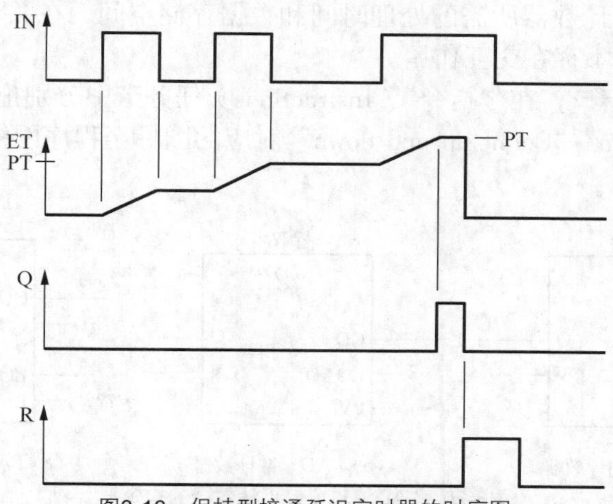

图3-18　保持型接通延迟定时器的时序图

例 3-2　用接通延时定时器设计周期和占空比可调的振荡电路。

图 3-19 中的串联电路接通后，定时器 T5 的 IN 输入信号为 1 状态，开始定时。2s 后定时时间到，它的 Q 输出使定时器 T6 开始定时，同时 Q0.7 的线圈通电。3s 后 T6 的定时时间到，它的输出“T6”.Q 的常闭触点断开，使 T5 的 IN 输入电路断开，其 Q 输出变为 0 状态，使 Q0.7 和定时器 T6 的 Q 输出也变为 0 状态。下一个扫描周期因为“T6”.Q 的常闭触点接通，T5 又从预设值开始定时。Q0.7 的线圈将这样周期性地通电和断电，直到串联电路断开。Q0.7 线圈通电和断电的时间分别等于 T6 和 T5 的预设值。

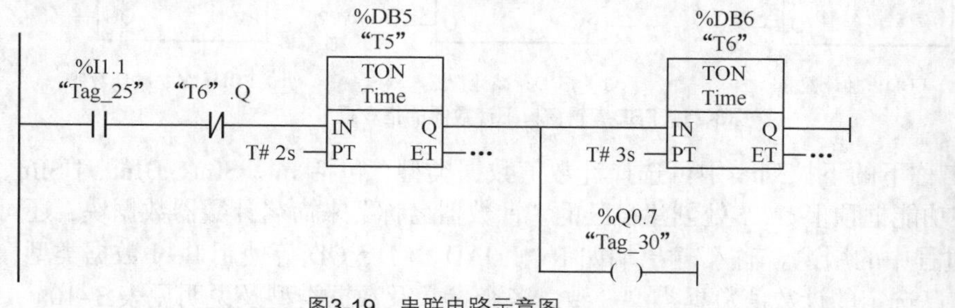

图3-19　串联电路示意图

3.3　计数器指令

1．一般计数器指令

计数器指令用作对内部程序事件和外部过程事件进行计数。CTU 是加计数器；CTD 是减计数器；CTUD 是加/减计数器。

每个计数器都使用数据块中存储的结构来保存计数器数据，用户在编辑器中放置计数器指令时分配相应的数据块。这些指令使用软件计数器，软件计数器的最大计数速率受其所在的 OB 的执行频率限制，指令所在的 OB 的执行频率必须足够高，以检测 CU 或 CD 输入的所有跳变。CTRL_HSC 是更快的计数操作指令。

在功能块中放置计数器指令后，可以选择多重背景数据块选项，各数据结构的计数器结构名称可以不同，但计数器数据包含在单个数据块中，从而无须每个计数器都使用一个单独的数据块，这就减少了计数器所需的处理时间和数据存储空间，在共享的多重背景数据块中的计数器数据结构之间不存在交互作用。

切换至 LAD 编辑窗口，在“指令”（Instructions）任务卡中分别拖曳 Counter 文件夹下的“Count up”“Count down”“Count up and down”对应的图标至程序网络中，即可出现图 3-20 所示的指令框。

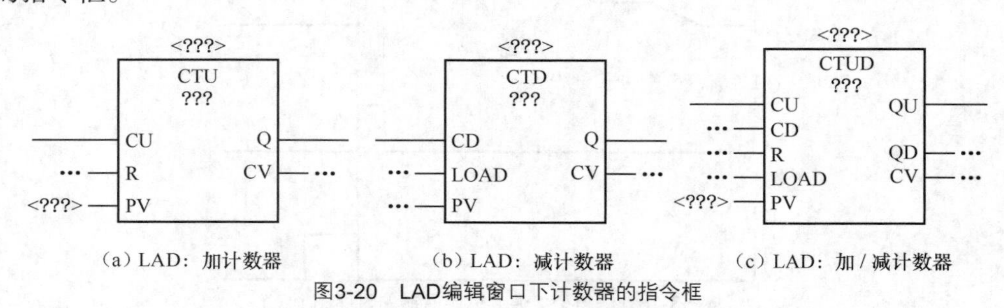

（a）LAD：加计数器　　（b）LAD：减计数器　　（c）LAD：加 / 减计数器

图3-20　LAD编辑窗口下计数器的指令框

切换至 FBD 编辑窗口，在“指令”（Instructions）任务卡中分别拖曳 Counter 文件夹下的“Count up”“Count down”“Count up and down”对应的图标至程序网络中，即可出现图 3-21 所示的指令框。

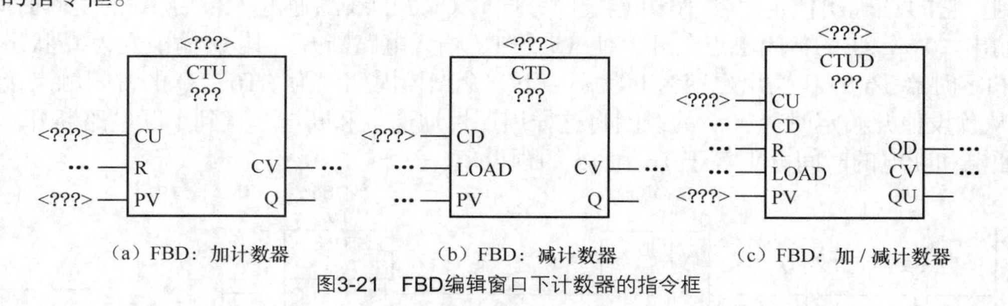

（a）FBD：加计数器　　（b）FBD：减计数器　　（c）FBD：加 / 减计数器

图3-21　FBD编辑窗口下计数器的指令框

从功能框名称下的下拉列表中可选择计数值数据类型，包括 Int、SInt、DInt、USInt、UInt 和 UDInt。可在功能框顶上<???>处创建自己的“计数器名称”来命名计数器数据块，还可以描述该计数器在过程中的用途。输入/输出端如 R、LOAD、CD、QD 等使用 Bool 数据类型，输出端如 CV 保持与已选定的计数值数据类型一致，各个参数及数据类型及说明见表 3-10。

表 3-10　计数器指令各个参数的数据类型及说明

参数	数据类型	说明
CU、CD	Bool	加计数或减计数，按加或减 1 计数
R（CTU、CTUD）	Bool	将计数值重置为 0
LOAD（CTD、CTUD）	Bool	预置值的装载控制
PV	Int、SInt、DInt、USInt、UInt、UDInt	预设计数值
Q、QU	Bool	CV≥PV 时为真
QD	Bool	CV≤0 时为真
CV	Int、SInt、DInt、USInt、UInt、UDInt	当前计数值

计数值的数值范围取决于所选的数据类型，如果计数值是无符号整型数，则可以减计数到零或加计数到范围限值。如果计数值是有符号整数，则可以减计数到负整数限值或加计数到正整数限值。

（1）CTU。参数 CU 的值从 0 变为 1 时，CTU 使计数值加 1。如果参数 CV（当前计数值）的值大于或等于参数 PV（预设计数值）的值，则计数器输出参数 Q=1。如果复位参数 R 的值从 0 变为 1，则当前计数值复位为 0。图 3-22 显示了计数值为无符号整数时的 CTU 时序图（其中，PV=3）。

（2）CTD。参数 CD 的值从 0 变为 1 时，CTD 使计数值减 1。如果参数 CV（当前计数值）的值等于或小于 0，则计数器输出参数 Q=1。如果参数 LOAD 的值从 0 变为 1，则参数 PV（预设值）的值将作为新的 CV（当前计数值）装载到计数器。图 3-23 显示了计数值为无符号整数时的 CTD 时序图（其中，PV=3）。

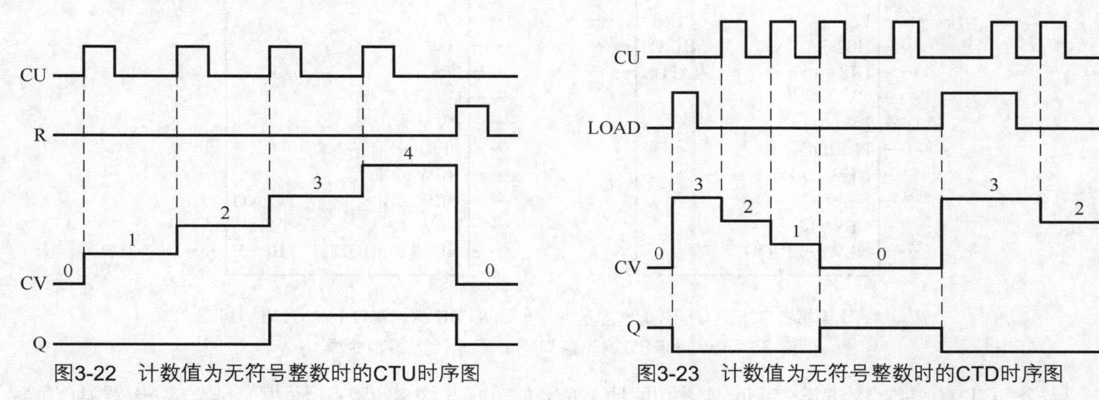

图3-22　计数值为无符号整数时的CTU时序图

图3-23　计数值为无符号整数时的CTD时序图

（3）CTUD。加计数（Count Up，CU）或减计数（Count Down，CD）输入的值从 0 跳变为 1 时，CTUD 会使计数值加 1 或减 1。如果参数 CV（当前计数值）的值大于或等于参数 PV（预设值）的值，则计数器输出参数 QU=1。如果参数 CV 的值小于或等于 0，则计数器输出参数 QD=1。如果参数 LOAD 的值从 0 变为 1，则参数 PV（预设值）的值将作为新的 CV（当前计数值）装载到计数器。如果复位参数 R 的值从 0 变为 1，则当前计数值复位为 0。图 3-24 显示了计数值为无符号整数时的 CTUD 时序图（其中，PV=4）。

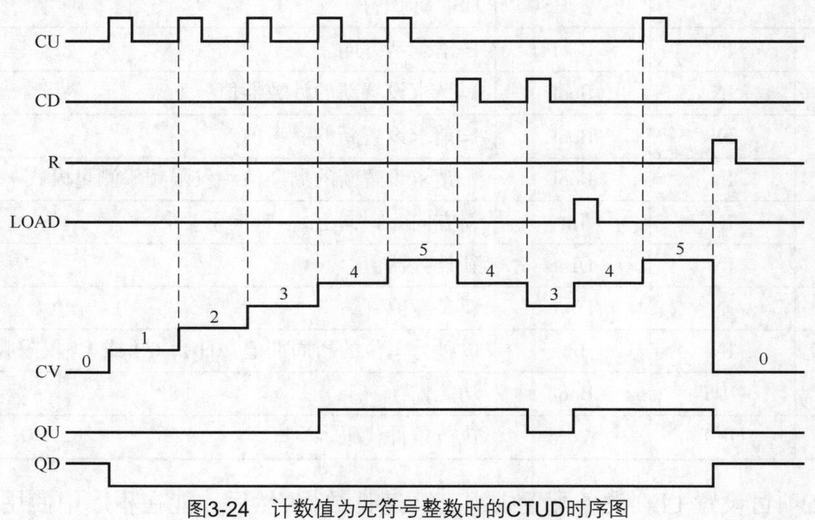

图3-24　计数值为无符号整数时的CTUD时序图

2. 高速计数器（CTRL_HSC）指令

CTRL_HSC 指令可控制高速计数器，这些高速计数器通常用来对发生速率比 OB 执行速率更快的事件进行计数。CTU、CTD 和 CTUD 计数器指令的计数速率受其所在的 OB 的执行速率限制。HSC 最大时钟输入频率单相时为 100kHz，正交相位时为 80 kHz。高速计数器的典型应用是对由运动控制轴编码器生成的脉冲进行计数。在 LAD 和 FBD 编辑窗口“指令”（Instructions）任务卡中分别拖曳 Counters 文件夹下的“Control high-speed counter”对应的图标至程序网络中，即出现图 3-25 所示的指令框。

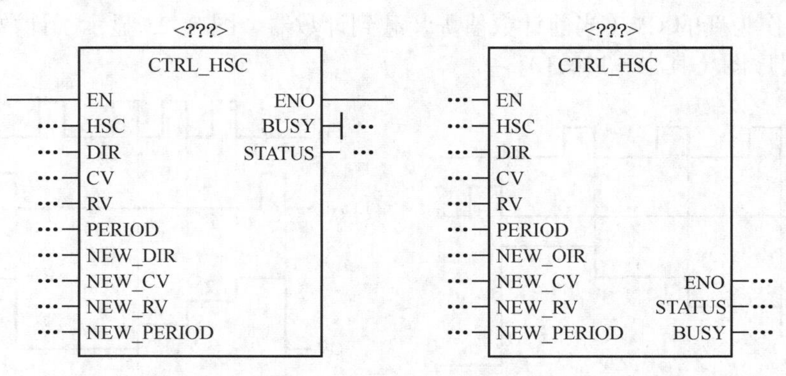

（a）LAD 编辑窗口下的 CTRL_HSC　　（b）FBD 编辑窗口下的 CTRL_HSC

图3-25　LAD和FBD编辑窗口下的高速计数器指令框

每个 CTRL_HSC 指令都使用数据块中存储的结构来保存数据，在编辑器中放置 CTRL_HSC 指令时即可分配该数据块。可在功能框顶上<???>处创建自己的“计数器名称”来命名计数器数据块，还可以描述该计数器在过程中的用途。CTRL_HSC 指令功能框中各个参数的说明见表 3-11。

表 3-11　CTRL_HSC 指令功能框中各个参数的说明

参数	参数类型	数据类型	说明
HSC	IN	HW_HSC	HSC 标识符
DIR	IN	Bool	1=请求新方向
CV	IN	Bool	1=请求设置新的计数器值
RV	IN	Bool	1=请求设置新的参考值
PERIOD	IN	Bool	1=请求设置新的周期值（仅限频率测量模式）
NEW_DIR	IN	Int	新方向：1=向上，-1=向下
NEW_CV	IN	DInt	新计数器值
NEW_RV	IN	DInt	新参考值
NEW_PERIOD	IN	Int	以秒为单位的新周期值：0.01，0.1 或 1（仅限频率测量模式）
BUSY	OUT	Bool	功能忙
STATUS	OUT	Word	执行条件代码

必须先在项目设置 PLC 设备配置中组态高速计数器，然后才能在程序中使用高速计数器。

HSC 设备配置设置包括选择计数模式、I/O 连接、中断分配，以及是作为高速计数器还是设备来测量脉冲频率。无论是否采用程序控制，均可操作高速计数器。

许多高速计数器组态参数只在项目设备配置中进行设置，有些高速计数器参数在项目设备配置中初始化，但以后可以通过程序控制进行修改。

CTRL_HSC 指令参数提供了计数过程的程序控制：将计数方向设置为 NEW_DIR 值；将当前计数值设置为 NEW_CV 值；将参考值设置为 NEW_RV 值；将周期值（仅限频率测量模式）设置为 NEW_PERIOD 值。

如果执行 CTRL_HSC 指令后布尔标记值置位为 1，则相应的 NEW_×××值将装载到计数器。CTRL_HSC 指令执行一次可处理多个请求（同时设置多个标记）。DIR=1 是装载 NEW_DIR 值的请求，DIR=0 则无变化；CV=1 是装载 NEW_CV 值的请求，CV=0 则无变化；RV=1 是装载 NEW_RV 值的请求，RV=0 则无变化；PERIOD=1 是装载 NEW_PERIOD 值的请求，PERIOD=0 则无变化。

CTRL_HSC 指令通常放置在触发计数器硬件中断事件时执行的硬件中断 OB 中。例如，如果 CV=RV 事件触发计数器中断，则硬件中断 OB 代码块执行 CTRL_HSC 指令并且可通过装载 NEW_RV 值更改参考值。

在 CTRL_HSC 参数中没有提供当前计数值，在高速计数器硬件配置期间分配存储当前计数值的过程映像地址。可以使用程序逻辑直接读取该计数值，返回到程序的值将是读取计数器瞬间的正确计数，但计数器仍将继续对高速事件计数。因此，程序使用旧的计数值完成处理前，实际计数值可能会更改。

CTRL_HSC 参数的详细信息：如果不请求更新参数值，则会忽略相应的输入值；仅当组态的计数方向设置为“用户程序（内部方向控制）”[User program（internal direction control）] 时，DIR 参数才有效，用户在 HSC 设备配置中确定如何使用该参数；对于 CPU 或信号板上的 HSC，BUSY 参数的值始终为 0。

条件代码：发生错误时，ENO 设置为 0，并且 STATUS 输出包含条件代码见表 3-12。

表 3-12　STATUS 输出包含条件代码的说明

STATUS 值（W#16#...）	说明	STATUS 值（W#16#...）	说明
0	无错误	80B2	NEW_CV 的值非法
80A1	HSC 标识符没有对 HSC 寻址	80B3	NEW_RV 的值非法
80B1	NEW_DIR 的值非法	80B4	NEW_PERIOD 的值非法

3. 高速计数器的使用方法

高速计数器（High Speed Counter，HSC）可用作增量轴编码器的输入，该轴编码器每转提供指定数量的计数值及一个复位脉冲，来自轴编码器的时钟和复位脉冲将输入 HSC 中。

先是将若干预设值中的第一个装载到 HSC 上，并且在当前计数值小于当前预设值的时段内，计数器输出一直是激活的。在当前计数值等于预设值时、发生复位时及方向改变时，HSC 会提供一个中断。

每次出现“当前计数值等于预设值”中断事件时，将装载一个新的预设值，同时设置输出的下一状态。当出现复位中断事件时，将设置输出第一个预设值和第一个输出状态，并重复该循环。

由于中断发生的频率远低于 HSC 的计数速率，因此能够在对 CPU 扫描周期影响相对较小的情况下实现对高速操作的精确控制。通过提供中断，可以在独立的中断例程中执行每次新预设值装载操作以实现简单的状态控制，或者所有中断事件也可在单个中断例程中进行处理。

（1）选择 HSC 的功能。所有 HSC 在同种计数器运行模式下的工作方式都相同，HSC 共有 4 种基本类型：具有内部方向控制的单相计数器；具有外部方向控制的单相计数器；具有两个时钟输入的双相计数器；A/B 相正交计数器。

用户可选择是否激活复位输入来使用各种 HSC 类型。如果激活复位输入（存在一些限制），见表 3-13，则它会清除当前值并在禁用复位输入之前保持清除状态。

表 3-13　计数器模式和输入

说明			默认输入分配			功能
HSC	HSC1	内置	I0.0	I0.1	I0.3	—
		或信号板	I4.0	I4.1	I4.3	
		或监视 PTO 0	PTO 0 方向	PTO 0 方向	—	
	HSC2	内置	I0.2	I0.3	I0.1	—
		或信号板	I4.2	I4.3	I4.1	
		或监视 PTO 1	PTO 1 脉冲	PTO 1 方向	—	
	HSC3	内置	I0.4	I0.5	I0.7	—
	HSC4	内置	I0.6	I0.7	I0.5	—
	HSC5	内置	I1.0	I1.1	I1.2	—
		或信号板	I4.0	I4.1	I4.3	
	HSC6	内置	I1.3	I1.4	I1.5	—
		或信号板	I4.2	I4.3	I4.1	
模式	具有内部方向控制的单相计数器		时钟	—	—	计数或频率
					复位	计数
	具有外部方向控制的单相计数器		时钟	方向	—	计数或频率
					复位	计数
	具有两个时钟输入的双相计数器		加时钟	减时钟	—	计数或频率
					复位	计数
	A/B 相正交计数器		A 相	B 相	—	计数或频率
					Z 相	计数
	监视脉冲串输出（PTO）		时钟	方向	—	计数

1）频率功能。有些 HSC 模式允许 HSC 被组态（计数类型）为报告频率而非当前脉冲计数值。有 3 种可用的频率测量周期：0.01 s、0.1 s 或 1.0 s。

2）频率测量周期决定 HSC 计算并报告新频率值的频率，报告频率是通过上一测量周期内总计数值确定的平均值。如果该频率在快速变化，则报告值将是介于测量周期内出现的最高频率和最低频率之间的一个中间值。无论频率测量周期的设置如何，总是会以赫兹为单位来报告频率（每秒脉冲个数）。

3）计数器模式和输入。表 3-13 列出了用于与 HSC 相关的时钟、方向控制和复位功能的输入。同一输入不可用于两个不同的功能，但任何未被 HSC 当前模式使用的输入均可用于其

他用途。例如，如果 HSC1 处于使用内置输入但不使用外部复位（I0.3）的模式，则 I0.3 可以用于沿中断或 HSC2。

脉冲串输出监视功能始终使用时钟和方向，如果仅为脉冲组态相应的 PTO 输出，则通常应将方向输出设置为正计数。对于仅支持 6 个内置输入的 CPU1211C，不能使用带复位输入的 HSC3 和 HSC4。仅当安装信号板时，CPU1211C 和 CPU1212C 才支持 HSC5 和 HSC6。

（2）访问 HSC 的当前值。CPU 将每个 HSC 的当前值存储在一个输入（I）地址中，表 3-14 列出了每个 HSC 的当前值分配的默认地址，可以通过在设备配置中修改 CPU 的属性来更改当前值的 I 地址。

表 3-14　每个 HSC 的当前值分配的默认地址

高速计数器	数据类型	默认地址	高速计数器	数据类型	默认地址
HSC1	DInt	ID1000	HSC4	DInt	ID1012
HSC2	DInt	ID1004	HSC5	DInt	ID1016
HSC3	DInt	ID1008	HSC6	DInt	ID1020

（3）无法强制修改分配给 HSC 设备数字量 I/O 点。在设备配置期间分配高速计数器设备使用的数字量 I/O 点，将数字量 I/O 点分配给这些设备之后，无法通过监视表格强制功能修改所分配的 I/O 点的地址值。

3.4 数据处理指令

比较指令

3.4.1 比较指令

1. 大小比较指令

大小比较指令用来比较数据类型相同的两个数 IN1 与 IN2 的大小，IN1 和 IN2 分别在触点的上面和下面。如果该 LAD 触点比较结果为 TRUE，则该触点会被激活；如果该 FBD 功能框比较结果为 TRUE，则功能框输出为 TRUE。在 LAD 编辑窗口下，打开“指令”（Instructions）任务卡中的 Compare 文件夹，拖曳“Equal”“Not equal”“Greater or equal”“Less or equal”“Greater than”“Less than”“Count up”“Count down”“Count up and down”对应的图标至程序网络中，得到图 3-26 所示的比较指令触点。

<???> == ??? <???>　（a）等于
<???> < > ??? <???>　（b）不等于
<???> >= ??? <???>　（c）大于等于
<???> <= ??? <???>　（d）小于等于
<???> > ??? <???>　（e）大于
<???> < ??? <???>　（f）小于
“IN1” ??? ??? “IN2”　（g）LAD：比较触点的共性

图3-26　LAD编辑窗口下的比较指令触点

在 FBD 编辑窗口下，打开“指令”（Instructions）任务卡中的 Compare 文件夹，拖曳“Equal”“Not equal”“Greater or equal”“Less or equal”“Greater than”“Less than”“Count up”“Count down”

“Count up and down”对应的图标至程序网络中，得到图 3-27 所示的比较指令功能框。

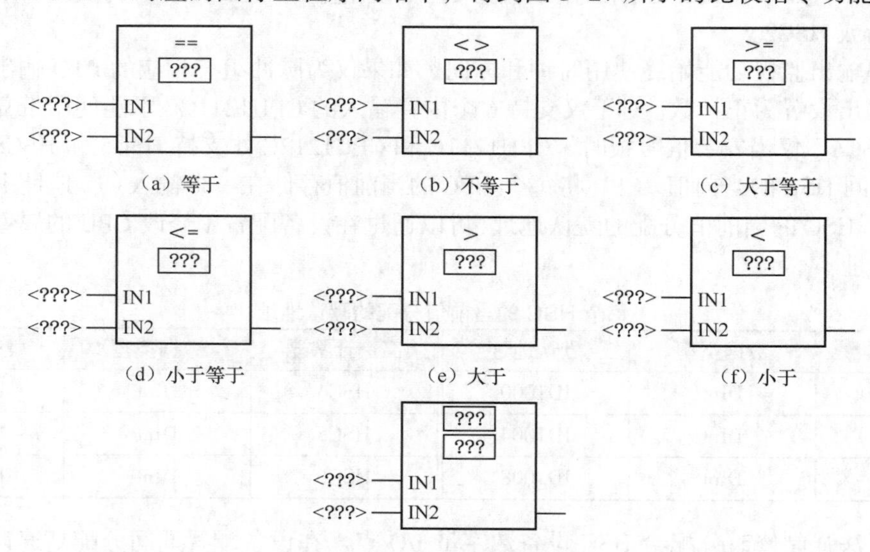

（a）等于　（b）不等于　（c）大于等于

（d）小于等于　（e）大于　（f）小于

（g）LAD：比较功能块的共性

图3-27　FBD编辑窗口下的比较指令功能框

“IN1”和“IN2”是要比较的值，在方框外<???>处输入，其数据类型要与方框内???处选定的数据类型（Int、DInt、Real、USInt、UInt、UDInt、SInt、String、Char、Time、DTL 和 LReal 共 12 种）一致；实际上比较符号也是可以修改的，双击比较符号，单击出现的▼按钮，可以通过下拉菜单修改比较符号，关系类型共 6 种。要比较的值关系类型说明见表 3-15。

表 3-15　要比较的值关系类型说明

关系类型	满足以下条件时比较结果为真	关系类型	满足以下条件时比较结果为真
==	IN1 等于 IN2	<=	IN1 小于等于 IN2
<>	IN1 不等于 IN2	>	IN1 大于 IN2
>=	IN1 大于等于 IN2	<	IN1 小于 IN2

显然，大小比较指令的类型共有 72 种。

2. 范围内和范围外指令

在 LAD 编辑窗口下，打开“指令”（Instructions）任务卡中的 Compare 文件夹，拖曳“Value within range”“Value outside range”对应的图标至程序网络中；在 FBD 编辑窗口下进行同样的操作，得到图 3-28 所示的范围内（IN_RANGE）和范围外（OUT_RANGE）指令框。使用 IN_RANGE 和 OUT_RANGE 指令可测试输入值是在指定的值范围之内还是之外。如果比较结果为 TRUE，则功能框输出为 TRUE。输入参数 MIN、VAL 和 MAX 的数据类型（SInt、Int、DInt、USInt、UInt、UDInt、Real 之一）必须相同。在程序编辑器中单击该指令处，可以从下拉菜单中选择与输入参数一致的数据类型。

范围内和范围外指令的动作条件关系类型见表 3-16。

在水力发电生产过程中，油压装置储油罐油压控制、冷却水塔水位控制、压缩空气系统储气罐气压控制、推力轴承/导轴承的温度和油位控制、发电机冷却器温度控制等，都可以用到这类指令。

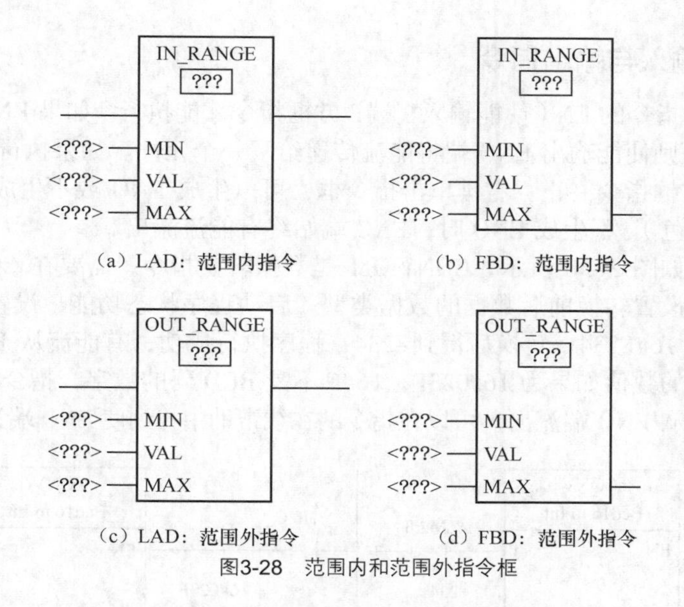

（a）LAD：范围内指令　（b）FBD：范围内指令

（c）LAD：范围外指令　（d）FBD：范围外指令

图3-28　范围内和范围外指令框

表 3-16　范围内和范围外指令的动作条件关系类型

关系类型	满足以下条件时比较结果为 TRUE	关系类型	满足以下条件时比较结果为 TRUE
IN_RANGE	MIN≤VAL≤MAX	OUT_RANGE	VAL<MIN 或 VAL>MAX

3. OK 和 NOT_OK 指令

在 LAD 和 FBD 编辑窗口下，打开“指令”（Instructions）任务卡中的 Compare 文件夹，拖曳“Check validity”“Check invalidity”对应的图标至程序网络中，得到图 3-29 所示的指令触点和功能框。

使用 OK 和 NOT_OK 指令可测试输入的参考数据是否为符合 IEEE 754 的有效实数，如果该 LAD 触点为 TRUE，则激活该触点并传递能流；如果该 FBD 功能框为 TRUE，则功能框输出为 TRUE。

从<???>处输入 Real 或 LReal 数据，即 IN：Real、LReal。如果 Real 或 LReal 类型的值为 +/–INF（无穷大）、NaN（不是数字）或者非标准化的值，则其无效。非标准化的值是非常接近于 0 的数字，CPU 在计算中用 0 替换非标准化的值。

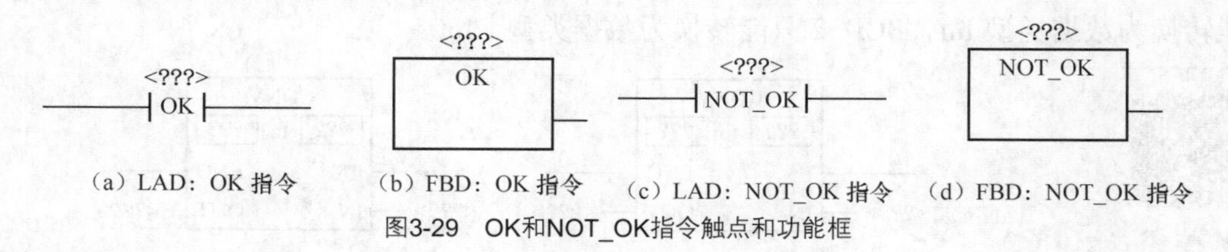

（a）LAD：OK 指令　（b）FBD：OK 指令　（c）LAD：NOT_OK 指令　（d）FBD：NOT_OK 指令

图3-29　OK和NOT_OK指令触点和功能框

OK 指令和 NOT_OK 指令的动作条件见表 3–17。

表 3-17　OK 指令和 NOT_OK 指令的动作条件

指令	满足以下条件时 Real 数测试结果为 TRUE	指令	满足以下条件时 Real 数测试结果为 TRUE
OK	输入值为有效 Real 数	NOT_OK	输入值不是有效 Real 数

3.4.2 使能输入与输出指令

有能流流到方框指令的 EN（使能输入）端，方框指令才能执行。如果 EN 端有能流流入，而且执行时无错误，则使能输出 ENO 端将能流传递给下一个元件。如果执行过程中有错误，能流在出现错误的方框指令终止。右键单击指令框，可以生成 ENO 或不生成 ENO（ENO 变为灰色）。不生成 ENO 时，ENO 端始终有能流流出。

使能输入与输出指令

如图 3-30 所示，CONVERT 是数据转换指令，需要在 CONV 下面“to”两边设置转换前后数据的数据类型。启动程序状态功能，设置转换前的 BCD 码为 16#F234，转换后得到-234，程序执行成功，有能流从 ENO 端流出。转换前的数值如果为 16#023F，16#F 不是 BCD 码的数字，指令执行出错，没有能流从 ENO 端流出。可以在指令的在线帮助中找到使 ENO 端为 0 状态的原因。

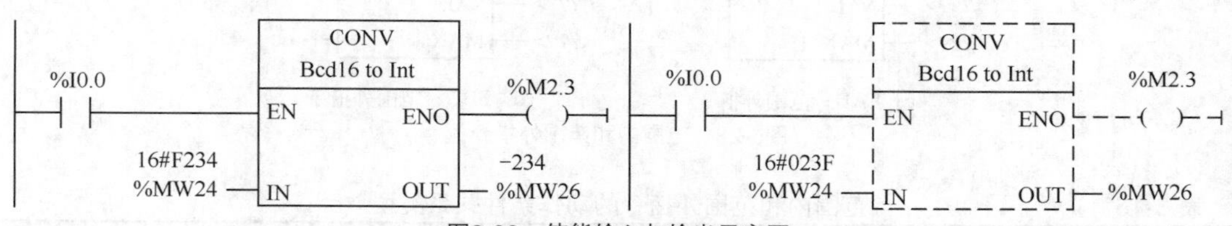

图3-30 使能输入与输出示意图

ENO 端可以作为下一个方框的 EN 端，只有前一个方框被正确执行，与它连接的后面的程序才能被执行。EN 和 ENO 的操作数均为能流，数据类型为 Bool。

3.4.3 转换指令

在“指令”（Instructions）任务卡中打开 Convert 文件夹，可以看到“Convert Value”“Round numerical value”“Generate next higher from floating_point number”“Generate lower integer from floating_point number”“Truncate numerical value”“Scale”“Normalize”等指令的入口图标。

1. CONV（转换）指令

在 LAD 和 FBD 编辑窗口下拖曳“CONVERT”对应的图标至程序网络中，即可得到图 3-31 所示的指令框。

EN 端有能流流入时，CONV 指令将数据元素从一种数据类型转换为另一种数据类型。在功能框名称下方单击两处???，然后从下拉菜单中选择 IN 数据类型和 OUT 数据类型。BCD16 只能转换为数据类型 Int，BCD32 只能转换为数据类型 DInt。

转换指令

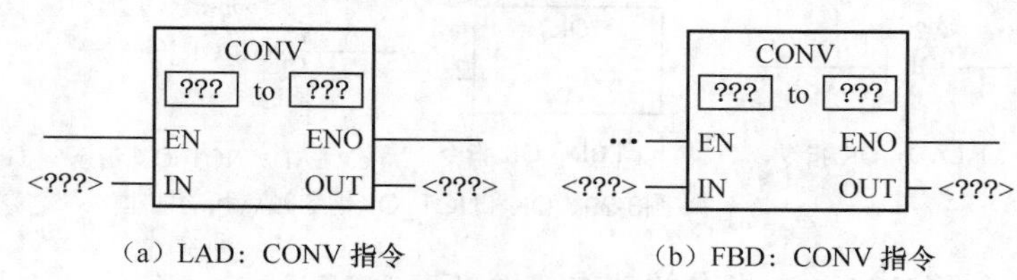

（a）LAD：CONV 指令　（b）FBD：CONV 指令

图3-31 CONV指令框

CONV 指令各个参数的说明见表 3-18，选择（转换源）数据类型之后，（转换目标）下拉列表中将显示可能的转换项列表。与 BCD16 进行相互转换仅限于 Int 数据类型；与 BCD32 进行转换仅限于 DInt 数据类型。

表 3-18　　CONV 指令各个参数的说明

参数	数据类型	说明
IN	SInt、Int、DInt、USInt、UInt、UDInt、Byte、Word、DWord、Real、LReal、BCD16、BCD32	IN 值
OUT	SInt、Int、DInt、USInt、UInt、UDInt、Byte、Word、DWord、Real、LReal、BCD16、BCD32	转换为新数据类型的 IN 值

执行 CONV 指令后，ENO 状态为 1 表示“无错误”，OUT 中为有效结果；ENO 状态为 0 表示“IN 为+/–INF 或+/–NaN”，OUT 为“+/–INF 或+/–NaN”，或者“结果超出 OUT 数据类型的有效范围，OUT 被设置为 IN 的最低有效字节”。

2. 取整和截取指令

在 LAD 和 FBD 编辑窗口下拖曳“ROUND”“TRUNC”对应的图标至程序网络中，即可得到图 3-32 所示的指令框。

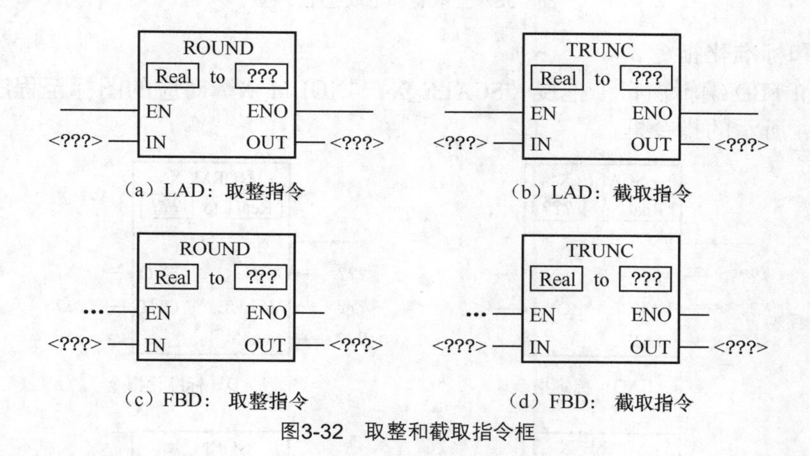

图3-32　取整和截取指令框

ROUND 指令用于将实数转换为整数，实数的小数部分舍入为最接近的整数值（IEEE——舍入为最接近值）；如果 Real 数刚好是两个连续整数的一半（例如，10.5），则 Real 数舍入为偶数。例如，ROUND（10.5）=10，ROUND（11.5）=12。

TRUNC 指令用于将实数转换为整数，实数的小数部分被截成零（IEEE——取整为零）。

ROUND 和 TRUNC 指令的浮点型输入参数 IN 的数据类型为 Real 或 LReal；取整或截取后输出 OUT 的数据类型有 SInt、Int、DInt、USInt、UInt、UDInt，Real、LReal 等 8 种。

ROUND 或 TRUNC 指令执行后，若 ENO 状态为 1 表示“无错误”，结果 OUT 有效；若 ENO 状态为 0 表示“输入 IN 为+/–INF 或+/–NaN”，结果 OUT 为“+/–INF 或+/–NaN”。

3. 上取整和下取整指令

在 LAD 和 FBD 编辑窗口下拖曳“CEIL”“FLOOR”对应的图标至程序网络中即可得到图 3-33 所示的指令框。

CEIL 指令用于将实数转换为大于或等于该实数的最小整数（IEEE——向正无穷取整）。

FLOOR 指令用于将实数转换为小于或等于该实数的最大整数（IEEE——向负无穷取整）。

CEIL 和 FLOOR 指令的浮点型输入参数 IN 的数据类型为 Real 或 LReal，转换后输出参数的数据类型有 SInt、Int、DInt、USInt、UInt、UDInt、Real、LReal 等 8 种。CEIL 或 FLOOR 指

令执行后，若 ENO 状态为 1 表示“无错误”，结果 OUT 有效；若 ENO 状态为 0 表示“输入 IN 为+/−INF 或+/−NaN”，结果 OUT 为“+/−INF 或+/−NaN”。

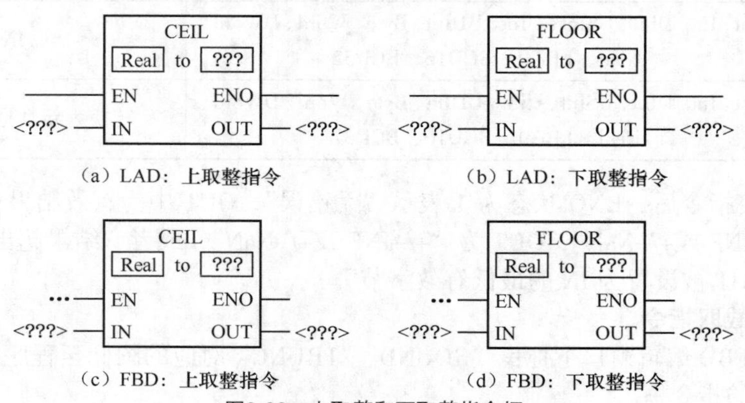

图3-33　上取整和下取整指令框

4. 标定和标准化指令

在 LAD 和 FBD 编辑窗口下拖曳“SCALE_X”“NORM_X”对应的图标至程序网络中，即可得到图 3-34 所示的指令框。

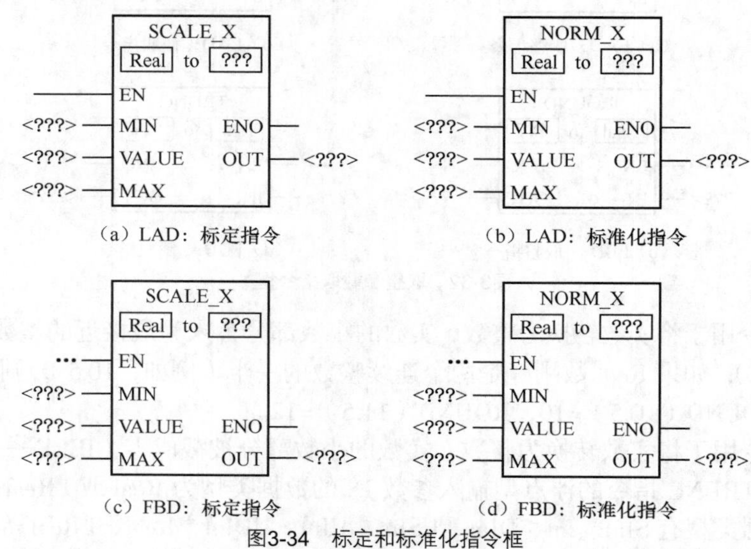

图3-34　标定和标准化指令框

（1）SCALE_X 用于按参数 MIN 和 MAX 所指定的数据类型和值范围对标准化的实参数 VALUE（其中 0.0<VALUE<1.0）进行标定：

OUT=VALUE（MAX−MIN）+MIN

对于 SCALE_X，参数 MIN、MAX 和 OUT 的数据类型必须相同。

（2）NORM_X 用于标准化，通过参数 MIN 和 MAX 指定值范围内的参数 VALUE：OUT=（VALUE−MIN）/（MAX−MIN），（其中 0.0<OUT<1.0）。

对于 NORM_X，参数 MIN、VALUE 和 MAX 的数据类型必须相同。

在功能框名称下方单击???处，可从下拉菜单中选择表 3-19 所示的数据类型。

表 3-19 SCALE_X 和 NORM_X 指令各个参数的说明

参数	数据类型	说明
MIN	SInt、Int、DInt、USInt、UInt、UDInt、Real	输入范围的最小值
VALUE	SCALE_X：Real； NORM_X：SInt、Int、DInt、USInt、UInt、UDInt、Real	要标定或标准化的输入值
MAX	SInt、Int、DInt、USInt、UInt、UDInt、Real	输入范围的最大值
OUT	SCALE_X：SInt、Int、DInt、USInt、UInt、UDInt、Real； NORM_X：Real	标定或标准化后的输出值

SCALE_X 的参数 VALUE 应限制为 0.0<VALUE<1.0。如果参数 VALUE 小于 0.0 或大于 1.0：线性标定运算会生成一些小于参数 MIN 值或大于参数 MAX 值的 OUT 值，作为落在 OUT 数据类型值范围内的 OUT 值，此时 SCALE_X 执行会设置 ENO 为 1；可能会生成不在 OUT 数据类型范围内的一些标定数，此时参数 OUT 的值会被设置为一个中间值，该中间值等于被标定实数在最终转换为 OUT 数据类型之前的最低有效部分，此时 SCALE_X 执行会设置 ENO 为 0。

NORM_X 的参数 VALUE 应限制为 MIN<VALUE<MAX。如果参数 VALUE 小于 MIN 或大于 MAX，线性标定运算会生成小于 0.0 或大于 1.0 的标准化 OUT 值。在这种情况下，NORM_X 执行会设置 ENO 为 1。

SCALE_X 和 NORM_X 指令执行后，ENO 状态为 1 表示"无错误"，结果 OUT 有效。ENO 状态为 0 表示满足以下条件之一：结果超出 OUT 数据类型的有效范围；参数 MAX<MIN；参数 VALUE=+/−INF 或+/−NaN，将参数 VALUE 写入 OUT 的值。

3.4.4 数据传送指令

在"指令"（Instructions）任务卡中打开 Move 文件夹，可见"Move value""Move block""Move block uninterruptible""Fill block""Fill block uninterruptible""Swap"等指令的入口图标。

1. 移动和块移动指令

在 LAD 和 FBD 编辑窗口下拖曳"MOVE""MOVE_BLK""UMOVE_BLK"对应的图标至程序网络中，可得到图 3-35 所示的指令框。

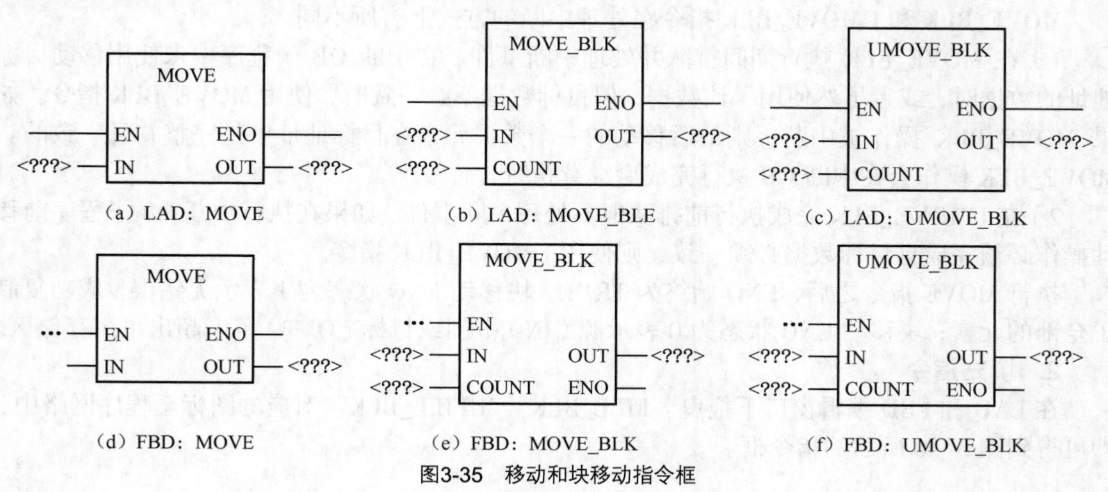

图3-35 移动和块移动指令框

使用移动指令将数据元素复制到新的存储器地址并从一种数据类型转换为另一种数据类型，移动过程不会更改源数据。

1）MOVE：将存储在指定地址的数据元素复制到新地址。

2）MOVE_BLK：将数据元素块复制到新地址的可中断移动。

3）UMOVE_BLK：将数据元素块复制到新地址的不中断移动。

MOVE、MOVE_BLK 和 UMOVE_BLK 指令中各个参数的说明见表 3-20。

表 3-20　MOVE、MOVE_BLK 和 UMOVE_BLK 指令中各个参数的说明

指令	参数	数据类型	说明
MOVE	IN	SInt、Int、DInt、USInt、UInt、UDInt、Real、LReal、Byte、Word、DWord、Char、Array、Struct、DTL、Time	源地址
	OUT	SInt、Int、DInt、USInt、UInt、UDInt、Real、LReal、Byte、Word、DWord、Char、Array、Struct、DTL、Time	目标地址
MOVE_BLK、UMOVE_BLK	IN	SInt、Int、DInt、USInt、UInt、UDInt、Real、Byte、Word、DWord	源起始地址
	COUNT	UInt	要复制的数据元素数
	OUT	SInt、Int、DInt、USInt、UInt、UDInt、Real、LReal、Byte、Word、DWord、Char、Array、Struct、DTL、Time	目标起始地址

数据复制遵循以下操作规则：需复制 Bool 数据类型，则使用 SET_BF、RESET_BF、RS 或输出线圈（LAD）；需复制单个基本数据类型、结构或字符串中的单个字符，则使用 MOVE；需复制基本数据类型数组，则使用 MOVE_BLK 或 UMOVE_BLK；需复制字符串，则使用 S_CONV；MOVE_BLK 和 UMOVE_BLK 指令不能用于将数组或结构复制到 I、Q 或 M 存储区。

MOVE 指令将单个数据元素从 IN 参数指定的源地址复制到 OUT 参数指定的目标地址。MOVE_BLK 和 UMOVE_BLK 指令具有附加的 COUNT 参数，COUNT 指定要复制的数据元素的个数。每个被复制元素的字节数取决于 PLC 变量表中分配给 IN 和 OUT 参数变量名称的数据类型。

MOVE_BLK 和 UMOVE_BLK 指令在处理中断的方式上有所不同。

1）在 MOVE_BLK 执行期间排队并处理中断事件。在中断 OB 子程序中未使用移动目标地址的数据时，或者虽然使用了该数据，但目标数据不必一致时，使用 MOVE_BLK 指令。如果 MOVE_BLK 操作被中断，则最后移动的一个数据元素在目标地址中是完整并且一致的。MOVE_BLK 操作会在中断 OB 执行完成后继续执行。

2）在 UMOVE_BLK 完成执行前排队但不处理中断事件。如果在执行中断 OB 子程序前移动操作必须完成且目标数据必须一致，则使用 UMOVE_BLK 指令。

执行 MOVE 指令之后，ENO 始终为 TRUE。块移动 ENO 状态为 1 表示无错误，成功复制了全部的元素；块移动 ENO 状态为 0 表示源（IN）范围或目标（OUT）范围超出可用存储区。

2. 填充指令

在 LAD 和 FBD 编辑窗口下拖曳“FILL_BLK”“UFILL_BLK”对应的图标至程序网络中，即可得到图 3-36 所示的指令框。

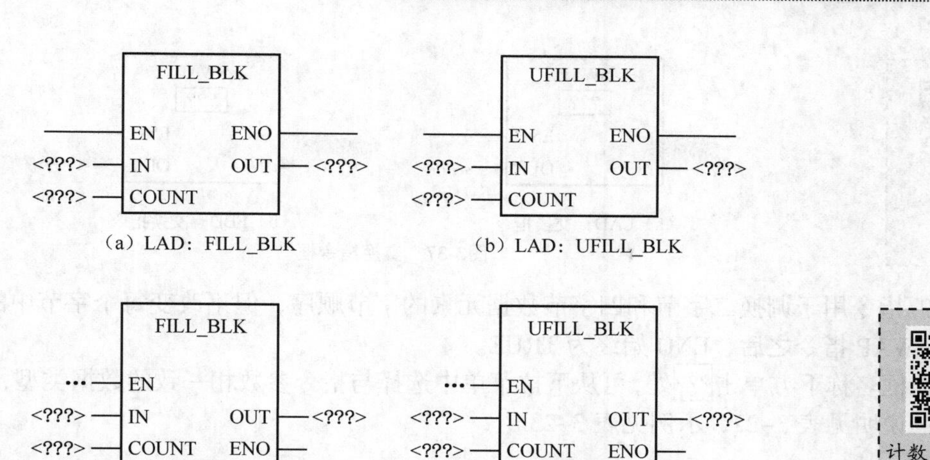

计数器指令软件调用

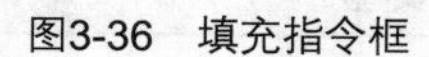
图3-36　填充指令框

1）FILL_BLK：可中断填充指令使用指定数据元素的副本填充地址范围。

2）UFILL_BLK：不中断填充指令使用指定数据元素的副本填充地址范围。

FILL_BLK 和 UFILL_BLK 指令 IN 和 OUT 必须是 D、L（数据块或局部数据区）中的数组元素，IN 还可以是常数。COUNT 为填充的数组元素的个数，数据类型为 DInt 或常数。FILL_BLK 与 UFILL_BLK 指令中各个参数的说明见表 3-21。

表 3-21　FILL_BLK 和 UFILL_BLK 指令中各个参数的说明

参数	数据类型	说明
IN	SInt、Int、DInt、USInt、UInt、UDInt、Real、Byte、Word、DWord	数据源地址
COUNT	USInt、UInt	要复制的数据元素数
OUT	SInt、Int、DInt、USInt、UInt、UDInt、Real、Byte、Word、DWord	数据目标地址

数据填充遵循以下操作规则：需使用 Bool 数据类型填充，则使用 SET_BF、RESET_BF、R、S 或输出线圈（LAD）；需使用单个基本数据类型填充或要在字符串中填充单个字符，则使用 MOVE；需使用基本数据类型填充数组，则使用 FILL_BLK 或 UFIIL_BLK；FILL_BLK 和 UFILL_BLK 指令不能用于将数组填充到 I、Q 或 M 存储区。

FILL_BLK 和 UFILL_BLK 指令将源数据元素 IN 复制到通过参数 OUT 指定其初始地址的目标数据区中。复制过程不断重复并填充相邻地址块，直到副本数与参数 COUNT 设置的数值相等。

FILL_BLK 和 UFILL_BLK 指令在处理中断的方式上有所不同。

1）在 FILL_BLK 执行期间排队并处理中断事件。中断 OB 子程序中未使用移动目标地址的数据时，或者虽然使用了该数据，但目标数据不必一致时，使用 FILL_BLK 指令。

2）在 UFILL_BLK 完成执行前排队但不处理中断事件。如果在执行中断 OB 子程序前移动操作必须完成且目标数据必须一致，则使用 UFILL_BLK 指令。

ENO 状态为 1 表示指令执行“无错误”，IN 元素成功复制到全部的目标中；ENO 状态为 0 表示“目标（OUT）范围超出可用存储区”，仅复制适当的元素。

3. 交换指令

在 LAD 和 FBD 编辑窗口下拖曳“SWAP”对应的图标至程序网络中，即可得到图 3-37 所示的指令框。

数据处理指令软件调用

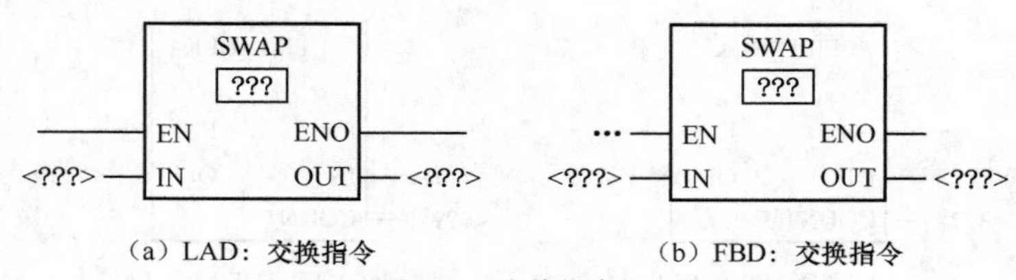

（a）LAD：交换指令　　（b）FBD：交换指令

图3-37　交换指令框

SWAP 指令用于调换二字节和四字节数据元素的字节顺序，但不改变每个字节中的位顺序。执行 SWAP 指令之后，ENO 始终为 TRUE。

在功能框名称下方单击???处，可从下拉菜单中选择与指令参数相一致的数据类型，SWAP 指令参数的说明见表 3-22，示例见表 3-23。

表 3-22　SWAP 指令参数的说明

参数	数据类型	说明
IN	Word、DWord	有序数据字节 IN
OUT	Word、DWord	反转有序数据字节 OUT

表 3-23　SWAP 指令示例（参数 IN=MB20，参数 OUT=MB24）

参数	SWAP 指令执行前				SWAP 指令执行后			
地址	MB20		MB21		MB24		MB25	
W#16#4231	43		21		21		43	
Word	MSB		LSB		MSB		LSB	
地址	MB20	MB21	MB22	MB23	MB24	MB25	MB26	MB27
DW#16#87654321	87	65	43	21	21	43	65	87
DWord	MSB	—	—	LSB	MSB	—	—	LSB

3.4.5 非循环与循环移位指令

在“指令”（Instructions）任务卡中打开 Shift+Rotate 文件夹，即见“Shift right”“Shift left”、ROR“Rotate right”“Rotate left”等指令的入口图标。

1. 非循环移位指令

在 LAD 和 FBD 编辑窗口下拖曳“SHR”和“SHL”对应的图标至程序网络中，即可得到图 3-38 所示的指令框。

非循环移位指令用于将参数 IN 的位序列移位，结果分配给参数 OUT。参数 N 指定移位的位数。

1）SHR：右移位序列。

2）SHL：左移位序列。

在功能框名称下方单击???处，可从下拉菜单中选择数据类型。IN 和 OUT 的数据类型有 Byte、Word、DWord 3 种情形，N 的数据类型为 UInt。

当 N=0 时，不进行移位，可将 IN 值分配给 OUT；移位操作后用 0 填充清空位的位置；如果要移位的位数（N）超过目标值中的位数（Byte 为 8 位、Word 为 16 位、DWord 为 32 位），则所有原始位值将被移出并用 0 代替（将 0 分配给 OUT），见表 3–24；对于移位操作，ENO 总是为 TRUE。

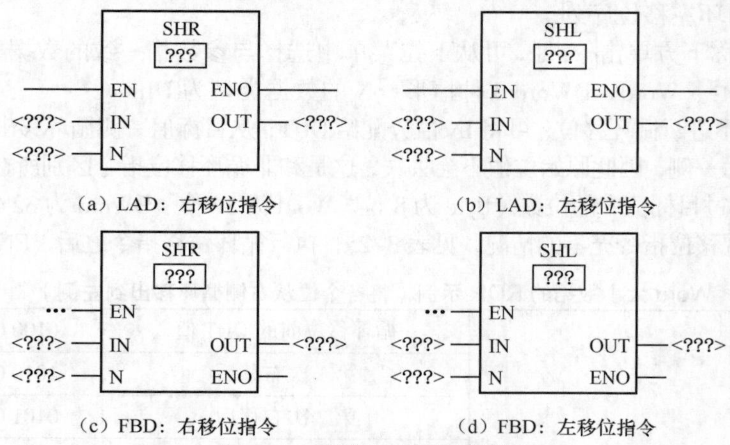

（a）LAD：右移位指令　（b）LAD：左移位指令

（c）FBD：右移位指令　（d）FBD：左移位指令

图3-38　右移位和左移位指令框

表 3-24　Word 大小数据的 SHL 示例

IN	1010 1101 1110 0010	首次移位前的 OUT 值	1010 1101 1110 0010
		第 1 次左移后	0101 1011 1100 0100
		第 2 次左移后	1011 0111 1000 1000
		第 3 次左移后	0110 1111 0001 0000
		第 4 次左移后	1101 1110 0010 0000
		第 5 次左移后	1011 1100 0100 0000
		第 15 次左移后	0000 0000 0000 0000

2．循环移位指令

在 LAD 和 FBD 编辑窗口下拖曳“ROR”和“ROL”对应的图标至程序网络中，即可得到图 3–39 所示的指令框。

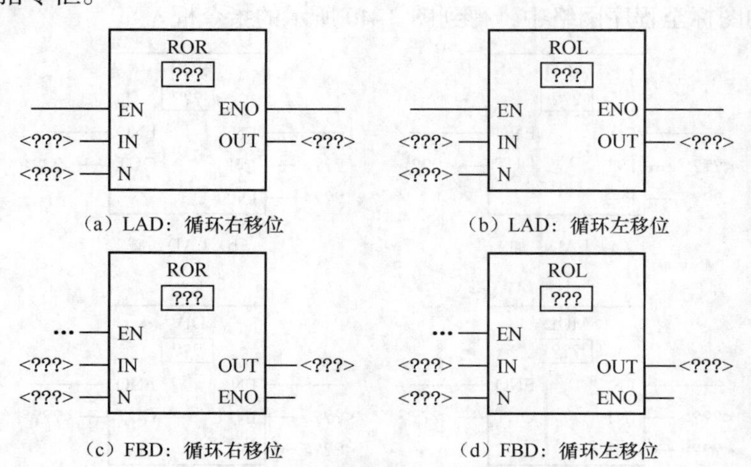

（a）LAD：循环右移位　（b）LAD：循环左移位

（c）FBD：循环右移位　（d）FBD：循环左移位

图3-39　循环移位指令框

循环移位指令用于将参数 IN 的位序列循环移位，结果分配给参数 OUT。参数 N 定义循

环移位的位数。

1）ROR：循环右移位序列。

2）ROL：循环左移位序列。

在功能框名称下方单击???处，可从下拉菜单中选择与参数相一致的数据类型。IN 和 OUT 的数据类型有 Byte、Word、DWord 3 种情形，N 的数据类型为 UInt。

当 N=0 时，不进行循环移位，可将 IN 值分配给 OUT；从目标值一侧循环移出的位数据将循环移位到目标值的另一侧，因此原始位值不会丢失，这是和非循环移位指令区别所在；如果要循环移位的位数（N）超过目标值中的位数（Byte 为 8 位、Word 为 16 位、DWord 为 32 位），仍将执行循环移位，不会出现移位指令充零的情况，见表 3-25；执行循环位移指令之后，ENO 始终为 TRUE。

表 3-25　Word 大小数据的 ROR 示例（将各个位从右侧循环移出到左侧）

IN	0100 0001 0010 1001	循环移位前的 OUT 值	0100 0001 0010 1001
		第 1 次右移后	1010 0000 1001 0100
		第 2 次右移后	0101 0000 0100 1010
		第 3 次右移后	0010 1000 0010 0101
		第 4 次右移后	1001 0100 0001 0010
		第 5 次右移后	0100 1010 0000 1001
		第 20 次右移后	1001 0100 0001 0010

3.5　数学逻辑指令

3.5.1　数学函数指令

在“指令”（Instructions）任务卡中打开 Math 文件夹，即可见到数学运算指令。

1. 四则运算指令

数学运算指令中的“ADD”“SUBTRACT”“MULTIPLY”和“DIVIDE”分别是加、减、乘、除，拖曳对应的图标至程序网络中，得到图 3-40 所示的指令框。

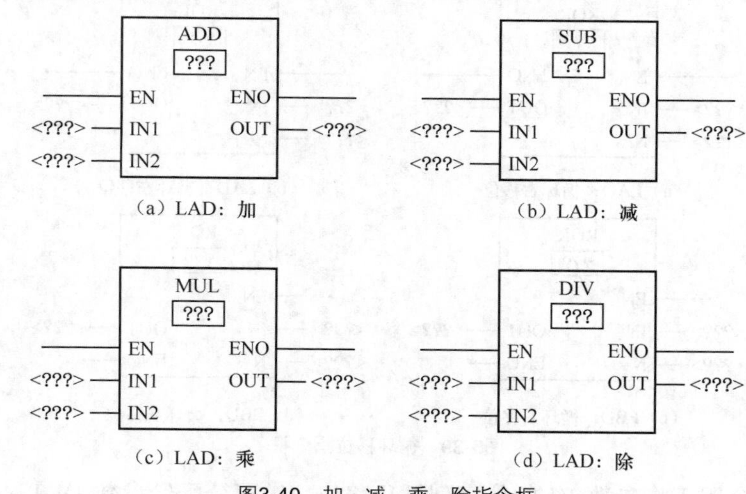

图3-40　加、减、乘、除指令框

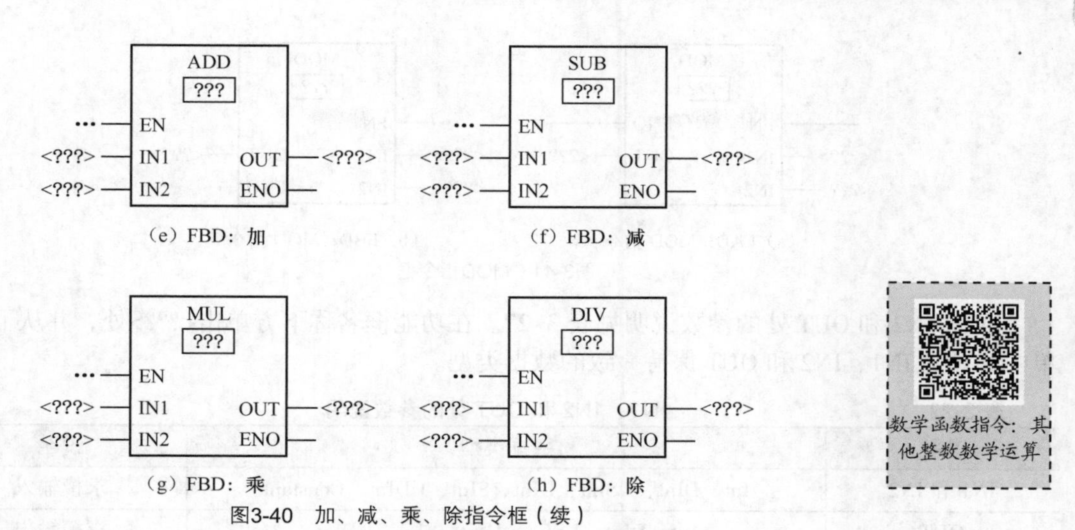

（e）FBD：加　（f）FBD：减

（g）FBD：乘　（h）FBD：除

图3-40　加、减、乘、除指令框（续）

数学函数指令：其他整数数学运算

在功能框名称下方单击???处，并从下拉菜单的 Int、DInt、Real、LReal、USInt，UInt，SInt、UDInt 中选择数据类型。从方框内???处输入与方框外<???>处数据类型一致的数据，基本数学指令参数 IN1、IN2 和 OUT 的数据类型必须相同。使用数学功能框指令可编写基本数学运算程序：ADD，加法（IN1+IN2=OUT）；SUB，减法（IN1–IN2=OUT）；MUL，乘法（IN1*IN2=OUT）；DIV，除法（IN1/IN2=OUT）。

整数除法运算会截掉商的小数部分以生成整数输出。

启用数学指令（EN=1）后，指令会对输入值（IN1 和 IN2）执行指定的运算并将结果存储在通过输出参数（OUT）指定的存储器地址中。ENO 的状态说明见表 3–26，运算成功完成后，指令会设置 ENO=1。

表 3-26　ENO 的状态说明

ENO 状态	说明
1	无错误
0	数学运算结果值可能超出所选数据类型的有效数值范围。返回适合目标大小的结果的最低有效部分
0	除数为 0（IN2=0）：结果未定义，返回 0
	Real/LReal：如果其中一个输入值为 NaN（不是数字），则返回 NaN
	ADD Real/LReal：如果两个 IN 值均为 INF，但符号不同，则这是非法运算并返回 NaN
	SUB Real/LReal：如果两个 IN 值均为 INF，且符号相同，则这是非法运算并返回 NaN
	MUL Real/LReal：如果一个 IN 值为零而另一个为 INF，则这是非法运算并返回 NaN
	DIV Real/LReal：如果两个 IN 值均为零或 INF，则这是非法运算并返回 NaN

2. 其他整数数学运算指令

（1）余数。MOD 指令用于 IN1 以 IN2 为模的数学运算，运算 IN1 MOD IN2=IN1–（IN1/IN2）=参数 OUT，输出 OUT 中的运算结果为除法运算 IN1/IN2 的余数。

将“指令”（Instructions）任务卡中 Math 文件夹下“Return remainder of division”对应的图标拖曳至程序网络中，得到图 3–41 所示的指令框。

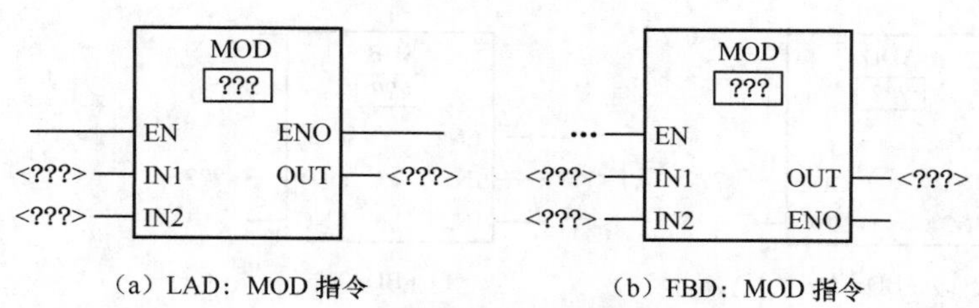

图3-41　MOD指令框

IN1、IN2 和 OUT 处的参数说明见表 3-27。在功能框名称下方单击<???>处，并从下拉菜单中选择与 IN1、IN2 和 OUT 保持一致的数据类型。

表 3-27　　1N1、1N2 和 OUT 处的参数说明

参数	数据类型	说明
IN1 和 IN2	Int、DInt、USInt、UInt、SInt、UDInt、Constant	求模输入
OUT	Int、DInt、USInt、UInt、SInt、UDInt	求模输出

ENO 的状态为 1 表示“无错误”；ENO 的状态为 0 则表示“值 IN2=0，OUT 值为 0”。

（2）NEG 指令。使用 NEG（取反）指令可将参数 IN 的值的算术符号取反并将结果存储在参数 OUT 中。

在 LAD 和 FBD 编辑窗口下，将“指令”（Instructions）任务卡中 Math 文件夹下 NEG“Create twos complement”对应的图标拖曳至程序网络中，得到图 3-42 所示的指令框。

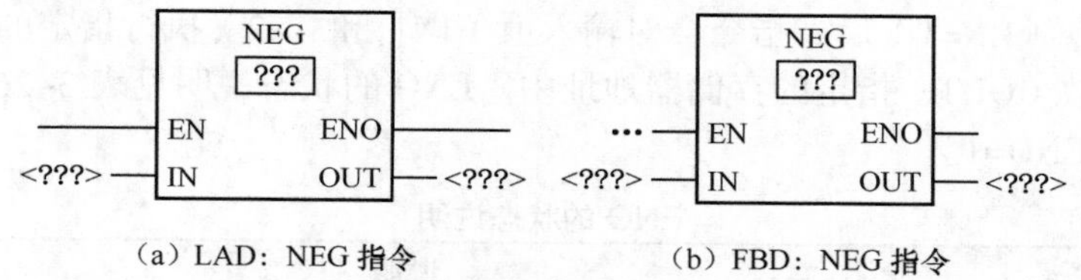

图3-42　NEG指令框

在功能框名称下方单击???处，并从下拉菜单中选择 Int、DInt、Real、SInt，LReal 之一的数据类型，与输入 IN/输出 OUT 的数据类型保持一致，此外输入 IN 还可以是常数。

ENO 的状态为 1 表示“无错误”；ENO 的状态为 0 表示“结果值超出所选数据类型的有效数值范围”。以 SInt 为例，NEG（–128）的结果为+128，超出该数据类型的最大值。

（3）递增（INC）和递减（DEC）指令。在 LAD 和 FBD 编辑窗口下，将“指令”（Instructions）任务卡中 Math 文件夹下“Increment”和“Decrement”对应的图标拖曳至程序网络中，即得到图 3-43 所示的指令框。

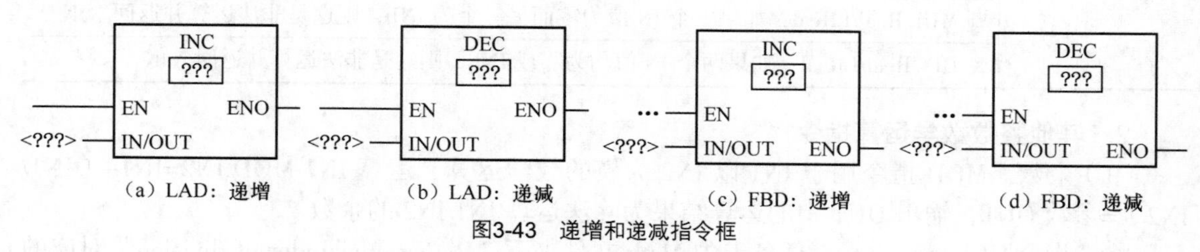

图3-43　递增和递减指令框

INC 和 DEC 指令用于参数 IN/OUT 的值分别被加 1 和减 1。

1）递增有符号或无符号整数值。

INC（递增）：参数 IN/OUT 值+1=参数 IN/OUT 值

2）递减有符号或无符号整数值。

DEC（递减）：参数 IN/OUT 值−1=参数 IN/OUT 值

IN/OUT 的数据类型可从 SInt、Int、DInt、USInt、UInt、UDInt 中选择一种，在功能框名称下方单击???处，并从下拉菜单中选择与参数相一致的数据类型。

ENO 的状态为 1 表示“无错误”；ENO 的状态为 0 表示“结果值超出所选数据类型的有效数值范围”。以 SInt 为例，INC（127）的结果为 128，超出该数据类型的最大值。

（4）绝对值（ABS）指令。在 LAD 和 FBD 编辑窗口下，将“指令”（Instructions）任务卡中 Math 文件夹“Form absolute value”对应的图标拖曳至程序网络中，即得到图 3-44 所示的指令框。

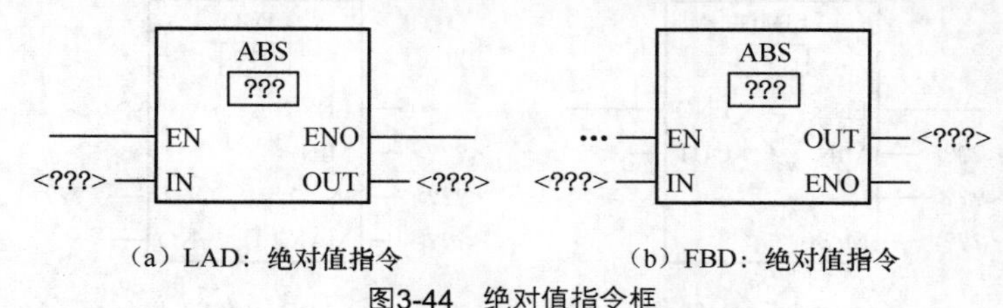

（a）LAD：绝对值指令　　（b）FBD：绝对值指令

图3-44　绝对值指令框

使用 ABS 指令可以对参数 IN 的有符号整数（SInt、Int、DInt）或实数（Real、LReal）求绝对值并将结果存储在参数 OUT 中，IN 和 OUT 的数据类型应相同。在功能框名称下方单击???处，并从下拉菜单中选择与参数相一致的数据类型。

ENO 的状态为 1 表示“无错误”；ENO 的状态为 0 表示“数学运算结果值超出所选数据类型的有效数值范围”。以 SInt 为例：ABS（−128）的结果为+128，超出该数据类型的最大值。

（5）MIN 与 MAX 指令。在 LAD 和 FBD 编辑窗口下，将“指令”（Instructions）任务卡中 Math 文件夹“Get minimum”和“Get maximum”对应的图标拖曳至程序网络中，可得到图 3-45 所示的指令框。

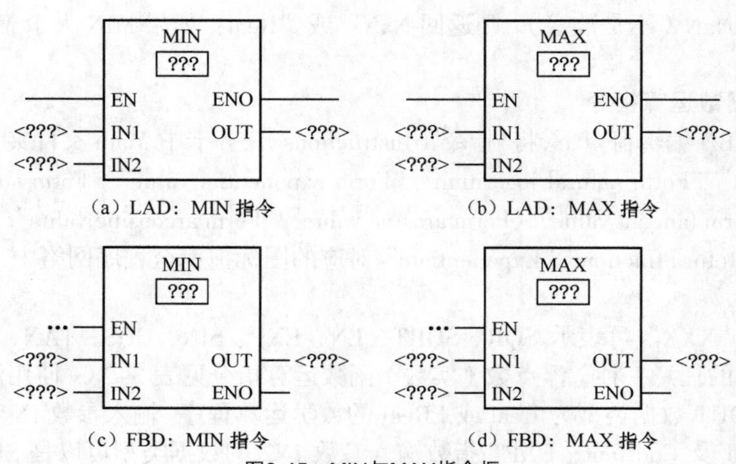

图3-45　MIN与MAX指令框

按如下说明使用 MIN（最小值）和 MAX（最大值）指令：MIN 比较两个参数 IN1 和 IN2

的值并将最小（较小）值分配给参数 OUT；MAX 比较两个参数 IN1 和 IN2 的值并将最大（较大）值分配给参数 OUT。

IN1、IN2 和 OUT 参数的数据类型必须相同，必须在 SInt、Int、DInt、USInt、UInt、UDInt，Real 中选择一种，输入可以是常数。在功能框名称下方单击???处，并从下拉菜单中选择与参数相一致的数据类型。

ENO 的状态为 1 表示“无错误”；ENO 的状态为 0 仅适用于 Real 数据类型，表示“一个或两个输入不是 Real 数（NaN）”或“结果 OUT 为+/–INF（无穷大）”。

（6）LIMIT 指令。在 LAD 和 FBD 编辑窗口下，将“指令”（Instructions）任务卡中 Math 文件夹下“Set limit value”对应的图标拖曳至程序网络中，得到图 3-46 所示的指令框。

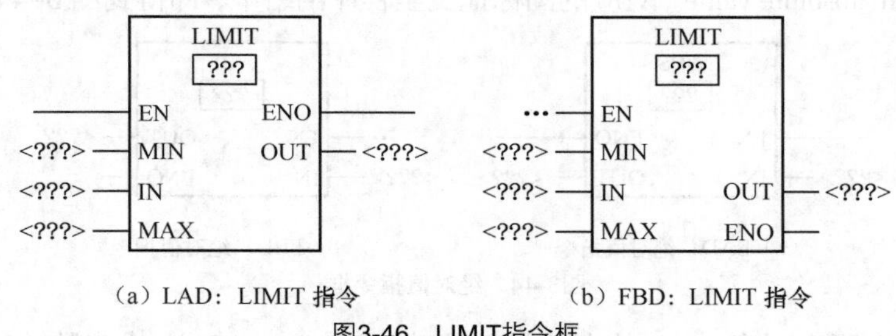

（a）LAD：LIMIT 指令　　（b）FBD：LIMIT 指令

图3-46　LIMIT指令框

使用 LIMIT 指令测试参数 IN 的值是否在参数 MIN 和 MAX 指定的值范围内。

如果参数 IN 的值在指定的范围内，则 IN 的值将存储在参数 OUT 中。

如果参数 IN 的值超出指定的范围，则 OUT 值为参数 MIN 的值（如果 IN 值小于 MIN 值）或参数 MAX 的值（如果 IN 值大于 MAX 值）。

方框外<???>处输入参数的数据类型为 SInt、Int、DInt、USInt、UInt、UDInt、Real 中的某一种，其中 MIN、IN 和 MAX 可以为常数。在功能框名称下方单击???处，并从下拉菜单中选择与参数相一致的数据类型。

ENO 的状态为 1 表示“无错误”；ENO 的状态为 0 表示“Real：如果 MIN、IN 和 MAX 的一个或多个值是 NaN（不是数字），则返回 NaN”或“Real：如果 MIN 大于 MAX，则将值 IN 分配给 OUT”。

3. 浮点型函数运算指令

在 LAD 和 FBD 编辑窗口下，将“指令”（Instructions）任务卡中 Math 文件夹下“Form square”“Form square root”“Form natural logarithm”“Form exponential value”“Form sine value”“Form cosine value”“Form tangent value”“Form arcsine value”“Form arccosine value”“Form arctangent value”、FRAC“Return fraction”“Exponentiate”对应的图标拖曳至程序网络中，可得到图 3-47 所示的指令框。

图 3-47 中“XXX”可表示 SQR、SQRT、LN、EXP、SIN、COS、TAN、ASIN、ACOS、ATAN、FRAC 中的任意一种，浮点数（实数）函数运算指令见表 3-28，使用浮点数指令可编写操作数 IN 和 OUT 数据类型为 Real 或 LReal 的数学运算程序。输入参数 IN 和 IN1 的数据类型为 Real、LReal 及 Constant；EXPT 指数输入参数 IN2 的数据类型可以是 SInt、Int、DInt、USInt、UInt、UDInt、Real、LReal、Constant 中的任一种（在功能框名称 EXPT 下方单击???处，并从下拉菜单中进行选择）；输出参数 OUT 的数据类型只能是 Real 和 LReal。

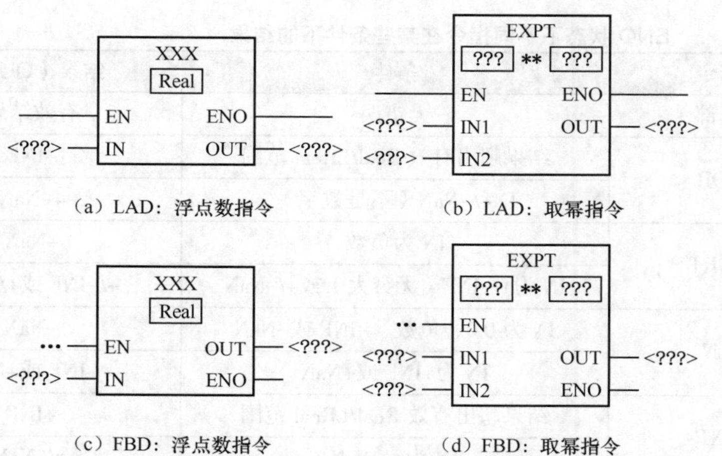

（a）LAD：浮点数指令　（b）LAD：取幂指令

（c）FBD：浮点数指令　（d）FBD：取幂指令

图3-47　浮点数（实数）函数运算指令框

表 3-28　浮点数（实数）函数运算指令

梯形图（功能图）字释	功能描述	数学表达式
SQR	求浮点数的平方	IN^2=OUT
SQRT	求浮点数的平方根	$\sqrt{IN}$ =OUT
LN	求浮点数的自然对数	ln（IN）=OUT
EXP	求浮点数的自然指数	e^{IN}=OUT
SIN	求浮点数的正弦函数	sin（IN）=OUT
COS	求浮点数的余弦函数	cos（IN）=OUT
TAN	求浮点数的正切函数	tan（IN）=OUT
ASIN	求浮点数的反正弦函数	arcsin（IN）=OUT
ACOS	求浮点数的反余弦函数	arccos（IN）=OUT
ATAN	求浮点数的反正切函数	arctan（IN）=OUT
FRAC	求浮点数的小数部分	浮点数 IN 的小数部分=OUT
EXPT	求浮点数的一般指数	$IN1^{IN2}$=OUT

浮点数的自然指数指令 EXP 中的指数和自然对数指令 LN 中的对数的底数 e≈2.71828。浮点数平方根指令 SQRT 和自然对数指令 LN 的输入值不能小于 0，否则输出 OUT 返回一个无效的浮点数。

浮点数的三角函数指令和反三角函数指令中的角度均为以弧度为单位的浮点数，如果输入值是以度（°）为单位的浮点数，应先将角度值乘以π/180，转换为弧度值。

浮点数的反正弦函数指令 ASIN 和浮点数的反余弦函数指令 ACOS 的输入值的允许范围为 −1～+1；ASIN 和 ATAN 的运算结果的取值范围为−π/2～+π/2 弧度；ACOS 的运算结果的取值范围为 0～π弧度。

求以 10 为底的对数时，需要将自然对数值除以 2.302585（10 的自然对数值）。例如，lg1000=ln1000/2.302585=6.907755/2.302585=3。

表 3-29 所示为 ENO 状态下不同指令在某些条件下的结果。

表 3-29　　ENO 状态下不同指令在某些条件下的结果

ENO 状态	指令	条件	结果（OUT）
1	全部	无错误	有效结果
0	SQR	结果超出有效 Real/LReal 范围	+INF
		IN+/–NaN（不是数字）	4–NaN
	SQRT	IN 为负数	+NaN
		IN 为+/–INF（无穷大）或+/–NaN	+/–INF 或+/–NaN
	LN	IN 为 0.0、负数、–INF 或–NaN	–NaN
		IN 为+INF 或+NaN	+INF 或+NaN
	EXP	结果超出有效 Real/LReal 范围	+INF
		IN 为+/–NaN	+/–NaN
	SIN、COS、TAN	IN 为+/–INF 或+/–NaN	+/–INF 或+/–NaN
	ASIN、ACOS	IN 超出–1.0 到+1.0 的有效范围	+NaN
		IN 为+/–NaN	+/–NaN
	ATAN	IN 为+/–NaN	+/–NaN
	FRAC	IN 为+/–INF 或+/–NaN	+NaN
	EXPT	IN1 为+INF 且 IN2 不是–INF	+INF
		IN1 为负数或–INF	如果 IN2 为 Real/LReal，则为+NaN，否则为–INF
		IN1 或 IN2 为+/–NaN	+NaN
		IN1 为 0.0 且 IN2 为 Real/LReal（只能为 Real/LReal）	+NaN

3.5.2　字逻辑运算指令

在“指令”（Instructions）任务卡中打开 Logical operations 文件夹，排列着“AND”“OR”“EXCLUSIVE OR”“Create ones complement”“Decode”“Encode”“Select”“Multiplex”等逻辑运算指令的入口图标。

1. AND、OR 和 XOR 指令

在 LAD 和 FBD 编辑窗口下拖曳“AND”“OR”“XOR”对应的图标至程序网络中，可得到图 3-48 所示的指令框。

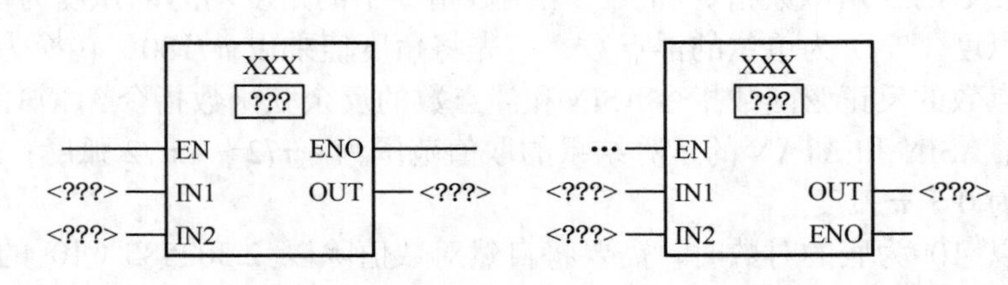

（a）LAD：AND、OR 和 XOR 指令　　（b）FBD：AND、OR 和 XOR 指令

图3-48　AND、OR和XOR指令框

AND、OR 和 XOR 指令是对两个输入 IN1 和 IN2 逐位进行逻辑运算，结果存放在输出 OUT 指定的地址。在功能框名称下方单击???处，并从下拉菜单中选择数据类型，所选 Byte、Word 或者 DWord 应与 IN1、IN2 和 OUT 所设置的数据类型相同。

（1）AND：Byte、Word 和 DWord 数据类型的逐位逻辑与运算，两个操作数的同一位均为 1，运算结果的对应位为 1，否则为 0。

（2）OR：Byte、Word 和 DWord 数据类型的逐位逻辑或运算，两个操作数的同一位均为 0，运算结果的对应位为 0，否则为 1。

（3）XOR：Byte、Word 和 DWord 数据类型的逐位逻辑异或运算，两个操作数的同一位如果不同，运算结果的对应位为 1，否则为 0。

三者共性地方，IN1 和 IN2 的相应位值相互组合，在参数 OUT 中生成二进制逻辑结果。执行这些指令之后，ENO 总是为 TRUE。

2. 取反指令

在 LAD 和 FBD 编辑窗口下拖曳“INVERT”对应的图标至程序网络中，可得到图 3-49 所示的指令框。

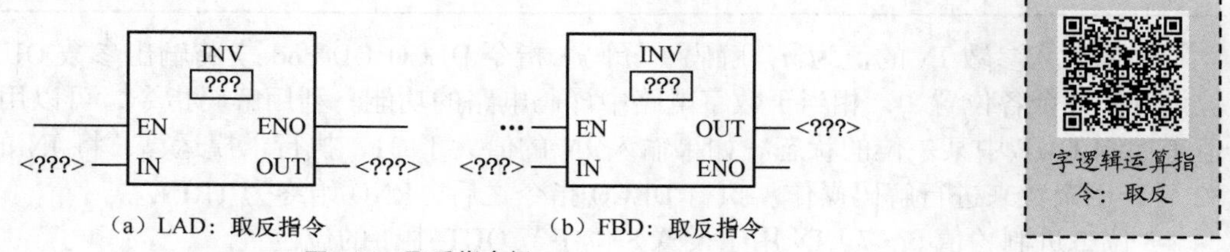

（a）LAD：取反指令　　（b）FBD：取反指令

图3-49　取反指令框

INV 指令用于获得参数 IN 的二进制反码，通过对参数 IN 各位的值逐位取反来计算反码（将每个 0 变为 1、每个 1 变为 0）。在功能框名称下方单击???处，并从下拉菜单中选择与参数相一致的数据类型，INV 指令的参数说明见表 3-30。

表 3-30　INV 指令的参数说明

参数	数据类型	说明
IN	SInt、Int、DInt、USInt、UInt、UDInt、Byte、Word、DWord	要取反的数据元素
OUT	SInt、Int、DInt、USInt、UInt、UDInt、Byte、Word、DWord	取反后的输出

执行该指令后，ENO 总是为 TRUE。

3. 解码和编码指令

在 LAD 和 FBD 编辑窗口下拖曳“DECO”“ENCO”对应的图标至程序网络中，可得到图 3-50 所示的指令框。

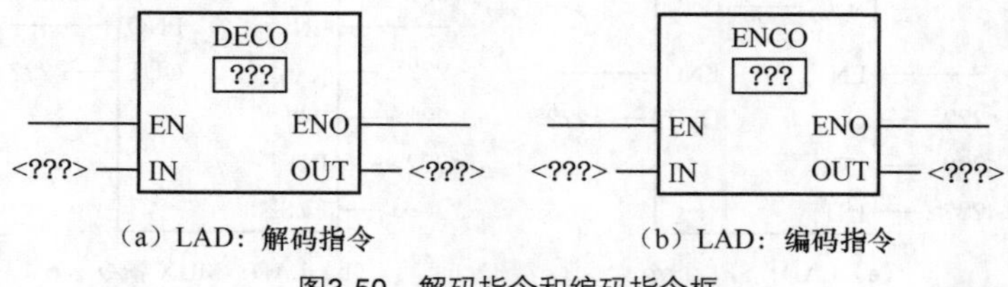

（a）LAD：解码指令　　（b）LAD：编码指令

图3-50　解码指令和编码指令框

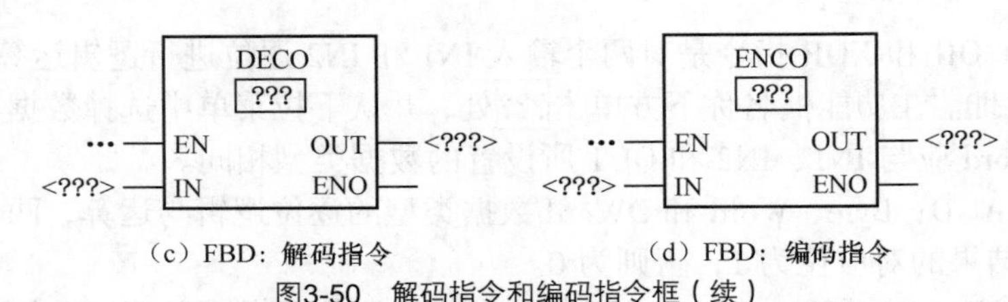

（c）FBD：解码指令　　（d）FBD：编码指令

图3-50　解码指令和编码指令框（续）

ENCO 将位序列编码成二进制数；DECO 将二进制数解码成位序列。在功能框名称下方单击???处，可从下拉菜单中选择表 3-31 中的与 IN/OUT 参数相一致的数据类型。

表 3-31　编码、解码指令的参数说明

参数	数据类型	说明
IN	ENCO：Byte、Word、DWord	ENCO：要编码的位序列
	DECO：UInt	DECO：要解码的值
OUT	ENCO：Int	ENCO：编码后的值
	DECO：Byte、Word、DWord	DECO：解码后的位序列

假如输入参数 IN 的值为 n，解码（译码）指令 DECO（Decode）将输出参数 OUT 的第 n 位设 1，其余各位置 0，相当于数字电路中译码电路的功能。利用解码指令，可以用输入 IN 值来控制 OUT 中某一位的状态。如果输入 IN 的值大于 31，执行求模运算，将 IN 的值除以 32 后，用余数来进行解码操作。执行 DECO 指令之后，ENO 始终为 TRUE。

3 位二进制（值 0～7）IN 用于设置 8 位字节 OUT 中 1 的位位置。

4 位二进制（值 0～15）IN 用于设置 16 位字节 OUT 中 1 的位位置。

5 位二进制（值 0～31）IN 用于设置 32 位双字节 OUT 中 1 的位位置。

ENCO（Encode）指令与解码指令相反，将参数 IN 转换为与参数 IN 的最低有效设置位的位置对应的二进制数，并将结果返回给参数 OUT。如果 IN 为 2#0101 0000，执行 ENCO 指令后，OUT 指定的地址中的编码结果为 4；如果参数 IN 为 0000 0001 或 0000 0000，则将值 0 返回给 OUT。如果参数 IN 的值为 0000 0000，则 ENO 被设置为 FALSE。

4．选择（SEL）和多路复用（MUX）指令

在 LAD 和 FBD 编辑窗口下拖曳 SEL、MUX 对应的图标至程序网络中，可得到图 3-51 所示的指令框。

SEL（Select）指令的 Bool 输入参数 G 为 0 时选中 IN0，G 为 1 时选中 IN1，并将其保存到输出参数 OUT 指定的地址。SEL 指令始终在两个 IN 值之间进行选择，执行 SEL 指令之后，ENO 始终为 TRUE。

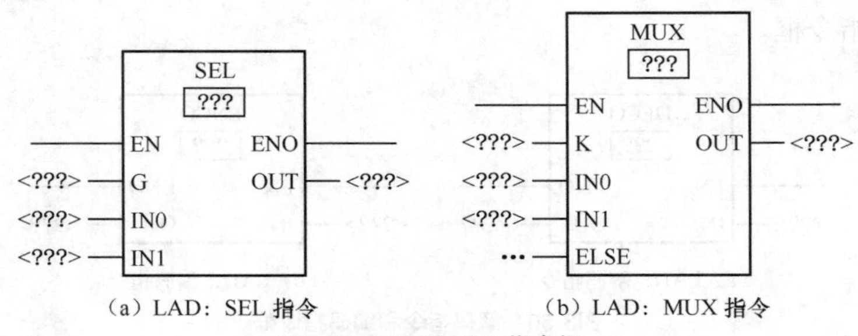

（a）LAD：SEL 指令　　（b）LAD：MUX 指令

图3-51　SEL和MUX指令框

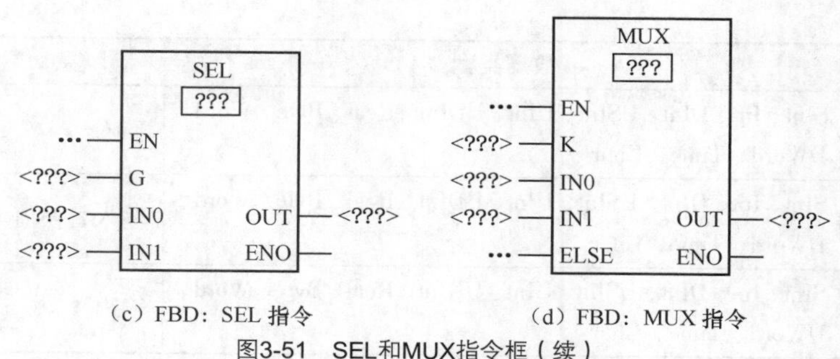

（c）FBD：SEL 指令　　（d）FBD：MUX 指令

图3-51　SEL和MUX指令框（续）

MUX（Multiplex，多元的、多路开关选择器）指令根据输入参数 K 的值（UInt），选中某个输入数据，并将它传送到输出参数 OUT 指定的地址，ENO 状态（MUX）置 1。K=*m* 时，选中输入参数 IN*m*；如果 K 的值超过允许的范围，将 ELSE 的值分配给 OUT（未提供 ELSE 时 OUT 不变），ENO 状态（MUX）置 0。

将 MUX 指令拖放到程序编辑器时，它只有 IN0、IN1 和 ELSE，右键单击该指令，执行出现的快捷菜单中的“插入输入”（Insert input）指令，可以增加一个输入。反复使用这个方法，可以增加多个输入。增加输入后，右键单击某个输入 IN*m* 从方框伸出的水平短线，执行出现的快捷菜单中的“插入”（Insert）指令，可以插入选中的输入，插入后自动调整剩下的输入 IN*m* 的编号。

SEL 和 MUX 指令输入变量和输出变量都必须为相同的数据类型，表 3-32 所示为 SEL 指令参数的说明，表 3-33 所示为 MUX 指令参数的说明。参数 K 的数据类型为 UInt；而 IN0～IN*m*、ELSE 和 OUT 可以选择 Byte、Char、Word、Int、DWord、DInt、Real、Time、USInt、UInt、UDInt、SInt 等 12 种中的数据类型。在功能框名称下方单击???处，可从下拉菜单中选择与输入/输出变量相一致的数据类型。

表 3-32　　SEL 指令参数的说明

SEL	数据类型	说明
G	Bool	选择器的值： FALSE 表示使用 IN0 的值； TRUE 表示使用 IN1 的值
IN0、IN1	SInt、Int、DInt、USInt、UInt、UDInt、Real、Byte、Word、DWord、Time、Char	输入
OUT	SInt、Int、DInt、USInt、UInt、UDInt、Real、Byte、Word、DWord、Time、Char	输出

表 3-33　　MUX 指令参数的说明

MUX	数据类型	说明
K	UInt	选择器的值： 0 表示使用 IN0 的值； 1 表示使用 IN1 的值； …

续表

MUX	数据类型	说明
IN0、IN1 等	SInt、Int、DInt、USInt、UInt、UDInt、Real、Byte、Word、DWord、Time、Char	输入
ELSE	SInt、Int、DInt、USInt、UInt、UDInt、Real、Byte、Word、DWord、Time、Char	输入替换值（可选）
OUT	SInt、Int、DInt、USInt、UInt、UDInt、Real、Byte、Word、DWord、Time、Char	输出

3.6 程序类指令

程序控制操作指令软件调用

在“指令”（Instructions）任务卡中打开 Program control 文件夹，即可见“Jump if 1”“Jump if 0”“Jump label”“Return”等指令的入口图标。

3.6.1 程序跳转和标签指令

在 LAD 和 FBD 编辑窗口下拖曳“Jump if 1”“Jump if 0”“Jump label”对应的图标至程序网络中，即可得到图 3-52 所示的指令框。

程序跳转和标签指令

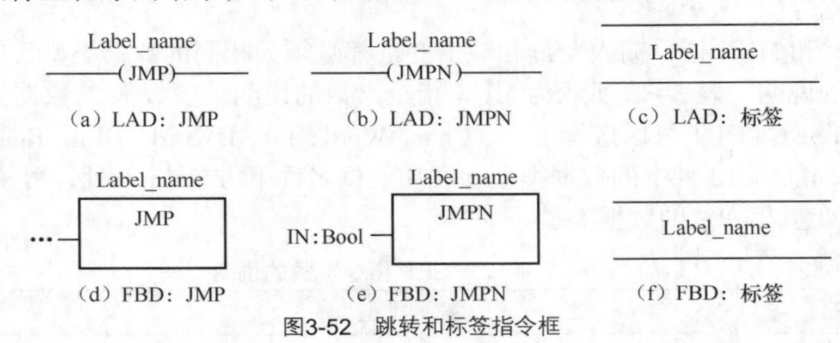

图3-52 跳转和标签指令框

没有执行跳转指令和循环指令时，各个网络按从上到下的先后顺序执行，这种执行方式称为线性扫描。跳转指令中止程序的线性扫描，跳转到指令中的地址标签所在的目的地址。跳转时不执行跳转指令与标签之间的程序，跳转到目的地址后，程序继续按线性扫描的方式顺序执行。跳转指令可以往前跳，也可以往后跳，但只能在同一个代码块内跳转，即跳转指令与对应的跳转目的地址应在同一个代码块内，在一个代码块内，同一个跳转目的地址只能出现一次。跳转和标签指令用于有条件地控制执行顺序。

1）JMP：如果有能流通过 JMP 线圈（LAD），或者 JMP 功能框的输入为 TRUE（FBD），则程序将从指定标签后的第一条指令继续执行。

2）JMPN：如果没有能流通过 JMPN 线圈（LAD），或者 JMPN 功能框的输入为 FALSE（FBD），则程序将从指定标签后的第一条指令继续执行。

3）LABEL：JMP 或 JMPN 跳转指令的目标标签。

参数 Label_name 是跳转指令及相应跳转目标程序标签的标识符，数据类型为标签标识符。

通过在 LABEL 指令中直接输入来创建标签名称，可以使用参数助手图标来选择 JMP 和

JMPN 标签名称域可用的标签名称，也可在 JMP 或 JMPN 指令中直接输入标签名称。标签的第一个字符必须是字母，其余的可以是字母、数字和下画线。

程序返回指令

3.6.2　程序返回（RET）指令

在 LAD 和 FBD 编辑窗口下拖曳“Return”对应的图标至程序网络中，即可得到图 3-53 所示的指令框。

可选的 RET（Return_value）指令用于终止当前块的执行，且当有能流通过 RET 线圈（LAD），或者当 RET 功能框的输入为 TRUE（FBD）时，则当前块的程序执行将在该点终止，并且不执行 RET 指令以后的指令，返回调用它的块（调用例程）后，再执行调用指令之后的指令。RET 指令的线圈断电（LAD）或功能框的输入为 FALSE（FBD）时，继续执行它下面的指令。

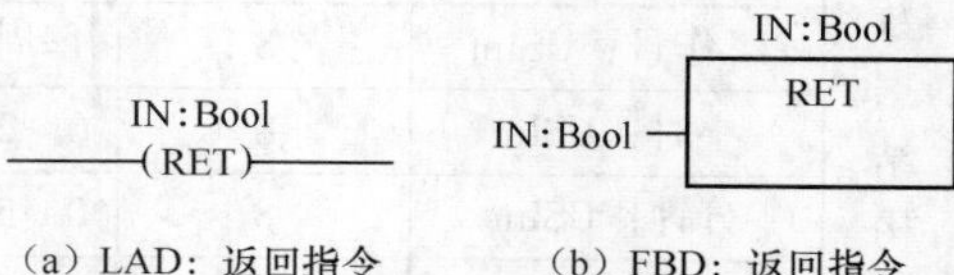

（a）LAD：返回指令　（b）FBD：返回指令

图3-53　RET指令框

RET 线圈上面的“Return_value”参数是块的返回值，数据类型为 Bool，被分配给调用块中块调用功能框的 ENO 输出。如果当前的块是 OB，返回值“Return_value”将被忽略；如果当前的块是 FC 或 FB，则将参数“Return_value”的值（返回值）作为 FC 或 FB 的 ENO 的值传送给调用它的块，或者说传回到调用例程。

一般情况并不需要在块结束时使用 RET 指令来结束块，操作系统将会自动完成这一任务。RET 指令用来有条件地结束块，一个块可以使用多条 RET 指令。以下是在 FC 代码块中使用 RET 指令的示例步骤。

1）创建新项目并添加 FC。

2）编辑该 FC：从指令树添加指令；添加一个 RET 指令，包括参数“Return_Value”为 TRUE 或 FALSE，或用于指定所需返回值的存储位置；添加更多的指令。

3）从 MAIN[OB1]调用 FC。

MAIN 代码块中 FC 功能框的 EN 输入必须为 TRUE，才能开始执行 FC。执行有能流通过 RET 指令的 FC 后，该 FC 的 RET 指令所指定的值将出现在 MAIN 代码块中 FC 功能框的 ENO 输出上。

3.7　日期和时间指令

日期和时间指令用于进行日历和时间的计算。其中，T_CONV 用于转换时间值的数据类型，Time 转换为 Dim，或 Dim 转换为 Time；T_ADD 用于将 Time 与 DTL 值相加，Time+Time=Time，或 DTL+Time=DTL；T_SUB 用于将 Time 与 DTL 值相减，Time−Time=Time，或 DTL−Time=DTL；T_DIFF 提供两个 DTL 值的差作为 Time 值，DTL−DTL=Time。日期和时间指令的参数特性见表 3-34。

表 3-34　日期和时间指令的参数特性

数据类型	大小（bit）	有效范围
Time	32 存储形式	T#−24d_20h_31m_23s_648ms～T#+24d_20h_31m_23s_647ms— 2 147 483 648～+2 147 483 647ms

续表

数据类型		大小（bit）	有效范围
DTL数据结构	年：UInt	16	1970～2554
	月：USInt	8	1～12
	日：USInt	8	1～31
	工作日：USInt	8	1=周日，2=周一，3=周二，4=周三，5=周四，6=周五，7=周六
	小时：USInt	8	0～23
	分钟：USInt	8	0～59
	秒：USInt	8	0～59
	纳秒：UDInt	32	0～999999999

1. 时间转换指令

T_CONV（时间转换）指令将 Time 数据类型转换为 Dim 数据类型，或将 Dim 数据类型转回 Time 数据类型。在 LAD 和 FBD 编辑窗口下拖曳“T_CONV”对应的图标至程序网络中，即可得到图 3-54 所示的指令框。

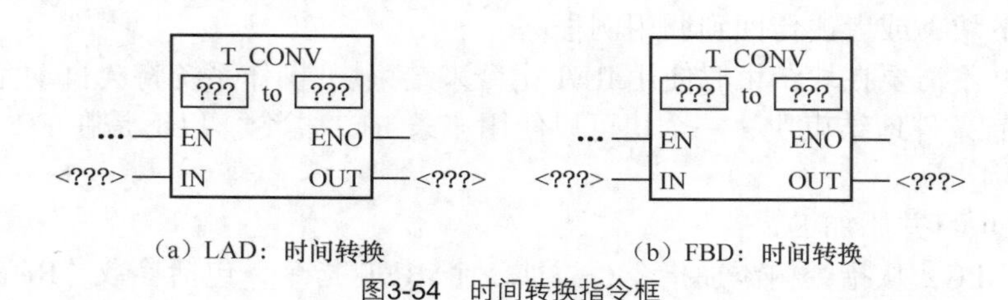

（a）LAD：时间转换　　（b）FBD：时间转换

图3-54　时间转换指令框

从指令名称下方提供的下拉菜单中选择 IN 和 OUT 的数据类型，时间转换指令的参数特性见表 3-35。

表 3-35　时间转换指令的参数特性

参数	参数类型	数据类型	说明
IN	IN	DInt、Time	输入的 Time 值或 Dim 值
OUT	OUT	DInt、Time	转换后的 Dim 值或 Time 值

2. 时间相加指令

T_ADD（时间相加）指令将输入 IN1 的值（DTL 或 Time 数据类型）与输入 IN2 的 Time 值相加，参数 OUT 提供 DTL 或 Time 值结果。允许以下两种数据类型的运算：Time+Time=Time；DTL+Time=DTL。

在 LAD 和 FBD 编辑窗口下拖曳“T_ADD”对应的图标至程序网络中，即可得到图 3-55 所示的指令框。

从指令名称下方提供的下拉菜单中选择 IN1 的数据类型，所选的 IN1 数据类型同时也会设置参数 OUT 的数据类型，时间相加指令的参数特性见表 3-36。

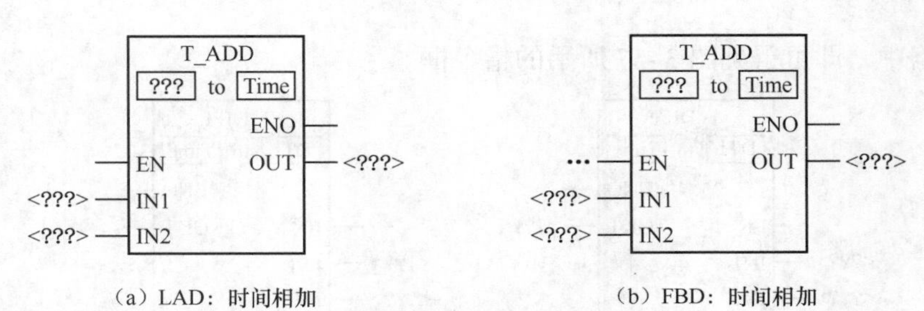

（a）LAD：时间相加　　（b）FBD：时间相加

图3-55　时间相加指令框

表 3-36　时间相加指令的参数特性

参数	参数类型	数据类型	说明
IN1	IN	DTL、Time	DTL 或 Time 值
IN2	IN	Time	要加上的 Time 值
OUT	OUT	DTL、Time	DTL 或 Time 和值

3. 时间相减指令

T_SUB（时间相减）指令从 IN1（DTL 或 Time 值）中减去 IN2 的 Time 值，参数 OUT 以 DTL 或 Time 数据类型提供差值。允许以下两种数据类型的运算：Time-Time=Time；DTL-Time=DTL。

在 LAD 和 FBD 编辑窗口下拖曳“T_SUB”对应的图标至程序网络中，即可得到图 3-56 所示的指令框。

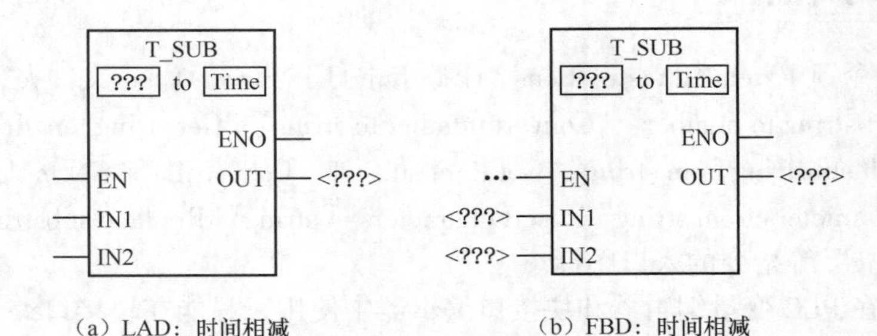

（a）LAD：时间相减　　（b）FBD：时间相减

图3-56　时间相减指令框

从指令名称下方提供的下拉菜单中选择 IN1 的数据类型，所选的 IN1 数据类型同时也会设置参数 OUT 的数据类型，时间相减指令的参数特性见表 3-37。

表 3-37　时间相减指令的参数特性

参数	参数类型	数据类型	说明
IN1	IN	DTL、Time	DTL 或 Time 值
IN2	IN	Time	要减去的 Time 值
OUT	OUT	DTL、Time	DTL 或 Time 差值

4. 时间差指令

T_DIFF（时间差）指令从 IN1 中的 DTL 值中减去 IN2 中的 DTL 值，参数 OUT 以 Time 数据类型提供差值，即 DTL-DTL=Time。在 LAD 和 FBD 编辑窗口下拖曳“T_DIFF”对应的图标至程序网络中，即可得到图 3-57 所示的指令框。

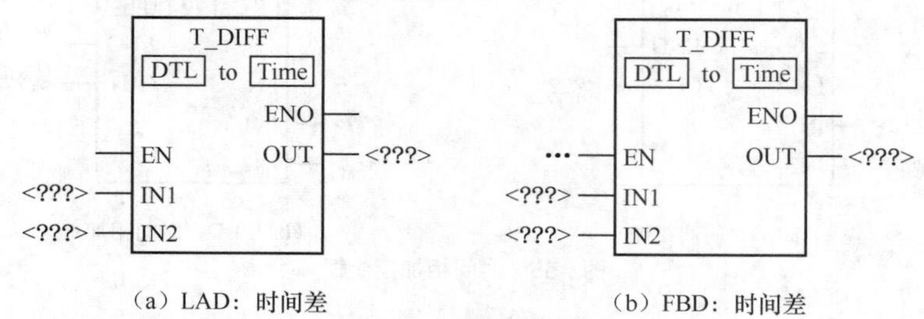

（a）LAD：时间差　　（b）FBD：时间差

图3-57　时间差指令框

时间差指令的参数特性见表 3-38。

表 3-38　时间差指令的参数特性

参数	参数类型	数据类型	说明
IN1	IN	DTL	DTL 值
IN2	IN	DTL	要加上的 Time 值
OUT	OUT	Time	Time 差值

执行时间差指令后，条件代码 ENO 状态为 1 表示未发生错误；ENO 参数 OUT 状态为 0 表示出现以下错误：DTL 值无效，Time 值无效。

3.8　字符串指令

在“扩展指令”（Extended instructions）任务卡中打开 String+Char 文件夹，即可见“Convert strings”“Convert string to number”“Convert number to string”“Get string length”“Join two strings into one”“Get left substring from string”“Get right substring from string”“Get middle characters from string”“Delete characters from string”“Insert characters in string”“Replace substring in string”“Find characters in string”等指令的入口图标。

String 不能在 PLC 变量编辑器和块接口编辑器中使用，只能在块接口编辑器中使用。

（1）字符串数据类型

CPU 支持使用 String 数据类型存储一串单字节字符，String 数据被存储成两个字节的标头后跟最多 254 个 ASCII 码字符组成的字符字节。String 标头包含两个长度：第一个标头字节是初始化字符串时方括号中给出的最大长度，默认值为 254；第二个标头字节是当前长度或字符串中的有效字符数。即字符串数据格式为最大总字符数（1 个字节）、当前字符数（1 个字节）及最多 254 个字符（每个字符占 1 个字节）。当前长度必须小于或等于最大长度，String 格式占用的存储字节数比最大长度长两个字节。

（2）初始化 String 数据

在执行任何字符串指令之前，必须将 String 输入和输出数据初始化为存储器中的有效字符串。

（3）有效 String 数据

有效字符串的最大长度必须大于 0 且小于 255，当前长度必须小于等于最大长度，字符串无法分配给 I 或 Q 存储区。可以对 IN 类型的指令参数使用带单引号的文字串（常量），如

‘CBA’是由三个字符组成的字符串，可用作 S_CONV 指令中 IN 参数的输入，还可通过在 OB、FC、FB 和 DB 的块接口编辑器中选择数据类型“字符串”来创建字符串变量。CED 字符串转换指令可以使用以下指令将数字字符串转换为数值或将数值转换为数字字符串：S_CONV 指令用于将数字字符串转换成数值或将数值转换成数字字符串；STRG_VAL 指令使用格式选项将数字字符串转换成数值；VAL_STRG 指令使用格式选项将数值转换成数字字符串。

扩展指令下一共有 12 种指令，下面详细介绍这些指令的使用方法。

1．字符串到值及值到字符串的转换

在 LAD 和 FBD 编辑窗口下拖曳“S_CONV”对应的图标至程序网络中，即可得到图 3-58 所示的指令框。

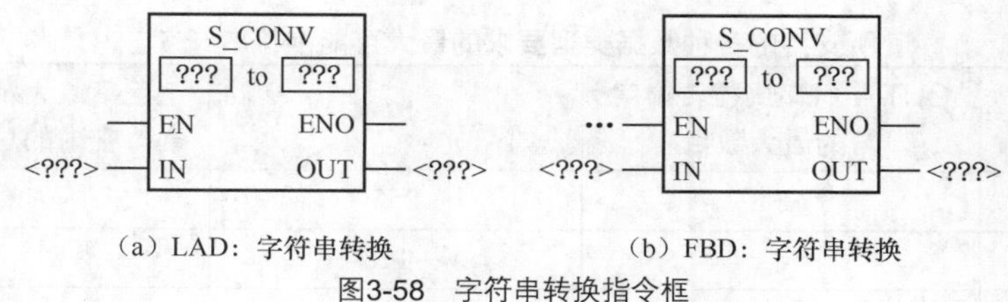

（a）LAD：字符串转换　　（b）FBD：字符串转换

图3-58　字符串转换指令框

S_CONV（字符串转换）指令将字符串转换成相应的值，或将值转换成相应的字符串。S_CONV 指令没有输出格式选项，因此 S_CONV 指令比 STRG_VAL 指令和 VAL_STRG 指令更简单，但灵活性要差。

（1）S_CONV（字符串到值的转换）指令

字符串到值的转换指令的参数特性见表 3-39，可单击指令框中???处，在下拉菜单中选择参数的数据类型。

表 3-39　字符串到值的转换指令的参数特性

参数	参数类型	数据类型	说明
IN	IN	String	输入字符串
OUT	OUT	String、SInt、Int、DInt、USInt、UInt、UDInt、Real	输出数值

字符串参数 IN 的转换从首个字符开始，并一直进行到字符串的结尾，或者一直进行到遇到第一个不是“0～9”“+”或”的字符为止。结果值将由参数 OUT 中指定的位置提供。如果输出数值不在 OUT 数据类型的范围内，则参数 OUT 设置为 0，并且 ENO 设置为 FALSE；否则参数 OUT 将包含有效的结果，并且 ENO 设置为 TRUE。此时输入 String 的格式规则为：如果在 IN 字符串中使用小数点，则必须使用“.”字符；允许使用逗点字符“,”作为小数点左侧的千位分隔符，并且逗点字符会被忽略；忽略前导空格；仅支持定点表示法。字符“e”和“E”不会被识别为指数表示法。

（2）S_CONV（值到字符串的转换）指令

值到字符串的转换指令的参数特性见表 3-40，可单击指令框中???处，在下拉菜单中选择参数的数据类型。

整数值、无符号整数值或浮点值 IN 在 OUT 中被转换为相应的字符串，在执行转换前，参数 OUT 必须引用有效字符串。有效字符串由第一个字节中的最大字符串长度、第二个字节中的当前字符串长度及后面字节中的当前字符串字符组成。转换后的字符串将从第一个字符开始替换 OUT 字符串中的字符，并调整 OUT 字符串的当前长度字节，OUT 字符串的最大长度字节不变。被替换的字符数取决于参数 IN 的数据类型和数值，被替换的字符数必须在参数 OUT 的字符串长度范围内，OUT 字符串的最大字符串长度（第一个字节）应大于或等于被转换字符的最大预期数目。表 3-41 列出了所支持的各种数据类型要求的最大可能字符串长度。

表 3-40　值到字符串的转换指令的参数特性

参数	参数类型	数据类型	说明
IN	IN	String、SInt、Int、DInt、USInt、UInt、UDInt、Real	输入数值
OUT	OUT	String	输出字符串

表 3-41　所支持的各种数据类型要求的最大可能字符串长度

IN 数据类型	OUT 字符串中被转换字符的最大数目	实例	包括最大及当前长度字节在内的总字符串长度
USInt	3	255	5
SInt	4	–128	6
UInt	5	65535	7
Int	6	–32768	8
UDInt	10	4294967295	12
DInt	11	2147483648	13

此时输出 String 格式的规则是：写入参数 OUT 的值不使用前导“+”号；使用定点表示法（不可使用指数表示法）；参数 IN 为 Real 数据类型时，使用句点字符表示小数点。

2. STRG_VAL 指令

在 LAD 和 FBD 编辑窗口下拖曳“STRG_VAL”对应的图标至程序网络中，即可得到图 3-59 所示的指令框。

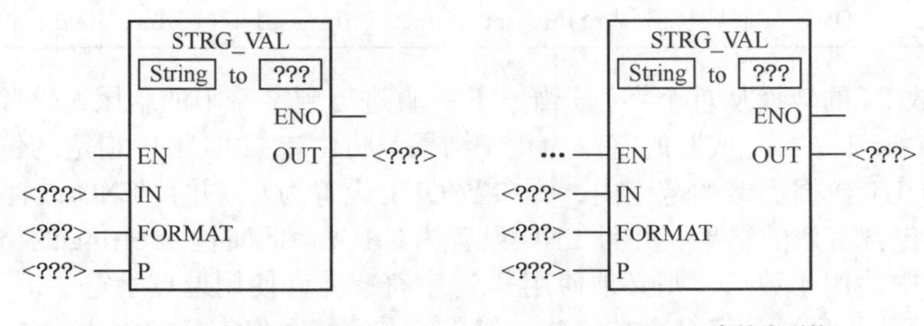

（a）LAD：字符串到值　　（b）FBD：字符串到值

图3-59　字符串转换指令框

STRG_VAL（字符串到值）指令将数字字符串转换为相应的整型或浮点型表示法。转换从字符串 IN 中的字符偏移量 P 位置开始，并一直进行到字符串的结尾，或者一直进行到遇到第一个不是“+”“–”“，”“e”“E”或“0～9”的字符为止。结果放置在参数 OUT 中指定的位置，同时还将返回参数 P 作为原始字符串中转换终止位置的偏移量计数。必须在执行前将 String 数据初始化为存储器中的有效字符串，STRG_VAL 指令的参数特性见表 3-42。

表 3-42 STRG_VAL 指令的参数特性

参数	参数类型	数据类型	说明
IN	IN	String	要转换的 ASCII 字符串
FORMAT	IN	Word	输出格式选项
P	IN-OUT	UInt	IN：指向要转换的第一个字符的索引（第一个字符=1）； OUT：转换过程结束后，指向下一个字符的索引
OUT	OUT	SInt、Int、UDInt、Real	DInt、USInt、UInt 转换后的数值

表 3-43 和表 3-44 定义了指令 STRG_VAL 的参数及 FORMAT 参数的含义，未使用的位必须置零。

表 3-43 定义 STRG_VAL 指令的 FORMAT 参数

位 15	位 14	位 13	位 12	位 11	位 10	位 9	位 8	位 7	位 6	位 5	位 4	位 3	位 2	位 1	位 0
0	0	0	0	0	0	0	0	0	0	0	0	0	0	f	r

注：1. f 为表示法格式：1=指数表示法；0=定点表示法。

2. r 为小数点格式：1=“，”（逗点字符）；0=（句点字符）。

表 3-44 STRG_VAL 指令 FORMAT 参数的含义

FORMAT（Word）	表示法格式	小数点表示法
W#1#0000（默认）	定点	“.”
W#16#0001		“，”
W#16#0002	指数	“.”
W#16#0003		“，”
W#16#0004～W#16#FFFF	非法值	

STRG_VAL 转换的规则如下：

1）如果使用句点字符作为小数点，则小数点左侧的逗点“，”将被解释为千位分隔符字符，允许使用逗点字符并且会将其忽略。

2）如果使用逗点字符“，”作为小数点，则小数点左侧的句点将被解释为千位分隔符字符，允许使用句点字符并且会将其忽略。

3）忽略前导空格。

3. VAL_STRG 指令

在 LAD 和 FBD 编辑窗口下拖曳“VAL_STRG”对应的图标至程序网络中，即可得到图 3-60 所示的指令框。

VAL_STRG（值到字符串）指令将整数值、无符号整数值或浮点值转换为相应的字符串表示法，参数 IN 表示的值将被转换为参数 OUT 所引用的字符串。在执行转换前，参数 OUT 必须为有效字符串。转换后的字符串将从字符偏移量计数 P 位置开始替换 OUT 字符串中的字符，一直到参数 SIZE 指定的字符数，SIZE 中的字符数必须在 OUT 字符串长度范围内（从字符位置 P 开始计数）。该指令对于将数字字符嵌入文本字符串中很有用，如可以将数字“115”嵌入字符串“Air tank pressur1e=115psi”中。VAL_String 指令的参数特性见表 3-45。

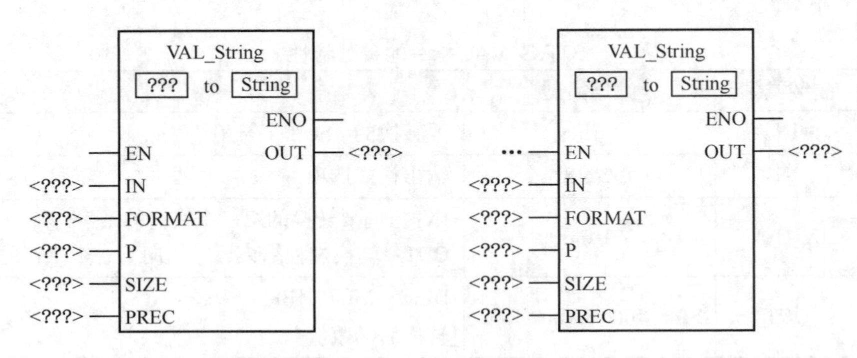

（a）LAD：值到字符串　　（b）FBD：值到字符串

图3-60　值到字符串的转换指令框

表 3-45　VAL_String 指令的参数特性

参数	参数类型	数据类型	说明
IN	IN	SInt、Int、DInt、USInt、UInt、UDInt、Real	要转换的值
SIZE	IN	USInt	要写入 OUT 字符串的字符数
PREC	IN	USInt	小数部分的精度或位数，不包括小数点
FORMAT	IN	Word	输出格式选项
P	IN_OUT	UInt	IN：指向要替换的第一个 OUT 字符串字符的索引（第一个字符=1）；OUT：指向替换后的下一个 OUT 字符串字符的索引
OUT	OUT	String	转换后的字符串

参数 PREC 用于指定字符串中小数部分的精度或位数，如果参数 IN 的值为整数，则 PREC 指定小数点的位置。例如，如果数据值为 321 而 PREC=1，则结果为“32.1”。对于 Real 数据类型支持的最大精度为 7 位。如果参数 P 大于 OUT 字符串的当前大小，则会添加空格，一直到位置 P，并将该结果附加到字符串末尾。如果达到了最大 OUT 字符串长度，则转换结束。表 3-46 和表 3-47 定义了 VAL_STRG 指令的 FORMAT 参数及 FORMAT 参数的含义，未使用的位必须置零。

表 3-46　定义 VAL_STRG 指令的 FORMAT 参数

位 15	位 14	位 13	位 12	位 11	位 10	位 9	位 8	位 7	位 6	位 5	位 4	位 3	位 2	位 1	位 0
0	0	0	0	0	0	0	0	0	0	0	0	0	s	f	r

表 3-47　VAL_STRG 指令 FORMAT 参数的含义

FORMAT（Word）	数字符号字符	表示法格式	小数点表示法
W#16#0000（默认）	仅“–”	定点	“.”
W#16#0001			“，”
W#16#0002		指数	“.”
W#16#0003			“，”
W#16#0004	“+”和“–”	定点	“.”

续表

FORMAT（Word）	数字符号字符	表示法格式	小数点表示法
W#16#0005	“+”和“–”	定点	“，”
W#16#0006		指数	“.”
W#16#0007			“，”
W#16#0008～W#16#FFFF	非法值		

参数 OUT 字符串的格式规则如下。

（1）如果转换后的字符串小于指定字符串的大小，则会在字符串的最左侧添加前导空格字符。

（2）如果 FORMAT 参数的符号位为 FALSE，则会将无符号和有符号整型值写入输出缓冲区，且不带前导“+”号，必要时会使用“–”号：<前导空格><无前导零的数字><PREC 数字>。

（3）如果符号位为 TRUE，则会将无符号和有符号整型值写入输出缓冲区，且始终带有前导符号字符：<前导空格><符号><无前导零的数字><PREC 数字>。

（4）如果 FORMAT 被设置为指数表示法，则会按以下方式将 Real 数据类型的值写入输出缓冲区：<前导空格><符号><数字>–<PREC 数字>E<符号><无前导零的数字>。

（5）如果 FORMAT 被设置为定点表示法，则会按以下方式将整型、无符号整型和实型值写入输出缓冲区：<前导空格><符号><无前导零的数字><PREC 数字>。

（6）小数点左侧的前导零会被隐藏，但与小数点相邻的数字除外。

（7）输出字符串的大小必须比小数点右侧的位数多至少 3 个字节。

（8）输出字符串中的值为右对齐。VAL_STRG 指令执行后，ENO 状态为 1 表示“无错误”；ENO 状态为 0 表示：非法或无效参数，如访问一个不存在的 DB；非法字符串，非法长度或当前长度大于最大长度 255；转换后的数值对于指定的 OUT 数据类型而言过大；OUT 参数的最大字符串大小必须足够大，以接受参数 SIZE 所指定的字符数（从字符位置参数 P 开始）；非法 P 值，P=0 或 P 大于当前字符串长度；参数 SIZE 必须大于参数 PREC。

对于 String 操作的常见错误，存在下述非法或无效 String 条件时，执行 String 操作指令将导致 ENO 状态为 0 和字符串输出为空（OUT 当前长度被置为 0）。

（1）IN1 的当前长度超出 IN1 的最大长度，或者 IN2 的当前长度超出 IN2 的最大长度（无效字符串）。

（2）IN1、IN2 或 OUT 的最大长度不在分配的存储范围内。

（3）IN1、IN2 或 OUT 的最大长度为 0 或 255（非法长度）。

4．LEN 指令

在 LAD 和 FBD 编辑窗口下拖曳“LEN”对应的图标至程序网络中，即可得到图 3-61 所示的指令框。

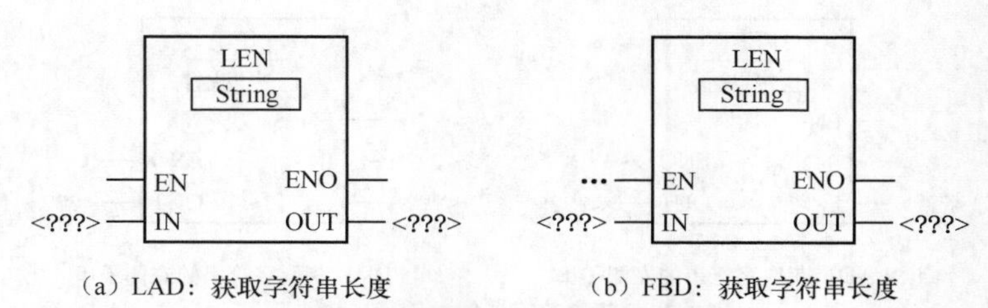

（a）LAD：获取字符串长度　　（b）FBD：获取字符串长度

图3-61　获取字符串长度指令框

LEN（获取字符串长度）指令在输出 OUT 端给出字符串 IN 的当前长度，空字符串的长度为零。LEN 指令的参数特性见表 3-48。

表 3-48　　LEN 指令的参数特性

参数	参数类型	数据类型	说明
IN	IN	String	输入字符串
OUT	OUT	UInt	IN 字符串的有效字符数

ENO 状态为 1 表示 IN 中为“没有无效字符串”，OUT 中为“字符串长度有效”。

5. CONCAT 指令

在 LAD 和 FBD 编辑窗口下拖曳“CONCAT”对应的图标至程序网络中，即可得到图 3-62 所示的指令框。

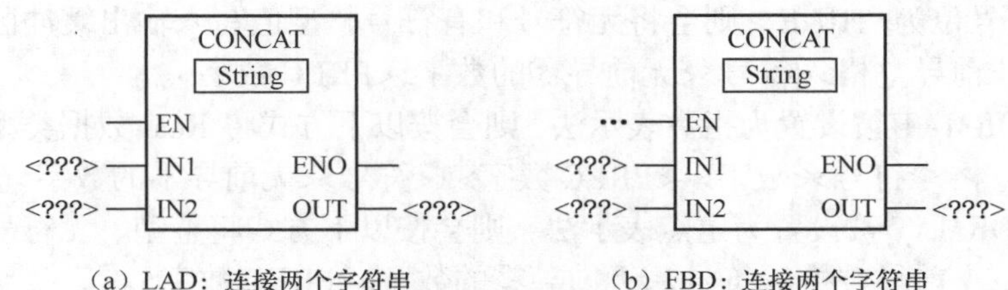

（a）LAD：连接两个字符串　　（b）FBD：连接两个字符串

图3-62　两个字符串连接指令框

CONCAT（连接字符串）指令连接 String 参数 IN1 和 IN2 以形成一个在 OUT 端输出的字符串。连接后，字符串 IN1 是组合字符串的左侧部分而 IN2 是其右侧部分。CONCAT 指令的参数特性见表 3-49。

表 3-49　　CONCAT 指令的参数特性

参数	参数类型	数据类型	说明
IN1	IN	String	输入字符串 1
IN2	IN	String	输入字符串 2
OUT	OUT	String	组合字符串（字符串 1+字符串 2）

ENO 状态为 1 表示“未检测到错误”，OUT 中为“有效字符”；ENO 状态为 0 表示“连接后的结果字符串比 OUT 字符串的最大长度长，复制结果字符串字符直到 OUT 的最大长度为止”。

6. LEFT 指令

在 LAD 和 FBD 编辑窗口下拖曳“LEFT”对应的图标至程序网络中，即可得到图 3-63 所示的指令框。

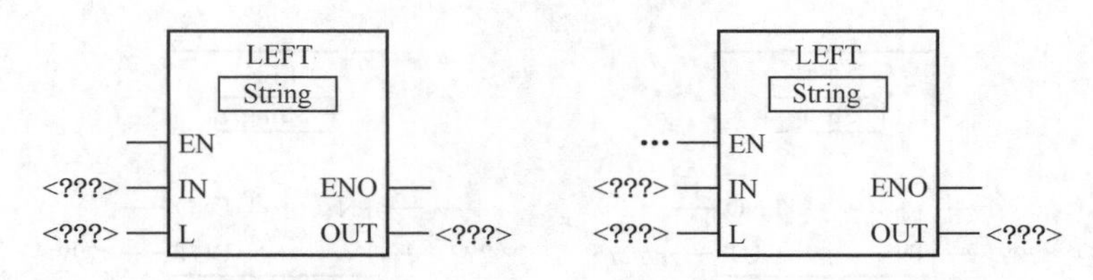

（a）LAD：获取字符串的左侧子串　　（a）FBD：获取字符串的左侧子串

图3-63　获取字符串的左侧子串指令框

LEFT（获取字符串的左侧子串）指令提供字符串参数 IN 的前 L 个字符组成的子串。如果 L 大于 IN 字符串的当前长度，则在 OUT 中返回整个 IN 字符串；如果输入是空字符串，则在 OUT 中返回空字符串。LEFT 指令的参数特性见表 3-50。

表 3-50　LEFT 指令的参数特性

参数	参数类型	数据类型	说明
IN	IN	String	输入字符串
L	IN	Int	要使用 IN 字符串最左侧的 L 个字符创建的子串的长度
OUT	OUT	String	输出字符串

ENO 状态为 1 表示“未检测到错误”，OUT 中为“有效字符”。ENO 状态为 0 表示：“L 小于或等于 0”，OUT 中为“当前长度被置为 0”；“要复制的子串长度（L）比 OUT 字符串的最大长度长”，在 OUT 中为“复制字符直到 OUT 的最大长度为止”。

7. RIGHT 指令

在 LAD 和 FBD 编辑窗口下拖曳“RIGHT”对应的图标至程序网络中，即可得到图 3-64 所示的指令框。

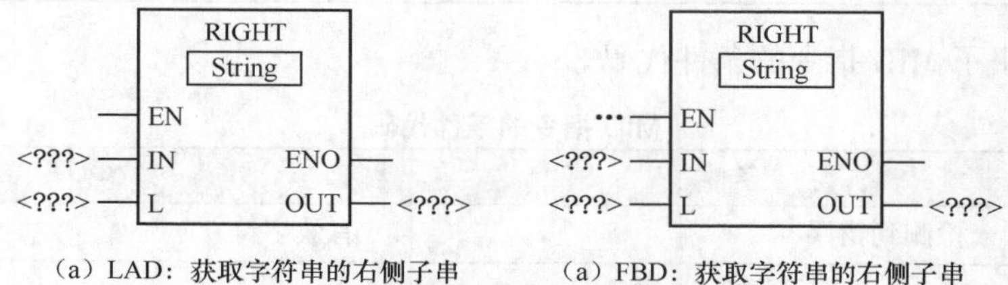

（a）LAD：获取字符串的右侧子串　　（a）FBD：获取字符串的右侧子串

图3-64　获取字符串的右侧子串指令框

RIGHT（获取字符串的右侧子串）指令能提供字符串的最后 L 个字符。如果 L 大于 IN 字符串的当前长度，则在参数 OUT 中返回整个 IN 字符串；如果输入是空字符串，则在 OUT 中返回空字符串。RIGHT 指令的参数特性见表 3-51。

表 3-51　RIGHT 指令的参数特性

参数	参数类型	数据类型	说明
IN	IN	String	输入字符串
L	IN	Int	要使用 IN 字符串最右侧的 L 个字符创建的子串的长度
OUT	OUT	String	输出字符串

ENO 状态为 1 表示“未检测到错误”，OUT 中为“有效字符”。ENO 状态为 0 表示：“L 小于或等于 0”，OUT 中为“当前长度被置为 0”；“要复制的子串长度（L）比 OUT 字符串的最大长度长”，OUT 中为“复制字符直到 OUT 的最大长度为止”。

8. MID 指令

在 LAD 和 FBD 编辑窗口下拖曳“MID”对应的图标至程序网络中，即可得到图 3-65 所示的指令框。

MID（获取字符串的中间子串）指令提供字符串的中间部分，中间子串为从字符位置 P（包括该位置）开始的 L 个字符的长度。如果 L 和 P 的和超出 String 参数 IN 的当前长度，则返回从字符位置 P 开始并一直到 IN 字符串结尾的子串。MID 指令的参数特性见表 3-52。

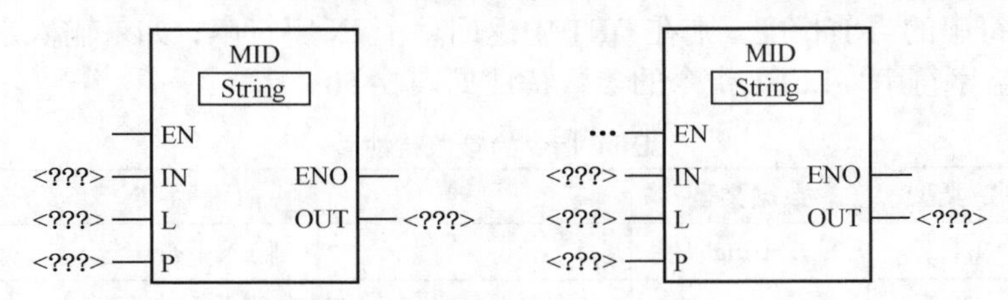

（a）LAD：获取字符串的中间子串　（b）FBD：获取字符串的中间子串

图3-65　获取字符串的中间子串指令框

表 3-52　MID 指令的参数特性

参数	参数类型	数据类型	说明
IN	IN	String	输入字符串
L	—	—	要使用 IN 字符串中从字符位置 P 开始的 L 个字符创建的子串的长度
P	IN	Int	要复制的第一个子串字符的位置：P=1 表示 IN 字符串的初始字符位置
OUT	OUT	String	输出字符串

表 3–53 列出了 MID 指令的条件代码。

表 3-53　MID 指令的条件代码

ENO	条件	OUT
1	未检测到错误	有效字符
0	L 或 P 小于或等于 0	当前长度被设置为 0
	P 大于 IN 的最大长度	
	要复制的子串长度（L）比 OUT 字符串的最大长度长	从位置 P 开始复制字符直到 OUT 的最大长度为止

9. DELETE 指令

在 LAD 和 FBD 编辑窗口下拖放“DELETE”对应的图标至程序网络中，即可得到图 3–66 所示的指令框。

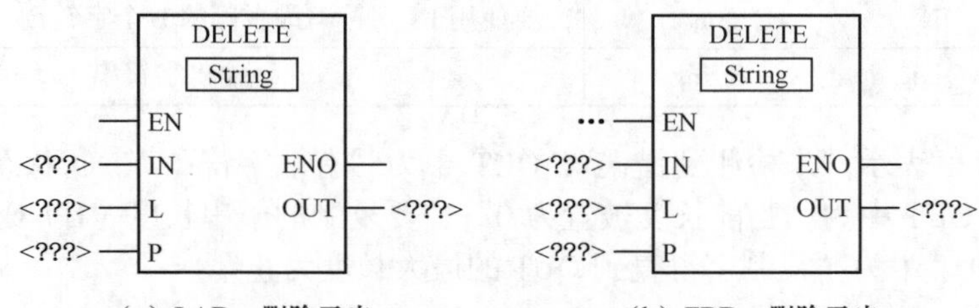

（a）LAD：删除子串　（b）FBD：删除子串

图3-66　删除子串指令框

DELETE（从字符串中删除子串）指令从字符串 IN 删除 L 个字符，从字符位置 P（包括该位置）开始删除字符，在参数 OUT 中提供剩余的子串。如果 L 等于 0，则在 OUT 中返回输入字符串；如果 L 和 P 的和大于输入字符串的长度，则一直删除到该字符串的末尾。DELETE

指令的参数特性见表 3-54。

表 3-54　DELETE 指令的参数特性

参数	参数类型	数据类型	说明
IN	IN	String	输入字符串
L	IN	Int	要删除的字符数
P	IN	Int	要删除的第一个字符的位置：IN 字符串的第一个字符的位置编号为 1
OUT	OUT	String	输出字符串

表 3-55 列出了 DELETE 指令的条件代码。

表 3-55　DELETE 指令的条件代码

ENO	条件	OUT
1	未检测到错误	有效字符
0	P 大于 IN 的当前长度	删除全部字符
	L 小于 0，或者 P 小于或等于 0	当前长度被设置为 0

10. INSERT 指令

在 LAD 和 FBD 编辑窗口下拖曳“INSERT”对应的图标至程序网络中，即可得到图 3-67 所示的指令框。

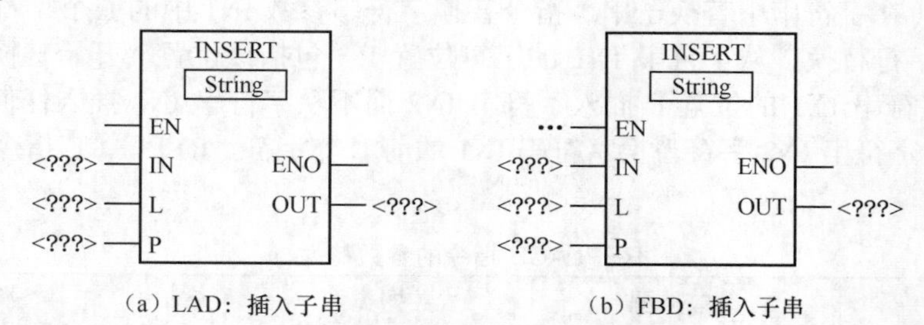

（a）LAD：插入子串　　（b）FBD：插入子串

图3-67　插入子串指令框

INSERT（在字符串中插入子串）指令将字符串 IN2 插入字符串 IN1 中，在位置 P 的字符后开始插入。INSERT 指令的参数特性见表 3-56。

表 3-56　INSERT 指令的参数特性

参数	参数类型	数据类型	说明
IN1	IN	String	输入字符串 1
IN2	IN	String	输入字符串 2
P	IN	Int	字符串 IN1 中字符串 IN2 插入点前的最后一个字符位置，字符串 IN1 的第一个字符的位置编号为 1
OUT	OUT	String	组合字符串（字符串 1+字符串 2）

表 3-57 列出了 INSERT 指令的条件代码。

11. REPLACE 指令

在 LAD 和 FBD 编辑窗口下拖曳“REPLACE”对应的图标至程序网络中，即可得到图 3-68

所示的指令框。

表 3-57　　INSERT 指令的条件代码

ENO	条件	OUT
1	未检测到错误	有效字符
0	P 大 IN1 的当前长度	IN2 紧接最后一个 IN1 字符，与 IN1 连接
	P 小于或等于 0	当前长度被设置为 0
	插入后的结果字符串比 OUT 字符串的最大长度长	复制结果字符串字符直到 OUT 的最大长度为止

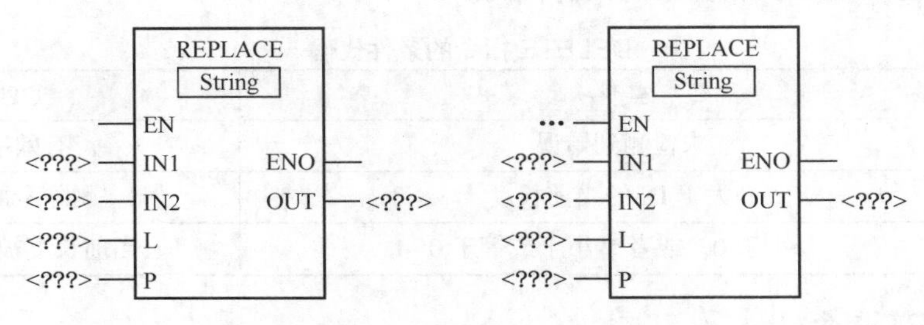

（a）LAD：替换子串　　（b）FBD：替换子串

图3-68　在字符串中替换子串指令框

REPLACE（在字符串中替换子串）指令替换字符串参数 IN1 中的 L 个字符，使用字符串参数 IN2 中的字符替换，从字符串 IN1 的字符位置 P（包括该位置）开始替换。如果参数 L 等于 0，则在字符串 IN1 的位置 P 插入字符串 IN2 而不从字符串 IN1 插入任何字符；如果 P 等于 1，则使用字符串 IN2 字符替换字符串 IN1 的前 L 个字符。REPLACE 指令的参数特性见表 3–58。

表 3-58　　REPLACE 指令的参数特性

参数	参数类型	数据类型	说明
IN1	IN	String	输入字符串
IN2	IN	String	替换字符的字符串
L	IN	Int	要替换的字符数
P	IN	Int	要替换的第一个字符的位置
OUT	OUT	String	结果字符串

表 3–59 列出了 REPLACE 指令的条件代码。

表 3-59　　REPLACE 指令的条件代码

ENO	条件	OUT
1	未检测到错误	有效字符
0	P 大于 IN1 的长度	IN2 紧接最后一个 IN1 字符，与 IN1 连接
	P 小于 IN1 的长度，但 IN1 中没有 L 个字符	IN2 从位置 P 开始替换 IN1 的后面字符
	L 小于 0，或者 P 小于或等于 0	当前长度被设置为 0

续表

ENO	条件	OUT
0	替换后的结果字符串比 OUT 字符串的最大长度长	复制结果字符串字符直到 OUT 的最大长度为止

12. FIND 指令

在 LAD 和 FBD 编辑窗口下拖曳“FIND”对应的图标至程序网络中，即可得到图 3-69 所示的指令框。

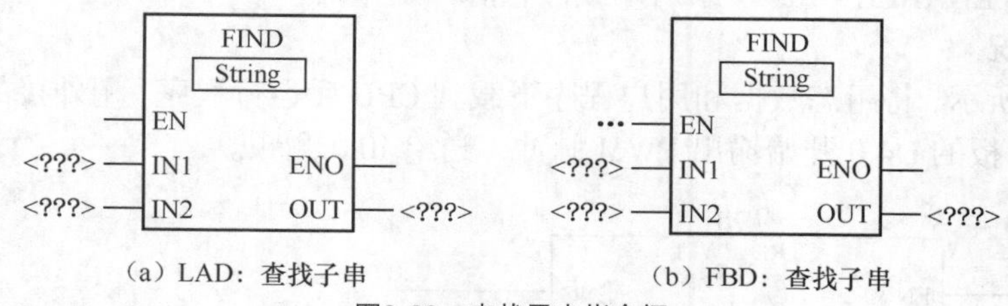

（a）LAD：查找子串　　（b）FBD：查找子串

图3-69　查找子串指令框

FIND（查找子串）指令提供通过 IN2 所指定的子串或字符在字符串 IN1 中的字符位置，从左侧开始搜索，在 OUT 中返回 IN2 字符串第一次出现的字符位置。如果在字符串 IN1 中没有找到字符串 IN2，则返回 0。FIND 指令的参数特性见表 3-60。

表 3-60　FIND 指令的参数特性

参数	参数类型	数据类型	说明
IN1	IN	String	在该字符串内搜索
IN2	IN	String	搜索该字符串
OUT	OUT	Int	字符串 IN1 中第一个搜索匹配项的字符位置

FIND 指令执行后，ENO 状态为 1 表示“未检测到错误”，OUT 中为“有效字符位置”；ENO 状态为 0 则表示“IN2 大于 IN1”，OUT 中为“字符位置被设置为 0”。

3.9　高速脉冲输出与高速计数器

3.9.1　高速脉冲输出

1. 占空比

CPU 的 4 个 PTO/PWM 发生器分别通过 DC 输出 CPU 集成的 Q0.0～Q0.7 或信号板上的 Q4.0～Q4.3 输出脉冲，脉冲宽度与脉冲周期之比称为占空比。脉冲宽度调制功能提供的脉冲宽度可以用程序控制的脉冲列输出。

2. PWM 的组态

单击项目“频率测量例程”的设备视图按钮，从下拉菜单中选中对应的 CPU 型号。单击巡视窗口中的“属性/常规”按钮，再单击左边的“PTO1/PWM1”文件夹中的“常规”按钮，用复选框启用该脉冲发生器。

单击左边窗口的“参数分配”按钮，在右边的窗口设置信号类型为 PWM，“时基”为 ms，“脉宽格式”为 1%，“循环时间”（周期值）为 2ms，用“初始脉冲宽度”输入域设置脉冲的占空比为 50%，即脉冲宽度为 1ms。

单击左边窗口中的“硬件输出”按钮，设置用信号板上的 Q4.0 输出脉冲。

单击左边窗口中的“I/O 地址”按钮，PWM1 默认的地址为 ID1000。

3. PWM 的编程

打开 OB1，将右边指令列表的“扩展指令”窗格的文件夹“脉冲”中的“脉宽调制”指令 CTRL_PWM 拖放到程序区，自动生成该指令的背景数据块 DB1。单击参数 PWM 左边的问号，再单击出现的按钮，在下拉列表中选择“Local～Pulse_1”，它是 PWM1 的硬件标识符的值。

用使能输入 ENABLE（I0.4）来启动或停止脉冲发生器。

4. 实验情况

如图 3-70 所示，将组态数据和用户程序下载到 CPU 后运行程序。用外接的小开关使 I0.4 为 1 状态，信号板的 Q4.0 开始输出 PWM 脉冲，送给 I0.0 测频。

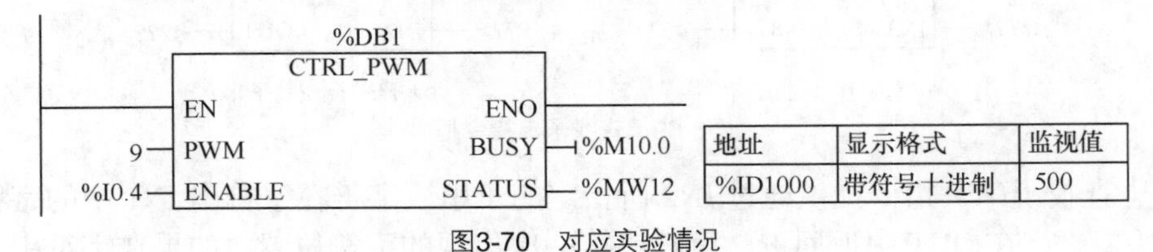

地址	显示格式	监视值
%ID1000	带符号十进制	500

图3-70　对应实验情况

用监控表中 HSC1 的地址 ID1000 显示测量得到的频率值。

修改 PWM 脉冲的宽度、周期和频率测量的周期，重复频率测量过程。

3.9.2　高速计数器

1. 编码器

高速计数器与增量式编码器一起工作。单通道增量式编码器内部只有 1 对光耦合器，只能产生一个脉冲列。双通道增量式编码器又称为 A/B 相或正交相位编码器，如图 3-71 所示，输出相位差为 90°的两组独立脉冲列。正转和反转时两路脉冲的超前、滞后关系相反，可以识别出转轴旋转的方向。

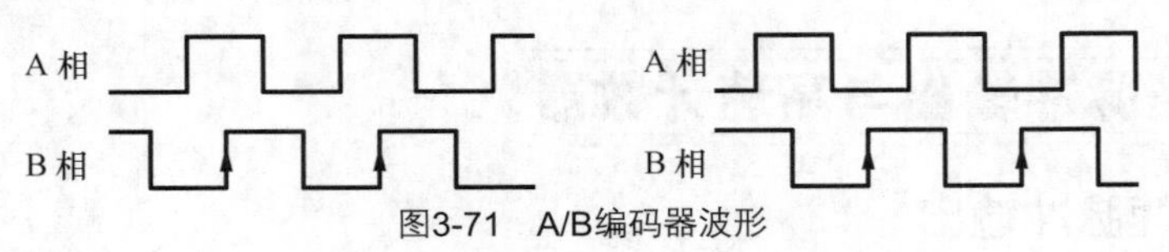

图3-71　A/B编码器波形

2. 高速计数器的功能

HSC 有 4 种高速计数工作模式：内部、外部方向控制的单相计数器，具有两路时钟脉冲输入的双相计数器和 A/B 相正交计数器。

每种 HSC 模式都可以使用或不使用复位输入。复位输入为状态 1 时，HSC 的实际计数值被清除。

某些 HSC 模式可以选用 3 种频率测量的周期来测量频率值。

使用“扩展高速计数器”（CTRL_HSC_EXT）指令，可以按指定的时间周期，测量出被测信号的周期。

3. 硬件接线

如图 3-72 所示，信号板的输出点 Q4.0 发出 PWM 脉冲，送给 HSC1 的高速脉冲输入点 I0.0

计数。用 CPU 内置的电源作为输入回路的电源，它同时又作为 2DI/2DQ 信号板的电源。

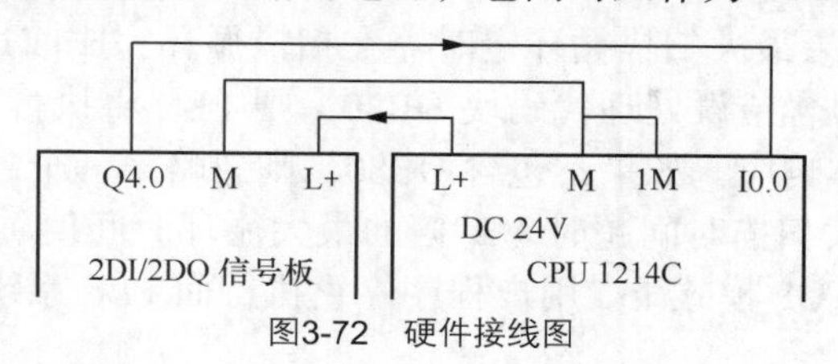

图3-72　硬件接线图

4. 高速计数器组态

打开 PLC 的设备视图，选中其中的 CPU。选择巡视窗口中的“属性”选项卡左边的高速计数器 HSC1 的“常规”选项，选中“启用该高速计数器”复选框。

选中左边窗口中的“功能”选项，设置“计数类型”为“频率”（频率测量），“工作模式”为“单相”，内部方向控制，“初始计数方向”为“加计数”，频率测量周期为 1.0s。

选中左边窗口中的“硬件输入”选项，设置“时钟发生器输入”地址为 I0.0。选中左边窗口中的“I/O 地址”，HSC1 默认的地址为 ID1000。

5. 设置数字量输入的输入滤波器的滤波时间

高速计数器的数字量输入点 I0.0 的滤波时间应小于计数输入脉冲宽度（1ms），故设置 I0.0 的输入滤波时间为 0.8ms。

3.10　扩展的程序控制指令与开放式以太网通信指令

3.10.1　扩展的程序控制指令

在“扩展指令”（Extended instructions）任务卡中打开 Program control 文件夹，即可见“Restart CPU cycle monitoring”“Put CPU in STO mode”“Error handling within block with output of the entire error information”“Error handling within block with output of the error ID”等指令的入口图标。

1. 重新触发扫描时间监视狗（RE_TRIGR）指令

在 LAD 和 FBD 编辑窗口下拖曳“RE_TRIGR”对应的图标至程序网络中，即可得到图 3-73 所示的指令框。

（a）LAD：重新触发扫描时间监视狗　（b）FBD：重新触发扫描时间监视狗

图3-73　重新触发扫描时间监视狗指令框

RE_TRIGR（重新触发扫描时间监视狗）指令用于延长扫描监视狗定时器生成错误前允许的最大时间，RE_TRIGR 指令用于在单个扫描循环期间重新启动扫描循环定时器。结果是从最后一次执行 RE_TRIGR 功能开始，使允许的最大扫描周期延长一个最大循环时间段。CPU 只允许将 RE_TRIGR 指令用于程序循环，如 OB1 和从该程序循环调用的功能。也就是说，如果从程序循环 OB 列表的任何 OB 调用 RE_TRIGR，都会复位监视狗定时器且 ENO=EN。如果从启动 OB、中断 OB 或错误 OB 执行 RE_TRIGR，则不会复位监视狗定时器且 ENO=FALSE。

（1）设置 PLC 的最大循环时间。利用设备配置中的 CPU 属性可以在 PLC 设备配置中为“循环时间”（Cycle time）设置（组态）最大扫描周期，该时间最小值为 1ms，最大值为 6000ms，默认值为 150ms。

（2）监视狗超时。如果最大扫描循环定时器在扫描循环完成前达到预置时间，则会生成错误。如果用户程序中包含错误处理代码块 OB80，则 PLC 将执行 OB80，用户可以在其中添加程序逻辑以创建具体响应。如果不包含 OB80，则忽略第一个超时条件。如果在同一程序扫描中第二次发生最大扫描时间超时（2 倍的最大循环时间值），则触发错误导致 PLC 切换到 STOP 模式。在 STOP 模式下，用户程序停止执行而 PLC 系统通信和系统诊断仍继续执行。

2. 停止扫描循环（STP）指令

在 LAD 和 FBD 编辑窗口下拖曳“STP”对应的图标至程序网络中，即可得到图 3-74 所示的指令框。

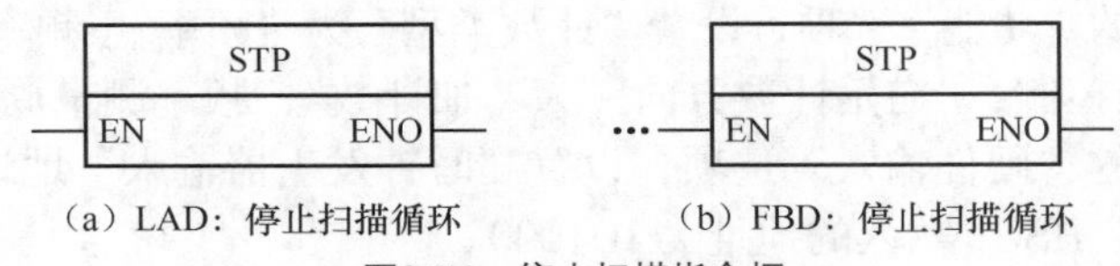

（a）LAD：停止扫描循环　（b）FBD：停止扫描循环

图3-74　停止扫描指令框

STP（停止 PLC 扫描循环）指令将 PLC 置于 STOP 模式，CPU 从 RUN 模式切换到 STOP 模式后，CPU 将保留过程映像，并根据组态写入相应的数字和模拟输出值。PLC 处于 STOP 模式时，将停止程序执行及停止过程映像的物理更新。

如果 EN 为 TRUE，PLC 将进入 STOP 模式，程序执行停止并且 ENO 状态无意义，否则 EN=ENO=0。

3. 获取错误指令

获取错误指令能提供有关程序块执行错误的信息，如果在代码块中添加了 GET_ERROR 或 GET_ERROR_ID 指令，则可在程序块中处理程序错误。

（1）获取错误信息（GET_ERROR）指令

在 LAD 和 FBD 编辑窗口下拖曳“GET_ERROR”对应的图标至程序网络中，即可得到图 3-75 所示的指令框。GET_ERROR 指令能提供有关程序块执行错误的信息，指示发生程序块执行错误并用详细错误信息填充预定义的错误数据结构。参数 ERROR 的数据类型是 ErrorStruct，可以重命名错误数据结构，但不能重命名结构中的成员。表 3-61 对 ErrorStruct 数据元素的特性进行了说明。

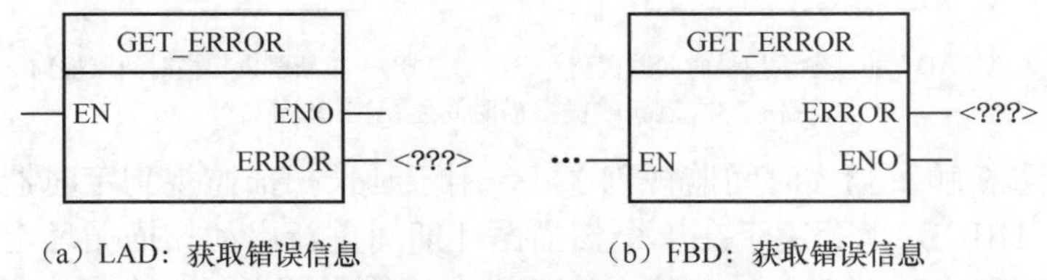

（a）LAD：获取错误信息　（b）FBD：获取错误信息

图3-75　获取错误信息指令框

表 3-61　ErrorStruct 数据元素的特性

ErrorStruct 数据元素	数据类型	说明
ERRORID	Word	错误标识符
FLAGS	Byte	始终设置为 0

续表

ErrorStruct 数据元素	数据类型	说明
REACTION	Byte	对错误的响应：0=忽略，不执行写入错误；1=替换，0 用于输入值（读取错误）；2=跳过该指令
BLOCK_TYPE	Byte	出错的块类型：1=OB；2=FC；3=FB
PAD_0	Byte	用于调整的内部填充字节；如不使用，将为 0
CODE_BLOCK-NUMBER	UInt	出错的块编号
ADDRESS	UDInt	出错指令的内部存储位置
MODE	Byte	如何解释剩余域以便 STEP 7 Basic 可以使用的内部映射
PAD-1	Byte	用于调整的内部填充字节；如不使用，将为 0
OPERAND_NUMBER	UInt	内部指令操作数编号
POINTER_NUMBER-LOCATION	UInt	内部指令指针位置
SLOT_NUMBER_SCOPE	UInt	内部存储器存储位置
AEA	Byte	出错时引用的存储区： L：16#40-4E、86、87、8E、8F、C0-CE I：16#81 Q：16#82 M：16#83 DB：16#84、85、8A、8B
PAD-2	Byte	用于调整的内部填充字节；如不使用，将为 0
DB_NUMBER	UInt	（D）发生数据块错误时引用的数据块，否则为 0
OFFSET	UDInt	（E）出错时引用的位偏移量（如 12=字节 1，位 4）

（2）获取错误 ID（GET_ERROR_ID）指令

在 LAD 和 FBD 编辑窗口下拖曳“GET_ERROR_ID”对应的图标至程序网络中，即可得图 3-76 所示的指令框。

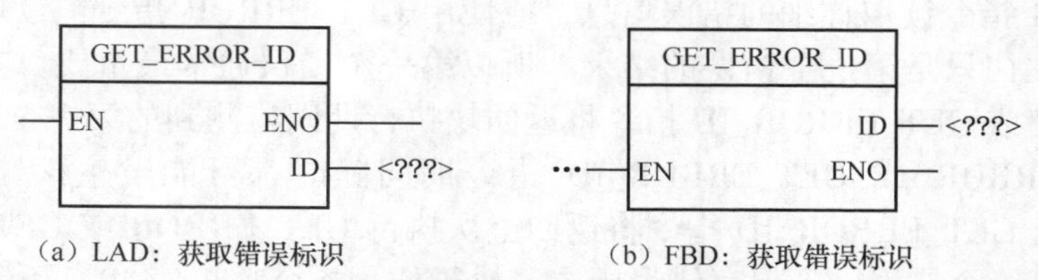

（a）LAD：获取错误标识　　（b）FBD：获取错误标识

图3-76　获取错误标识指令框

GET_ERROR_ID 指令能提供有关程序块执行错误的信息，指示发生程序块执行错误并报告错误的 ID（标识符代码）。参数 ID 的数据类型是 Word，是 ErrorStruct 中 ERROR_ID 成员的错误标识符值。ERROR_ID 不同的值标识了程序块执行时出现了不同的错误，见表 3-62。

表 3-62　ERROR_ID 不同的值标识了程序块不同的错误

ERROR_ID 十六进制值	ERROR_ID 十进制值	程序块执行错误
2503	9475	未初始化指针错误
2522	9506	操作数超出范围读取错误

续表

ERROR_ID 十六进制值	ERROR_ID 十进制值	程序块执行错误
2523	9507	操作数超出范围写入错误
2524	9508	无效区域读取错误
2525	9509	无效区域写入错误
2528	9512	数据分配读取错误（位赋值不正确）
2529	9513	数据分配写入错误（位赋值不正确）
2530	9520	DB 受到写保护
253A	9530	全局 DB 不存在
253C	9532	版本错误或 FC 不存在
253D	9533	指令不存在
253E	9534	版本错误或 FB 不存在
253F	9535	指令不存在
2575	9589	程序嵌套深度错误
2576	9590	局部数据分配错误
2942	10562	物理输入点不存在
2943	10563	物理输出点不存在

（3）操作

在默认情况下，CPU 通过将错误记录到诊断缓冲区并切换到 STOP 模式来响应块执行错误。但是，如果在代码块中放置一个或多个 GET_ERROR 或 GET_ERROR_ID 指令，即将该块设置为在块内处理错误。在这种情况下，CPU 不会切换到 STOP 模式且不会在诊断缓冲区中记录错误，而是在 GET_ERROR 或 GET_ERROR_ID 指令的输出中报告错误信息。可以使用 GET_ERROR 指令读取详细的错误信息，或使用 GET_ERROR 指令只读取错误标识符。因为后续错误往往只是第一个错误的结果，所以第一个错误通常最重要。在块内第一次执行 GET_ERROR 或 GET_ERROR_ID 指令将返回块执行期间检测到的第一个错误。在块启动到执行 GET_ERROR 或 GET_ERROR_ID 指令期间随时都可能发生该错误。随后执行 GET_ERROR 或 GET_ERROR_ID 指令将返回上次执行 GET_ERROR 或 GET_ERROR_ID 指令以来发生的第一个错误。不保存错误历史，执行任一指令都将使 PLC 系统重新捕捉下一个错误。

（4）ENO 指示的错误条件

如果 EN 为 TRUE 且 GET_ERROR 或 GET_ERROR_ID 指令执行，则：ENO 为 TRUE 表示发生代码块执行错误并提供错误数据；ENO 为 FALSE 表示未发生代码块执行错误。可以将错误响应程序逻辑连接到发生错误后激活的 ENO，如果存在错误，该输出参数会将错误数据存储在程序能够访问这些数据的位置。GET_ERROR 和 GET_ERROR_ID 可用来将错误信息从当前执行块（被调用块）发送到调用块。将该指令放置在被调用块程序的最后一个程序段中，可以报告被调用块的最终执行状态。

3.10.2 开放式以太网通信指令

在“Extended instructions”（扩展指令）任务卡中打开 Communications 文件夹，在“Open user communication”下面有“Send data over Ethernet”和“Receive data over Ethernet”指令的入口图标；再打开 Others 子文件夹，有“Make an Ethernet connection”“Break an Ethernet connection”“Send data over Ethernet（TCP）”“Receive data over Ethernet（TCP）”等指令的入口图标。

1. 可自动连接/断开的开放式以太网通信（PROFINET 指令）

PROFINET 指令可自动连接/断开开放式以太网通信，由 TSEND_C 和 TRCV_C 组成。处理 TSEND_C 和 TRCV_C 指令花费的时间量无法确定，要确保这些指令在每次扫描循环中都被处理，务必从主程序循环扫描中对其调用，如从程序循环 OB 中或从程序循环扫描调用的代码块中对其调用。不要从硬件中断 OB、延时中断 OB、循环中断 OB、错误中断 OB 或启动 OB 调用这些指令。PROFINET 指令（TSEND_C 和 TRCV_C）可用于传送被中断的数据缓冲区，通过避免对程序循环 OB 和中断 OB 中的缓冲区进行任何读/写操作，可以确保数据缓冲区的数据一致性。

（1）TSEND_C 描述。在 LAD 和 FBD 编辑窗口下拖曳“TSEND_C”对应的图标至程序网络中，即可得到图 3-77 所示的指令框。设置 TSEND_C 并建立连接后，CPU 会自动保持和监视该连接。TSEND_C 兼具 TCON、TDISCON 和 TSEND 的功能。使用 TSEND_C 指令可以传送的最小数据单位是字节。

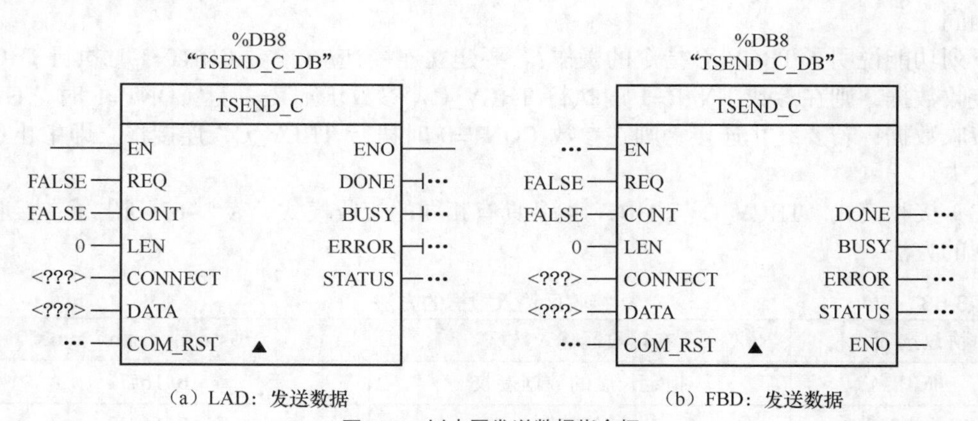

（a）LAD：发送数据　　（b）FBD：发送数据

图3-77 以太网发送数据指令框

LEN 参数的默认设置（LEN=0）：使用 DATA 参数来确定要传送的数据的长度。确保 TSEND_C 指令传送的 DATA 的大小与 TRCV_C 指令的 DATA 参数的大小相同。

下列功能说明了 TSEND_C 指令的操作：若要建立连接，应在 CONT=1 时执行 TSEND_C；成功建立连接后，TSEND_C 便会置位 DONE 参数一个周期；若要终止通信连接，则在 CONT=0 时执行 TSEND_C，随后连接将立即中止，这还会影响接收站，将在接收站关闭该连接，并且接收缓冲区内的数据可能会丢失；若要通过建立的连接发送数据，则在 REQ 的上升沿执行 TSEND_C，发送操作成功执行后，TSEND_C 便会设置 DONE 参数一个周期；若要建立连接并发送数据，应在 CONT=1 且 REQ=1 时执行 TSEND_C，发送操作成功执行后，TSEND_C 便会置位 DONE 参数一个周期。

（2）TRCV_C 描述。在 LAD 和 FBD 编辑窗口下拖曳“TRCV_C”对应的图标至程序网络中，即可得到图 3-78 所示的指令框。

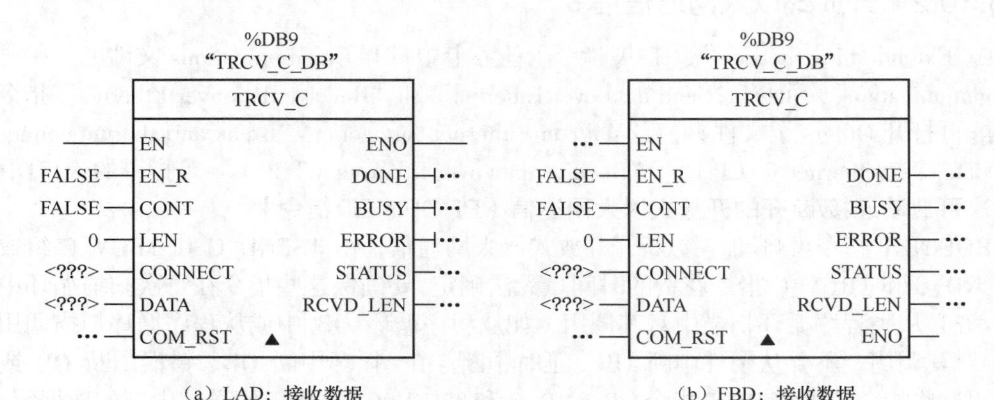

（a）LAD：接收数据　　（b）FBD：接收数据

图3-78　以太网接收数据指令框

TRCV_C 可与伙伴 CPU 建立 TCP 或 ISO-on-TCP 通信连接，接收数据并且可以终止该连接，设置并建立连接后，CPU 会自动保持和监视该连接。TRCV_C 指令兼具 TCON、TDISCON 和 TRCV 指令的功能，使用 TRCV_C 指令可以接收的最小数据单位是字节，TRCV_C 指令不支持传送布尔数据或布尔数组。LEN 参数的默认设置（LEN=0）：使用 DATA 参数来确定要传送的数据的长度，确保 TSEND_C 指令传送的 DATA 的大小与 TRCV_C 指令的 DATA 参数的大小相同。

下列功能说明了 TRCV_C 指令的操作：若要建立连接，应在参数 CONT=1 时执行 TRCV_C；若要接收数据，则在参数 EN_R=1 时执行 TRCV_C，参数 EN_R=1 且 CONT=1 时，TRCV_C 连续接收数据；若要终止连接，则在参数 CONT=0 时执行 TRCV_C，连接将立即中止且数据可能丢失。

（3）接收模式。TRCV_C 与 TRCV 指令具有相同的接收模式，表 3-63 列出了在接收区输入数据的方法。

表 3-63　接收区输入数据的方法

协议选项	在接收区输入数据	参数"connection_type"
TCP	指定长度的数据接收	B#16#11
ISO-on-TCP	协议控制	B#16#12

由于 TSEND_C 采用异步处理，所以 DONE 参数值或 ERROR 参数值为 TRUE 时，必须保持发送方区域中的数据一致。对于 TSEND_C，DONE 参数状态为 TRUE 表示数据成功发送，但并不表示连接伙伴 CPU 实际读取了接收缓冲区中的数据。TRCV_C 采用异步处理，因此仅当参数 DONE=1 时，接收器区域中的数据才一致。表 3-64 列出了参数 BUSY、DONE 和 ERROR 之间的关系。

表 3-64　参数 BUSY、DONE 和 ERROR 之间的关系

BUSY	DONE	ERROR	说明
TRUE	不相关	不相关	作业正在处理
FALSE	TRUE	FALSE	作业已成功完成

续表

BUSY	DONE	ERROR	说明
FALSE	FALSE	TRUE	该作业以出错而结束，出错原因可在 STATUS 参数中找到
FALSE	FALSE	FALSE	未分配新作业

（4）TSEND_C 参数。发送指令 TSEND_C 的参数特性见表 3-65。

表 3-65 发送指令 TSEND_C 的参数特性

参数	参数类型	数据类型	说明
REQ	INPUT	Bool	控制参数 REQ 在上升沿启动具有 CONNECT 中所述连接的发送作业
CONT	INPUT	Bool	0 表示断开；1 表示建立并保持连接
LEN	INPUT	Int	要发送的最大字节数（默认值=0，这表示 DATA 参数决定要发送的数据的长度）
CONNECT	IN_OUT	TCON_Param	指向连接描述的指针
DATA	IN_OUT	Variant	发送区包含要发送数据的地址和长度
COM_RST	IN_OUT	Bool	1 表示完成功能块的重新启动，现有连接将终止
DONE	IN_OUT	Bool	0 表示作业尚未开始或仍在运行；1 表示无错执行作业
BUSY	OUTPUT	Bool	0 表示作业完成；1 表示作业尚未完成，无法触发新作业
ERROR	OUTPUT	Bool	1 表示处理时出错，STATUS 提供错误类型的详细信息
STATUS	OUTPUT	Word	错误信息

（5）TRCV_C 参数。接收指令 TRCV_C 的参数特性见表 3-66。

表 3-66 接收指令 TRCV_C 的参数特性

参数	参数类型	数据类型	说明
EN_R	IN	Bool	启用接收的控制参数：EN_R=1 时，TRCV_C 准备接收，处理接收作业
CONT	IN	Bool	控制参数 CONT：0 为断开；1 为建立并保持连接
LEN	IN	Int	接收区长度（字节；默认值=0，这表示 DATA 参数决定要发送的数据的长度）
CONNECT	IN_OUT	TCON_Param	指向连接描述的指针
DATA	IN_OUT	Variant	接收区包含接收数据的起始地址和最大长度
COM_RST	IN_OUT	Bool	1 表示完成功能块的重新启动，现有连接将终止
DONE	OUT	Bool	0 表示作业尚未开始或仍在运行；1 表示无错执行作业
BUSY	OUT	Bool	0 表示作业完成；1 表示作业尚未完成，无法触发新作业
ERROR	OUT	Bool	1 表示处理时出错，STATUS 提供错误类型的详细信息
STATUS	OUT	Word	错误信息
RCVD_LEN	OUT	Int	实际接收到的数据量（字节）

（6）参数 ERROR 和 STATUS 的特性见表 3-67。

表 3-67　参数 ERROR 和 STATUS 的特性

ERROR	STATUS（W#16#...）	说明
0	0000	作业已无错执行
	7000	无激活的作业处理
	7001	启动作业处理，正在建立连接，正在等待连接伙伴
	7002	正在发送或接收数据
	7003	正在终止连接
	7004	连接已建立并受到监视，无激活的作业处理
1	8085	LEN 参数的值比最大的允许值大
	8086	CONNECT 参数超出允许范围
	8087	已达到最大连接数；无法建立更多连接
	8088	LEN 参数大于 DATA 中指定的存储区；接收存储区过小
	8089	参数 CONNECT 未指向数据块
	8091	超出最大嵌套深度
	809A	CONNECT 参数指向的域与连接描述的长度不匹配
	809B	连接描述中的 local_device_ID 与 CPU 的不匹配
	80A1	通信错误：尚未建立指定的连接；当前正在终止指定的连接，无法通过该连接传输；正在重新初始化接口
	80A3	正在尝试终止不存在的连接
	80A4	远程伙伴连接的 IP 地址无效，如远程伙伴的 IP 地址与本地伙伴的 IP 地址相同
	80A7	通信错误：在 TCON 完成前调用了 TDISCON（TDISCON 必须先完全终止 ID 引用的连接）
	80B2	参数 CONNECT 指向使用关键字 UNLINKED 生成的数据块
	80B3	不一致的参数：连接描述错误；本地端口（参数 local_tsap_ID）已在另一个连接描述中存在；连接描述中的 ID 与作为参数设定 ID 不同
	80B4	使用 ISO-on-TCP（connection_type=B#16#12）建立被动连接时，条件代码 80B4 提示输入的 TSAP 符合下列某一项地址要求：如果本地 TSAP 长度为两个字节且首字节的 TSAP_ID 值为 E0 或 E1（十六进制），第二字节必须为 00 或 01；如果本地 TSAP 长度为 3 个或更多字节，且首字节的 TSAP_ID 值为 E0 或 E1（十六进制），则第二字节必须为 00 或 01，且所有其他字节必须为有效的 ASCII 字符；如果本地 TSAP 长度为 3 个或更多字节，且首字节的 TSAP_ID 值既不为 E0 也不为 E1（十六进制），则 TSAP_ID 的所有字节都必须为有效的 ASCII 字符。有效 ASCII 字符的字节值为 20 到 7E（十六进制）

续表

ERROR	STATUS（W#16#...）	说明
1	80C3	所有连接资源都在使用
	80C4	临时通信错误：此时无法建立连接；接口正在接收新参数；TDISCON 当前正在插入已组态连接
	8722	CONNECT 参数：源区域无效，DB 中不存在该区域
	873A	CONNECT 参数：无法访问连接描述（如 DB 不可用）
	877F	CONNECT 参数：内部错误，如无效 ANY 引用

2. 具有连接/断开控制的开放式以太网通信

具有连接/断开控制的开放式以太网通信处理 TCON、TDISCON、TSEND 和 TRCV 指令花费的时间量无法确定，要确保这些指令在每次扫描循环中都被处理，务必从主程序循环扫描中对其调用，如从程序循环 OB 中或从程序循环扫描调用的代码块中对其调用。不要从硬件中断 OB、延时中断 OB、循环中断 OB、错误中断 OB 或启动 OB 调用这些指令。

（1）使用 TCP 和 ISO-on-TCP 协议的以太网通信。使用 TCP 和 ISO-on-TCP 协议的以太网通信由以下这些程序指令控制通信过程：TCON 指令建立连接；TSEND 指令和 TRCV 指令发送和接收数据；TDISCON 指令断开连接。使用 TSEND 和 TRCV 指令可以传送或接收的最小数据单位是字节，TRCV 指令不支持传送布尔数据或布尔数组。LEN 参数的默认设置（LEN=0）使用 DATA 参数来确定要传送的数据的长度，确保 TSEND 指令传送的 DATA 的大小与 TRCV 指令的 DATA 参数的大小相同。两个通信伙伴都执行 TCON 指令来设置和建立通信连接，用户使用参数指定主动和被动通信端点伙伴。设置并建立连接后，CPU 会自动保持和监视该连接。如果连接由于断线或远程通信伙伴而终止，主动伙伴会尝试重新建立组态的连接，不必再次执行 TCON 指令。执行 TDISCON 指令或 CPU 进入 STOP 模式后，会终止现有连接并插入所设置的连接。要设置和重新建立连接，必须再次执行 TCON 指令。

（2）功能说明。TCON、TDISCON、TSEND 和 TRCV 异步运行，即作业处理需要使用多个指令执行来完成。例如，在参数 REQ=1 时执行指令 TCON 启动用于设置和建立连接的作业，然后再执行 TCON 来监视作业进度并使用参数 DONE 测试作业是否已完成。

（3）TCON 指令。在 LAD 和 FBD 编辑窗口下拖曳“TCON”对应的图标至程序网络中，即可得到如图 3-79 所示的指令框。

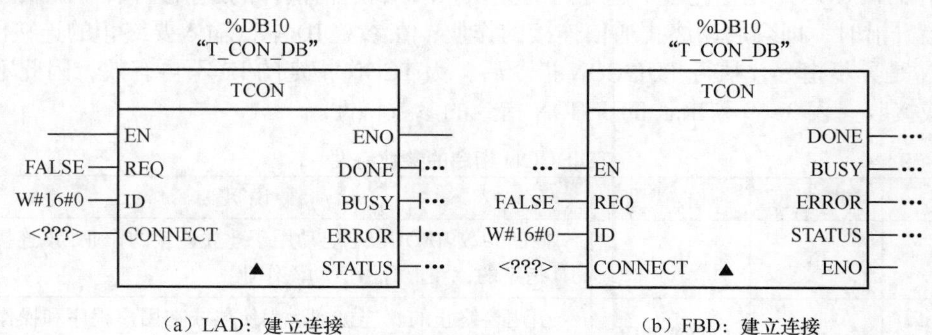

图3-79 建立连接指令框

使用 TCON 指令可设置并建立 TCP 和 ISO-on-TCP 的通信连接。设置并建立连接后，CPU

会自动保持和监视该连接。TCON 是异步指令，将使用为参数 CONNECT 和 ID 指定的连接数据来设置通信连接，要建立该链接，必须在参数 REQ 中检测到上升沿。如果成功建立连接，参数 DONE 将设置为“1”。表 3–68 列出了 TCON 指令的参数特性。

表 3-68 TCON 指令的参数特性

参数	参数类型	数据类型	说明
REQ	IN	Bool	控制参数 REQUEST 启动用于建立连接的作业，该连接是通过 ID 指定的，在上升沿启动该作业
ID	IN	CONN_OUC（Word）	引用要建立的、连接到远程伙伴或在用户程序和操作系统通信层之间的连接。标识号必须与本地连接描述中的相关参数标识号相同，取值范围：W#16#0001～W#16#0FFF
CONNECT	IN_OUT	TCON_Param	指向连接描述的指针
DONE	OUT	Bool	状态参数 DONE：0 表示作业尚未启动或仍在运行；1 表示作业已无错执行
BUSY	OUT	Bool	BUSY=1 表示作业尚未完成；BUSY=0 表示作业已完成
ERROR	OUT	Bool	状态参数 ERROR=1 表示作业处理期间出错
STATUS	OUT	Word	状态参数 STATUS 提供错误类型的详细信息

（4）TDISCON 指令。在 LAD 和 FBD 编辑窗口下拖曳“TDISCON”对应的图标至程序网络中，即可得到图 3–80 所示的指令框。

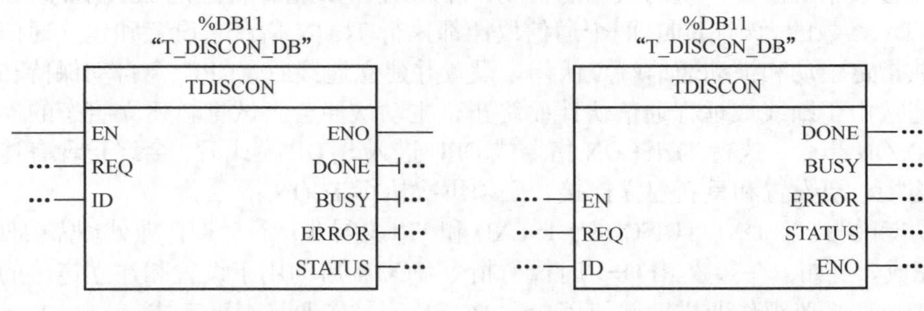

（a）LAD：终止连接　　（b）FBD：终止连接

图3-80 终止连接指令框

使用 TDISCON（终止连接）指令可终止从 CPU 到通信伙伴的通信连接，在参数 REQ 中检测到上升沿时，即会启动终止通信连接的作业；在参数 ID 中，输入要终止的连接的引用。TDISCON 是异步指令，执行 TDISCON 指令后，为 TCON 指定的 ID 不再有效，因此不能再用于发送或接收。表 3–69 列出了 TDISCON 指令的参数特性。

表 3-69 TDISCON 指令的参数特性

参数	参数类型	数据类型	说明
REQ	IN	Bool	控制参数 REQUEST 启动用于建立连接的作业，该连接是通过 ID 指定的，在上升沿启动该作业
ID	IN	CONN_OUC（Word）	引用要终止的、连接到远程伙伴或在用户程序和操作系统通信层之间的连接。标识号必须与本地连接描述中的相关参数标识号相同，取值范围：W#16#0001～W#16#0FFF

续表

参数	参数类型	数据类型	说明
DONE	OUT	Bool	状态参数 DONE：0 表示作业尚未启动或仍在运行；1 表示作业已无错执行
BUSY	OUT	Bool	BUSY=1 表示作业尚未完成；BUSY=0 表示作业已完成
ERROR	OUT	Bool	ERROR=1 表示处理时出错
STATUS	OUT	Word	错误代码

（5）TSEND 指令。在 LAD 和 FBD 编辑窗口下拖曳“TSEND”对应的图标至程序网络中，即可得到图 3-81 所示的指令框。

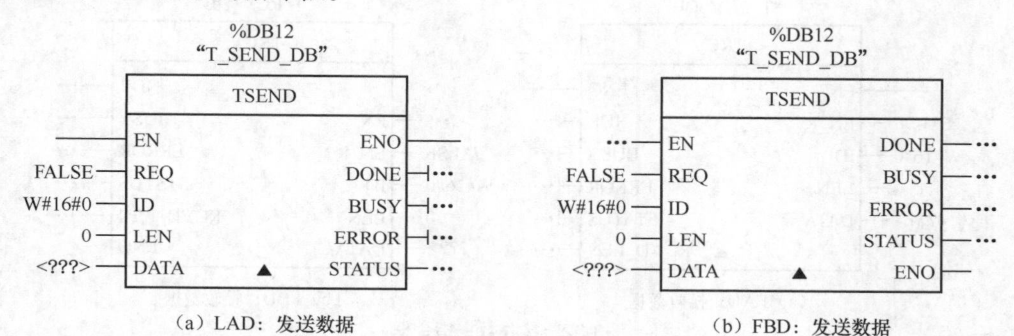

（a）LAD：发送数据　　（b）FBD：发送数据

图3-81　发送数据指令框

使用 TSEND（发送数据）指令可通过已有的通信连接发送数据，TSEND 是异步指令，使用参数 DATA 指定发送区，这包括要发送数据的地址和长度，在参数 REQ 中检测到上升沿时执行发送作业。使用参数 LEN 指定通过一个发送作业可发送的最大字节数，在发送作业完成前不允许编辑要发送的数据，如果发送作业成功执行，则参数 DONE 将设置为“1”，参数 DONE 的信号状态为“1”并不表示确认通信伙伴已读取了发送数据。由于 TSEND 是异步指令，所以需要在参数 DONE 或参数 ERROR 的值变为“1”前，保持发送区中的数据一致。表 3-70 列出了 TSEND 指令的参数特性。

表 3-70　TSEND 指令的参数特性

参数	参数类型	数据类型	说明
REQ	IN	Bool	控制参数 REQUEST 在上升沿启动发送作业，传送通过 LEN 和 DATA 指定的区域中的数据
ID	IN	CONN_OUC（Word）	引用相关的连接，标识号必须与本地连接描述中的相关参数标识号相同，取值范围：W#16#0001～W#16#0FFF
LEN	IN	Int	要通过作业发送的最大字节数
DATA	IN_OUT	Variant	指向要发送数据区的指针：发送方区域，包含地址和长度。地址将参考：过程映像输入表；过程映像输出表；位存储器；数据块
DONE	OUT	Bool	状态参数 DONE：0 表示作业尚未开始或仍在运行；1 表示无错执行作业

续表

参数	参数类型	数据类型	说明
BUSY	OUT	Bool	BUSY=1 表示作业尚未完成，无法触发新作业；BUSY=0 表示作业已完成
ERROR	OUT	Bool	状态参数 ERROR=1 表示处理时出错
STATUS	OUT	Word	状态参数 STATUS 提供有关错误类型的详细信息

（6）TRCV 指令。在 LAD 和 FBD 编辑窗口下拖曳“TRCV”对应的图标至程序网络中，即可得到图 3-82 所示的指令框。

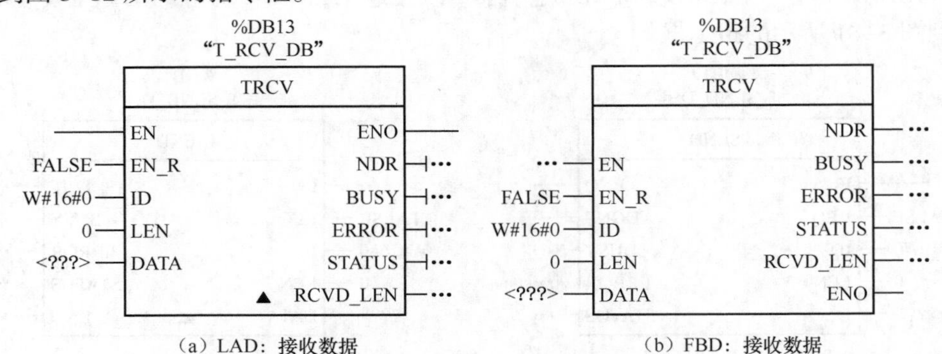

（a）LAD：接收数据　　（b）FBD：接收数据

图3-82　接收数据指令框

使用 TRCV（接收数据）指令可通过已有的通信连接接收数据，当参数 EN_R 的值设置为“1”时，启用数据接收，接收到的数据将输入接收区。根据所用的协议选项，通过参数 LEN 指定接收区长度（如果 LEN≠0），或者通过参数 DATA 的长度信息来指定（如果 LEN=0）。成功接收数据后，参数 NDR 的值设置为“1”，可在参数 RCVD_LEN 中查询实际接收的数据量。由于 TRCV 是异步指令，所以仅当参数 NDR 的值设置为“1”时，与接收区中的数据才一致。表 3-71 列出了 TRCV 指令的参数特性。

表 3-71　TRCV 指令的参数特性

参数	参数类型	数据类型	说明
EN_R	IN	Bool	启用接收的控制参数：EN_R=1 时，TRCV 可以接收数据
ID	IN	CONN_OUC（Word）	引用相关的连接，标识号必须与本地连接描述中的相关参数标识号相同，取值范围：W#16#0001～W#16#0FFF
LEN	IN	Int	接收区长度（字节）（默认值=0，这表示 DATA 参数决定要接收的数据的长度）
DATA	IN_OUT	Variant	指向接收数据的指针：包含地址和长度的接收区。地址将参考：过程映像输入表；过程映像输出表；位存储器；数据块
NDR	OUT	Bool	状态参数 NDR：NDR=0 表示作业尚未开始或仍在运行；NDR=1 表示作业已成功完成
BUSY	OUT	Bool	BUSY=1 表示作业尚未完成，无法触发新作业；BUSY=0 表示作业已完成

续表

参数	参数类型	数据类型	说明
ERROR	OUT	Bool	状态参数 ERROR=1 表示处理时出错
STATUS	OUT	Word	状态参数 STATUS 提供错误类型的详细信息
RCVD_LEN	OUT	Int	实际接收到的数据量（字节）

3.11　点对点通信指令

在“Extended instructions”（扩展指令）任务卡中打开 Communications 文件夹，可见“Point to point”文件夹中有“Configure Point-to Point communication port”“Configure Point-to-Point transmitter”“Configure Point-to-Point receiver”“Transmit a Point-to-Point message”“Receive a Point-to-Point message”“Reset Point-to-Point message buffer”“Get Point-to-Point RS-232 signals”“Set Point-to-Point RS-232 signals”等指令的入口图标。

1. PORT_CFG 指令

在 LAD 和 FBD 编辑窗口下拖曳“PORT_CFG”对应的图标至程序网络中，即可得到图 3-83 所示的指令框。

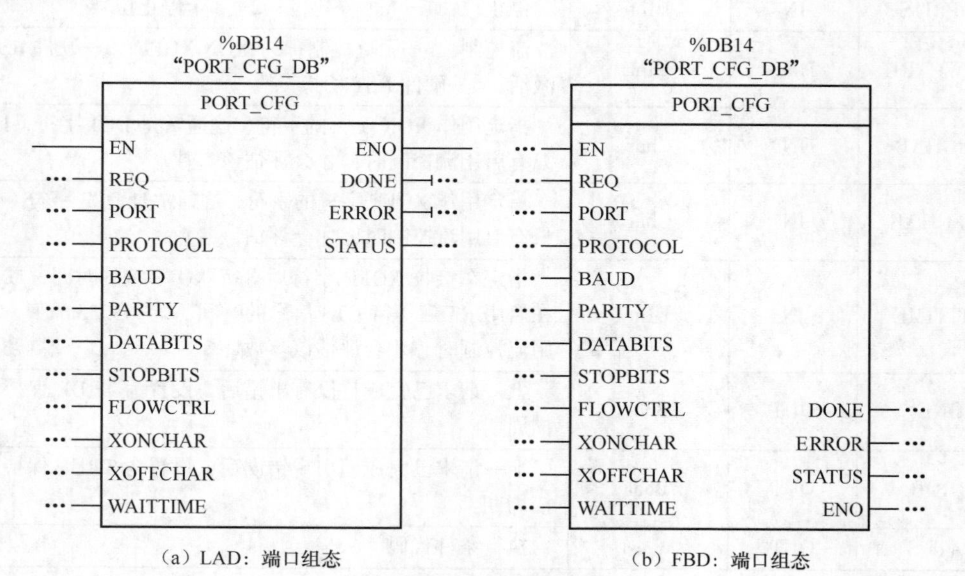

（a）LAD：端口组态　　（b）FBD：端口组态

图3-83　端口组态指令框

使用 PORT_CFG（端口组态）指令可以通过用户程序更改端口参数，如波特率等参数。可以在设备配置属性中设置端口的初始静态组态，或者仅使用默认值，可以在用户程序中执行 PORT_CFG 指令来更改该组态。PORT_CFG 组态更改不会永久存储在 CPU 中，CPU 从 RUN 模式切换到 STOP 模式和循环上电后将恢复设备配置中组态的参数。PORT_CFG 指令的参数特性见表 3-72。

状态参数 STATUS（W#16#-）的值为 80A0 时，表示特定协议不存在；值为 80A1 时，表示特定波特率不存在；值为 80A2 时，表示特定奇偶校验选项不存在；值为 80A3 时，表示特定数据位数不存在；值为 80A4 时，表示特定停止位数不存在；值为 80A5 时，表示特定流控制类型不存在；值为 80A6 时，表示等待时间为 0 且流控制启用；值为 80A7 时，表示 XON 和 XOFF 是非法值。

表 3-72　PORT_CFG 指令的参数特性

参数	参数类型	数据类型	说明
REQ	IN	Bool	在该输入的上升沿激活组态更改
PORT	IN	PORT	通信端口标识符：该逻辑地址是一个可在默认变量表的“常量”（Constants）选项卡内引用的常量
PROTOCOL	IN	UInt	0 表示点对点通信协议；1～n 表示用于在将来定义特定的协议
BAUD	IN	UInt	端口波特率：1—300Bd；2—600Bd；3—1200Bd；4—2400Bd；5—4800Bd；6—9600Bd；7—19200Bd；8—38400Bd；9—57600Bd；10—76800Bd；11—115200Bd
PARITY	IN	UInt	端口奇偶校验：1—无奇偶校验；2—偶校验；3—奇校验；4—传号校验；5—空号校验
DATABITS	IN	UInt	每个字符的位数：1—8 个数据位；2—7 个数据位
STOPBITS	IN	UInt	停止位：1—1 个停止位；2—2 个停止位
F LOWCTRL	IN	UInt	流控制：1—无流控制；2—XON/XOFF；3—硬件 RST 始终激活；4—硬件 RST 切换
XONCHAR	IN	Char	指定用作 XON 字符的字符，这通常是 DC1 字符（11 H）。只有启用流控制时，才会评估该参数
XOFFCHAR	IN	Char	指定用作 XOFF 字符的字符，这通常是 DC3 字符（13H）。只有启用流控制时，才会评估该参数
WAITTIME	IN	UInt	指定在接收 XOFF 字符后等待 XO 字符的时间，或者指定在启用 RT 后等待 CTS 信号的时间（0～65535ms）。只有启用流控制时，才会评估该参数
DONE	OUT	Bool	上一请求已完成且没有出错后，设置为 TRUE 保持一个扫描周期
ERROR	OUT	Bool	上一请求已完成但出现错误后，设置为 TRUE 保持一个扫描周期
STATUS	OUT	Word	执行条件代码

2. SEND_CFG 指令

在 LAD 和 FBD 编辑窗口下拖曳“SEND_CFG”对应的图标至程序网络中，即可得到图 3-84 所示的指令框。

SEND_CFG（发送组态）指令可用于动态组态点对点通信端口的串行传输参数，一旦执行 SEND_CFG 指令，便会放弃通信模块（CM）内所有排队的消息。可以在设备配置属性中设置端口的初始静态组态，或者仅使用默认值，可以在用户程序中执行 SEND_CFG 指令来更改该组态。SEND_CFG 组态变化不会永久存储在 PLC 中，CPU 从 RUN 模式切换到 STOP 模式和循环上电后将恢复设备配置中组态的参数。SEND_CFG 指令的参数特性见表 3-73。

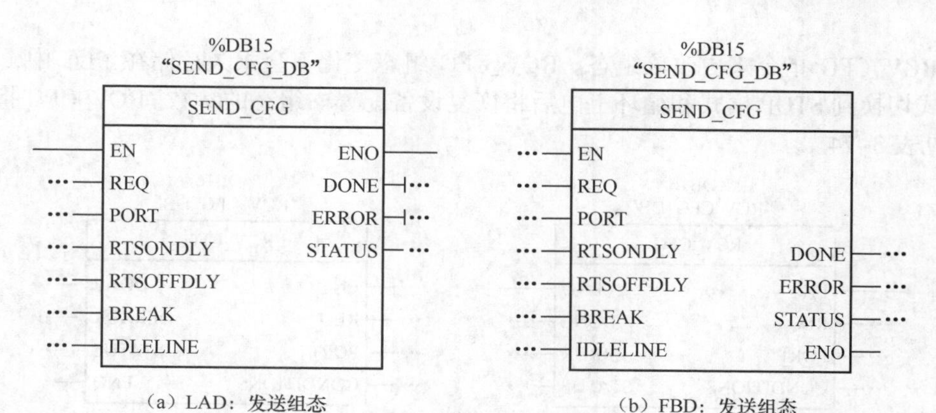

（a）LAD：发送组态　　（b）FBD：发送组态

图3-84　发送组态指令框

表 3-73　　SEND_CFG 指令的参数特性

参数	参数类型	数据类型	说明
REQ	IN	Bool	在该输入的上升沿激活组态更改
PORT	IN	PORT	通信端口标识符：该逻辑地址是一个可在默认变量表的“常量”（Constants）选项卡内引用的常量
RTSONDLY	IN	UInt	启用 RTSONDLY 后执行任何 TX 数据传输前要等待的毫秒数：只有启用硬件流控制时，该参数才有效。0～65535ms；0 将禁用该功能
RTSOFFDLY	IN	UInt	执行 TX 数据传输后禁用 RTSOFFDLY 前要等待的毫秒数：只有启用硬件流控制时，该参数才有效。0～65535ms；0 将禁用该功能
BREAK	IN	UInt	该参数指定在各消息开始时将发送指定位时间的中断。最大值是 65535 个位的时间。0 将禁用该功能；最多 8s
IDLELINE	IN	UInt	该参数指定在各消息开始前线路将保持空闲指定的位时间。最大值是 65535 个位的时间。0 将禁用该功能；最多 8s
DONE	OUT	Bool	上一请求已完成且没有出错后，设置为 TRUE 保持一个扫描周期
ERROR	OUT	Bool	上一请求已完成但出现错误后，设置为 TRUE 保持一个扫描周期
STATUS	OUT	Word	执行条件代码

状态参数 STATUS（W#16#-）的值为 80B0 时，表示不允许传送中断组态；值为 80B1 时，表示中断时间大于允许值（2500 个位的时间）；值为 80B2 时，表示空闲时间大于允许值（2500 个位的时间）。

3. RCV_CFG 指令

在 LAD 和 FBD 编辑窗口下拖曳“RCV_CFG”对应的图标至程序网络中，即可得到图 3-85 所示的指令框。

RCV_CFG（接收组态）指令用于动态组态点对点通信端口的串行接收方参数，该指令可组态表示接收消息开始和结束的条件。执行 RCV_CFG 指令时，将放弃 CM 内所有排队的消息。可以在设备配置属性中设置 CM 端口的初始静态组态，或者仅使用默认值，可以在用户程序

中执行 RCV_CFG 指令来更改该组态。RCV_CFG 组态变化不会永久存储在 PLC 中，CPU 从 RUN 模式切换到 STOP 模式和循环上电后将恢复设备配置中组态的参数。RCV_CFG 指令的参数特性见表 3-74。

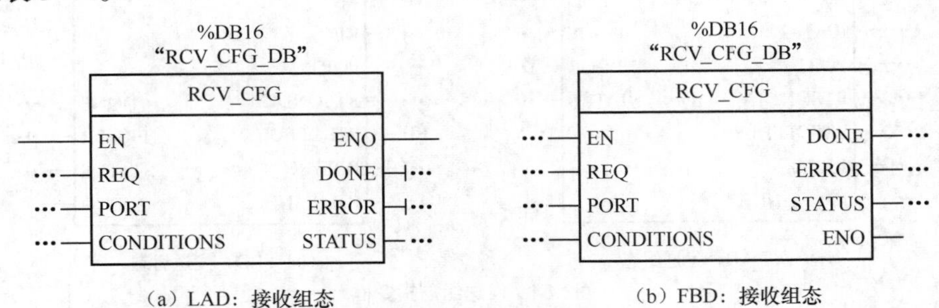

图3-85 接收组态指令框

表 3-74 RCV_CFG 指令的参数特性

参数	声明	数据类型	说明
REQ	IN	Bool	在上升沿激活组态更改
PORT	IN	PORT（UNIT）	通信端口的 ID（HW ID）
CONDITIONS	IN	CONDITIONS	用户自定义的数据结构，定义开始和结束条件
DONE	OUT	Bool	状态参数，可具有以下值： • 0：作业尚未启动或仍在执行 • 1：作业已完成且未出错
ERROR	OUT	Bool	状态参数，可具有以下值： • 0：无错误 • 1：出现错误
STATUS	OUT	Word	指令的状态

（1）作为 RCV_PTP 指令的开始条件

RCV_PTP 指令使用 RCV_CFG 指令指定的组态来确定点对点通信消息的开始和结束，消息开始由开始条件确定，可以由一个开始条件或开始条件的组合来确定。如果指定多个开始条件，则只有满足所有条件后才能使消息开始，可能的开始条件有：

1）"开始字符" 指定在成功接收到特定字符时开始消息传输，该字符将是消息中的第一个字符，在该特定字符前接到的任何字符都将被丢弃。

2）"任意字符" 指定成功接收的任何字符都将导致消息开始，该字符将是消息中的第一个字符。

3）"线路中断" 指定应在接收中断字符后开始消息接收操作。

4）"线路空闲" 指定在接收线路空闲或接收消息开始前的指定位时间内未收到消息，一旦出现该条件，就会导致消息开始。

5）"可变序列" 指定用户可以构造字符序列数（最多 4 个）可变的开始条件，这些字符序列由数量可变的字符（最多 5 个）组成。每个序列中的每个字符位置都可以选作特定字符或通配符字符（任何字符都适合）。要通过不同字符序列指示消息开始时，可以使用该开始条件。

以下所接收的十六进制编码消息 "68 10 aa 68 bb 10 aa 16" 及表 3-75 中列出的已组态开

始序列，在成功接收到第一个 68H 字符时，开始评估开始序列。在成功接收到第四个字符（第二个 68H）时，开始条件 1 得到满足。只要满足了开始条件，就会开始评估结束条件。

表 3-75　已组态开始序列

开始条件	第一个字符	第一个字符+1	第一个字符+2	第一个字符+3	第一个字符+4
1	68H	XX	XX	68H	XX
2	10H	aaH	XX	XX	XX
3	dcH	aaH	XX	XX	XX
4	e5H	XX	XX	XX	XX

开始序列处理会因各种奇偶校验、成帧或字符间时间错误而终止，由于不再满足开始条件，因而这些错误将导致不会有接收消息。

（2）作为 RCV_PTP 指令的结束条件

消息结束由指定的结束条件确定。消息结束由第一次出现的一个或多个已组态结束条件来确定。可能的消息结束条件有：

1）“响应超时”是指应在 RCVTIME 指定的时间内成功接收到响应字符。只要传送成功完成且模块开始接收操作，定时器就会启动。如果在 RCVTIME 时段内没有接收到字符，将相应的 RCV_PTP 指令返回错误。响应超时不定义具体结束条件，它仅指定应在指定时间内成功接收字符，必须使用明确的结束条件来定义响应消息的结束条件。

2）“消息超时”开始条件，定时器就会启动。

3）“字符间隙”是指从一个字符结束（最后一个停止位）到下一个字符结束所测量的时间，如果任何两个字符间的时间超过所组态的位时间数，消息将被终止。

4）“最大长度”是指定的一个字符数，当接收的字符个数达到该数时，接收操作便自动停止，使用该条件可以防止消息缓冲区超负载运行错误。如果将该结束条件与超时结束条件结合使用，在出现超时条件时，即使未达到最大长度也会提供所有有效的已接收字符。仅当最大长度已知时，该条件才支持长度可变的协议。

5）“N+长度大小+长度 M”的组合条件。该结束条件可用于处理包含长度域且大小可变的消息。N 指定长度域开始的位置（消息中的字符数，从 1 开始）；“长度大小”指定长度域的大小，有效值为 1、2 或 4 个字节；“长度 M”指定不包含在消息长度中的结束字符（跟在长度域后）数，该值可用于指定大小不包含在长度域中的校验和域的长度。在表 3-76 中，假设消息由一个开始字符、一个地址字符、一个一字节长度域、消息数据、校验和字符及一个结束字符组成。用“Len”表示的条目与 N 参数相对应，N 的值可以是 3，表示长度字节在消息中的字节 3 中。“长度大小”的值可以是 1，表示消息长度值包含在 1 个字节中。校验和字符及结束字符域与“长度 M”参数相对应。“长度 M”的值可以是 3，用于指定校验和字符域的字节数。

表 3-76　消息的组成

开始字符（1）	地址（2）	Len（N）（3）	消息...（x）		校验和字符及结束字符长度 M x+1/x+2/x+3	
XX	XX	XX	XX	XX	XX	XX

6）“可变字符”，该结束条件可用于根据不同的字符序列结束接收操作，这些序列可以由

数量可变的字符（最大为 5 个）组成。每个序列中的每个字符位置都可以选作特定字符或通配符字符（任何字符都满足条件）。被组态要忽略的任何前导字符都不要求是消息的一部分，任何被忽略的尾随字符都要求是消息的一部分。执行 RCV_PTP 指令后，状态参数 STATUS（W#16#-）的值为 80C0 时，表示所选开始条件非法；值为 80C1 时，表示所选结束条件非法、未选择结束条件；值为 80C2 时，表示启用了接收中断，但不允许此操作；值为 80C3 时，表示启用了最大长度结束条件，但最大长度是 0 或大于 1024；值为 80C4 时，表示启用了计算长度，但长度大于 1023；值为 80C5 时，表示启用了计算长度，但长度不是 1、2 或 4；值为 80C6 时，表示启用了计算长度，但 M 值大于 255；值为 80C7 时，表示启用了计算长度，但计算长度大于 1024；值为 80C8 时，表示启用了响应超时，但响应超时为 0；值为 80C9 时，表示启用了字符间隙超时，但该字符间隙超时为 0 或大于 2500；值为 80CA 时，表示启用了线路空闲超时，但该线路空闲超时为 0 或大于 2500；值为 80CB 时，表示启用了结束序列，但所有字符均“不相关”；值为 80CC 时，表示启用了开始序列（4 个中的任何一个），但所有字符均“不相关”。

4. SEND_PTP 指令

在 LAD 和 FBD 编辑窗口下拖曳“SEND_PTP”对应的图标至程序网络中，即可得到图 3-86 所示的指令框。

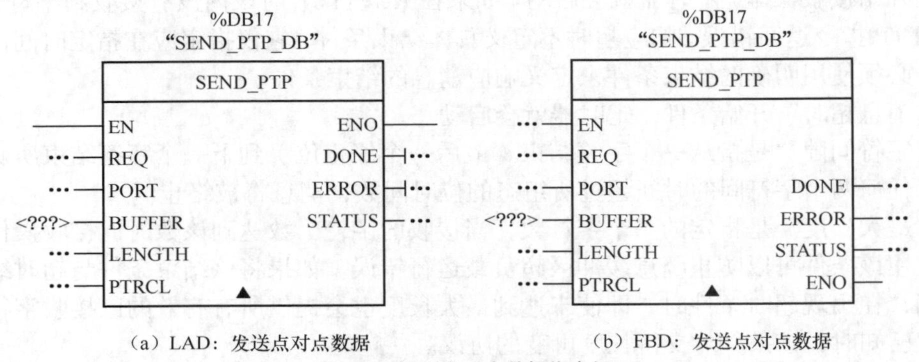

（a）LAD：发送点对点数据　　（b）FBD：发送点对点数据

图3-86　发送点对点数据指令框

SEND_PTP（发送点对点数据）指令用于启动数据传送，将指定的缓冲区数据传送到 CM，在 CM 以指定波特率发送数据的同时，CPU 程序会继续执行，仅一个发送操作可以在某一给定时间处于未决状态。如果在 CM 已经开始传送消息时执行第二个 SEND_PTP 指令，CM 将返回错误。

SEND_PTP 指令可以传送的最小数据单位是字节，可以为基本数据类型、结构、数组、字符串的被传送 DATA 参数决定要发送数据的大小，对于 DATA 参数，无法使用 Bool 和 Bool 数组。SEND_PTP 指令的参数特性见表 3-77。

表 3-77　SEND_PTP 指令的参数特性

参数	参数类型	数据类型	说明
REQ	IN	Bool	该传送使能输入的上升沿激活所请求的传送，这将会启动缓冲区数据传送到点对点通信模块（CM）
PORT	IN	PORT	通信端口标识符：该逻辑地址是一个可在默认变量表的“常量”（Constants）选项卡内引用的常量

续表

参数	参数类型	数据类型	说明
BUFFER	IN	Variant	该参数指向传送缓冲区的起始位置，不支持布尔数据或布尔数组
LENGTH	IN	UInt	用字节表示的传输的消息帧长度，传输复杂结构时，始终使用长度0
PTRCL	IN	Bool	该参数选择普通点对点协议或西门子提供的特定协议所在的缓冲区，这些协议在所连接的CM中实施。FALSE=用户程序控制的点对点操作（仅限有效选项）
DONE	OUT	Bool	上一请求已完成且没有出错后，设置为TRUE保持一个扫描周期
ERROR	OUT	Bool	上一请求已完成但出现错误后，设置为TRUE保持一个扫描周期
STATUS	OUT	Word	执行条件代码

传送操作进行期间，DONE和ERROR输出均为FALSE，传送操作完成后，DONE或ERROR输出将被设置为TRUE（持续一个扫描周期）以显示传送操作的状态。当DONE或ERROR为TRUE时，STATUS输出有效。如果通信模块（CM）接受所传送的数据，则该指令将返回状态16#7001。如果CM仍在忙于传送，则后续的SEND_PTP指令执行将返回16#7002。传送操作完成后，如果未出错，CM将返回传送操作状态16#0000。后续执行REQ为低电平的SEND_PTP指令时，将返回状态16#7000（不忙）。指令执行后，状态参数STATUS（W#16#）的值为80D0时，表示传送方激活期间发出新请求；值为80D1时，表示由于在等待时间内没有CTS信号，传送中止；值为80D2时，表示由于没有来自DCE设备的DSR，传送中止；值为80D3时，表示由于队列溢出（传送1024B以上），传送中止；值为7000时，表示不忙；值为7001时，表示接受请求时正忙（第一次调用）；值为7002时，表示轮询时正忙（第2次调用）。

5. RCV_PTP指令

在LAD和FBD编辑窗口下拖曳“RCV_PTP”对应的图标至程序网络中，即可得到图3-87所示的指令框。RCV_PTP（接收点对点）指令检查CM中已接收的消息，如果有消息，则将其从CM传送到CPU。如果发生错误，则返回相应的STATUS值。NDR或ERROR为TRUE时，STATUS值有效，STATUS值提供CM中的接收操作终止的原因。它通常是正值，表示接收操作成功且接收过程正常终止；如果为负数（十六进制值的最高有效位置位），则表示接收操作因错误条件终止，如奇偶校验、组帧或超限错误。每个点对点CM模块最多可以缓冲最大值为1KB，这可以是一个大消息或几个较小的消息。RCV_PTP指令的参数特性见表3-78。

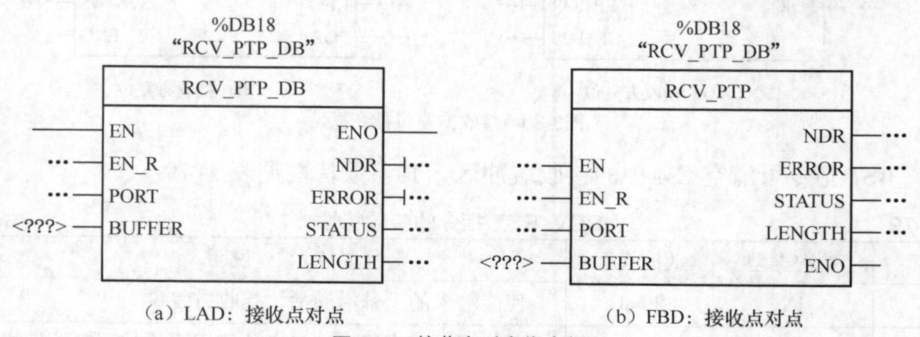

（a）LAD：接收点对点　（b）FBD：接收点对点

图3-87 接收点对点指令框

表 3-78　RCV_PTP 指令的参数特性

参数	参数类型	数据类型	说明
EN_R	IN	Bool	该输入为 TRUE 时，检查 CM 模块是否已接收消息。如果已成功接收消息，则将其从模块传送到 CPU。EN_R 为 FALSE 时，将检查 CM 是否收到消息并设置 STATUS 输出，但不会将消息传送到 CPU
PORT	IN	PORT	通信端口标识符：该逻辑地址是一个可在默认变量表的“常量”（Constants）选项卡内引用的常量
BUFFER	IN	Variant	该参数指向接收缓冲区的起始位置。该缓冲区应该足够大，可以接收最大长度消息。不支持布尔数据或布尔数组
NDR	OUT	Bool	新数据就绪且操作无错误完成时，在一个扫描周期内为 TRUE
ERROR	OUT	Bool	操作已完成但出现错误，在一个扫描周期内为 TRUE
STATUS	OUT	Word	执行条件代码
LENGTH	OUT	UInt	返回消息的长度（字节）

RCV_PTP 指令执行后，状态参数 STATUS（W#16#-）的值为 0000 时，表示没有提供缓冲区；值为 80E0 时，表示因接收缓冲区已满，消息被终止；值为 80E1 时，表示因出现奇偶校验错误，消息被终止；值为 80E2 时，表示因组帧错误，消息被终止；值为 80E3 时，表示因出现超限错误，消息被终止；值为 80E4 时，表示因计算长度超出缓冲区大小，消息被终止；值为 0094 时，表示因接收到最大字符长度，消息被终止；值为 0095 时，表示因消息超时，消息被终止；值为 0096 时，表示消息因字符间超时而终止；值为 0097 时，表示消息因响应超时而终止；值为 0098 时，表示因已满足“N+LEN+M”长度条件，消息被终止；值为 0099 时，表示因已满足结束序列，消息被终止。

6. RCV_RST 指令

在 LAD 和 FBD 编辑窗口下拖曳“RCV_RST”对应的图标至程序网络中，即可得到图 3-88 所示的指令框。

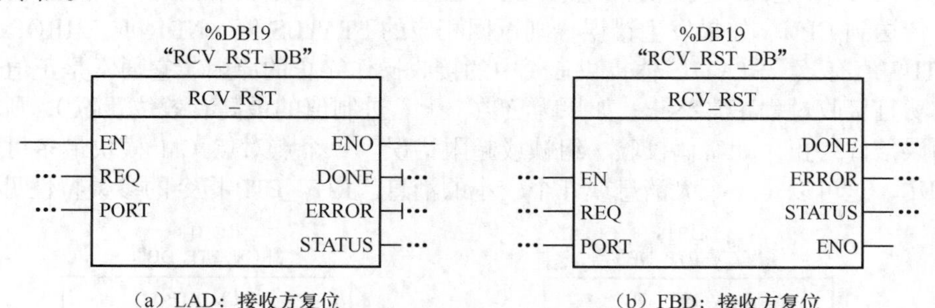

（a）LAD：接收方复位　（b）FBD：接收方复位

图3-88　接收方复位指令框

RCV_RST 指令可清空 CM 中的接收缓冲区，其参数特性见表 3-79。

表 3-79　RCV_RST 指令的参数特性

参数	参数类型	数据类型	说明
REQ	IN	Bool	使能输入的上升沿激活，接收方复位
PORT	IN	PORT	通信端口标识符：端口必须使用模块的逻辑地址指定

续表

参数	参数类型	数据类型	说明
DONE	OUT	Bool	在一个扫描周期内为 TRUE 时，表示上一个请求已完成且没有错误
ERROR	OUT	Bool	为 TRUE 时，表示上一个请求已完成且有错误。此外，该输出为 TRUE 时，STATUS 输出还会包含相关的错误代码
STATUS	OUT	Word	错误代码

7. SGN_GET 指令

在 LAD 和 FBD 编辑窗口下拖曳“SGN_GET”对应的图标至程序网络中，即可得到图 3-89 所示的指令框。

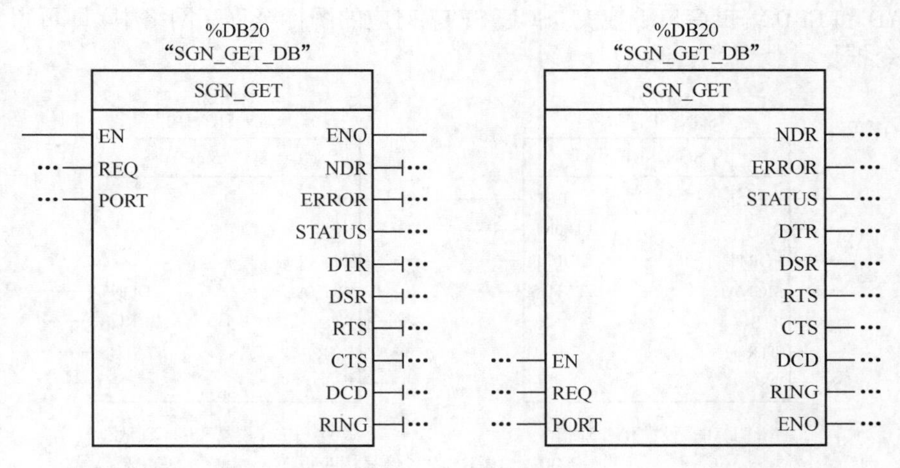

（a）LAD：获取 RS-232 信号　　（b）FBD：获取 RS-232 信号

图3-89　获取RS-232信号指令框

SGN_GET（获取 RS-232 信号）指令读取 RS-232 通信信号的当前状态，该功能仅对 RS-232CM（通信模块）有效。SGN_GET 指令的参数特性见表 3-80。

表 3-80　SGN_GET 指令的参数特性

参数	参数类型	数据类型	说明
REQ	IN	Bool	在该输入的上升沿获取 RS-232 信号状态值
PORT	IN	PORT	通信端口标识符：该逻辑地址是一个可在默认变量表的“常量”（Constants）选项卡内引用的常量
NDR	OUT	Bool	新数据就绪且操作无错误完成时，在一个扫描周期内为 TRUE
ERROR	OUT	Bool	操作已完成但出现错误，在一个扫描周期内为 TRUE
STATUS	OUT	Word	执行条件代码
DTR	OUT	Bool	数据终端就绪，模块就绪（输出）
DSR	OUT	Bool	数据设备就绪，通信伙伴就绪（输入）
RTS	OUT	Bool	请求发送，模块已做好发送准备（输出）

续表

参数	参数类型	数据类型	说明
CTS	OUT	Bool	允许发送，通信伙伴可以接收数据（输入）DCDOUT Bool 数据载波检测，接收信号电平（始终为 FALSE，不支持）
DCD	OUT	Bool	数据载波检测，接收信号电平（始终为 FALSE，不支持）
RING	OUT	Bool	响铃指示器，来电指示（始终为 FALSE，不支持）

执行 SGN_GET 指令后，状态参数 STATUS（W#16#…）的值为 80F0 时，表示 CM 是 RS-232 模块且没有信号可用；值为 80F1 时，表示信号因硬件流控制而无法设置；值为 80F2 时，表示因模块是 DTE 而无法设置 DSR；值为 80F3 时，表示因模块是 DCE 而无法设置 DTR。

8. SGN_SET 指令

在 LAD 和 FBD 编辑窗口下拖曳“SGN_SET”对应的图标至程序网络中，即可得到图 3-90 所示的指令框。

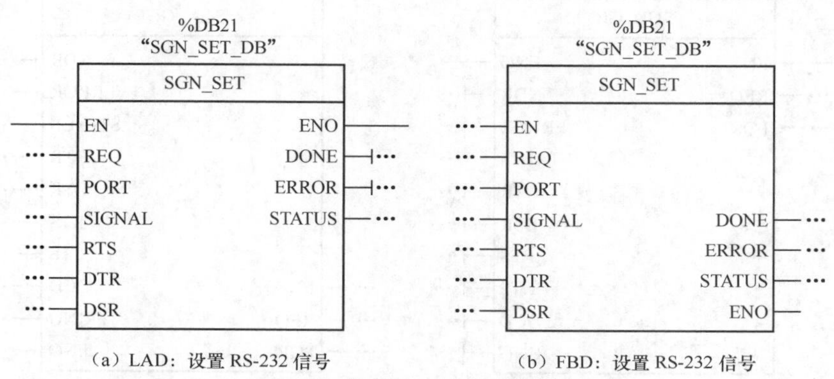

（a）LAD：设置 RS-232 信号　（b）FBD：设置 RS-232 信号

图3-90　设置RS-232信号指令框

SGN_SET（设置 RS-232 信号）指令设置 RS-232 通信信号的状态，该功能仅对 RS-232CM（通信模块）有效。SGN_SET 指令的参数特性见表 3-81。

表 3-81　SGN_SET 指令的参数特性

参数	参数类型	数据类型	说明
REQ	IN	Bool	在该输入的上升沿启动设置 RS-232 信号的操作
PORT	IN	PORT	通信端口标识符：该逻辑地址是一个可在默认变量表的“常量”（Constants）选项卡内引用的常量
SIGNAL	IN	Byte	选择要设置的信号（允许多个）：01H=设置 RTS；02H=设置 DTR；04H=设置 DSR
RTS	IN	Bool	请求发送，模块准备好将值发送到设备（TRUE 或 FALSE）
DTR	IN	Bool	数据终端就绪，模块准备好将值发送到设备（TRUE 或 FALSE）
DSR	IN	Bool	数据设备就绪（仅适用于 DCE 型接口）（不使用）
DONE	OUT	Bool	上一请求已完成且没有出错后，在一个扫描周期内为 TRUE
ERROR	OUT	Bool	上一请求已完成但出现错误后，在一个扫描周期内为 TRUE
STATUS	OUT	Word	执行条件代码

执行 SGN_SET 指令后，状态参数 STATUS（W#16#-）的值为 80F0 时，表示 CM 是 RS-232 模块且没有可设置的信号；值为 80F1 时，表示信号因硬件流控制而无法设置；值为 80F2 时，表示因模块是 DTE 而无法设置 DSR；值为 80F3 时，表示因模块是 DCE 而无法设置 DTR。

3.12　其他指令

3.12.1　中断指令

在“扩展指令”（Extended instructions）任务卡中打开 Interrupts 文件夹，可见“Attach an OB to an interrupt event”“Detach an OB from an interrupt event”“Start time-delay interrupt”“Cancel a time-delay interrupt”“Disable alarm interrupt”“Enable alarm interrupt”等指令的入口图标。

1. 中断连接与中断分离指令

在 LAD 和 FBD 编辑窗口下拖曳“ATTACH”和“DETACH”对应的图标至程序网络中，即可得到图 3-91 所示的指令框。

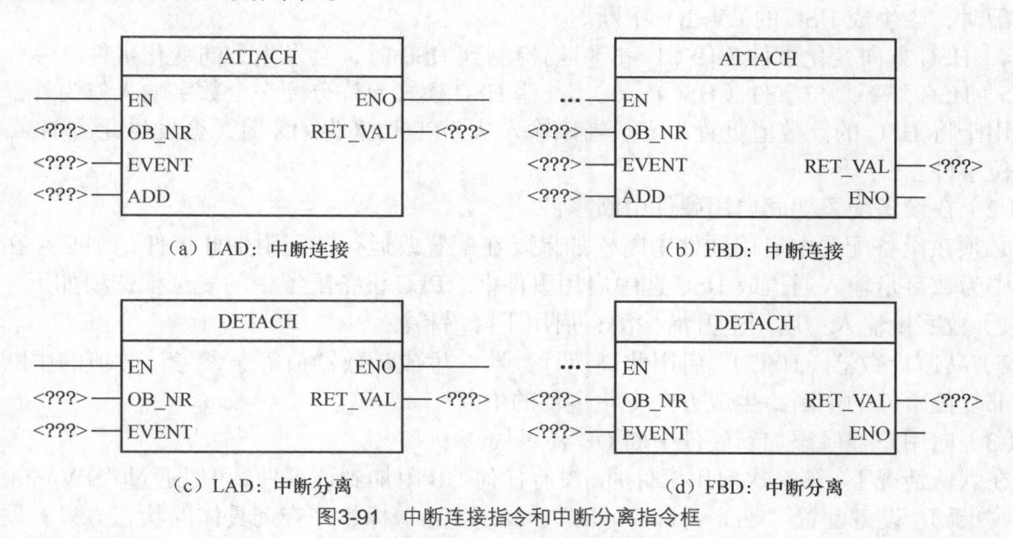

（a）LAD：中断连接　（b）FBD：中断连接

（c）LAD：中断分离　（d）FBD：中断分离

图3-91　中断连接指令和中断分离指令框

使用 ATTACH 和 DETACH 指令可激活和禁用中断事件驱动的子程序。ATTACH 指令启用响应硬件中断事件的中断 OB 子程序执行；DETACH 指令禁用响应硬件中断事件的中断 OB 子程序执行。ATTACH 和 DETACH 指令的参数特性见表 3-82。

表 3-82　ATTACH 和 DETACH 指令的参数特性

参数	参数类型	数据类型	说明
OB_NR	IN	Int	组织块标识符：从使用“添加新块”（Add new block）项目树功能创建的可用硬件中断 OB 中进行选择。双击该参数域，然后单击助手图标可查看可用的 OB
EVENT	IN	DWord	事件标识符：从 PLC 设备配置为数字输入或高速计数器启用的可用硬件中断事件中进行选择。双击该参数域，然后单击助手图标可查看这些可用事件

续表

参数	参数类型	数据类型	说明
ADD（仅对ATTACH）	IN	Bool	ADD=0（默认）表示该事件将取代先前为此 OB 附加的所有事件；ADD=1 表示该事件将添加到先前为此 OB 附加的事件中
RET_VAL	OUT	Int	执行条件代码

（1）硬件中断事件

S7-300/400 CPU 支持以下硬件中断事件。

1）上升沿事件（所有内置 CPU 数字量输入外加任何信号板输入）。数字输入从 OFF 切换为 ON 时会出现上升沿，以响应连接到输入的现场设备的信号变化。

2）下降沿事件（所有内置 CPU 数字量输入外加任何信号板输入）。数字输入从 ON 切换为 OFF 时会出现下降沿。

3）高速计数器（HSC）当前值=参考值（CV=RV），从相邻值变为与先前设置的参考值完全匹配时，会生成 HSC 的 CV=RV 中断。

4）HSC 方向变化事件（HSC1～6）。当检测到 HSC 时，会发生方向变化事件。

5）HSC 外部复位事件（HSC1～6）。某些 HSC 模式允许分配一个数字输入作为外部复位端，用于将 HSC 的计数值重置为零。当该输入从 OFF 切换为 ON 时，会发生此类 HSC 的外部复位事件。

（2）在设备配置期间启用硬件中断事件

必须在设备配置中启用硬件中断，如果要在配置或运行期间附加此事件，则必须在设备配置中为数字量输入通道或 HSC 选中启用事件框。PLC 设备配置中的复选框选项如下。

1）数字量输入：启用上升沿检测；启用下降沿检测。

2）高速计数器（HSC）：启用此高速计数器，生成计数器值等于参考计数值的中断；生成外部复位事件的中断；生成方向变化事件的中断。

（3）向用户程序添加新硬件中断 OB 代码块

在默认情况下，第一次启用事件时，没有任何 OB 附加到该事件，可以通过“HW interrupt”（HW 中断），设备配置“<not connected>”（<未连接>）标签来查询具体的状态。只有硬件中断 OB 能附加到硬件中断事件，所有现有的硬件中断 OB 都会出现在“HW interrupt”（HW 中断）下拉列表中，如果未列出任何 OB，则必须按下列步骤创建类型为“硬件中断”的 OB，在项目树的“Program blocks”（程序块）分支下：

1）双击“Add new block”（添加新块）图标，选择“Organization block（OB）”（组织块 OB）命令，然后选择“Hardware interrupt”（硬件中断）命令选项。

2）可以重命名 OB，选择编程语言（LAD 或 FBD），以及选择块编号（切换为手动并选择与建议块编号不同的块编号）。

3）编辑该 OB，添加事件发生时要执行的已编程响应，可以从此 OB 调用最多嵌套四层的 FC 和 FB。

（4）OB_NR 参数

所有参数在现有的硬件中断（HW 中断）下拉列表和 ATTACH/DETACH 参数 OB_NR 下拉列表中。

（5）EVENT 参数

启用某个硬件中断事件时，将为该事件分配一个唯一的默认事件名称。可通过编辑“Event name”（事件名称）编辑框更改此事件名称，但必须是唯一的名称。这些事件名称将成为“常量”（Constants）变量表中的变量名称，并出现在 ATTACH 和 DETACH 指令框的 EVENT 参数下拉列表中，变量的值是用于标识事件的内部编号。

（6）常规操作

每个硬件事件都可附加到一个硬件中断 OB 中，在发生该硬件中断事件时将排队执行该硬件中断 OB，在组态或运行期间可附加 OB 事件。用户可以在组态时将 OB 附加到已启用的事件或使其与该事件分离，要在组态时将 OB 附加到事件，必须使用“HW interrupt”（HW 中断）下拉列表（单击右侧的向下箭头）并从可用硬件中断 OB 的列表中选择 OB。从该列表中选择相应的 OB 名称，或者选择“<not connected>”以插入该附加关系。也可以在运行期间附加或分离已启用的硬件中断事件，在运行期间使用 ATTACH 或 DETACH 程序指令（如有必要可多次使用）将已启用的中断事件附加到相应的 OB 或与其分离。如果当前未附加到任何 OB［选择了设备配置中的“<未链接>”（not connected）选项或由于执行了 DETACH 指令］，则将忽略已启用的硬件中断事件。

（7）DETACH 操作

使用 DETACH 指令将特定事件或所有事件与特定 OB 分离，如果指定了 EVENT，则仅将该事件与指定的 OB_NR 分离；当前附加到此 OB_NR 的任何其他事件仍保持附加状态。如果未指定 EVENT，则分离当前连接到 OB_NR 的所有事件。

（8）中断连接和中断分离指令

ATTACH 和 DETACH 指令条件代码见表 3-83。

表 3-83　ATTACH 和 DETACH 指令条件代码

RET_VAL（W#16#-）	ENO	状态说明
0000	1	无错误
0001	0	没有要分离的事件（仅 DETACH）
8090	0	OB 不存在
8091	0	OB 类型错误
8093	0	事件不存在

2. 启动和取消延时中断指令

在 LAD 和 FBD 编辑窗口下拖曳“SRT_DINT”和“CAN_DINT”对应的图标至程序网络中，即可得到图 3-92 所示的指令框。

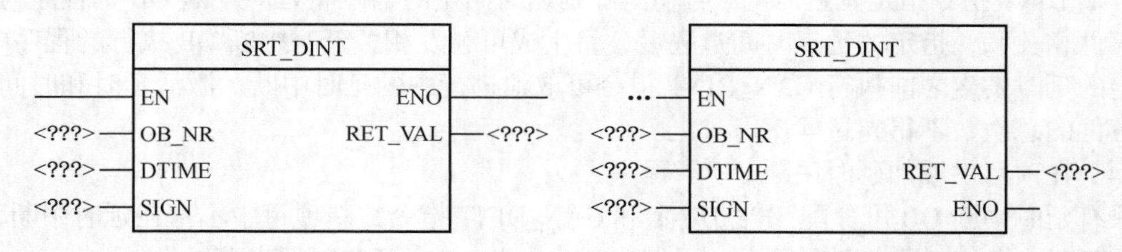

（a）LAD：启动延时中断　　（b）FBD：启动延时中断

图3-92　启动延时中断指令和取消延时中断指令框

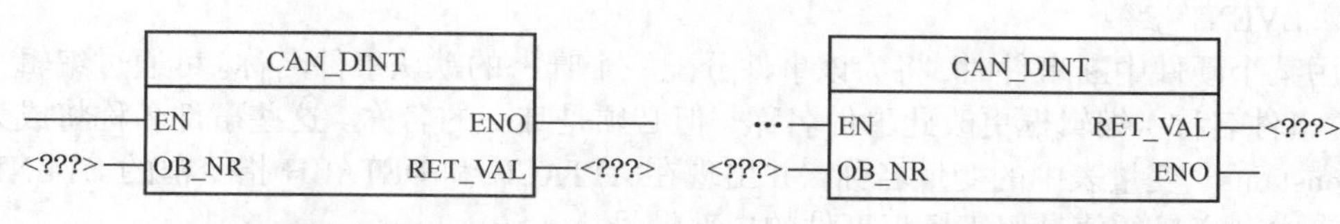

（c）LAD：取消延时中断　　（d）FBD：取消延时中断

图3-92　启动延时中断指令和取消延时中断指令框（续）

通过 SRT_DINT（启动延时中断）和 CAN_DINT（取消延时中断）指令可以启动和取消延时中断处理过程，每个延时中断都是一个在指定的延迟时间过后发生的一次性事件。如果在延迟时间到期前取消延时事件，则不会发生程序中断。参数 DTIME 指定的延迟时间过去后，SRT_DINT 会启动执行 OB 子程序的延时中断；CAN_DINT 可取消已启动的延时中断。在这种情况下，将不执行延时中断 OB。

（1）SRT_DINT 的参数

SRT_DINT 指令的参数特性见表 3-84。

表 3-84　SRT_DINT 指令的参数特性

参数	参数类型	数据类型	说明
OB_NR	IN	Int	在延迟时间过后将启动的组织块（OB）：从使用“Add new block”项目树功能创建的可用延时中断 OB 中进行选择。双击该参数域，然后单击助手图标查看可用的 OB
DTIME	IN	Time	延迟时间值（1～60000ms）可创建更长的延迟时间，如可以通过在延时中断 OB 内使用计数器来实现
SIGN	IN	Word	任何值都接受
RET_VAL	OUT	Int	执行条件代码

（2）CAN_DINT 的参数

CAN_DINT 指令的参数特性见表 3-85。

表 3-85　CAN_DINT 指令的参数特性

参数	参数类型	数据类型	说明
OB_NR	IN	Int	延时中断 OB 标识符，可使用 OB 编号或符号名称
RET_VAL	OUT	Int	执行条件代码

（3）操作

SRT_DINT 指令指定延迟时间、启动内部延迟时间定时器及将延时中断 OB 子程序与延时超时事件相关联，指定的延迟时间过去后，将生成可触发相关延时中断 OB 执行的程序中断，在指定的延时发生之前执行 CAN_DINT 指令可取消进行中的延时中断。激活延时和时间循环中断事件的总次数不得超过 4 次。

（4）在项目中添加延时中断 OB 子程序

只有延时中断 OB 可分配 SRT_DINT 和 CAN_DINT 指令，新项目中不存在延时中断 OB，必须将延时中断 OB 添加到项目中，要创建延时中断 OB，请按以下步骤操作。

1）在项目树的“Program blocks”分支中双击“Add new block”图标，选择“Organization block（OB）”命令，然后选择“Time delay interrupt”命令。

2）可以重命名 OB，选择编程语言或选择块编号，如果要分配与自动分配的编号不同的块编号，请切换到手动编号模式。

3）编辑延时中断 OB 子程序，并创建要在发生延时超时事件时执行的已编程响应，可从延时中断 OB 调用其他最多嵌套四层的 FC 和 FB 代码块。

4）编辑 SRT_DINT 和 CAN_DINT 指令的 OB_NR 参数时，可以使用新分配的延时中断 OB 名称。输出参数 RET_VAL（W#16#-）的值为 0000 时，表示未出错；值为 8090 时，表示不正确的参数 OB_NR；值为 8091 时，表示不正确的参数 DTIME；值为 80A0 时，表示未启动延时中断。

3. 禁用和启用报警中断指令

在 LAD 和 FBD 编辑窗口下拖曳“DIS_AIRT”和“EN_AIRT”对应的图标至程序网络中，即可得到图 3-93 所示的指令框。

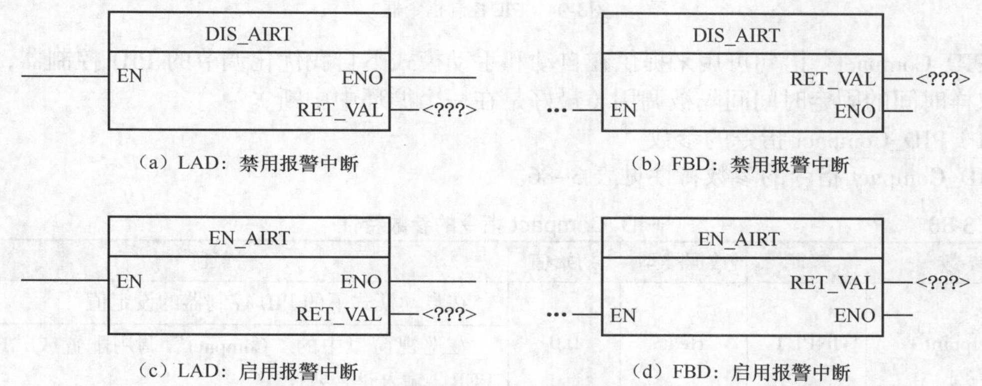

（a）LAD：禁用报警中断　　（b）FBD：禁用报警中断

（c）LAD：启用报警中断　　（d）FBD：启用报警中断

图3-93　禁用报警中断指令和启用报警中断指令框

使用 DIS_AIRT（禁用报警中断）和 EN_AIRT（启用报警中断）指令可禁用和启用报警中断处理过程。DIS_AIRT 指令可延迟新中断事件的处理，可在 OB 中多次执行 DIS_AIRT 指令，次数由操作系统进行计数。在 EN_AIRT 指令再次取消之前或者在已完成处理当前 OB 之前，这些指令中的每一个都保持有效。再次启用这些指令后，将立即处理 DIS_AIRT 生效期间发生的中断，或者在完成执行当前 OB 后，立即处理中断。对先前使用 DIS_AIRT 指令禁用的中断事件处理，可使用 EN_AIRT 指令来启用，每一次执行 DIS_AIRT 指令都必须通过执行一次 EN_AIRT 指令来取消。例如，如果通过执行五次 DIS_AIRT 指令禁用中断五次，则必须通过执行五次 EN_AIRT 指令来取消。必须在同一个 OB 中或从同一个 OB 调用的任意 FC 或 FB 中执行完成 EN_AIRT 指令后，才能再次启用此 OB 的中断。输出参数 RET_VAL 数据类型为 Int，表示禁用中断处理的次数，即已排队的 DIS_AIRT 指令执行的个数（延迟次数=队列中的 DIS_AIRT 指令执行次数）。只有当参数 RET_VAL=0 时，才会再次启用中断处理。

3.12.2　PID 控制

在“Extended instructions”（扩展指令）任务卡中打开 PID 文件夹，即可见“PID controller”指令的入口图标。在 LAD 和 FBD 编辑窗口下拖曳“PID_Compact”对应的图标至程序网络中，即可得到图 3-94 所示的指令框。

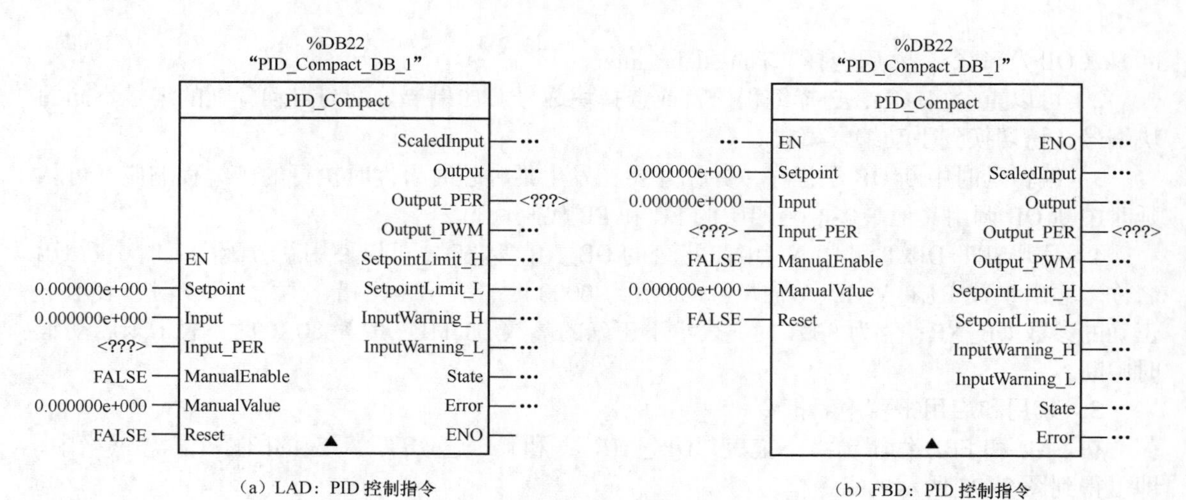

图3-94 PID控制指令框

"PID_Compact"语句可用来提供在自动和手动模式下自我优化调节的 PID 控制器，该指令在取样时间的固定时间间隔被调用（最好是在一个循环中中断）。

（1）PID_Compact 指令的参数

PID_Compact 指令的参数特性见表 3-86。

表 3-86 PID_Compact 指令的参数特性

参数	声明	数据类型	初始值	描述
Setpoint	INPUT	Real	0.0	在自动模式下的 PID 控制器的设定值 在巡视窗口中的"Compact"调用配置或"Input_PER"输入是否要使用
Input	INPUT	Real	0.0	作为当前数值源的用户程序变量
Input_PER	INPUT	Word	W#16#0	作为当前数值源的模拟输入
ManualEnable	INPUT	Bool	FALSE	上升沿选择"手动模式"，下降沿选择最近激活的操作模式
ManualValue	INPUT	Real	0.0	手动模式下的操作变量
Reset	INPUT	Bool	W#16#0	重启控制器。下列规则应用于 Reset=TRUE，非运行模式：操作变量为 0，控制器的临时值将被重置（保留 PID 参数）
ScaledInput	OUTPUT	Real	0.0	当前刻度值的输出。 输出量"Output""Output_PER""Output_PWM"可同时使用
Output	OUTPUT	Real	0.0	操作变量输出的用户程序变量
Output_PER	OUTPUT	Word	W#16#0	输出操作变量的模拟量输出
Output_PWM	OUTPUT	Bool	FALSE	使用脉宽调制的输出操作变量的开关来控制输出
SetpointLimit_H	OUTPUT	Bool	FALSE	绝对给定上限已达到或超过。对 CPU 给定仅限于已配置的当前值的绝对上限

续表

参数	声明	数据类型	初始值	描述
SetpointLimit_L	OUTPUT	Bool	FALSE	绝对给定下限已达到或过低。对 CPU 给定仅限于已配置的当前值的绝对下限
InputWarning_H	OUTPUT	Bool	FALSE	当前值达到或超出上限的警告
InputWarning_L	OUTPUT	Bool	FALSE	当前值达到或低于下限的警告
State	OUTPUT	Int	0	PID 控制器的当前操作模式 0：处于非活动状态（操作变量设置为 0） 1：在初始启动过程中的自我调节 2：在工作点的自我调节 3：自动模式 4：手动模式
Error	OUTPUT	DWord	W#32#0	错误信息 0000 0000：没有错误 .>0000 0000：一个或多个错误未解决，PID 控制器将进入“非活动”模式。请参阅“错误消息”来分析活动的错误

（2）采样时间的监测

PID_Compact 指令测量两次调用之间的时间间隔，并为监测采样时间评估结果。在每个模式转换和初始启动过程中，会生成采样时间均值。此值作为监测功能的参考，并且用来在块中进行计算。监视包括两个调用与定义的控制器采样时间均值的当前测量时间。下列条件设置为 PID 控制器的“非活动”工作模式：新均值>1.5 倍老均值；新均值<50%老均值；当前采样时间>2 倍当前均值或 0 操作模式。表 3-87 列出了 PID_Compact 指令操作模式的影响。

表 3-87　PID_Compact 指令操作模式的影响

操作模式	描述
非活动的	当用户程序第一次下载到 CPU 后，已组态“PID_Compact”技术对象时，PID 控制器滞留在“非活动”操作模式。在此情况下执行调试窗口中的“在初始启动中自我调整”。当发生错误时，或单击调试窗口中“控制器停止”将 ID 控制器更改为“非活动”操作模式。选择另一种操作模式时，就会得到确认的活动错误
在初始启动中自校/在工作点中自校	当在调试窗口中调用该函数时，执行“在初始启动中自我调整”或者“在工作点自我调整”操作模式
自动模式	在自动模式中，“PID_Compact”技术对象修改控制回路，以保持与指定参数一致，如果满足以下条件，控制器将更改为自动模式：在初始启动过程中自我校正已成功完成；在工作点中自我校正已成功完成；如果在“PID 参数”组态窗口中选择了“使用手动 PID 参数”复选框，“sRet.i_Mode”变量设置为 3
手动模式	如果 PID 控制器在手动模式下操作，可以手动设置操纵变量。手动模式可以按以下来选择：在调试窗口中选择“手动操纵变量”复选框，“ManualEnable”参数设置为 TRUE

（3）“Error”参数中的错误消息

表 3-88 列出了“Error”参数中的错误消息。

表 3-88　“Error”参数中的错误消息

Error（W#32#-）	描述
0000 0000	没有错误
0000 0001	当前值位于组态的当前值范围以外
0000 0002	“Input_PER”参数为一个无效的值，检查模拟输入是否有错误
0000 0004	“工作点自校”期间的错误，当前值的摆动使其不能持续
0000 0008	“在初始启动中自校”时的错误，当前值过于靠近给定值，导致在工作点中自校
0000 0010	给定值在自校期间发生了变化
0000 0020	“在初始启动中自校”是在自动模式下，不允许在“工作点中自校”
0000 0040	错误发生在“工作点中自校”期间，给定值过于靠近操纵变量的界限
0000 0080	操纵变量极限没有正确组态
0000 0100	错误发生在自校导致无效参数期间
0000 0200	“Input”参数值无效：数值在数域之外；数值为无效数据格式
0000 0400	“Output”参数值无效：数值在数域之外；数值为无效数据格式
0000 0800	采样时间错误：循环程序中调用 PID_Compact 指令或循环中断的设置被更改
0000 1000	“Setpoint”参数值无效：数值在数域之外；数值为无效数据格式

如果几个错误都未解决，错误代码的值被显示为所谓二进制加法的方式。例如，错误代码显示为 0000 0007，指示错误 0000 0001、0000 0002 和 0000 0004 未解决。

3.12.3　脉冲指令

在“扩展指令”（Extended instructions）任务卡中打开 Pulse 文件夹，即可见“Pulse”指令的入口图标。在 LAD 和 FBD 编辑窗口下拖曳“CTRL_PWM”对应的图标至程序网络中，即可得到图 3-95 所示的指令框。

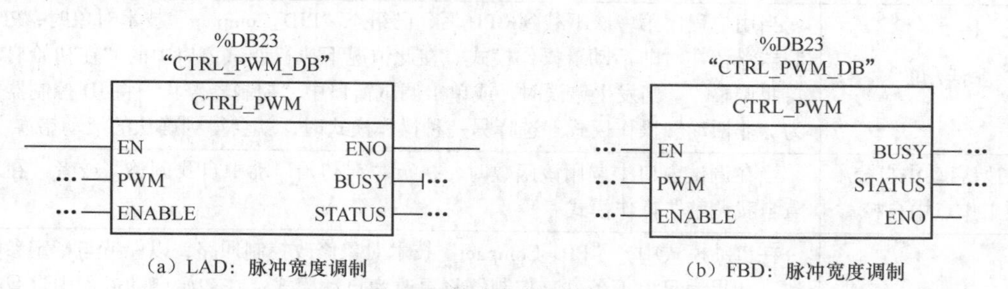

（a）LAD：脉冲宽度调制　（b）FBD：脉冲宽度调制

图3-95　脉冲宽度调制指示框

CTRL_PWM 脉冲宽度调制（PWM）指令可提供占空比可变的固定循环时间输出。PWM 输出指定频率（循环时间）启动后连续运行，脉冲宽度会根据需要进行变化以影响所需的控制。脉冲宽度可表示为循环时间的百分数（0～100）、千分数（0～1000）、万分数（0～10000）或 S7 模拟格式。脉冲宽度可从 0（无脉冲、始终关闭）到满刻度（无脉冲、始终打开）变化，

因此，在许多方面可提供与模拟输出相同的数字输出。例如，PWM 输出可用于控制电动机的速度，速度范围可以是从停止到全速；也可用于控制阀的位置，位置范围可以是从闭合到完全打开。有两种脉冲发生器可用于控制高速脉冲输出功能：PWM 和脉冲串输出（PTO）。PTO 由运动控制指令使用，可将每个脉冲发生器指定为 PWM 或 PTO，但不能指定为既是 PWM 又是 PTO。这两种脉冲发生器映射到特定的数字输出，见表 3-89。可以使用板载 CPU 输出，也可以使用可选的信号板输出。表 3-89 列出了输出点编号（假定使用默认输出组态）。如果更改了输出点编号，则输出点编号将为用户指定的编号。无论是在 CPU 上还是在连接的信号板上，PTO1/PWM1 都使用前两个数字输出，PTO2/PWM2 使用接下来的两个数字输出。注意 PWM 仅需要一个输出，而 PTO 每个通道可选择使用两个输出。如果脉冲功能不需要输出，则相应的输出可用于其他用途。

表 3-89　两种脉冲发生器的默认输出分配

输出点编号	默认输出分配		
	输出方式	脉冲	方向
PTO1	板载 CPU	CU	Q0.0
	信号板	Q4.0	Q4.1
PWM1	板载 CPU	Q0.0	—
	信号板	Q4.0	—
PTO2	板载 CPU	Q0.2	Q0.3
	信号板	Q4.2	Q4.3
PWM2	板载 CPU	Q0.2	—
	信号板	Q4.2	—

（1）组态 PWM 的脉冲通道

要准备 PWM 操作，首先通过选择 CPU 来组态设备配置中的脉冲通道，然后组态脉冲发生器（PTO/PWM），并选择 PWM1 或 PWM2。启用脉冲发生器（复选框），如果启用一个脉冲发生器，将为该特定脉冲发生器分配一个唯一的默认名称，可编辑、修改“Name”，但必须唯一。已启用的脉冲发生器的名称将成为“Constant”变量表中的变量，并可用作 CTRL_PWM 指令的 PWM 参数。注意脉冲输出发生器的最大脉冲频率对于 CPU 的数字量输出为 100kHz，而对于信号板的数字量输出为 20kHz。可是当组态的最大速度或频率超出此硬件限制时，STEP 7 Basic 并不提醒用户，这可能导致应用出现问题，因此应始终确保不会超出硬件的最大脉冲频率。按如下方式重命名脉冲发生器、添加注释及分配参数。

1）脉冲发生器可用作 PWM 或 PTO（选择 PWM）。

2）输出源：板载 CPU 或信号板。

3）时间基数：毫秒或微秒。

4）脉冲宽度格式：百分数（0～100）；千分数（0～1000）；万分数（0～10 000）；S7 模拟格式（0～27648）。

5）循环时间：输入循环时间值，该值只能在“Device configuration”（设备组态）中更改。

6）初始脉冲宽度：输入初始脉冲宽度值，可在运行期间更改脉冲宽度值。

（2）输出地址

起始地址：输入要在其中查找脉冲宽度值的 Q 字地址，对于 PWM1，默认位置是 QW1000；而对于 PWM2，默认位置是 QW1002。该位置的值控制脉冲宽度，并且每次 CPU 从 STOP 切换到 RUN 模式时都会初始化为上面指定的"Initial pulse width"（初始脉冲宽度）值。在运行期间更改该 Q 字值会引起脉冲宽度变化。表 3-90 列出了 CTRL_PWM 指令的参数特性，可以查看 BUSY、STATUS 等输出参数。

表 3-90　　CTRL_PWM 指令的参数特性

参数	声明	数据类型	初始值	说明
PWM	IN	Word	0	PWM 标识符：已启用的脉冲发生器的名称将变为"常量"（Constant）变量表中的变量，并可用作 PWM 参数
ENABLE	IN	Bool	1	1 表示启动脉冲发生器；0 表示停止脉冲发生器
BUSY	OUT	Bool	0	功能忙
STATUS	OUT	Word	0	0 表示无错误；80A1 表示 PWM 标识符未寻址到有效的 PWM

（3）操作

CTRL_PWM 指令使用数据块（DB）来存储参数信息，在程序编辑器中放置 CTRL_PWM 指令时，将分配 DB。数据块参数不是由用户单独更改的，而是由 CTRL_PWM 指令进行控制的。将其变量名称用于 PWM 参数，指定要使用的已启用脉冲发生器。EN 输入为 TRUE 时，PWM_CTRL 指令根据 ENABLE 输入的值启动或停止所标识的 PWM。脉冲宽度由相关 Q 字输出地址中的值指定。由于 S7-300/400 在 CTRL_PWM 指令执行后处理请求，所以在 S7-300/400 CPU 型号上，参数 BUSY 总是报告 FALSE。如果检测到错误，则 ENO 设置为 FALSE 且参数 STATUS 包含条件代码。PLC 第一次进入 RUN 模式时，脉冲宽度将设置为在设备配置中组态的初始值。根据需要将值写入设备配置中指定的 Q 字位置（"输出地址"/"起始地址："）以更改脉冲宽度。使用指令（如移动、转换、数学）或 PID 功能框将所需脉冲宽度写入相应的 Q 字，必须使用 Q 字值的有效范围（百分数、千分数、万分数或 S7 模拟格式）。

3.12.4 运动控制指令

运动控制指令使用相关工艺数据块和 CPU 的专用 PTO 控制轴上的运动。在"扩展指令"（Extended instructions）任务卡中打开 Motion Control 文件夹，即可见"Enable/Disable axis""Acknowledge errors""Homing/Setting of axis""Stop axis""Absolute positioning of axis""Relative positioning of axis""Move axis with preset speed""Move axis by operator"等指令入口图标。

1. MC_Power 指令

MC_Power 指令可启用和禁用运动控制轴。在 LAD 和 FBD 编辑窗口下拖曳"MC_Power"对应的图标至程序网络中，即可得到图 3-96 所示的指令框。

2. MC_Reset 指令

MC_Reset 指令可复位和确认所有运动控制错误。在 LAD 和 FBD 编辑窗口下拖曳"MC_Reset"对应的图标至程序网络中，即可得到图 3-97 所示的指令框。

3. MC_Home 指令

MC_Home 指令可建立轴控制程序与轴机械定位系统之间的关系。在 LAD 和 FBD 编辑窗口下拖曳对应的图标至程序网络中，即可得到图 3-98 所示的指令框。

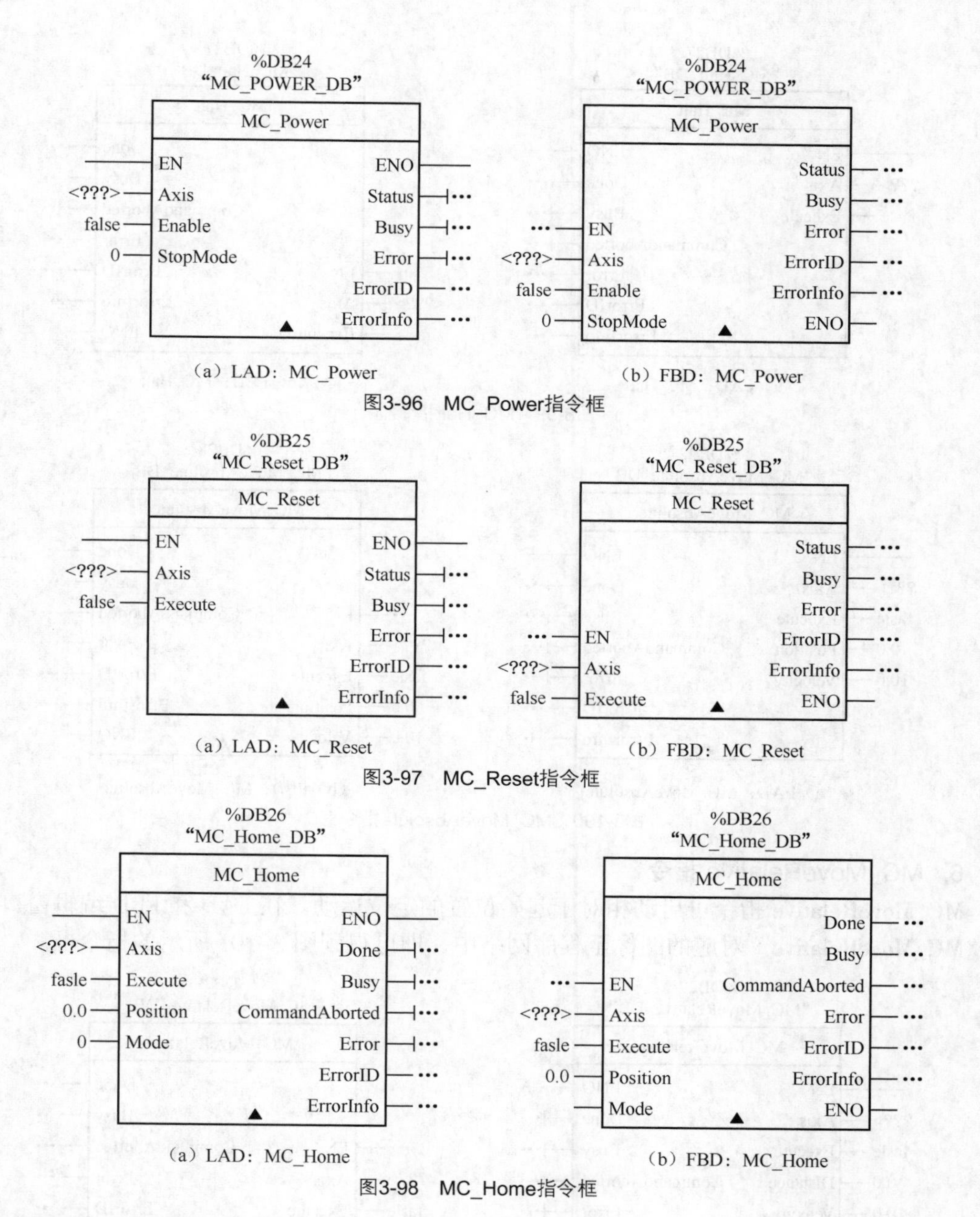

图3-96 MC_Power指令框

图3-97 MC_Reset指令框

图3-98 MC_Home指令框

4. MC_Halt 指令

MC_Halt 指令可取消所有运动过程并使轴运动停止，停止位置未定义。在 LAD 和 FBD 编辑窗口下拖曳"MC_Halt"对应的图标至程序网络中，即可得到图 3-99 所示的指令框。

5. MC_MoveAbsolute 指令

MC_MoveAbsolute 指令可启动到某个绝对位置的运动，该运动在到达目标位置时结束。在 LAD 和 FBD 编辑窗口下拖曳"MC_MoveAbsolute"对应的图标至程序网络中，即可得到图 3-100 所示的指令框。

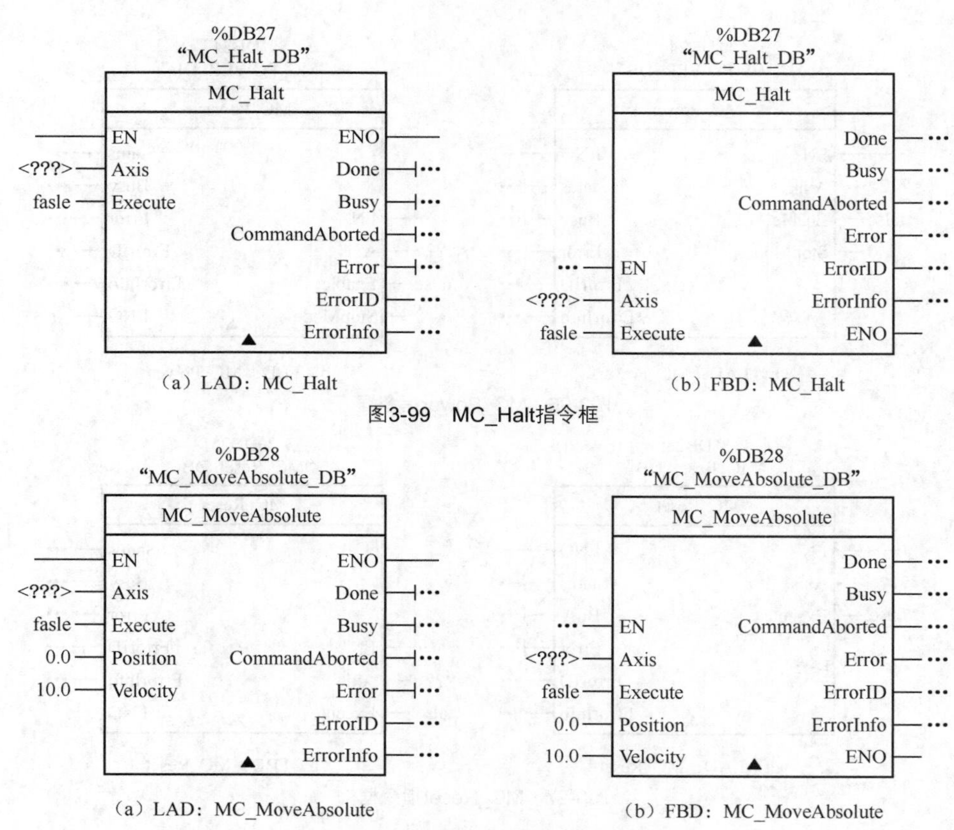

（a）LAD：MC_Halt　　（b）FBD：MC_Halt

图3-99　MC_Halt指令框

（a）LAD：MC_MoveAbsolute　　（b）FBD：MC_MoveAbsolute

图3-100　MC_MoveAbsolute指令框

6. MC_MoveRelative 指令

MC_MoveRelative 指令可启动相对于起始位置的定位运动。在 LAD 和 FBD 编辑窗口下拖曳“MC_MoveRelative”对应的图标至程序网络中，即可得到图 3-101 所示的指令框。

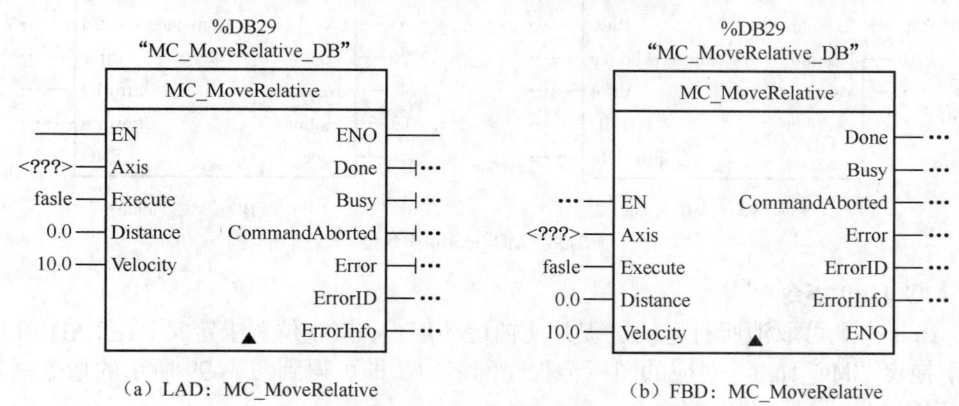

（a）LAD：MC_MoveRelative　　（b）FBD：MC_MoveRelative

图3-101　MC_MoveRelative指令框

7. MC_MoveVelocity 指令

MC_MoveVelocity 指令可使轴以指定的速度平动。在 LAD 和 FBD 编辑窗口下拖曳“MC_MoveVelocity”对应的图标至程序网络中，即可得到图 3-102 所示的指令框。

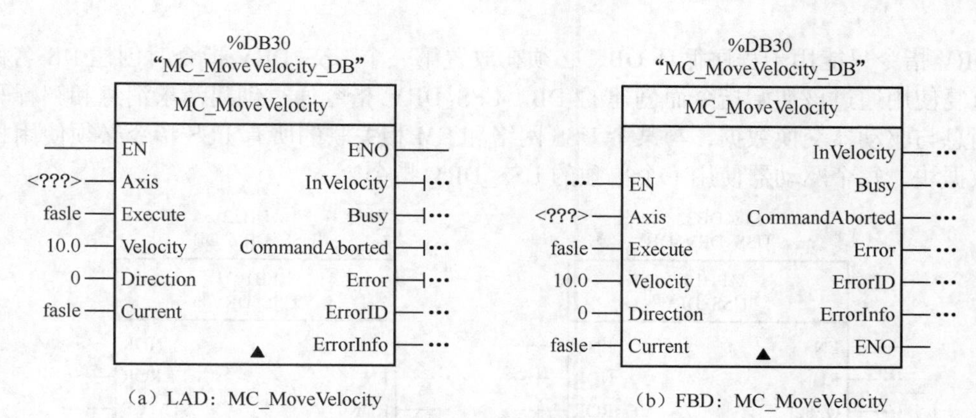

(a) LAD：MC_MoveVelocity　　(b) FBD：MC_MoveVelocity

图3-102　MC_MoveVelocity指令框

8. MC_MoveJog 指令

MC_MoveJog 指令可执行用于测试和启动目的地的点动模式。在 LAD 和 FBD 编辑窗口下拖曳"MC_MoveJog"对应的图标至程序网络中，即可得到图 3-103 所示的指令框。

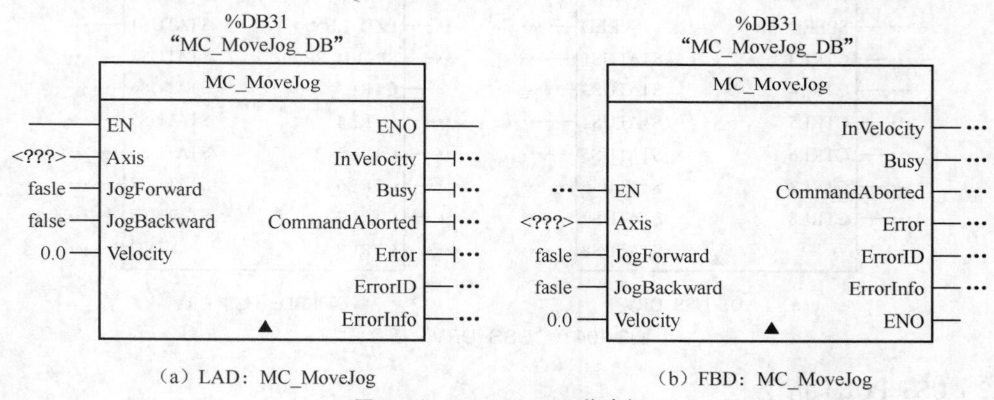

(a) LAD：MC_MoveJog　　(b) FBD：MC_MoveJog

图3-103　MC_MoveJog指令框

3.12.5 全局库指令

打开程序编辑器以后，单击最右边的"Libraries"（库）选项卡，再展开 Global libraries 文件夹，即可见到全局库指令。

1. USS 指令库

打开"全局库"（Global libraries）下的 USS 子文件夹，显示 USS_DRV[1.0]、USS_PORT[1.0]、USS_RPM[1.0]、USS_WPM[1.0]等指令的入口图标。USS 库支持 USS 协议，并提供了专门用于通过 CM 模块的 RS-485 端口与驱动器进行通信的功能，可使用 USS 库控制物理驱动器和读/写驱动器参数，每个 RS-485CM 最多可支持 16 个驱动器。

（1）USS_DRV 指令

在 LAD 和 FBD 编辑窗口下拖曳"USS_DRV"对应的图标至程序网络中，即可得到图 3-104 所示的指令框。

USS_DRV 指令用于访问 USS 网络中指定的驱动器，USS_DRV 指令的输入和输出参数代表驱动器的状态和控制。如果网络上有 16 个驱动器，则用户程序必须至少具有 16 个 USS_DRV 指令，每个驱动器一个指令。应确保 CPU 以控制驱动器功能所需的速率执行 USS_DRV 指令。

USS_DRV 指令只能用于程序循环 OB，必须在放置第一个 USS_DRV 指令时创建 DB 名称，然后可重复使用通过该初始指令而创建的 DB。USS_DRV 指令通过创建请求消息和解释驱动器响应消息与驱动器交换数据，与某个 USS 网络和 CM 相关联的所有 USS 指令必须使用相同的背景数据块。每个驱动器使用一个单独的 USS_DRV 指令。

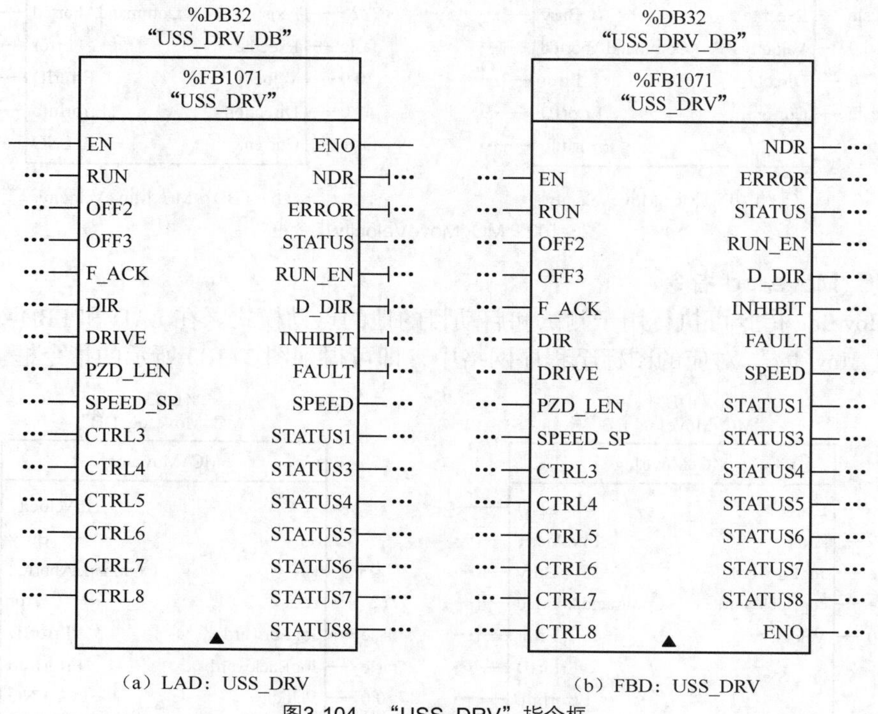

（a）LAD：USS_DRV （b）FBD：USS_DRV

图3-104 "USS_DRV"指令框

（2）USS_PORT 指令

在 LAD 和 FBD 编辑窗口下拖曳"USS_PORT"对应的图标至程序网络中，即可得到图 3-105 所示的指令框。USS_PORT 指令处理 CPU 和连接到同一个 CM 的所有驱动器之间的实际通信，请在应用程序中分别为每个 CM 插入一个不同的 USS_PORT 指令。应确保用户程序以足够快的速度执行 USS_PORT 指令，以防止与驱动器通信超时。USS_PORT 指令用于程序循环 OB 或任何中断 OB；用于处理 USS 网络上的通信，通常每个 CM 只使用一个 USS_PORT 指令；用于处理与单个驱动器之间的通信，在延时中断 OB 中执行 USS_PORT 以防止驱动器超时，并使 USS_DRV 调用最新的 USS 更新数据。

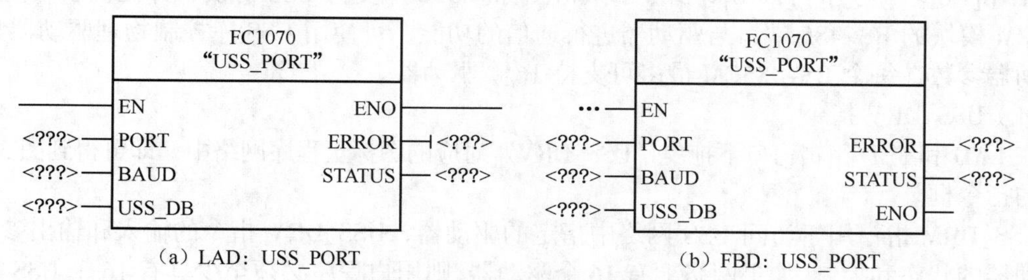

（a）LAD：USS_PORT （b）FBD：USS_PORT

图3-105 USS_PORT指令框

（3）USS_RPM 和 USS_WPM 指令

在 LAD 和 FBD 编辑窗口下拖曳“USS_RPM”对应的图标至程序网络中，即可得到图 3-106 所示的指令框。

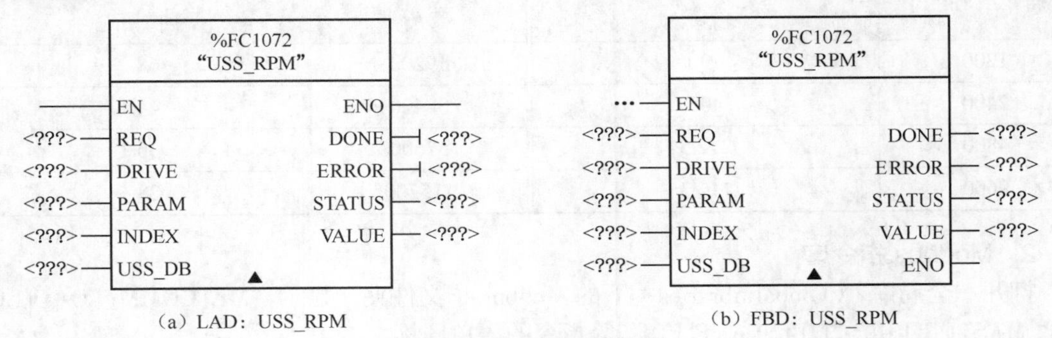

图3-106 USS_RPM指令框

在 LAD 和 FBD 编辑窗口下拖曳“USS_WPM”对应的图标至程序网络中，即可得到图 3-107 所示的指令框。

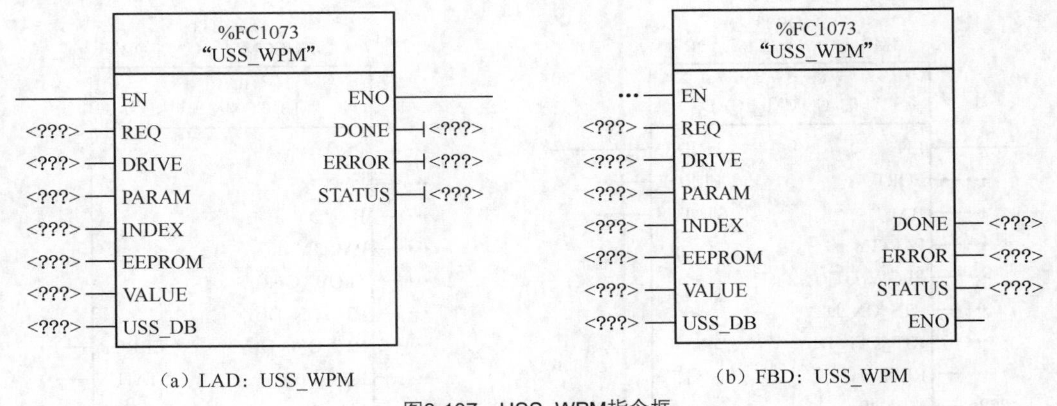

图3-107 USS_WPM指令框

USS_RPM 和 USS_WPM 指令用于从远程驱动器读取和写入（修改）工作参数，这些参数控制驱动器的内部运行，关于这些参数的定义，可参见驱动器手册。用户程序可根据需要包含任意数量的此类指令，但在特定时刻，每个驱动器只能激活一个读取或写入（修改）请求，USS_RPM 和 USS_WPM 指令只能用于程序循环 OB。

对于与各个 CM 模块相连接的 USS 网络，背景数据块包含用于该网络中所有驱动器的临时存储区和缓冲区，驱动器的 USS 指令通过背景数据块来共享信息。参数“EEPROM”用于控制将数据写入 EEPROM 中，要延长 EEPROM 的使用寿命，请使用参数“EEPROM”将 EEPROM 写操作的次数降到最低。

（4）计算与驱动器通信所需的时间

与驱动器进行的通信与 CPU 扫描不同步，在完成一个驱动器通信事务之前，CPU 通常完成了多次扫描。USS_PORT 间隔是一个驱动器事务所需的时间，表 3-91 列出了各个比特率对应的最小 USS_PORT 间隔。USS_PORT 指令间隔频繁地调用 USS_PORT 功能，并不会增加事务数。如果通信错误导致尝试 3 次才能完成事务，则驱动器超时间隔是处理该事务可能花费的时间。在默认情况下，USS 协议库对每个事务最多自动进行两次重试。

表 3-91　各个比特率对应的最小 USS_PORT 间隔

比特率/（bit/s）	计算的最小 USS_PORT 调用间隔/ms	比特率/（bit/s）	计算的最小 USS_PORT 调用间隔/ms
1200	790	19200	68.2
2400	405	38400	44.1
4800	212.5	57600	36.1
9600	116.3	115200	28.1

2. Modbus 指令库

打开"全局库"（Global libraries）下的 Modbus 子文件夹，显示"MB_COMM_LOAD[1.0]""MB_MASTER[1.0]""MB_SLAVE[1.0]"等指令的入口图标。

（1）MB_COMM_LOAD 指令

在 LAD 和 FBD 编辑窗口下拖曳"MB_COMM_LOAD"对应的图标至程序网络中，即可得到图 3-108 所示的指令框。

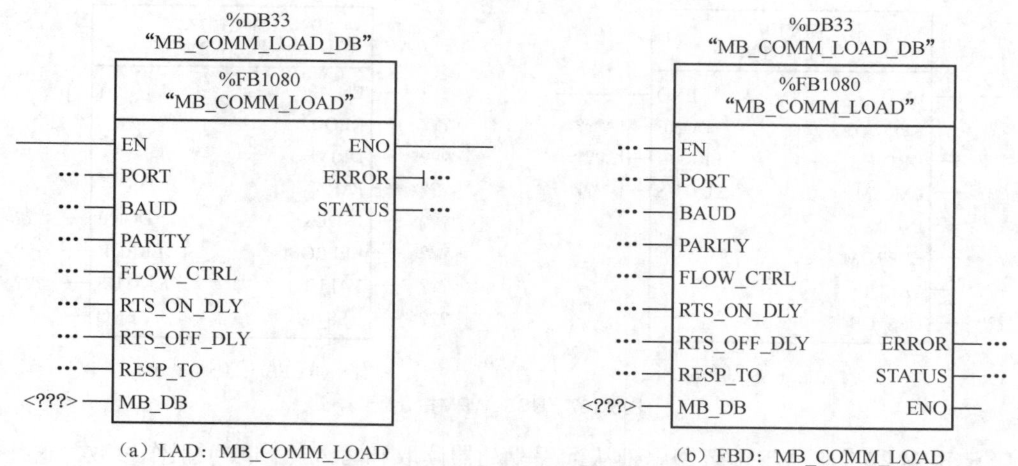

（a）LAD：MB_COMM_LOAD　（b）FBD：MB_COMM_LOAD

图3-108　MB_COMM_LOAD指令框

MB_COMM_LOAD 指令用于组态 CM 模块上的端口，以进行 Modbus RTU 协议通信，可以使用 RS-232 或 RS-485CM 模块。用户程序必须先执行 MB_COMM_LOAD 指令来组态端口，之后 MB_SLAVE 或 MB_MASTER 指令才能与该端口进行通信。

（2）MB_MASTER 指令

在 LAD 和 FBD 编辑窗口下拖曳"MB_MASTER"对应的图标至程序网络中，即可得到图 3-109 所示的指令框。

MB_MASTER 指令允许用户程序作为 Modbus 主站使用点对点 RS-485 或 RS-232 模块上的端口进行通信，可访问一个或多个 Modbus 从站设备中的数据。插入 MB_MASTER 指令可创建背景数据块（DB），使用此 DB 名称作为 MB_COMM_LOAD 指令中的 MB_DB 参数。从同一个 OB（或 OB 优先等级）执行指定端口的所有 MB_MASTER 指令。用户在程序中放置 MB_MASTER 指令时将分配背景数据块，指定 MB_MASTER 指令中的 MB_DB 参数时会用到该

MB_SLAVE 背景数据块名称。

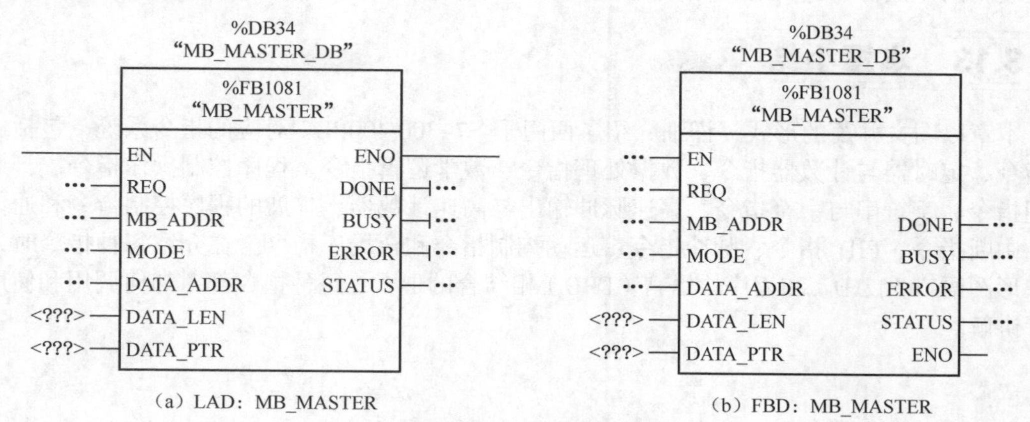

图3-109 MB_MASTER指令框

(3) MB_SLAVE 指令

在 LAD 和 FBD 编辑窗口下拖曳“MB_SLAVE”对应的图标至程序网络中，即可得到图 3-110 所示的指令框。

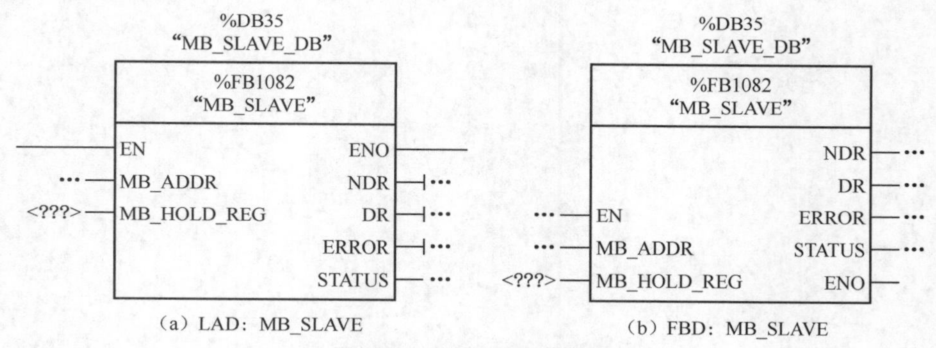

图3-110 MB_SLAVE指令框

MB_SLAVE 指令允许用户程序作为 Modbus 从站使用点对点 RS-485 或 RS-232 模块上的端口进行通信，Modbus RTU 主站可以发出请求，然后程序通过执行 MB_SLAVE 指令来响应。插入 MB_SLAVE 指令可创建背景数据块，使用此 DB 名称作为 MB_COMM_LOAD 指令中的 MB_DB 参数。用户程序从循环中断 OB 执行所有的 MB_SLAVE 指令。MB_SLAVE 指令支持来自任何 Modbus 主站的广播写入请求，只要该请求是用于访问有效位置的请求即可。不管请求是否有效，MB_SLAVE 指令都不对 Modbus 主站的广播请求作出任何响应。Modbus 指令不使用通信中断事件来控制通信过程，用户程序必须轮询 MB_MASTER 或 MB_SLAVE 指令以了解传送和接收的完成情况。如果某个端口作为从站响应 Modbus 主站，则 MB_MASTER 指令无法使用该端口。对于给定端口，只能使用一个 MB_SLAVE 指令执行实例。同样，如果要将某个端口用于初始化 Modbus 主站的请求，则 MB_SLAVE 指令将不能使用该端口。MB_MASTER 指令执行的一个或多个实例可使用该端口。如果用户程序操作 Modbus 从站，则对 MB_SLAVE 指令的轮询（周期性执行）速度有要求，即必须使该指令能及时响应来自 Modbus 主站的进入请求。如果用户程序操作 Modbus 主站并使用 MB_MASTER 指令向从站发送请求，则用户必须继续轮询（执行 MB_MASTE 指令）直到返回从站的响应。

3.13 本章小结

本章以图文并茂的形式，详细介绍了西门子 S7-300/400PLC 对应的指令系统，包括位逻辑指令、定时器与计数器指令、数据处理指令、数学逻辑指令、程序控制操作指令、日期和时间指令、字符串与字符指令、高速脉冲输出与高速计数器、扩展的程序控制指令和通信指令、中断指令、PID 指令、脉冲指令、运动控制指令和全局库指令。在介绍每种指令时，采用梯形图语言（LAD）和程序块语言（FBD）相结合的形式，每种指令都对如何调用和使用进行了讲解。

提高篇

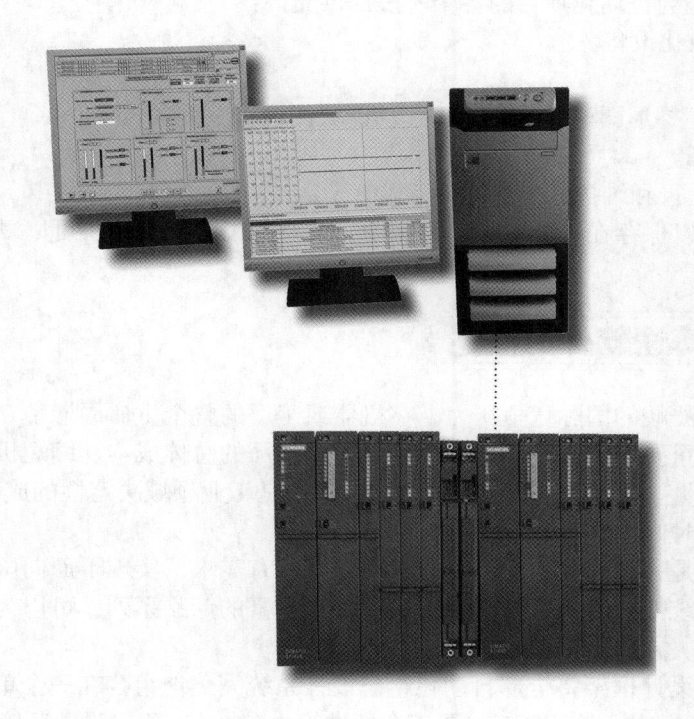

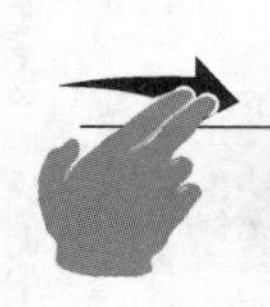

第4章 S7-300/400系列PLC的编程软件

STEP 7 Basic是西门子开发的自动化工程编程软件，它与面向任务的HMI智能组态软件WinCC Basic集成，构成全集成自动化软件TIA Portal，其编辑器可对S7-300/400和HMI精简系列面板进行编程、组态，还为硬件和网络配置、诊断等提供通用的项目组态框架，实现控制器与HMI之间的完美协作。包含STEP 7和WinCC的TIA Portal又称为“博途”，寓意全集成自动化的入口。

STEP 7 Basic操作直观、使用简单，所具有的智能编辑器、拖放功能及“IntelliSense”工具，能高效地进行工程组态，对S7-300/400控制器进行编程和调试。HMI软件WinCC Basic则可对基于PROFINET的HMI精简系列面板进行高效组态。

STEP 7 Basic能为自动化项目的各个阶段提供支持：

① 组态和参数化设备。

② 指定的通信。

③ 运用LAD（梯形图语言）和FBD（功能块图语言）编程。

④ 可视化组态。

⑤ 测试、试运行和维护。

常用的命令可以保存在一个收藏夹列表中，所有的工程组态模块可以复制并添加到其他S7-300/400项目中。

4.1 TIA博途软件的概述

为了应对日益严峻的国际竞争压力，在机器或工厂的整个生命周期中，充分优化设备潜力具有前所未有的重要性。进行设备优化可以降低工厂的总体成本、缩短机器上市时间，并进一步提高产品质量。质量、时间和成本之间的平衡是工业领域决定性的成功因素，这一点，表现得比以往任何时候都要突出。

全集成自动化是一种优化系统，符合自动化的所有需求，实现了面向国际标准和第三方系统的开放。其系统架构具备优异的完整性，基于丰富的产品系列，可以为每一种自动化子领域提供整体的解决方案。

TIA 博途组态设计框架将全部自动化组态设计系统完美地组合在一个单一的开发环境之中。这是软件开发领域的一个里程碑，是工业领域第一个带有“组态设计环境”的自动化软件。

TIA Portal是一个集成有控制器、HMI和驱动装置的工程组态平台，凭借TIA Portal，西门子翻开了工程组态平台的新篇章，提供各种完美的自动化解决方案，涵盖全球各个行业和各个领域。

西门子新的自动化设备都要集成到TIA博途工程设计软件平台中，该设计为控制器、HMI和驱动产品在整个项目中共享数据存储和自动保持数据一致性提供了标准操作的概念，同时提供了涵盖所有自动化对象的强大的库。新版TIA博途V13不仅具有更强的性能，还涵盖了自动系统诊断功能、集成故障安全功能，强大的Profinet通信，集成工业信息安全和优化的编程语言。编辑器以任务为导向且操作直观，使新软件产品易学易用。此外，产品对快速编程、调试、维修具有很强的性能。产品在设计过程中特别重视对目前项目和软件的再利用和兼容性。例如，从S7-300/400转向S7-1500项目可以重复利用，S7-1200的程序可以通过复制的功能将程序转换到S7-1500。

TIA的优点：

（1）TIA支持全符号编程，可以自由选择语言，而且CPU优化了数据存储，不再有偏移地址，还增加了本地常量的概念，可以用Slice直接访问字或双字的某一个位。

（2）TIA添加Trace功能，可以立即记录或者变量触发状态监视，监控PLC的变量，监控的结果支持导出/导入功能，还可以导出BMP位图进行讨论分析。

（3）TIA变量监控表支持拖曳功能，免去了STEP7 V5.X版本的打字输入监控的麻烦，而且还可以在变量监控表上进行注释。

（4）TIA支持PID的自整定功能，有预整定和精细整定。

（5）TIA支持128位的程序加密，以及存储卡或PLC的绑定功能，增加外部Web的访问。

（6）TIA V13支持项目的软件和硬件上传，比TIA V12有进步。此外，TIA V13还支持快速IP地址分配，免得人工一个一个去设定多项目的IP地址。

（7）TIA V13为了适应我们目前的宽屏电脑，右侧显示设备视图和网络视图，体现了人性化的设计。

（8）TIA V13的仿真器新做的紧凑窗口类似小窗口的设计，方便仿真时查看程序和仿真器的状态；此外仿真表还新增了顺序表触发PLC变量的功能，更方便地完成仿真设备的工艺流程，可以预先设置好，仿真一气呵成。新的仿真器支持PLC与PLC之间的仿真，以及PLC和HMI之间的仿真。

（9）TIA V13还支持代理设备功能，更加方便地对STEP7 V5.X版本的项目进行TIA移植转换。

（10）TIA V13还支持带错误保存的功能，这个是STEP7 V5.X版本做不到的。

TIA的缺点：

（1）TIA的运行程序大，会占用更多的硬盘空间和物理内存，安装耗时较长，建议各位工程师更换SSD固态硬盘。

（2）TIA V13安装软件大小：STEP7为4.6GB，WinCC为7.8GB，Start Driver为917MB，PLCSIM为2.3GB。

（3）TIA V13占用硬盘空间：STEP7为4.9GB，WinCC为1.0GB。

（4）TIA的移植还是存在一些问题，移植整个项目的时候，建议把项目分开，一部分一部分地移植，比如FC的移植一批，FB的移植一批。

（5）TIA WinCC目前不支持WinCC Flexible SP4的移植转换，如果移植需先用WF SP4另存为SP3或SP2，再进行移植转换。

（6）TIA WinCC目前不支持WinCC 6.X和WinCC 7.X等。

4.2 TIA 博途软件的组成

4.2.1 TIA 博途 STEP 7 Basic

STEP 7 Basic 操作直观、使用简单，所具有的智能编辑器、拖放功能及“IntelliSense”工具，能高效地进行工程组态，对控制器进行编程和调试。HMI 软件 WinCC Basic 则可对基于PROFINET的HMI精简系列面板进行高效组态：KTP 400 Basic mono PN、KTP 600 Basic mono PN和 KTP 600 Basic color PN、KTP 1000 Basic color PN、TP1500 Basic color PN，另外，KTP 400和 KTP 600 还能被组态于垂直安装。

STEP 7 Basic V10. 5 软件具有 7 大亮点：

（1）库的应用使重复使用项目单元变得非常容易。

（2）在集成的项目框架（PLC、HMI）中，编辑器之间可以进行智能拖曳。

（3）具有共同的数据存储和同一符号（单一的入口点）。

（4）任务入口视图能让初学者和维修人员快速入门。

（5）设备和网络可在一个编辑器中进行清晰的图形化配置。

（6）所有的视图和编辑器都有清晰、直观的友好界面。

（7）高性能程序编辑器创造高效率工程。

用户可以在两种不同的视图中选择一种最适合的视图。

（1）在门户视图中，可以概览自动化项目的所有任务。初学者可以借助面向任务的用户指南，以及最适合其自动化任务的编辑器来进行工程组态。

（2）在项目视图中，整个项目（包括 PLC 和 HMI 设备）按多层结构显示在项目树中。

可以使用拖放功能为硬件分配图标、组态连接设备的通信网络，可以在同一个工程组态软件框架下同时使用 HMI 和 PLC 编辑器。

图形编辑器保证了对设备和网络快速直观地进行组态，使用线条连接单个设备就可以完成对通信连接的组态。在线模式下，图形编辑器可以提供故障诊断信息。

该软件采用了面向任务的理念，所有的编辑器都嵌入一个通用框架中。用户可以同时打开多个编辑器，只需轻轻单击鼠标，便可以在编辑器之间进行切换。

该软件能自动保持数据的一致性，可确保项目的高质量，经其修改的应用数据在整个项目中自动更新。交叉引用的设计保证了变量在项目的各个部分及各种设备中的一致性，因此可以统一进行更新。系统自动生成图标并分配给对应的 I/O。数据只需输入一次，无须进行额外的地址和数据操作，从而降低了发生错误的风险。

通过本地库和全局库，用户可以保存各种工程组态的元素，如块、变量、报警、HMI 的画面、各个模块和整个站，这些元素可以在同一个项目或者不同项目中重复使用。借助全局库，可以在单独组态的系统之间进行数据交换。常用的命令可以保存在一个收藏夹列表中，所有的工程组态模块可以复制并添加到其他项目。

4.2.2 TIA 博途 WinCC

WinCC 是运行于 Microsoft Windows NT 和 Windows 2000 的一种高效 HMI 系统。HMI 是 Human Machine Interface（人机界面）的缩写，即人（操作员）和机器（过程）之间的界面。自动化过程（AS）保持对过程的实际控制。一方面，影响 WinCC 和操作员之间的通信；另一方面，影响 WinCC 和自动化系统之间的通信。WinCC 与 PLC 之间的关系如图 4-1 所示。

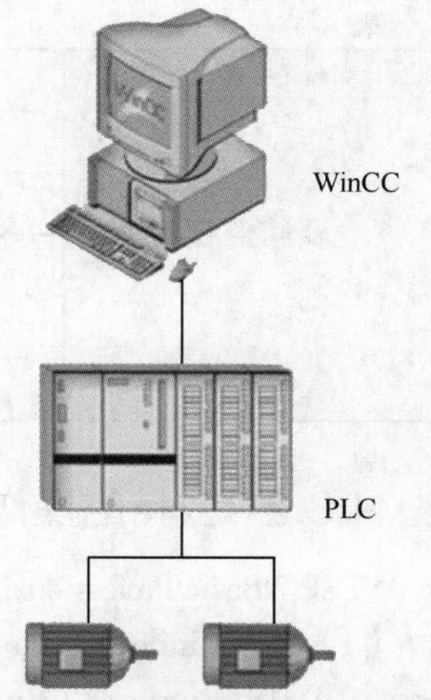

图4-1　WinCC与PLC之间的关系

WinCC 用于实现过程的可视化，并为操作员开发图形用户界面。

（1）WinCC 允许操作员对过程进行观察。过程以图形化的方式显示在屏幕上。每次过程中的状态发生改变，都会更新显示。

（2）WinCC 允许操作员控制过程。例如，操作员可以从图形用户界面预先定义设定值或打开阀。

（3）一旦出现临界过程状态，将自动发出报警信号。例如，如果超出了预定义的限制值，屏幕上将显示一条消息。

在使用 WinCC 进行工作时，既可以打印过程值，也可以对过程值进行电子归档。这使过程的文档编制更加容易，并允许以后访问过去的生产数据。

1. WinCC 的特征

可以将 WinCC 最优地集成到用户的自动化和 IT 解决方案中。

（1）作为 Siemens TIA 概念（全集成自动化）的一部分，WinCC 可与属于 SIMATIC 产品家族的自动化系统十分协调地进行工作。同时，也支持其他厂商生产的自动化系统。

（2）通过标准化接口，WinCC 数据可与其他 IT 解决方案进行交换，例如与 MES 和 ERP 层次应用程序（SAP 系统）或 Microsoft Excel 等程序。

（3）开放的 WinCC 编程接口允许用户连接自己的程序，从而能够控制过程和过程数据。

（4）可以优化定制 WinCC，以满足过程的需要。支持大范围的组态可能性，从单用户系统和客户机-服务器系统一直到具有多台服务器的冗余分布式系统。

（5）WinCC 组态可随时修改，即使组态完成以后也可修改。这不妨碍已存在的项目。

（6）WinCC 是一种与 Internet 兼容的 HMI 系统，这种系统容易实现基于 Web 的客户机解决方案以及瘦客户机解决方案。

2. WinCC 的基本系统

WinCC 的基本系统由图形系统、报警记录、归档系统、记录系统、通信和用户管理系统组成。

WinCC 的基本系统由组态软件（CS）和运行系统软件（RT）组成。

① 可使用组态软件来创建项目。

② 运行系统软件则用于进行处理时执行项目。这样，项目就处于“运行期”。

4.3　TIA 博途软件的安装要求及步骤

4.3.1　硬件要求

TIA 博途软件要求系统是纯净版的最好，如 Windows 7 旗舰版、Windows 10 企业版或者专业版都可以，然后下载好博途压缩包，包括各个组件（STEP 7、PLCSIM、WinCC），有的也可能是 ISO 镜像文件；还有授权工具（Sim_EKB_Install_2017_12_24_TIA13）。如果是压缩包，就直接解压，镜像文件就直接装载。TIA 博途软件安装完成后再安装杀毒安全软件。

安装 STEP 7 Basic / Professional V13 的计算机必须至少满足表 4-1 所示的硬件要求。

表 4-1 TIA 博途软件对计算机的硬件要求

硬件要求	CPU 处理器	CoreTM i5-3320M 3.3 GHz
	内存	8GB 或更大
	硬盘	300 GB SSD
	图形分辨率	最小 1920 像素×1080 像素
	显示器	15.6 英寸宽屏显示（1920 像素×1080 像素）
	光驱	DL MULTISTANDARD DVD RW

4.3.2 支持的操作系统

STEP 7 Basic/Professional V13 可以安装于以下操作系统中（Windows 7 操作系统，32 位或 64 位）。

（1）MS Windows 7 Home Premium SP1（仅针对 STEP 7 Basic）。

（2）MS Windows 7 Professional SP1。

（3）MS Windows 7 Enterprise SP1。

（4）MS Windows 7 Ultimate SP1。

（5）Microsoft Windows 8.1（仅针对 STEP 7 Basic）。

（6）Microsoft Windows 8.1 Pro。

（7）Microsoft Windows 8.1 Enterprise。

（8）Microsoft Server 2012 R2 Standard。

（9）MS Windows 2008 Server R2 Standard Edition SP2（仅针对 STEP 7 Professional）。

注意：Windows 7 安装时，进入操作系统的用户请选择 administrator，安装时需关闭杀毒软件、防火墙软件、防木马软件、优化软件等，只要不是系统自带的软件都要退出。

4.3.3 兼容性

1. 与 STEP 7 V5.4 和 V5.5 项目的兼容性

在 STEP 7 V12 中使用"项目→项目移植"功能，可以将 STEP 7 V5.5 和 STEP 7 Professional 2010 创建的项目移植到 STEP 7 V13。配置中包含 WinCC 或者 WinCC Flexible 的 STEP 7 项目也可以移植到 TIA Portal V13，其中包含 WinCC Flexible 部分。由 WinCC V7.0+SP2 或者更低版本创建的配置目前不能移植，计算机中必须安装下面的组件：

STEP 7 V5.4+SP5 或者 STEP 7 V5.5，WinCC V7.0+SP2 或更高版本或者 WinCC Flexible 2008+SP2，注意不能移植 WinCC V7.0+SP1 或者更低版本。

2. 其他产品兼容性（Compatibility with other products）

可以参考 STEP 7（TIA Portal）的 Readme 下的"一般信息"进行"操作"。

安装 Deltalogic 注意事项：如果电脑上装有 Deltalogic 的软件，在线连接时可能会报错。这时可以检查任务管理器里的"s7oiehsx64"服务（SIMATIC IEPG Help Service）是否在执行。

补救措施：在任务管理器和"服务"注册表中右键单击"s7oiehsx64"服务，在弹出的快捷菜单中选择关闭并重启服务器命令。

安装 Matrox PowerDesk 注意事项：如果电脑上装了 Matrox PowerDesk 桌面管理软件，有可能导致 TIA Portal 软件启动失效。

补救措施：为了防止该现象发生，需要禁止屏幕输出。

3. 其他的 SIMATIC HMI 产品的兼容性

可以和 STEP 7（TIA Portal）V13 同时安装的 SIMATIC HMI 产品如下：

WinCC flexible（从 2008+SP2，SP3 版本开始）和 WinCC（从 V7.0+SP2，SP3 和 V7.2 版本开始）。

安装 WinCC and WinCC Flexible 的注意事项：

（1）WinCC Flexible 和 WinCC（TIA 博途）可以同时安装在一台电脑上。

（2）WinCC 和 WinCC（TIA 博途）不能同时安装在一台电脑上。

TIA 博途软件安装（1）

4.3.4　安装步骤

TIA 博途软件安装的操作步骤如下。

（1）单击并打开 STEP 7_Professional_V13（sp1）界面，单击目录中的 Start.exe 开始安装，如图 4-2 所示。

（2）弹出一个重新启动计算机的提示对话框（如果没有跳出来，则按步骤继续安装），单击“否”按钮，如图 4-3 所示。

图4-2　TIA博途软件安装步骤1

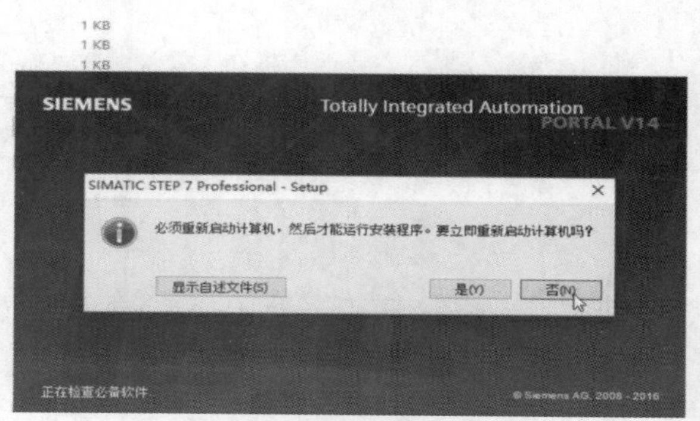

图4-3　TIA博途软件安装步骤2

（3）鼠标右键单击电脑任务栏左下角“开始”图标，在弹出的菜单中单击“运行”命令，在“打开”文本框中输入 regedit，如图 4-4 所示，单击“确定”按钮，进入注册表编辑器；或者按快捷键 Windows+R，在“打开”文本框中输入 regedit。

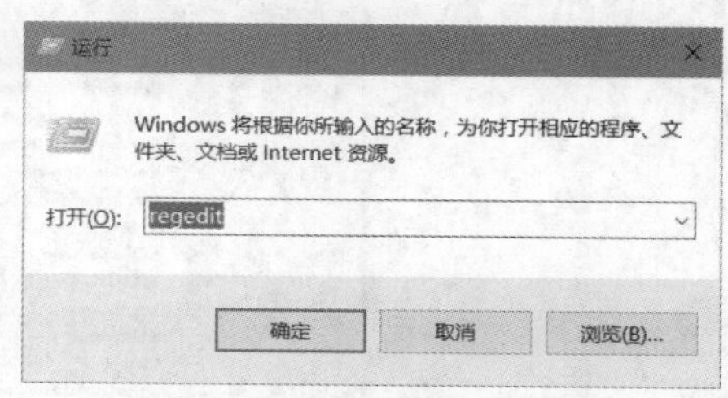

图4-4　TIA博途软件安装步骤3

（4）按照 HKEY_LOCAL_MACHINE\SYSTEM\ControlSet001\Control\Session Manager 路径找到 Pending FileRename Operations 文件，用鼠标右键单击此文件，通过快捷菜单命令删除它，如图 4-5、图 4-6 所示。

注意：

1）删除后不要再重新启动计算机了，直接安装就可以了。

2）安装过程中还要求重新启动计算机一次，重启计算机后，再提示重新启动计算机时，再次删除注册表中的以上文件，不要重启，继续安装即可。

TIA 博途软件安装（2）

图4-5　TIA博途软件安装步骤4

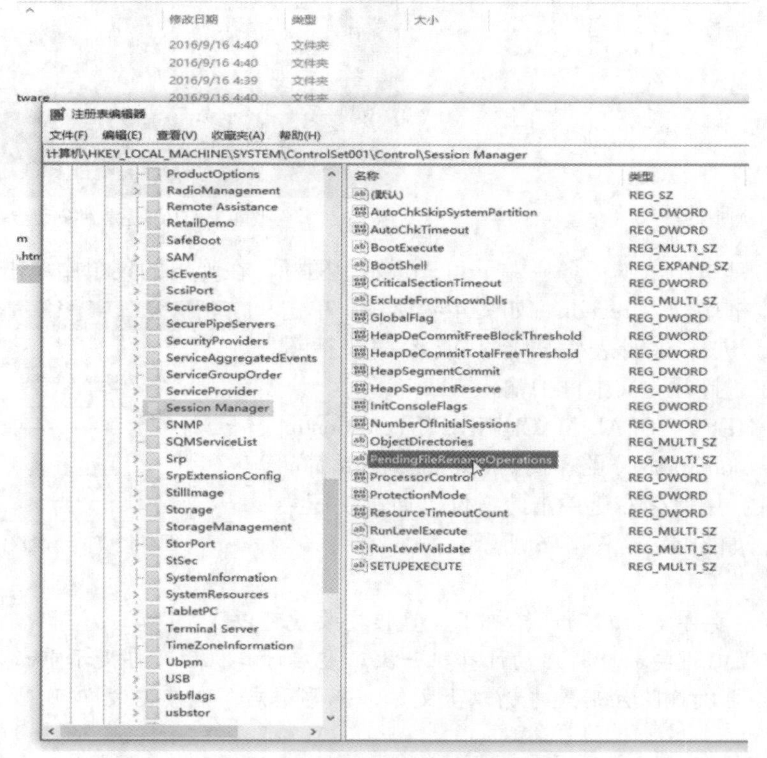

图4-6　TIA博途软件安装步骤5

（5）回到 STEP 7_Professional_V13（sp1）Part1 界面中，单击“Start”按钮重新安装，即可出现图 4-7 所示的界面，单击“下一步”按钮。

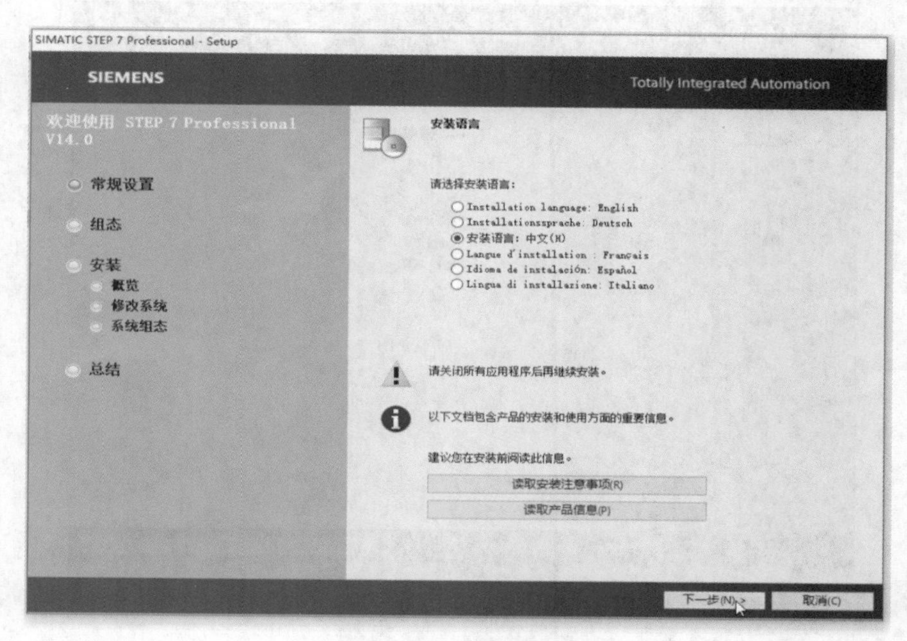

图4-7　TIA博途软件安装步骤6

（6）出现图 4-8 所示的界面，单击“下一步”按钮。

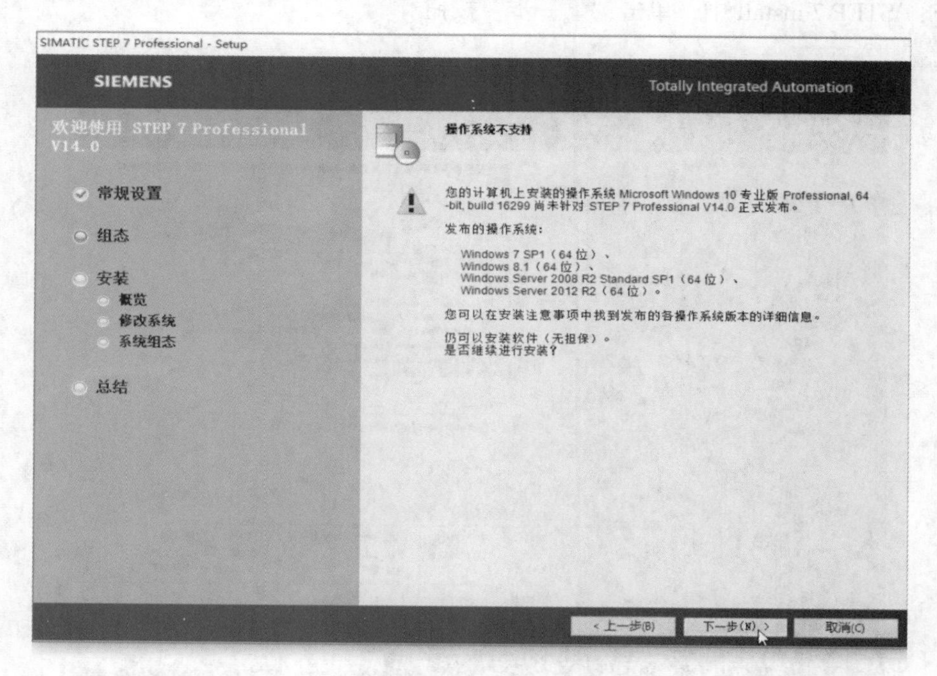

图4-8　TIA博途软件安装步骤7

（7）出现图 4-9 所示的界面，选择应用程序需要安装语言为“中文”，单击“下一步”按钮。

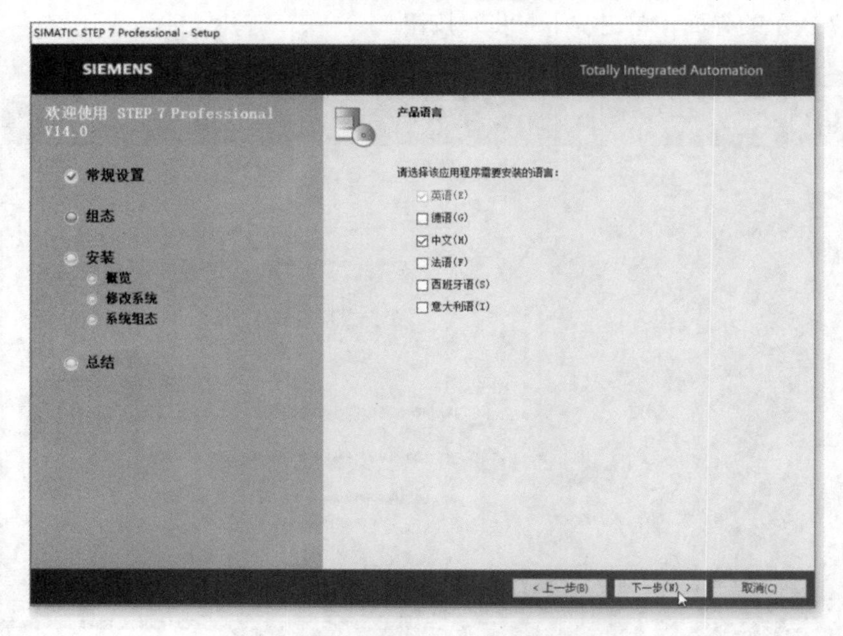

图4-9　TIA博途软件安装步骤8

（8）出现图 4-10 所示的界面，选择典型安装，然后浏览选择想安装的文件地址，可以选择在 F 盘，然后新建一个文件夹，重命名为 STEP 7 install（注意名字中不要带中文），然后再安装在 F：\STEP 7 install 中，单击“下一步”按钮。

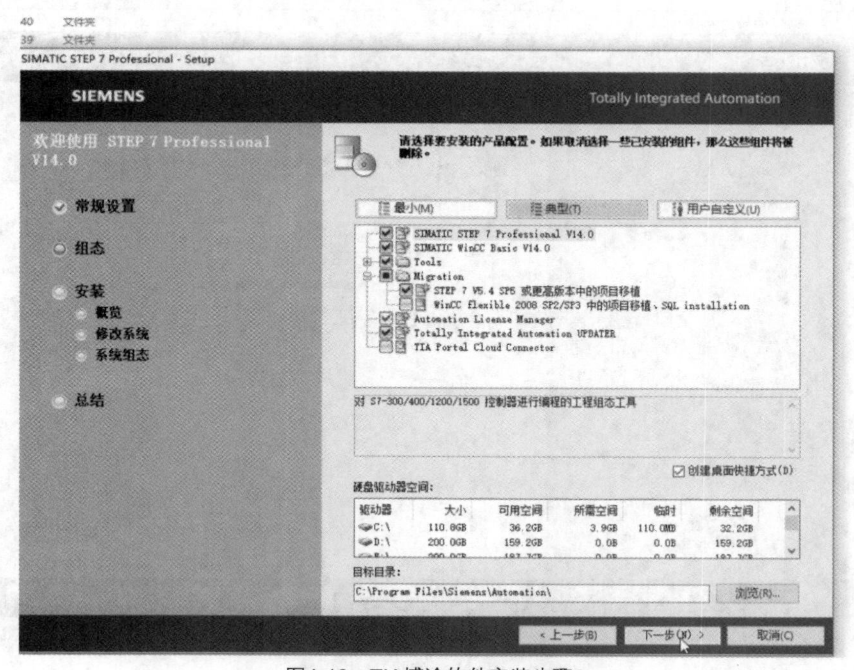

图4-10　TIA博途软件安装步骤9

（9）在图 4-11 所示的界面，单击“下一步”按钮进行安装，会出现图 4-12、图 4-13 所示的界面，等待安装即可。

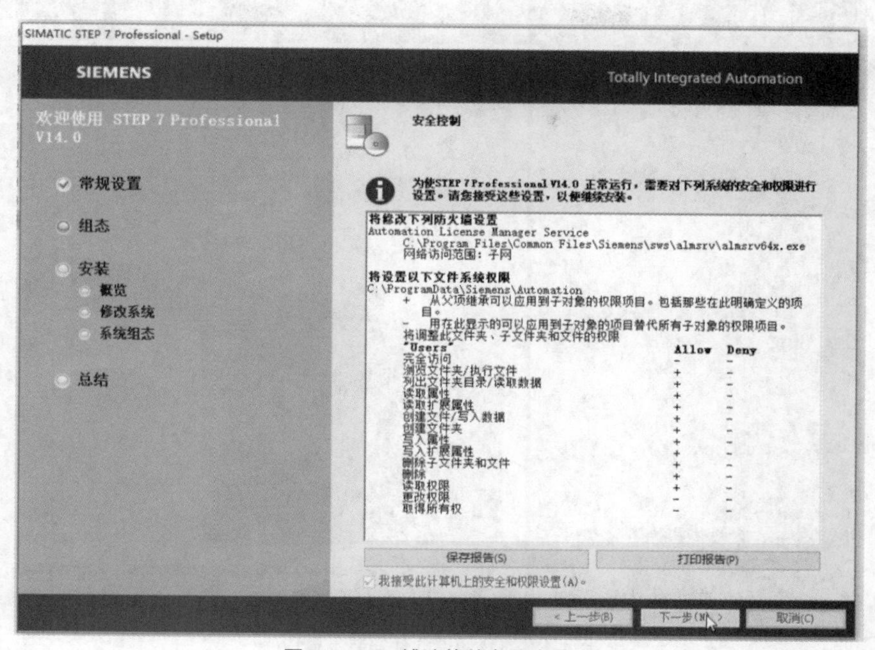

图4-11　TIA博途软件安装步骤10

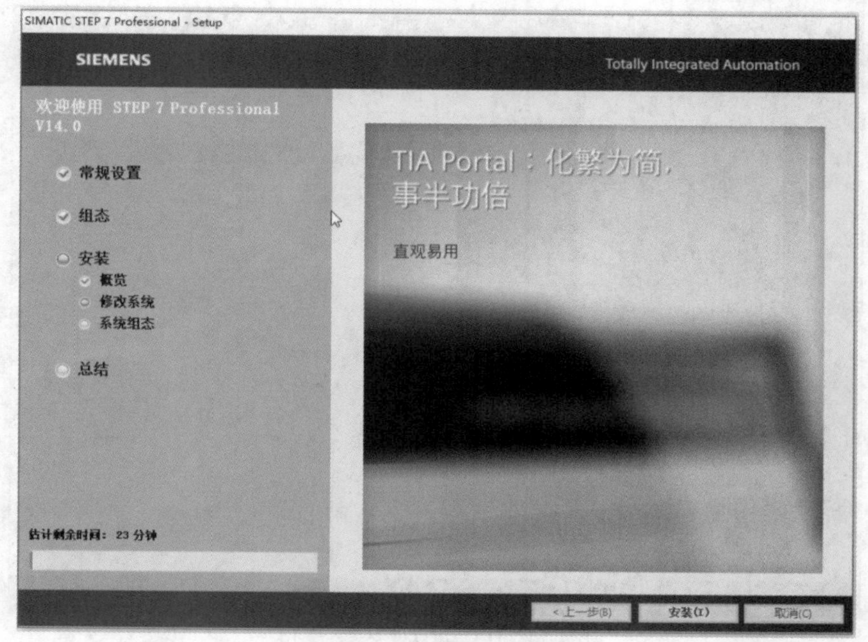

图4-12　TIA博途软件安装步骤11

（10）单击“安装”按钮，安装结束后会出现图 4-14 所示的界面，选择手动许可传送即可。

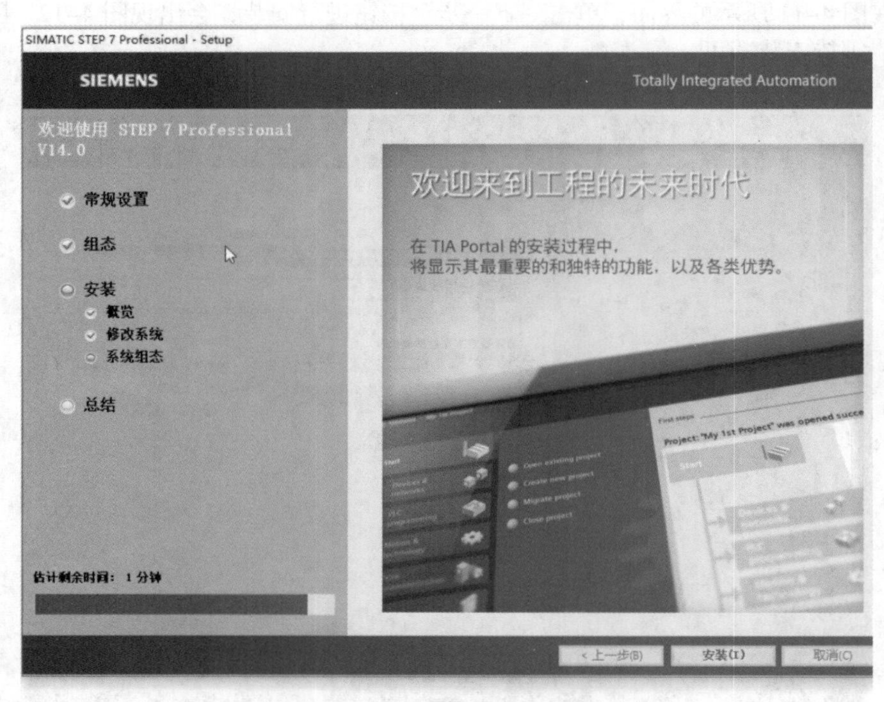

图4-13　TIA博途软件安装步骤12

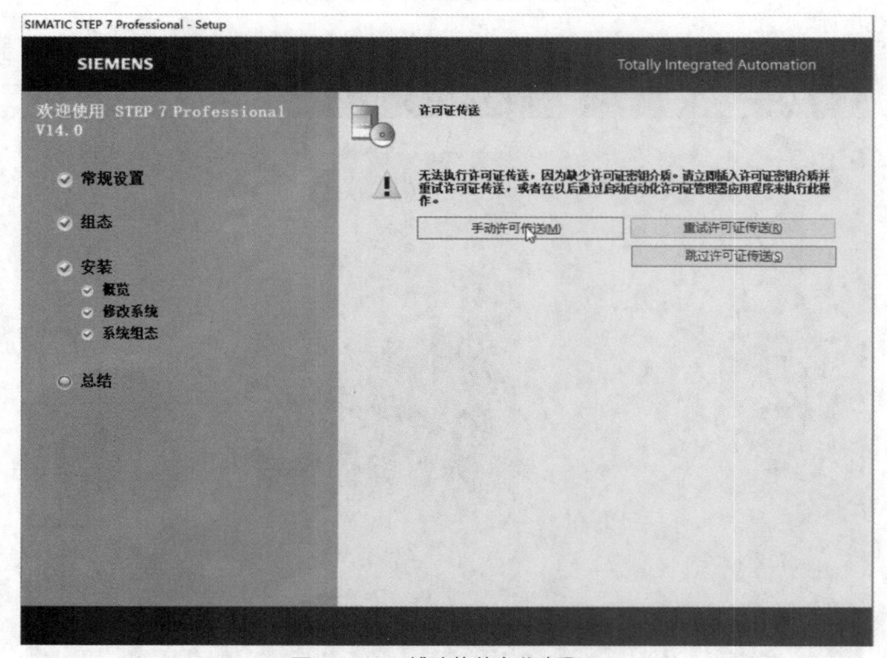

图4-14　TIA博途软件安装步骤13

（11）打开 Automation License Manager 界面后，在授权管理器（Automation License Manager）中添加对应的序列号后，安装完成，即可出现图 4-15 所示的界面。

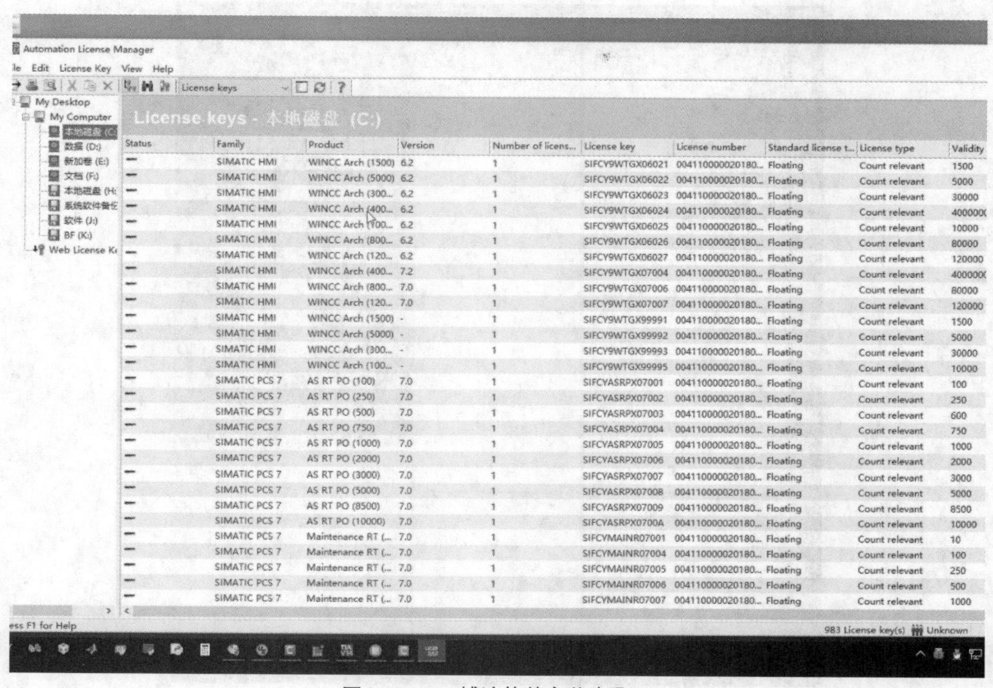

图4-15　TIA博途软件安装步骤14

（12）如图 4-16 所示，以管理员身份运行 TIA Portal V13 即可。图 4-17 至图 4-20 为 TIA Portal V13 软件具体的新建项目的流程。

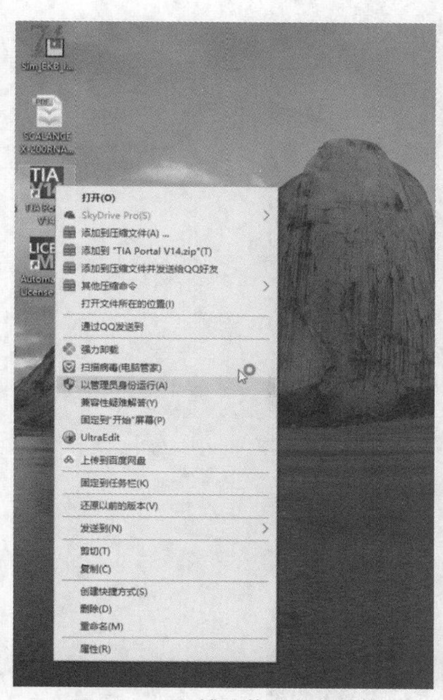

图4-16　TIA博途软件使用步骤1

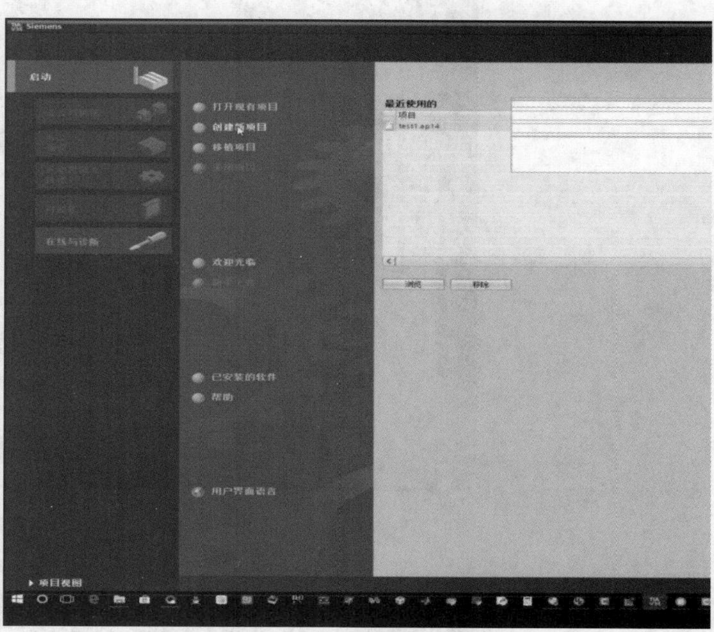

图4-17　TIA博途软件使用步骤2

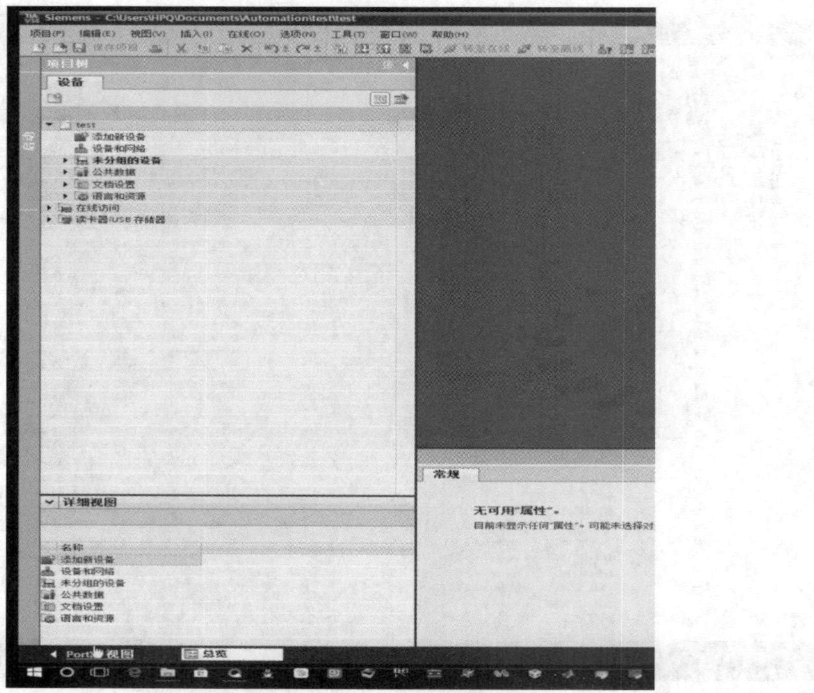

图4-18　TIA博途软件使用步骤3

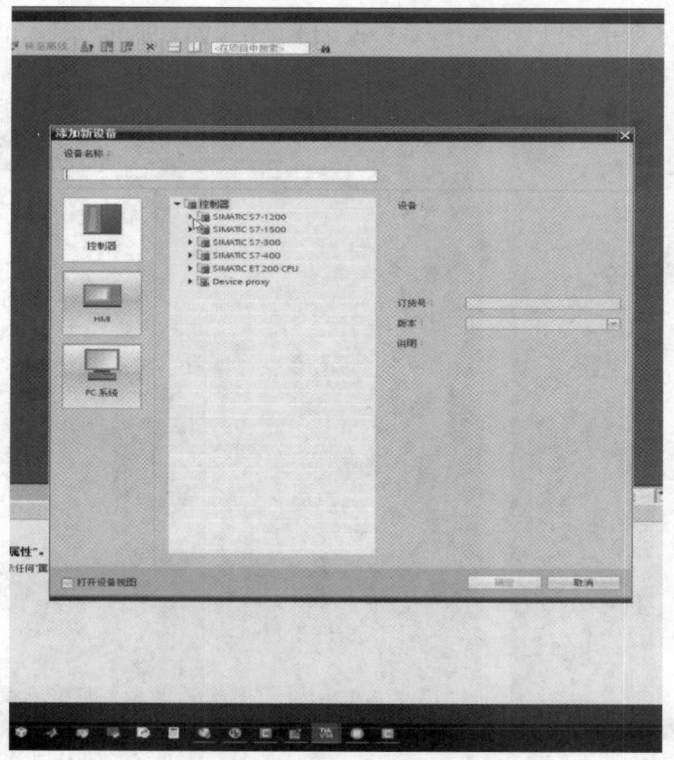

图4-19　TIA博途软件使用步骤4

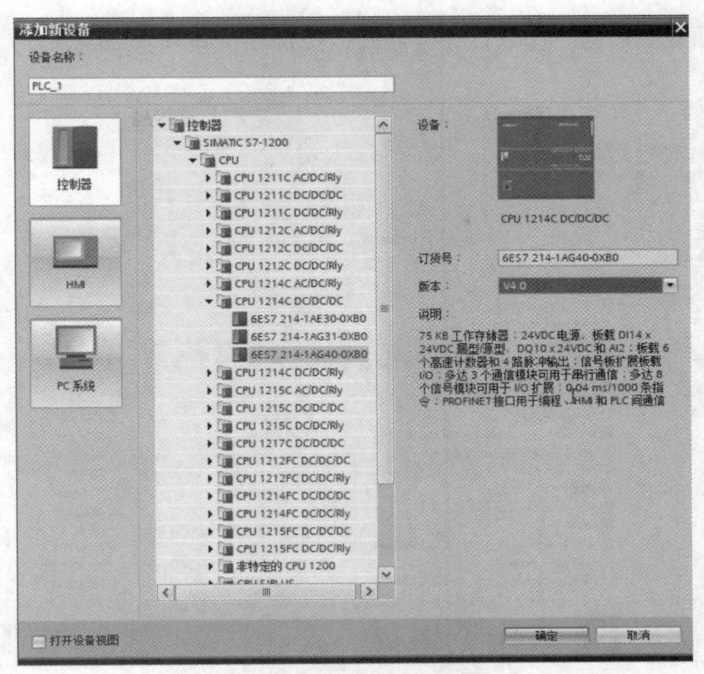

图4-20　TIA博途软件使用步骤5

4.4　TIA 博途软件的卸载

TIA 博途软件可以选择两种方式进行卸载：

1）通过控制面板删除所选组件。

2）使用源安装盘删除产品。

采用“通过控制面板删除所选组件”方式卸载 TIA 博途软件。

TIA 博途软件卸载

（1）在桌面上双击“控制面板”（Start > Settings > Control Panel）图标，打开“控制面板”（Control Panel）界面，如图 4-21 所示。

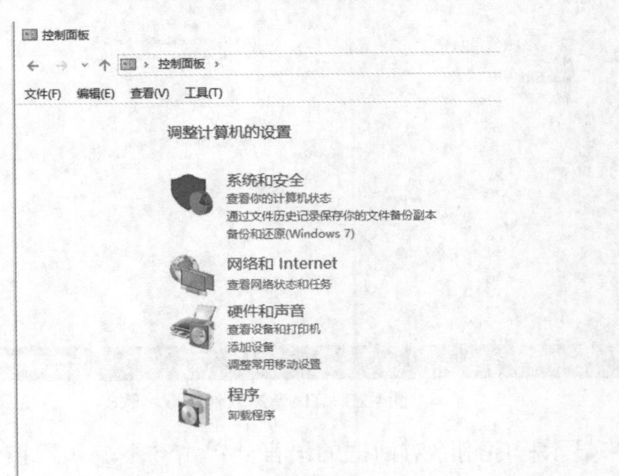

图4-21　TIA博途软件卸载步骤1

（2）在控制面板上单击“卸载程序”链接，将打开“卸载或更改程序”界面，如图 4-22 所示。

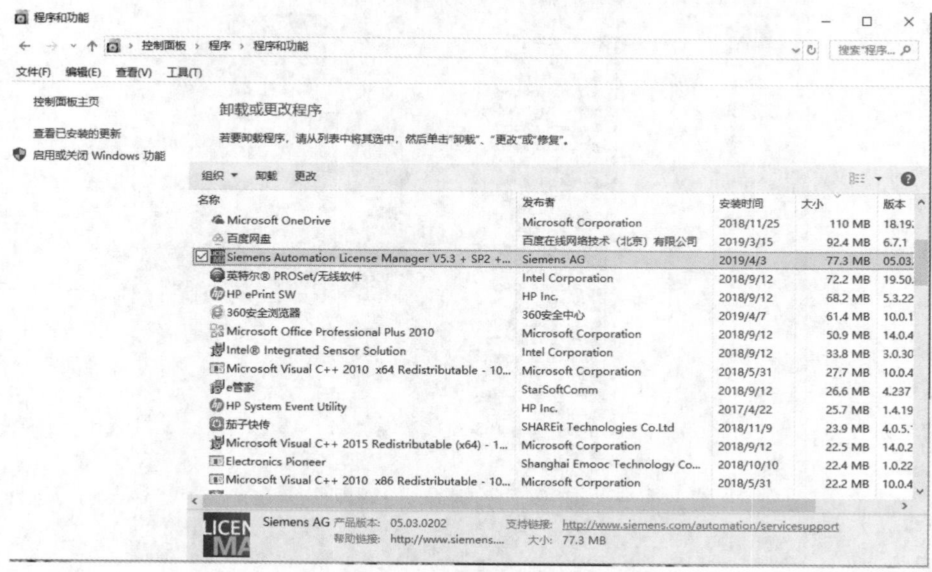

图4-22 TIA博途软件卸载步骤2

（3）在“卸载或更改程序”（Add or Remove Programs）界面中，选择要卸载的软件包，例如“Siemens Totally Integrated Automation Protal V13”，然后单击鼠标右键，在弹出的菜单中选择“卸载”命令，将打开选择语言的对话框，如图 4-23 所示。

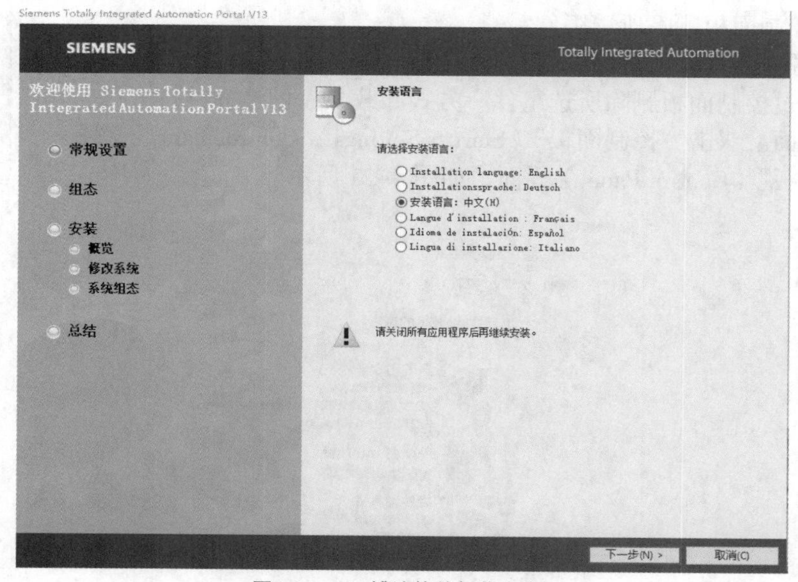

图4-23 TIA博途软件卸载步骤3

（4）选择用来显示程序删除对话框的语言。单击“下一步”按钮，将打开请选择要卸载的产品配置对话框，供用户选择要删除的产品，如图 4-24 所示。

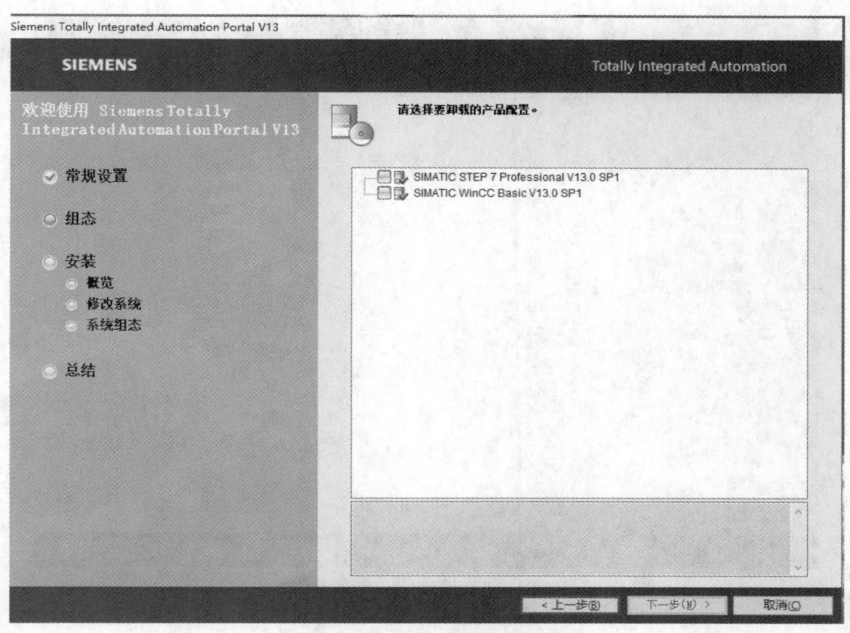

图4-24 TIA博途软件卸载步骤4

（5）选中要删除的产品的复选框，单击“下一步”按钮。在图 4–25 对话框中，用户可以检查要删除的产品的列表。如果要进行任何更改，请单击“上一步”按钮返回上一个对话框重新设置。如果确认没有问题，在图 4–26 中单击“卸载”按钮，开始删除安装包中的文件，如图 4–27 所示，等待一段时间后卸载完成。

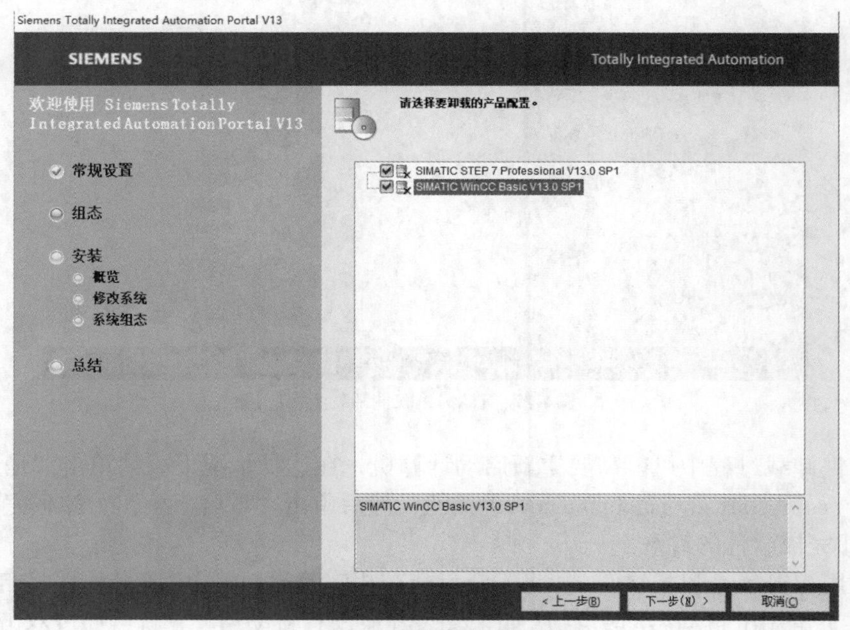

图4-25 TIA博途软件卸载步骤5

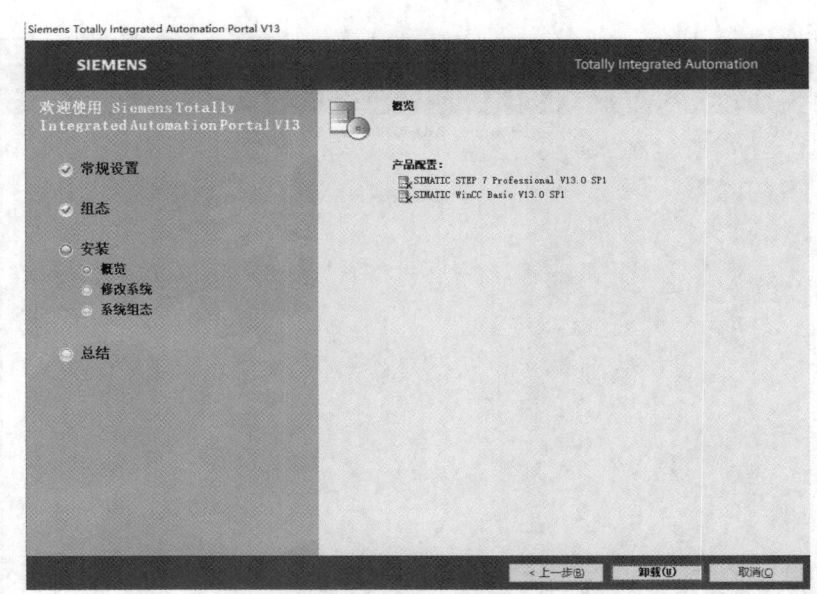

图4-26　TIA博途软件卸载步骤6

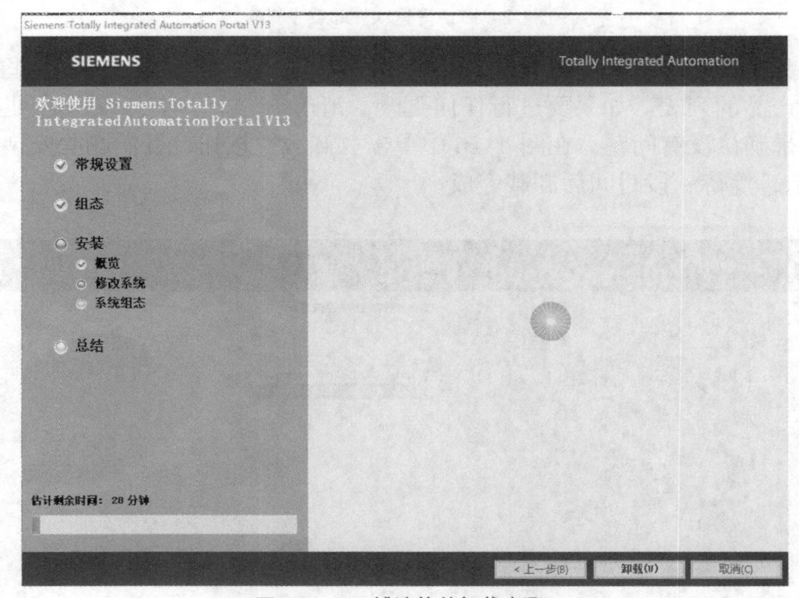

图4-27　TIA博途软件卸载步骤7

（6）软件卸载过程中可能需要重新启动计算机，在这种情况下，请单击“是，立即重启计算机。”（Yes, restart my computer now.）按钮，然后单击“重启”按钮。卸载完成后，单击“关闭”按钮完成软件的卸载。

也可使用源安装盘卸载软件，即将安装盘装在相应的驱动器中。安装程序将自动启动（除非在 PG/PC 上禁用了自动启动功能），如果安装程序没有自动启动，就可通过双击“Start.exe”文件手动启动。其他步骤与从控制面板卸载方式一致。

4.5　TIA 博途软件的授权管理

4.5.1　自动化授权管理器

授权管理器是用于管理授权密钥（许可证的技术形式）的软件。软件要求使用授权密钥的软件产品自动将此要求报告给授权管理器。当授权管理器发现该软件的有效授权密钥时，便可遵照最终用户授权协议的规定使用该软件。

在安装 TIA 博途软件时，可以选择安装授权管理器，授权管理器可以传递、检测、删除授权，操作界面如图 4-28 所示。

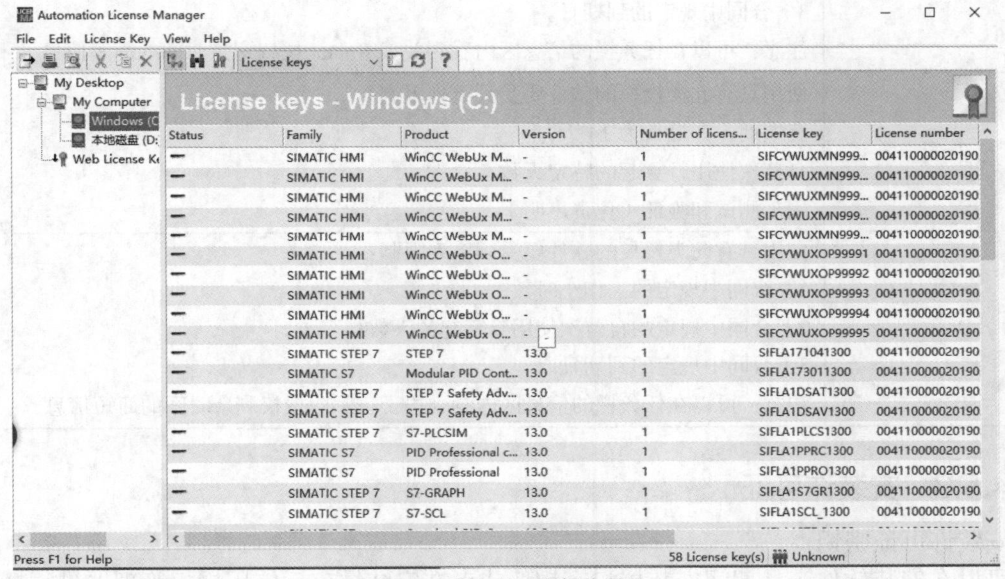

图4-28　授权管理器操作界面

4.5.2　许可证类型

对于西门子公司的软件产品，有下列不同类型的许可证授权，见表 4-2 和表 4-3。

表 4-2　标准授权类型

标准授权类型	描述
Single	使用该授权，软件可以在任意一个单 PC（使用本地硬盘中的授权）上使用
Floating	使用该授权，软件可以安装在不同的计算机上，并且可以同时被有权限的用户使用
Master	使用该授权，软件可以不受任何限制
升级类型授权	在升级可用之前，系统状态可能需要满足某些要求： 1）利用 Upgrade 许可证，可将旧版本转换成新版本； 2）新版本升级十分必要，例如在不得不扩展组态限制时

表 4-3 授权类型

授权类型	描述
Unlimit	使用具有此类授权的软件可不受限制
Count relevant	使用具有此类授权的软件要受到下列限制：合同中规定的标签数量
Count Objects	使用具有此类授权的软件要受到下列限制： 合同中规定对象的数量
Rental	使用具有此类授权的软件要受到下列限制： 1）合同中规定的工作小时数； 2）合同中规定的自首次使用日算起的天数； 3）合同中规定的到期日。 注意：可以在任务栏的信息区内看到关于 Rental 授权剩余时间的简短信息
Trial	使用具有此类授权的软件要受到下列限制： 有效期，如最长为 14 天； 自首次使用日算起的特定天数； 用于测试和验证（免责声明）
Demo	使用具有此类授权的软件要受到下列限制： 1）合同中规定的工作小时数； 2）合同中规定的自首次使用日算起的天数； 3）合同中规定的到期日。 注意：可以在任务栏的信息区内看到关于演示版授权剩余时间的简短信息

4.5.3 安装许可证

安装许可证密钥：

可以在安装软件产品期间安装授权密钥，或者在安装结束后使用授权管理器进行授权操作。可以通过授权管理软件以拖曳的方式从授权盘中转移到目标硬盘。

有些软件产品允许在安装程序本身时安装所需要的许可证密钥。计算机安装完软件，授权密钥自动安装。

注意：不能在执行安装程序时安装升级（Upgrade）授权密钥。

4.6 TIA 博途软件界面

TIA 博途软件在自动化项目中可以使用两种不同的视图：博途视图或者项目视图。博途视图是面向任务的视图，而项目视图是项目各组件的视图。可以使用链接，在两种视图间进行切换。

项目初期，可以选择面向任务的博途视图简化用户操作，也可以选择一个项目视图快速访问所有的相关工具。博途视图以一种直观的方式进行工程组态。不论是控制器编程、设计人机接口（HMI）画面，还是组态网络连接，TIA 博途软件的直观界面都可以帮助新老用户事半功倍。在 TIA 博途软件平台中，每款软件编辑器的布局和浏览风格都相同。从硬件配置、逻辑编程到 HMI 画面的设计，所有编辑器的布局都相同，可大大节省用户的时间和成本。

4.6.1　Portal 视图

博途视图提供了面向任务的视图，可以快速确定要执行的操作或任务，有些情况下，该界面会针对所选任务自动切换为项目视图。当双击 TIA 博途软件图标后，可以打开图 4-29 所示的博途视图界面，界面中包括区域如下。

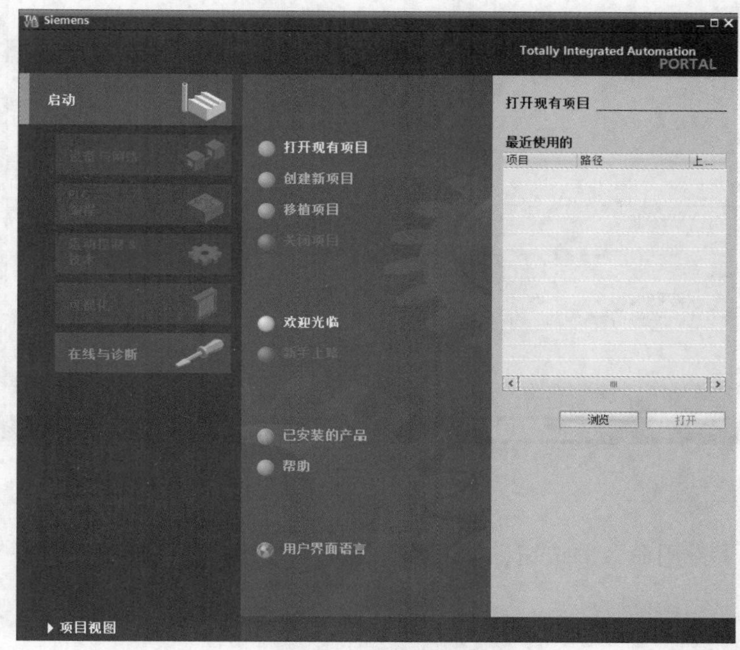

图4-29　博途视图界面

（1）任务选项。任务选项为各个任务区提供了基本功能。在博途视图中提供的任务选项取决于所安装的软件产品。

（2）此处提供了对所选任务选项可使用的操作。操作的内容会根据所选的任务选项动态变化。

（3）操作选择面板。所有任务选项中都提供了选择面板，该面板的内容取决于当前的选择。

（4）切换到项目视图。可以使用“项目视图”链接切换到项目视图。

（5）已打开的项目显示区域。在此处可了解当前打开的是哪个项目。

4.6.2　项目视图

项目视图是项目所有组件的结构化视图，如图 4-30 所示。界面中主要包括以下区域。

（1）标题栏

项目名称显示在标题栏中。

（2）菜单栏

菜单栏包含工作所需的全部命令。

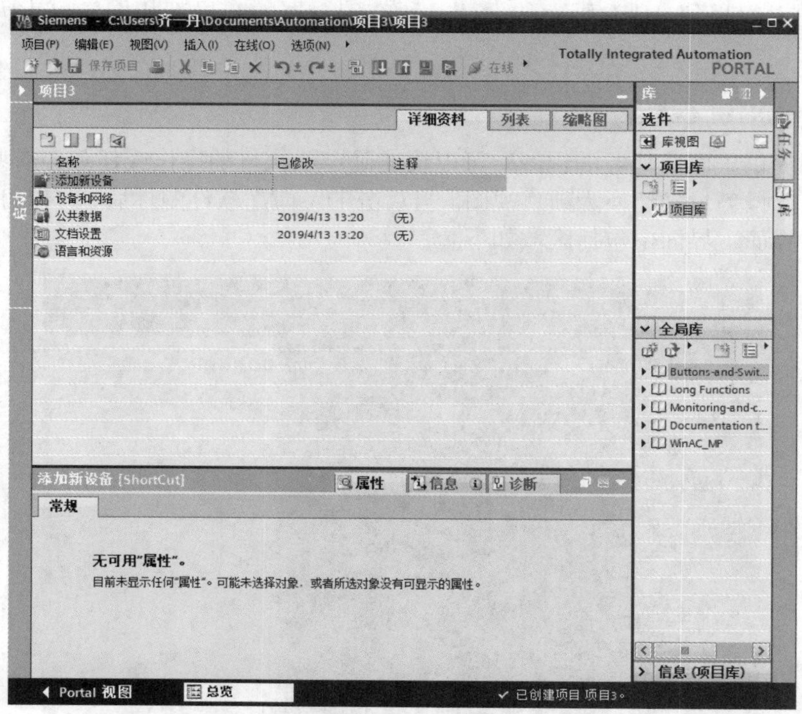

图4-30　项目视图界面

（3）工具栏

工具栏提供了常用命令的按钮，如上传、下载等按钮。读者通过工具栏按钮可以更快地访问这些命令。

（4）项目树

使用项目树功能可以访问所有组件和项目数据。可在项目树中执行以下任务：

1）添加新组件。

2）编辑现有组件。

3）扫描和修改现有组件的属性。

在第 4.6.3 节中将详细介绍项目树组件的使用。

（5）工作区

在工作区内显示进行编辑而打开的对象。这些对象包括编辑器、视图和表格等。在工作区中可以打开若干个对象，但每次在工作区中只能看到其中一个对象。在编辑器栏中，所有其他对象均显示为选项卡。如果在执行某些任务时要同时查看两个对象，例如两个窗口间对象的复制，就可以用水平方式或者垂直方式平铺工作区，也可以单击需要同时查看的工作区窗口右上方的浮动按钮。如果没有打开任何对象，那么工作区是空的。

（6）任务卡

根据所编辑对象或所选对象，提供了用于执行操作的任务卡。这些操作包括：

1）从库中或者从硬件目录中选择对象。

2）在项目中搜索和替换对象。

3）将预定义的对象拖入工作区。

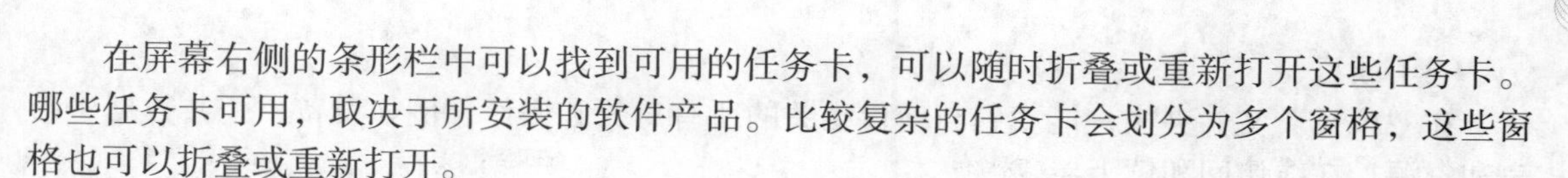

在屏幕右侧的条形栏中可以找到可用的任务卡，可以随时折叠或重新打开这些任务卡。哪些任务卡可用，取决于所安装的软件产品。比较复杂的任务卡会划分为多个窗格，这些窗格也可以折叠或重新打开。

（7）详细视图

在详细视图中，将显示总览窗口或项目树中所选对象的特定内容，其中可以包含文本列表或变量，但不显示文件夹的内容。要显示文件夹的内容，可使用项目树或巡视窗口。

（8）巡视窗口

巡视窗口有 3 个选项卡：属性、信息和诊断。

1）“属性”选项卡：此选项卡显示所选对象的属性，可以查看对象属性或者更改可编辑的对象属性。例如，修改 CPU 的硬件参数、更改变量类型等操作。

2）“信息”选项卡：此选项卡显示所选对象的附加信息如交叉引用、语法信息等内容以及执行操作（例如编译）时发出的报警。

3）“诊断”选项卡：此选项卡中将提供有关系统诊断事件、已组态消息事件、CPU 状态以及连接诊断的信息。

（9）切换到 Portal 视图

可以使用“Portal 视图”链接切换到 Portal 视图。

（10）编辑器栏

编辑器栏显示已打开的编辑器。如果已打开多个编辑器，可以使用编辑器栏在打开的对象之间进行快速切换。

（11）带有进度显示的状态栏

在状态栏中显示正在后台运行任务的进度条，将鼠标指针放置在进度条上，系统将显示一个工具提示，描述正在后台运行的其他信息。单击进度条边上的按钮，可以取消后台正在运行的任务。如果没有后台任务，状态栏可以显示最新的错误信息。

4.6.3 项目树

在项目视图左侧项目树界面中主要包括以下区域，如图 4-31 所示。

（1）标题栏

在项目树的标题栏中有两个按钮，可以实现自动和手动折叠项目树。使用手动折叠项目树时，此按钮将“缩小”到左边界，此时它会从指向左侧的箭头变为指向右侧的箭头，并可用于重新打开项目树。若不需要时，可以使用“自动缩小”按钮折叠到项目树。

（2）工具栏

可以在项目树的工具栏中执行以下任务：

1）创建新的用户文件夹。

2）针对链接对象进行向前或者向后浏览。

3）在工作区中显示所选对象的总览。

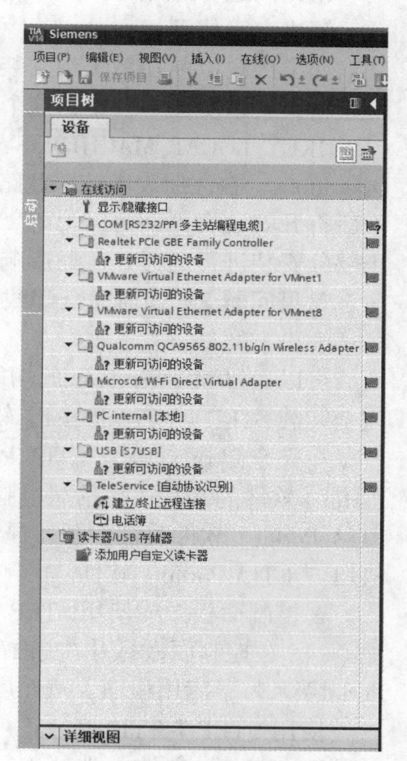

图4-31 项目树

（3）项目

在“项目”文件夹中，能找到与项目相关的所有对象和操作，例如设备、公共数据、语言和资源、在线访问和读卡器。

（4）设备

在项目中的每个设备都有一个单独的文件夹，该设备的对象在此文件夹中，例如程序、硬件组态和变量等信息。

（5）公共数据

公共数据文件夹中包含可跨多个设备使用的数据，例如公用消息、脚本和文本列表。

（6）文档设置

在文档设置文件夹中，可以设置打印项目文档的布局。

（7）语言和资源

可在语言和资源文件夹中查看或者修改项目语言和文本。

（8）在线访问

在线访问文件夹中包含了 PG/PC 的所有接口，包括未用于与模块通信的接口。

（9）SIMATIC 卡读卡器

SIMATIC 卡读卡器文件夹用于管理所有连接到 PG/PC 的读卡器。

4.7 常见问题

常见问题 1：西门子 TIA 博途软件安装过程中提示重启系统。

解决方案如下：

如果用户以前在系统中安装过此软件或者相关的监控软件，在注册表中会留下记录，有时重新安装系统也不会删除这个记录，此记录路径为：

HKEY_LOCAL_MACHINE/SYSTEM/ControlSet001/Control/Session Manager/PendingFile Rename Operations。在注册表中按照此路径找到文件并将此文件删除，然后从系统回收站中彻底删除，重新打开安装文件即可。另外，建议用户在安装过程中全程关闭杀毒软件，防止杀毒软件禁止部分安装进程运行，从而影响使用。

常见问题 2：如何完全卸载 STEP 7（TIA Portal）软件？

解决方案如下：

可以通过 MS Windows 的功能或 Inventory Tool [STEP 7（TIA Portal）V13+SP1 或更高版本] 完全卸载 STEP 7（TIA Portal）软件。

在完全卸载 STEP 7（TIA Portal）软件之前请先备份您的项目、库和授权。STEP 7（TIA Portal）软件的卸载还包括从电脑上清除剩余的文件。下面这种情况尤其重要：当重装 STEP 7（TIA Portal）软件时被中断，提示必须先卸载 STEP 7（TIA Portal）软件，虽然之前已经卸载 STEP 7（TIA Portal）软件。

在控制面板中或使用 STEP 7（TIA Portal）CD 光盘卸载全部的 TIA Portal 软件。

（1）在控制面板打开“更改/删除程序”对话框，双击“Siemens Totally Integrated Automation Portal V××”应用程序。按照屏幕上的提示单击“Yes”按钮确认此消息。

使用 STEP 7（TIA Portal）CD 光盘进行卸载操作，把 CD 插入电脑的 CD 光驱中，打开“Start.exe”文件。选择对话框语言，然后选择“卸载”选项，并按照屏幕上的提示

进行操作。

（2）重新启动电脑。

（3）使用搜索功能，在 Windows 资源管理器中删除所有的“Portal V××”文件夹。“V××”代表 V11 或 V12 或 V13。

（4）在 Windows 资源管理器中删除“MergeSysLib.log”文件。

在 Windows 7（标准的安装目录）位置：C：\ProgramData\Siemens\Automation\Logfiles\Setup（图 4-32）。

在 Windows XP（标准的安装目录）位置：C：\Documents and Settings\All Users\Application Data\Siemens\Automation\Logfiles\Setup。

注意：

如果“C：\ProgrammData”文件夹在电脑中不可见，须在控制面板的文件夹选项中选中“Show hidden files, folders and drives”选项。以 Windows 7 为例设置如下：依次单击“Start\ControlPanel\Network and Internet\Display and Change\Folder Options，在“Folder Options”对话框的 View 选项卡 Advanced settings”文本框中进行如图 4-33 所示的设置。

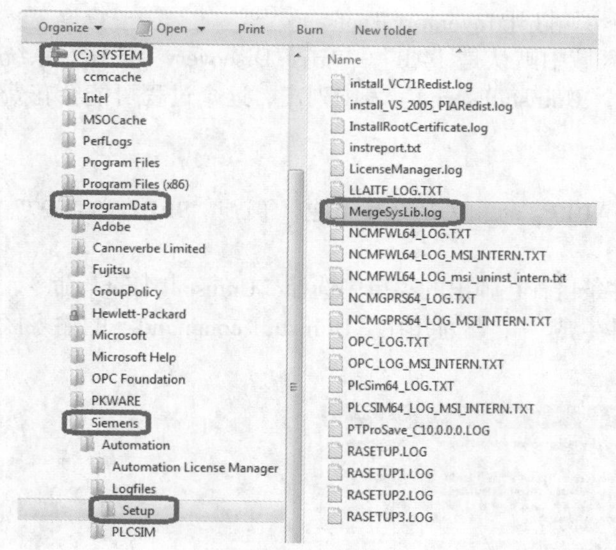

图4-32　安装目录

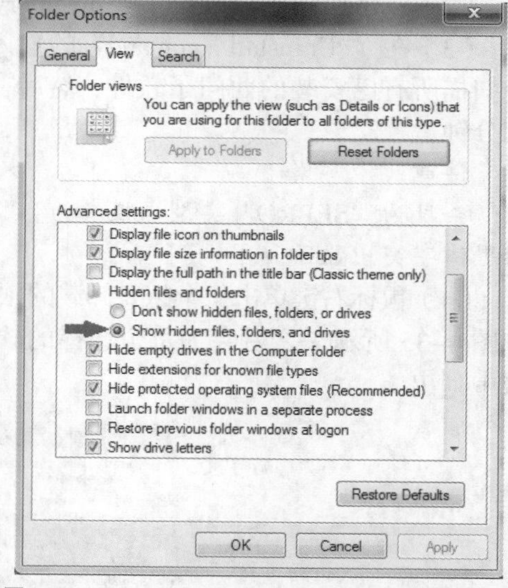

图4-33　Show hidden files, folders and drives选项

（5）删除 STEP 7（TIA Portal）日志文件。为此使用搜索功能。

（6）清空回收站，卸载完成，现在可以重新安装 STEP 7（TIA Portal）软件。

（7）在控制面板中卸载的备注信息

如果电脑中除了安装 STEP 7（TIA Portal）外，还安装了 STEP 7 V5.5，在使用“更改/删除程序”功能卸载 STEP 7（TIA Portal）的最后步骤可能会出现一个错误消息。出现这种现象的原因是某些软件（如 SIMATIC NET V7/V8）与 STEP 7 V5.5 不兼容。卸载结束后会产生一个软件卸载因错误被终止的文本摘要。但这并不意味着卸载不正确。尽管有这个消息，在大多数情况下软件能正常被卸载。更多这方面的信息可查看日志文件（图 4-34）。

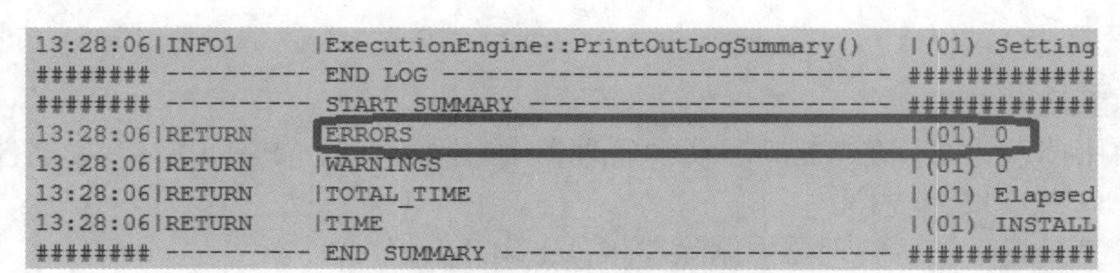

```
13:28:06|INFO1      |ExecutionEngine::PrintOutLogSummary()    |(01) Setting
######## ---------- END LOG ------------------------------- #############
######## ---------- START SUMMARY ------------------------- #############
13:28:06|RETURN     |ERRORS                                   |(01) 0
13:28:06|RETURN     |WARNINGS                                 |(01) 0
13:28:06|RETURN     |TOTAL_TIME                               |(01) Elapsed
13:28:06|RETURN     |TIME                                     |(01) INSTALL
######## ---------- END SUMMARY --------------------------- #############
```

图4-34　日志文件

（8）日志文件的最后，在“START SUMMARY 和 END SUMMARY”之间，可以看到卸载时发生的错误。如果看到“ERRORS=0”条目，尽管有错误消息但卸载成功的概率还是很大的。

通过 Inventory Tool 卸载：

（1）在 STEP 7（TIA Portal）V13+SP1 或更高版本中可以使用 Inventory Tool 完全卸载单独的 TIA Portal 软件包（STEP 7, WinCC, Startdrive,……）。Inventory Tool 位于 Windows 资源管理器的路径：

C：\Program Files（X86）\Common Files\Siemens\Automation\Siemens Installer Assistant\306

运行 Inventory Tool 需要管理员权限。

（2）双击西门子安装助手“Inventory.exe”打开 Inventory Tool。

（3）在 “Uninstall command”的输入区域中默认是“All”，单击“Discovery”按钮。系统会扫描所有已安装的西门子软件，然后在 “Uninstall script”表中列出，这个过程可能会花费几分钟。

注意：

条目为“SEPRO”类型，版本为 “TIAP13”的相关的已安装包（例如“SEBU_STEP7”）由黑体字突出显示。

（4）鼠标右键单击每个想要卸载的软件条目，在弹出的菜单中选择“Uninstall Unit”命令，如图 4-35 所示。之后会为每个选择的软件生成一个查询并在“Uninstall command”的输入区域中列出。

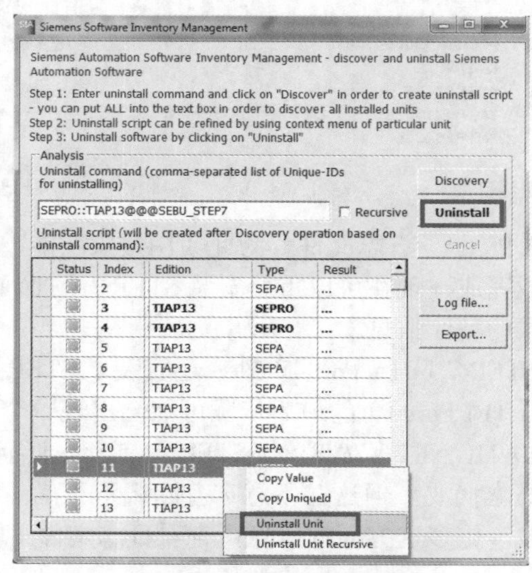

图4-35　软件条目菜单

（5）单击“Uninstall”按钮开始卸载选中的软件包。

（6）卸载完成后重新启动 PC。

4.8　本章小结

本章主要介绍了 TIA 博途软件概述、组成（STEP 7 和 WinCC）、TIA 博途软件的安装要求及步骤、TIA 博途软件的卸载、TIA 博途软件的授权管理、TIA 博途软件界面、常见问题等内容。TIA 博途软件的概述包括博途软件的概念（TIA Portal 一个集成有控制器、HMI 和驱动装置的工程组态平台）、意义、优点、缺点等；TIA 博途软件的组成包括 STEP 7、WinCC，分别介绍了它们的概念、特点、作用、组成等，可以让读者对这两部分有更清楚的了解和认识；TIA 博途软件的安装要求及步骤介绍了安装 TIA 博途软件的完整步骤，可以对读者安装博途软件提供参考和指导；TIA 博途软件的卸载介绍了卸载 TIA 博途软件的完整步骤，可以对读者卸载博途软件提供参考和指导；TIA 博途软件的授权管理介绍了自动化授权管理器、许可证类型、安装许可证等；TIA 博途软件界面介绍了博途视图或者项目视图以及项目树，介绍了视图的转化和组成；常见问题中介绍了安装过程和卸载过程中常见的问题及其解决方案。

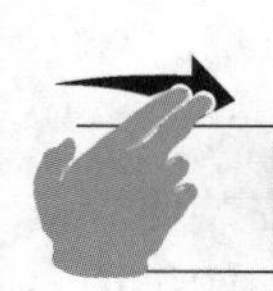

第5章 S7-300/400系列PLC的网络通信

随着计算机通信网络技术的日益成熟及企业对工业自动化程度要求的不断提高，自动控制系统也从传统的集中式控制向多级分布式控制方向发展。这就要求构成控制系统的 PLC 必须要具备网络通信的功能，能够相互连接、远程通信、构成网络。强烈的市场需求促使各 PLC 生产厂家纷纷为所推出的产品增加通信及联网等功能，研制开发各自的 PLC 网络产品。

PLC 通信及网络技术的内容十分丰富，各生产厂家的 PLC 网络也各不相同。本章主要介绍西门子 S7-300/400 的通信和网络技术。

5.1 通信基础知识

在实际工作中，无论是计算机之间还是计算机的 CPU 与外围设备之间常常要进行数据交换。不同的独立系统由传输线路互相交换数据就是通信，构成整个通信的线路称之为网络。通信的独立系统可以是计算机、PLC 或其他的有数据通信功能的数字设备，这些称为数据终端（Data Terminal Equipment，DTE）。传输线路的介质可以是双绞线、同轴电缆、光纤或无线电波等。

计算机的通信方式

5.1.1 计算机的通信方式

计算机的通信方式可分为并行通信与串行通信，单工、半双工与双工通信。

1. 并行通信与串行通信

（1）并行通信。并行通信方式如图 5-1 所示。并行数据通信是以字节或字为单位的数据传输方式，除了 8 根或 16 根数据线、1 根公共线外，还需要通信双方联络用的控制线。并行通信的传送速度快，但是传输线的根数多，抗干扰能力较差，一般用于近距离数据传送，例如 PLC 的模块之间的数据传送。

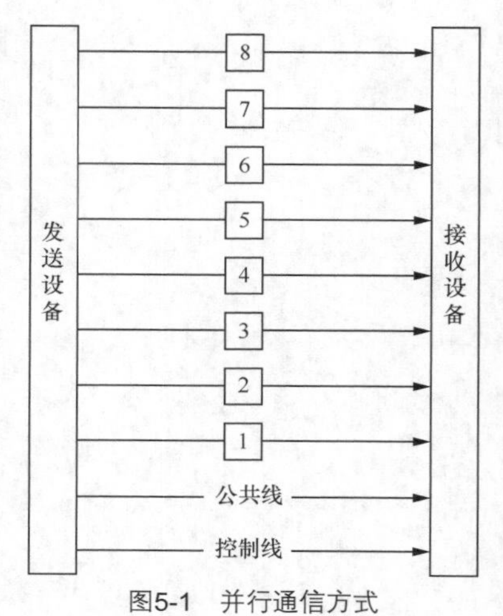

图5-1 并行通信方式

（2）串行通信。串行通信方式如图 5-2 所示。串行数据通信是以二进制的位（bit）为单位的数据传输方式，每次只传送一位，最少只需要两根线（双绞线）就可以连接多台设备，组成控制网络。串行通信需要的信号线少，适用于距离较远的场合。计算机和 PLC 都有通用的串行通信接口，例如 RS-232C 或 RS-485 接口，工业控制中计算机之间的通信一般采用串行通信方式。

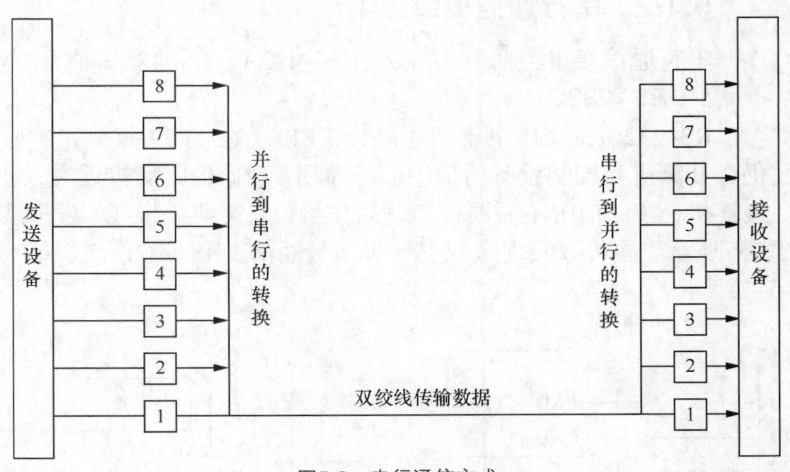

图5-2　串行通信方式

2. 单工、半双工与双工通信

（1）单工。单工通信只能沿单一方向传输数据。如图 5-3 所示，A 端发送数据，B 端只能接收数据。

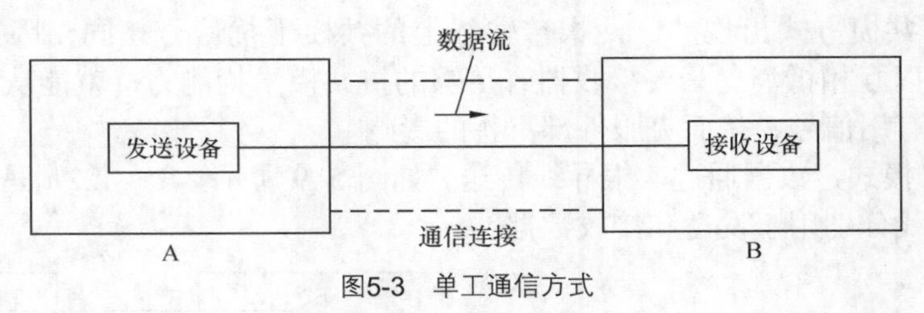

图5-3　单工通信方式

（2）半双工。半双工通信指数据可以在两个方向上传送，但是同一时刻只限于一个方向传送。如图 5-4 所示，A 端发送数据 B 端接收，或者 B 端发送数据 A 端接收。

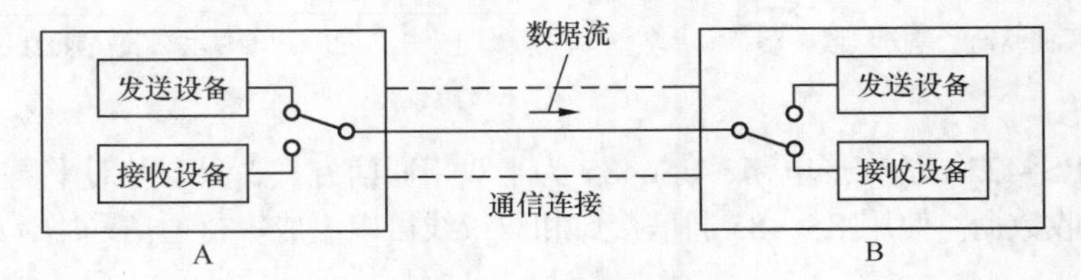

图5-4　半双工通信方式

（3）全双工。全双工通信能在两个方向上同时发送和接收数据。如图 5-5 所示，A 端和 B 端都是一边发送数据，一边接收数据。

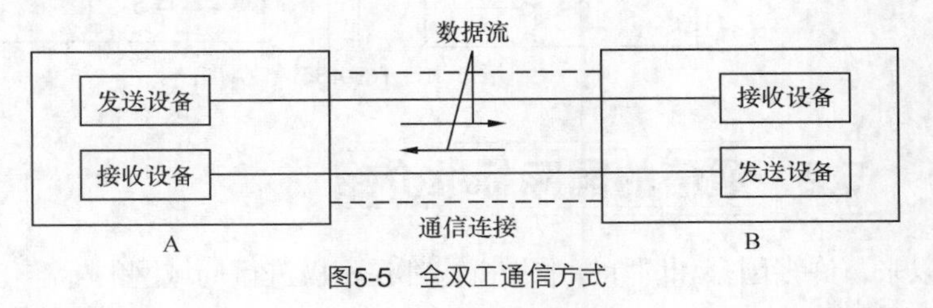

图5-5　全双工通信方式

5.1.2 串行通信接口分类

串行通信接口分类

串行通信接口包括 RS-232C、RS-422A、RS-485 3 种类型。

1. RS-232C

RS-232C 是美国电子工业协会（EIA）在 1969 年公布的通信协议，至今仍在计算机和控制设备通信中广泛使用。当通信距离较近时，通信双方可以直接连接，在通信中不需要控制联络信号，只需要 3 根线（发送线、接收线和信号地线），如图 5-6 所示，便可以实现全双工异步串行通信。RS-232C 使用单端驱动、单端接收电路，如图 5-7 所示。

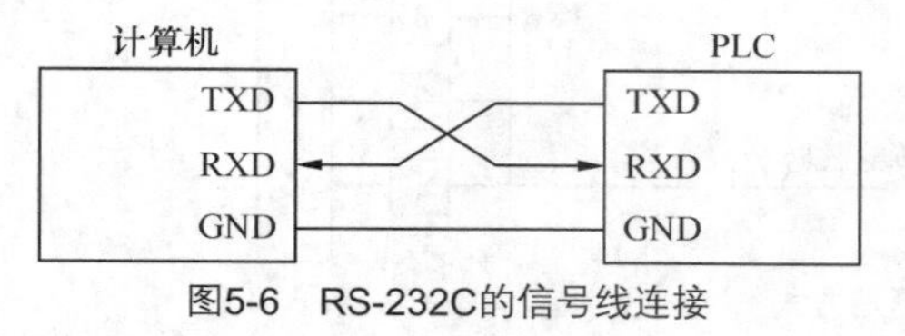

图5-6 RS-232C的信号线连接

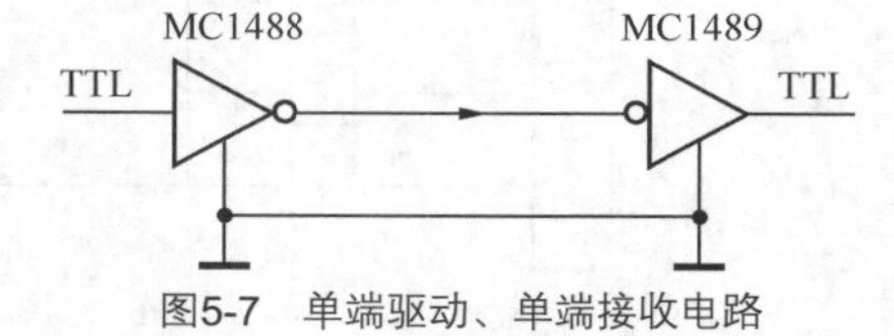

图5-7 单端驱动、单端接收电路

2. RS-422A

RS-422A 采用平衡驱动、差分接收电路，如图 5-8 所示，从根本上取消了信号地线。平衡驱动器相当于两个单端驱动器，其输入信号相同，两个输出信号互为反相信号。外部输入的干扰信号是以共模方式出现的，两根传输线上的共模干扰信号相同，因接收器是差分输入，共模信号可以互相抵消。只要接收器有足够的抗共模干扰能力，就能从干扰信号中识别出驱动器输出的有用信号，从而克服外部干扰的影响。

在 RS-422A 模式，数据通过 4 根导线传送，如图 5-9 所示。RS-422A 是全双工电路，两对平衡差分信号线分别用于发送和接收数据。

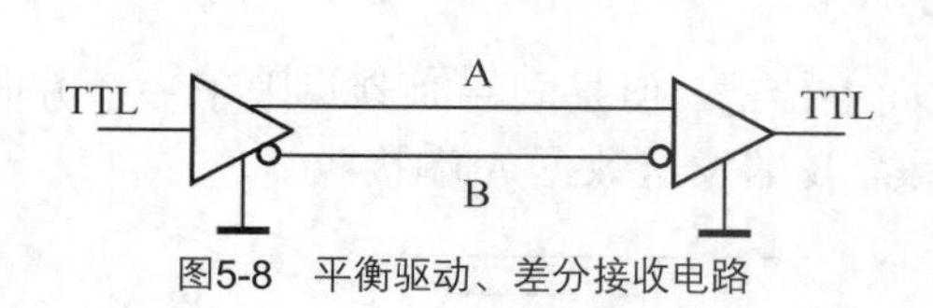

图5-8 平衡驱动、差分接收电路

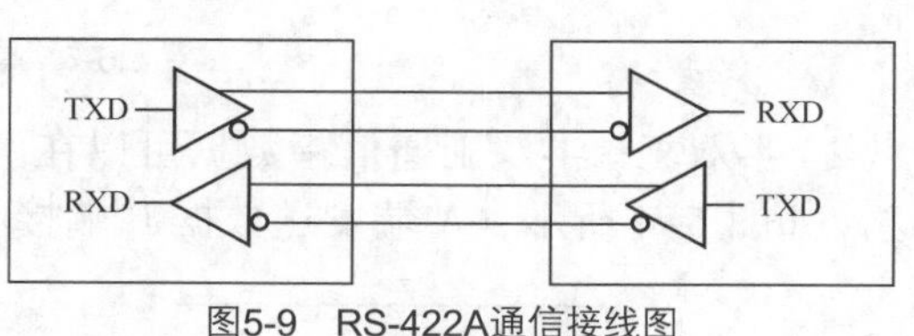

图5-9 RS-422A通信接线图

3. RS-485

RS-485 是 RS-422A 的变形电路，RS-485 为半双工通信方式，只有一对平衡差分信号线，不能同时发送和接收数据。使用 RS-485 通信接口和双绞线可以组成串行通信网络，如图 5-10 所示。

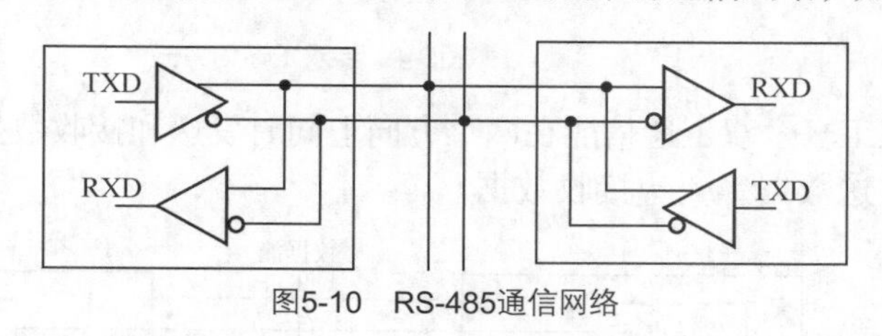

图5-10 RS-485通信网络

通信的国际标准介绍

5.2 通信的国际标准介绍

自 1980 年以来，许多国家和国际标准化机构都在积极进行局域网的标准化工作，如果没有

一套通用的计算机网络通信标准，要实现不同厂家生产的职能设备之间的通信，将会付出昂贵的代价。下面就介绍两种常用的计算机通信标准。

5.2.1　OSI 模型简介

国际标准化组织（ISO）提出了开放式系统互连（OSI）模型，作为通信网络国际标准化的参考模型。它详细描述了软件功能的 7 个层次，如图 5-11 所示。

7 层模型分为两类，一类是面向用户的第 5～7 层，另一类是面向网络的第 1～4 层，见表 5-1。前者给用户提供适当的方式去访问网络系统，后者描述数据如何从一个位置传输到另一个位置。

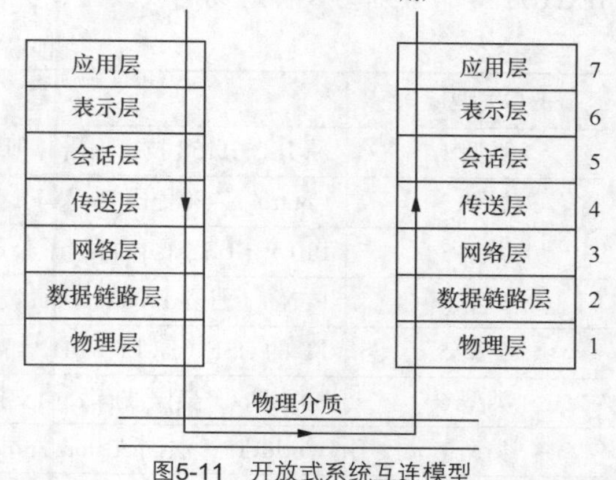

图5-11　开放式系统互连模型

表 5-1　　7 层模型的内容及说明

内容	说明
物理层	物理层的下层是物理媒体，例如双绞线、同轴电缆等。物理层为用户提供建立、保持和断开物理连接的功能，RS-232C、RS-422A、RS-485 等就是物理层标准的例子
数据链路层	数据以帧（Frame）为单位传送，每一帧包含一定数量的数据和必要的控制信息。例如，同步信息、地址信息、差错控制和流量控制信息等。数据链路层负责在两个相邻节点间的链路上，实现差错控制、数据成帧、同步控制等
网络层	网络层的主要功能是报文包的分段、报文包阻塞的处理和通信子网中路径的选择
传输层	传输层的信息传送单位是报文（Message），它的主要功能是流量控制、差错控制、连接支持，传输层向上一层提供一个可靠的端到端（end_to_end）的数据传送服务
会话层	会话层的功能是支持通信管理和实现最终用户应用进程之间的同步，按正确的顺序收发数据，进行各种对话
表示层	表示层用于应用层信息内容的形式变换。例如，数据加密/解密、信息压缩/解压和数据兼容，把应用层提供的信息变换为能够共同理解的形式
应用层	应用层作为 OSI 的最高层，为用户的应用服务提供信息交换，为应用接口提供操作标准

5.2.2　现场总线简介

国际电工委员会（IEC）对现场总线（Fieldbus）的定义是“安装在制造和过程区域的现场装置与控制室内的自动控制装置之间数字式、串行、多点通信的数据总线”。现场总线以开放的、独立的、全数字化的双向多变量通信代替 0～10mA 或 4～20mA 现场电动仪表信号。现场总线 I/O 集检测、数据处理、通信功能为一体，可以代替变送器、调节器、记录仪等模拟仪表。它不需要框架、机柜，可以直接安装在现场导轨槽上。现场总线 I/O 的接线极为简单：只需一根电缆，从主机开始，沿数据链从一个现场总线 I/O 连接到下一个现场总线 I/O。使用现场总线后，自控系统的配线、安装、调试和维护等方面的费用可以节约三分之二，因此，现场总线 I/O 与 PLC 可以组成高性价比的数据通信（Data Communication System，DCS）系统。

IEC 的现场总线国际标准（IEC 61158）是迄今为止制定时间最长，也是意见分歧最大的国际标准之一。此标准在 1999 年年底获得通过，容纳了 8 种互不兼容的协议，这 8 种协议在 IEC 61158 中分别为 8 种现场总线类型，见表 5-2。

表 5-2 现场总线的类型

类型	说明
类型 1	原 IEC 61158 技术报告，即现场总线基金会（FF）的 H1
类型 2	Control Net（美国 Rockwell 公司支持）
类型 3	PROFIBUS（德国西门子公司支持）
类型 4	P-Net（丹麦 Process Data 公司支持）
类型 5	FF 的 HSE（原 FF 的 H2，高速以太网，美国 Fisher Rosemount 公司支持）
类型 6	Swift Net（美国波音公司支持）
类型 7	WorldFIP（法国 Alston 公司支持）
类型 8	Interbus（德国 Phoenix Contact 公司支持）

各类型将自己的行规纳入 IEC 61158，且遵循两个原则。

1）不改变 IEC 61158 技术报告的内容。

2）不改变各行规的技术内容，各组织按 IEC 技术报告（类型 1）框架组织各自的行规，并提供对类型 1 的网关或连接器。用户在使用各种类型时仍需遵循各自的行规。因此，IEC 61158 标准不能完全代替各行规，除非今后出现完整的现场总线标准。

IEC 标准的 8 种类型都是平等的，类型 2～8 都对类型 1 提供接口，标准并不要求类型 2～8 之间提供接口。

5.3 S7-300/400 的通信网络

5.3.1 工业网络概况

现代大型工业企业中，一般采用多级网络的形式。可编程控制器制造商经常用生产金字塔结构来描述其产品可以实现的功能。国际标准化组织（ISO）确定了企业自动化系统模型，如图 5-12 所示。

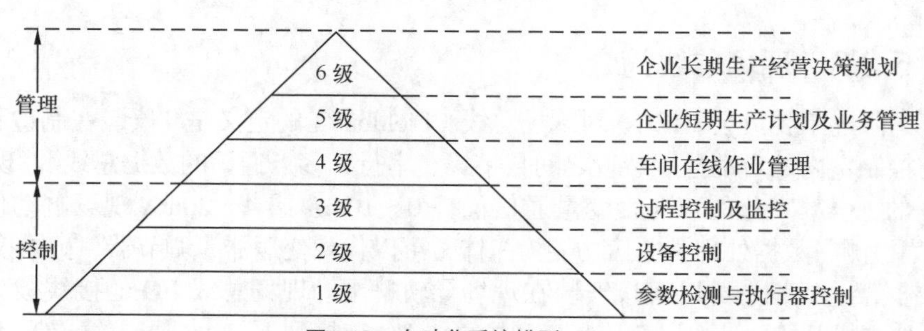

图5-12 自动化系统模型

实际工厂中一般采用 2～4 级子网构成复合型结构，而不一定是 6 级，各层应采用相应的通信协议。图 5-12 中下半部的控制部分包括参数检测与执行器控制、设备控制、过程控制及监控对应着实际的现场设备层、单元层和工厂管理层。

1. 现场设备层

现场设备层的主要功能是连接现场设备。例如，分布式 I/O、传感器、驱动器、执行机构和开关设备等，以完成现场设备控制及设备间连锁控制。主站（PLC、PC 或其他控制器）负责总线通信管理及与从站的通信。总线上所有设备的生产工艺控制程序均存储在主站中，并由主站统一执行。

2. 单元层

单元层又称车间监控层，用来完成车间主生产设备之间的连接，实现车间级设备的监控。车间级监控包括生产设备状态的在线监控、设备故障报警及维护等。通常还具有诸如生产统计、生产调度等车间级生产管理功能。车间级监控通常要设立车间监控室，有操作员工作站及打印设备。车间级监控网络可采用 PROFIBUS-FMS 或工业以太网，PROFIBUS-FMS 是一个令牌结构、实时多主网络，这一级数据传输速率不是最重要的，但是应能传送大容量的信息。

3. 工厂管理层

车间操作员工作站可以通过集线器与车间办公管理网连接，将车间生产数据送到车间管理层。车间管理网作为工厂主网的一个子网，通过交换机、网桥或路由器等连接到厂区骨干网，将车间数据集成到工厂管理层。

S7-300/400 带有 PROFIBUS-DP 和工业以太网的通信模块、点对点通信模块，而 CPU 模块集成有 MPI 和 DP 通信接口，因此 S7-300/400 具有很强的通信能力。通过 PROFIBUS-DP 或 AS-i 现场总线，CPU 与分布式 I/O 模块之间可以周期性地自动交换数据（过程映像数据交换）。在自动化系统中，PLC 与计算机和 HMI（人机接口）站之间可以交换数据。

5.3.2　S7-300/400 的通信网络介绍

S7-300/400 的通信网络示意图如图 5-13 所示。

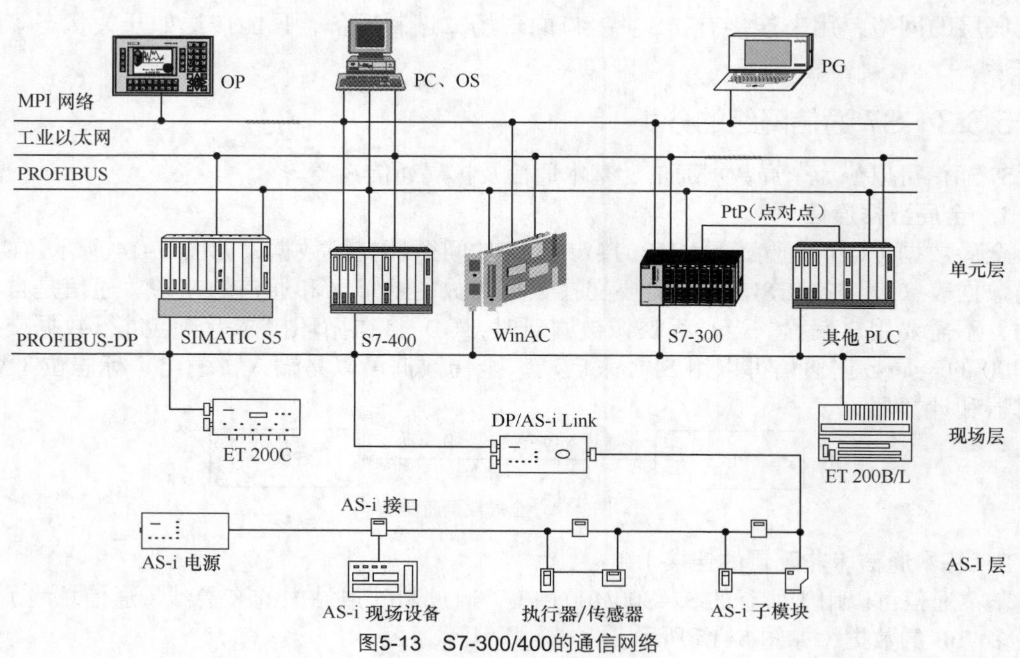

图5-13　S7-300/400的通信网络

1. 通过多点接口（MPI）协议的数据通信

MPI 是多点接口（Multi Point Interface）的英文简称。S7-300/400 CPU 都集成了 MPI 通信协议，MPI 的物理层是 RS-485，最大传输速率为 12Mbit/s。PLC 通过 MPI 能同时连接运行 STEP 7 的编程器、计算机、人机界面（HMI）及其他 SIMATIC S7、M7 和 C7。这是一种经济而有效的解决方案。STEP 7 的用户界面提供了通信组态功能，使得通信的组态非常简单。

2. PROFIBUS

工业现场总线 PROFIBUS 是用于车间级监控和现场设备层的通信系统，它符合 IEC 61158 标准，具有开放性，符合该标准的各厂商生产的设备都可以接入同一网络中。S7-300/400 系列 PLC 可以通过通信处理器或集成在 CPU 上的 PROFIBUS-DP 接口连接到 PROFIBUS-DP 网络上。

3. 工业以太网

工业以太网（Industrial Ethernet）是用于工厂管理层和单元层的通信系统，符合 IEEE 802.3 国际标准，用于对时间要求不太严格但需要传送大量数据的通信场合。工业以太网支持广域的开放型网络模型，可以采用多种传输介质。西门子的工业以太网的传输速率为 10Mbit/s 或 100Mbit/s，最多 1024 个网络节点，网络的最大传输距离为 150km。

4. 点对点连接

点对点连接（Point to Point Connections）可以连接两台 S7 PLC 和 S6 PLC 以及计算机、打印机、机器人控制系统、扫描仪和条码阅读器等非西门子设备。使用 CP340、CP341 和 CP441 通信处理模块，或通过 CPU313-2PtP 和 CPU314C-2PtP 集成的通信接口，建立经济而方便的点对点连接。

5. 通过 AS-i 的过程通信

执行器-传感器接口（Actuator-Sensor-Interface）英文简称 AS-i，是位于自动控制系统最底层的网络，用来连接有 AS-i 接口的现场二进制设备，只能传送如开关状态等的少量数据。

5.3.3 S7 通信网络的分类

S7 通信可以分为全局数据通信、基本通信及扩展通信 3 类。

1. 全局数据通信

全局数据（GD）通信通过 MPI 接口在 CPU 间循环交换数据，如图 5-14 所示。GD 用全局数据表来设置各 CPU 之间需要交换数据存放的地址区和通信的速率。通信是自动实现的，不需要用户编程。当过程映像被刷新时，GD 将在循环扫描检测点进行数据交换。S7-400 的全局数据通信可以用 SFC 来启动。全局数据可以是输入、输出、标志位（M）、定时器和计数器。

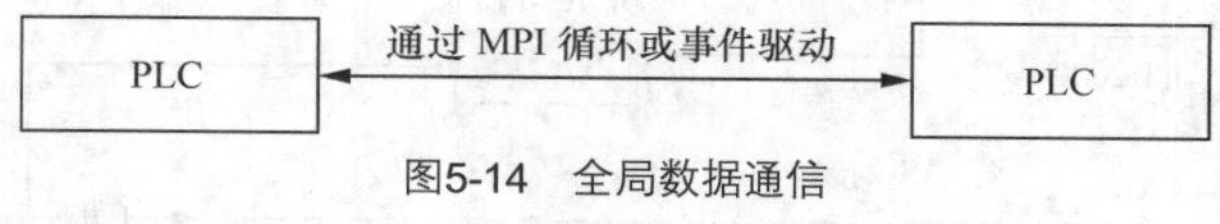

图5-14 全局数据通信

2. 基本通信（非配置的连接）

基本通信可以用于所有的 S7-300/400 CPU，通过 MPI 或站内的 K 总线（通信总线）来传送最多 76B 的数据，如图 5-15 所示。

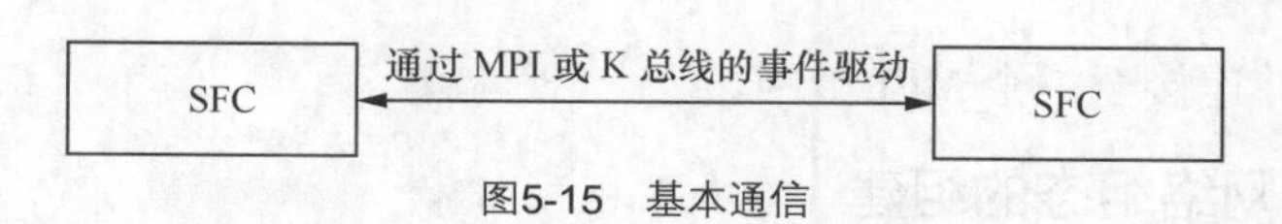

图5-15　基本通信

3. 扩展通信（配置的通信）

扩展通信可以用于所有的 S7-300/400 CPU，通过 MPI、PROFIBUS 和工业以太网最多可以传送 64KB 的数据，如图 5-16 所示。扩展通信是通过系统功能块（SFB）来实现的，它支持有应答的通信。

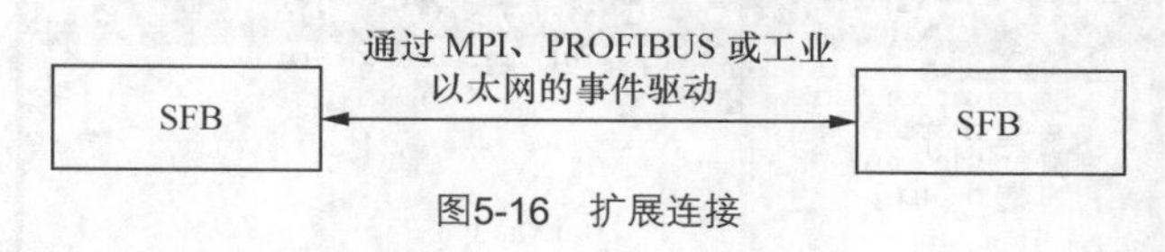

图5-16　扩展连接

5.4　MPI 网络通信功能

MPI 网络可以用来访问 PLC 的所有智能模块。通过全局数据通信，一个 CPU 可以访问另一个 CPU 的位存储器、输入/输出映像区、定时器、计数器和数据块中的数据。

MPI 网络通信功能

5.4.1　MPI 网络结构介绍

MPI 网络示意图如图 5-17 所示。

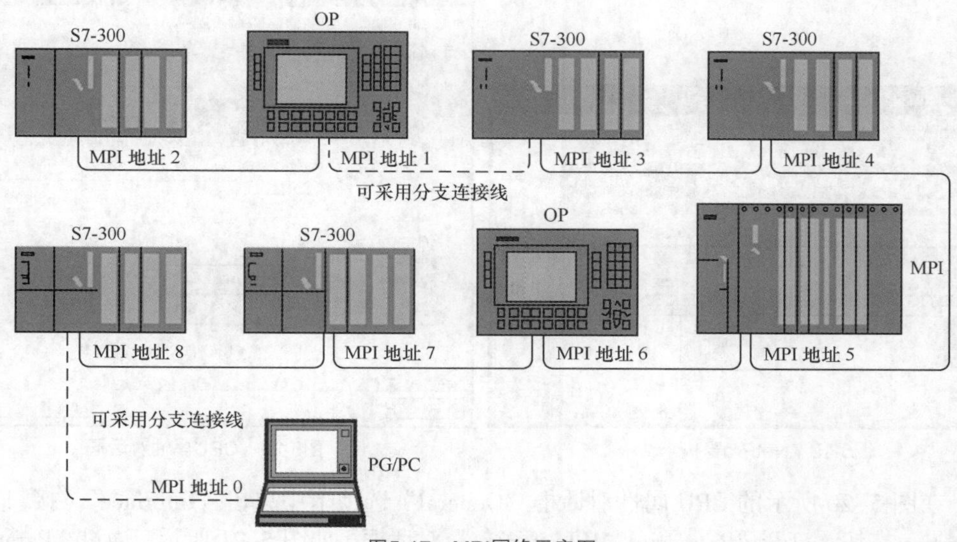

图5-17　MPI网络示意图

在 S7-300 中，MPI 总线在 PLC 中与 K 总线（通信总线）连接在一起，S7-300 机架上 K 总线的每一个节点（功能模块 FM 和通信处理器 CP）也是 MPI 的一个节点，并拥有自己的 MPI 地址。

在 S7-400 中，MPI（187.5kbit/s）通信模式被转换为内部 K 总线（10.5Mbit/s）。S7-400 只有 CPU 有 MPI 地址，其他智能模块没有独立的 MPI 地址。

通过 MPI 接口，CPU 可以自动广播其总线参数组态（例如波特率），然后 CPU 可以自动

检索正确的参数，并连接至一个 MPI 子网。

5.4.2 MPI 网络组态的组建

下面通过建立 S7-300 与 S7-400 PLC CPU 的通信来介绍 MPI 网络组态的步骤。

① 在 STEP 7 中生成名为“MPI 全局数据通信”的项目。首先在 SIMATIC 管理器中生成两个站，它们的 CPU 分别为 CPU313C（1）和 CPU413-1，如图 5-18 所示。

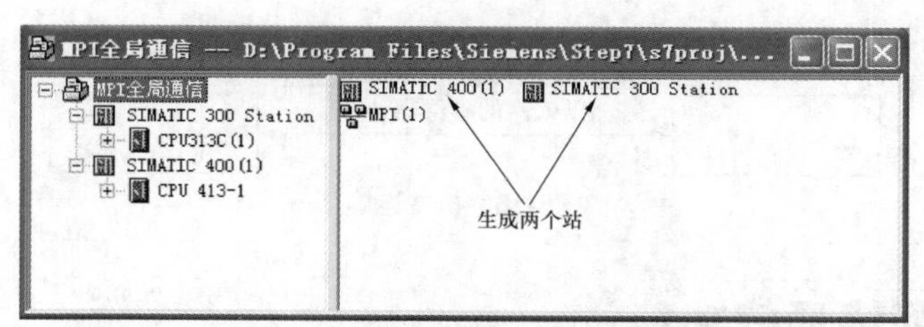

图5-18　建立STEP项目，生成两个站

② 选中管理器左边窗口中的项目对象，在右边的工作区内双击 MPI 图标，打开 NetPro 工具，出现了一条红色的标有 MPI（1）的网络，和没有与网络相连的两个站的图标，如图 5-19 所示。

③ 双击某个站标有小红方块的区域（不要双击小红方块），打开 CPU（以 CPU313 为例）的属性设置对话框，CPU313C 的属性对话框如图 5-20 所示。

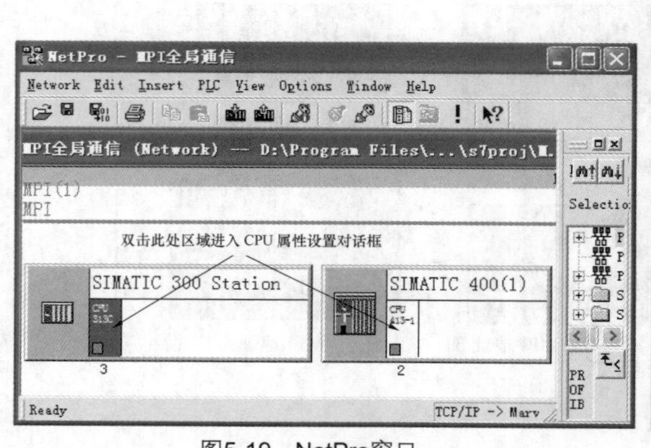

图5-19　NetPro窗口

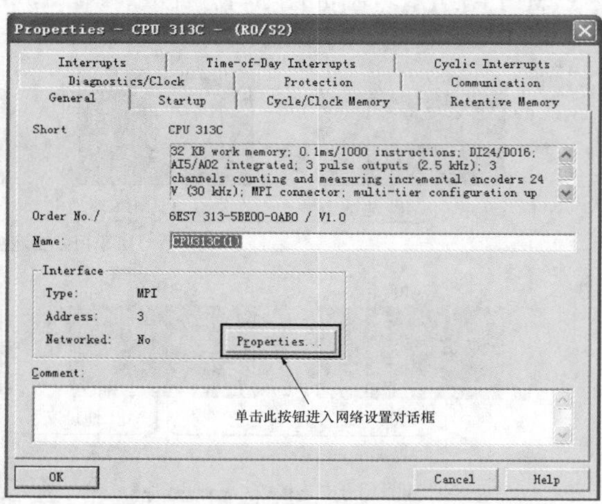

图5-20　CPU属性对话框

④ 在图 5-20 所示的 CPU 属性对话框“General”选项卡中单击“Interface”（接口）区内的 Properties 按钮，打开“Properties-MPI interface”对话框，如图 5-21 所示。通过“Parameters”选项卡中的“Address”列表框，设置 MPI 站地址，在“Subnet”（子网）显示框中，如果选择 MPI（1），该 CPU 就被连接到 MPI（1）子网上；选择“not networked”选项，将断开与 MPI（1）子网的连接。

⑤ 设置完两个 CPU 的 MPI 的属性后，在 NetPro 中组态好的 MPI 网络如图 5-22 所示。

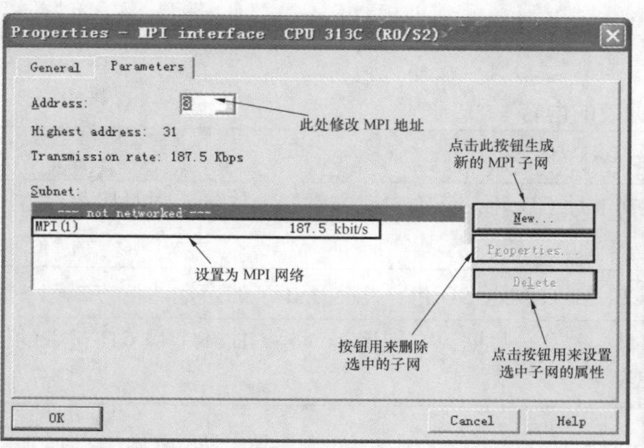

图5-21　Properties-MPI interface对话框

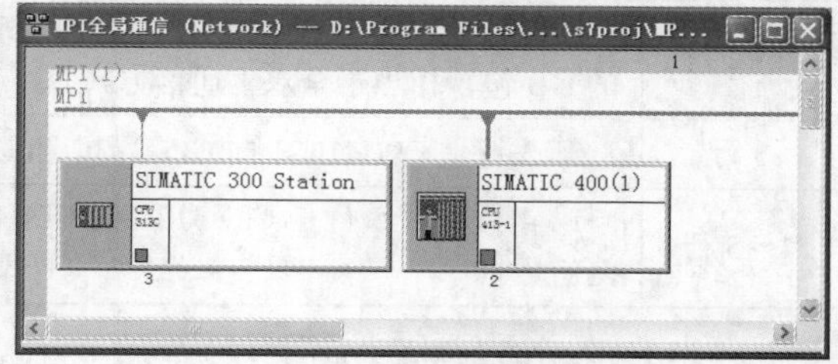

图5-22　MPI网络的组态

5.4.3　全局数据通信简介

1. 全局数据（GD）通信用全局数据表（GD 表）来设置

全局数据通信的组态步骤如图 5-23 所示。

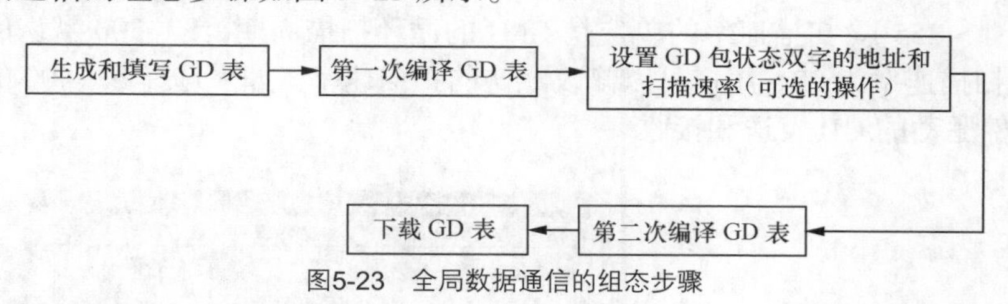

图5-23　全局数据通信的组态步骤

2. 生成和填写 GD 表

在“NetPro”窗口中用鼠标右键单击 MPI 网络线，在弹出的快捷菜单选择“Define Global Data”（定义全局数据）命令，如图 5-24 所示。在出现的 GD 窗口（图 5-25）中对全局数据通信进行配置。

在表的第一行输入 3 个 CPU 的名称。鼠标右键单击 CPU413-1 下面的单元（方格），如图 5-25 所示，在出现的菜单中选择“Sender”（发送者），输入要发送的全局数据的地址>MW0。在每一行中只能有一个 CPU 发送方。同一行中各个单元的字节数应相同。单击 CPU313C 下面的单元，输入 QW0，该单元格的背景为白色，如图 5-25 所示，表示 CPU313C 是接收站。

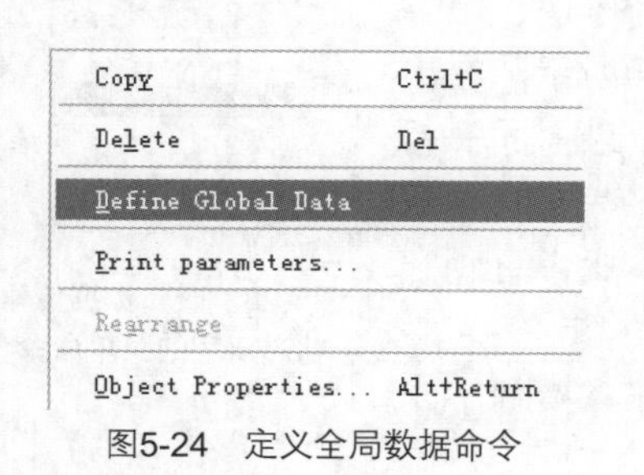

图5-24　定义全局数据命令

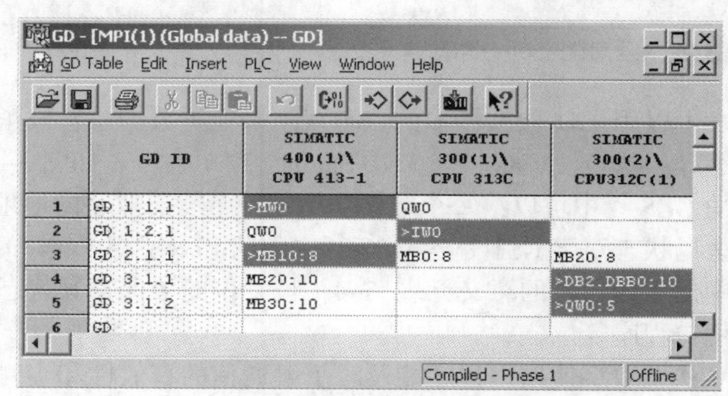

	GD ID	SIMATIC 400(1)\ CPU 413-1	SIMATIC 300(1)\ CPU 313C	SIMATIC 300(2)\ CPU312C(1)
1	GD 1.1.1	>MW0	QW0	
2	GD 1.2.1	QW0	>IW0	
3	GD 2.1.1	>MB10:8	MB0:8	MB20:8
4	GD 3.1.1	MB20:10		>DB2.DBB0:10
5	GD 3.1.2	MB30:10		>QW0:5
6	GD			

图5-25　全局数据表

图 5-25 中的每一行的内容见表 5-3。

表 5-3 全局数据表的内容

行数	内容
1～2 行	CPU413-1 和 CPU313C 在 1、2 行组成 1 号 GD 环，分别向对方发送 GD 包，同时接收对方的 GD 包，相当于全双工通信方式
3 行	第 3 行是 CPU413-1 向 CPU313C 和 CPU312C 发送 GD 包，相当于 1:*N* 的广播通信方式
4～5 行	第 4 行和第 5 行是 CPU312C 向 CPU413-1 发送数据，它们属于 3 号 GD 环 1 号 GD 包中的两组数据

完成全局数据表的输入后，应执行“GD Table”→“Compile”菜单命令，如图 5-26 所示，对它进行第一次编译，将各单元的变量组合为 GD 包，同时生成 GD 环。

3. 设置扫描速率和状态双字的地址

扫描速率用来定义 CPU 刷新全局数据的时间间隔。在第一次编译后，执行“View”→“Scan Rates”菜单命令，每个数据包将增加标有“SR”的行，如图 5-27 所示，用来设置该数据包的扫描速率（1～255）。扫描速率的单位是 CPU 的循环扫描周期，S7-300 默认的扫描速率为 8，S7-400 的扫描速率为 22，用户可以修改默认的扫描速率。如果选择 S7-400 的扫描速率为 0，表示是事件驱动的 GD 发送和接收。

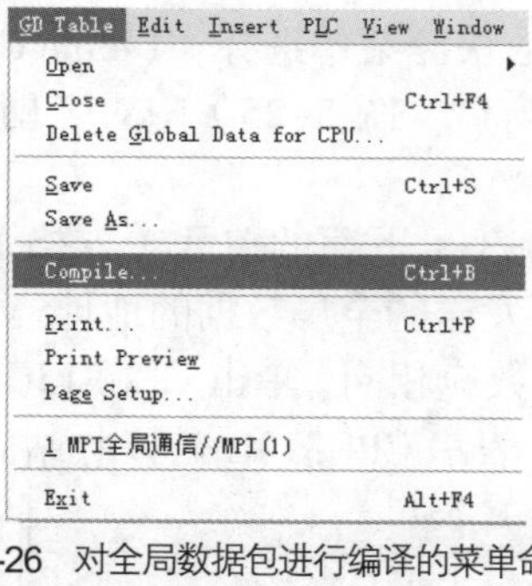

图5-26 对全局数据包进行编译的菜单命令

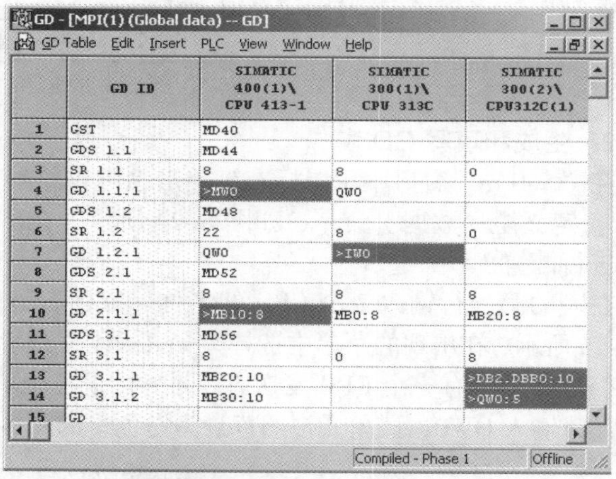

图5-27 第一次编译后的全局数据表

可以用 GD 数据传输的状态双字来检查数据是否被正确传送，第一次编译后执行“View”→“GD Status”菜单命令，如图 5-28 所示。在出现的 GDS 行中可以给每个数据包指定一个状态双字的地址，最上面一行的全局状态双字 GST 是各 GDS 行中的状态双字相“与”的结果。状态双字中使用的各位的意义见表 5-4，被置位的位保持其状态不变，直到它被用户程序复位。

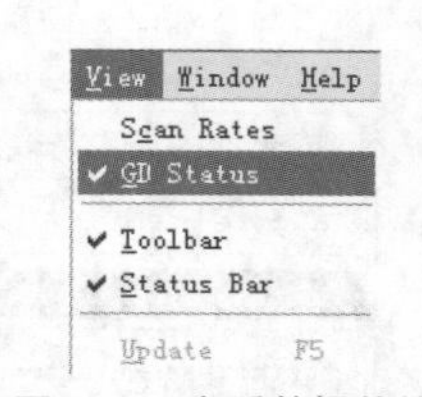

图5-28 查看数据传输状态双字的菜单命令

状态双字使用户程序能及时了解通信的有效性和实时性，增强了系统的故障诊断能力。

表 5-4 GD 通信状态双字

位号	说明	状态位设定者
0	发送方地址区长度错误	发送或接收 CPU
1	发送方找不到存储 GD 的数据块	发送或接收 CPU
3	全局数据包在发送方丢失 全局数据包在接收方丢失 全局数据包在链路上丢失	发送 CPU 发送或接收 CPU 接收 CPU
4	全局数据包语法错误	接收 CPU
5	全局数据包 GD 对象遗漏	接收 CPU
6	接收方和发送方数据长度不匹配	接收 CPU
7	接收方地址区长度错误	接收 CPU
8	接收方找不到存储 GD 的数据块	接收 CPU
11	发送方重新启动	接收 CPU
31	接收方接收到新数据	接收 CPU

5.4.4 事件驱动通信方法使用

使用 SFC 60 “GD_SEND” 和 SFC 61 “GD_RCV”，如图 5-29 所示，S7-400 可以用事件驱动的方式发送和接收 GD 包，进而实现全局通信。在全局数据表中，必须对要传送的 GD 包组态，并将扫描速率设置为 0。

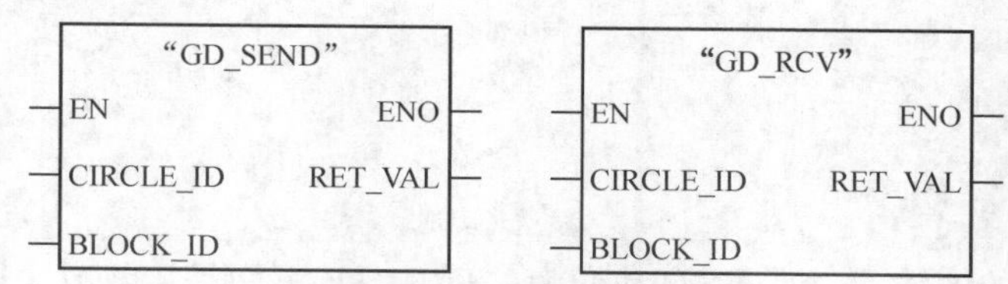

图5-29 事件驱动的全局数据通信命令

为了保证全局数据交换的连续性，在调用 SFC 60 之前应调用 SFC 39 “DIS_IRT” 或 SFC 41 “DIS_AIRT” 来禁止或延迟更高中断优先级的中断和异步错误。SFC 60 执行完后调用 SFC 40 “EN_IRT” 或 SFC 42 “EN_AIRT” 来确认高中断优先级的中断和异步错误。下面是用 SFC 60 发送 GD3.1 的程序。

```
Network 1: 延迟处理高中断优先级的中断和异步错误
      CALL  "DIS_AIRT"              //调用 SFC41，延迟处理高中断优先级的中断和异步错误
       RET_VAL:=MW100               //返回的故障信息
Network 2: 发送全局数据
      CALL  "GD_SEND"               //调用 SFC60
       CIRCLE_ID:=B#16#3            //GD 环编号，允许值为 1～16
       BLOCK_ID :=B#16#1            //GD 包编号，允许值为 1～4
       RET_VAL  :=MW102             //返回的故障信息
Network 3: 允许处理高中断优先级的中断和异步错误
      CALL  "EN_AIRT"               //调用 SFC42，允许处理高中断优先级的中断和异步错误
       RET_VAL:=MW104               //返回的故障信息
```

CIRCLE_ID 和 BLOCK_ID 分别是要发送的全局数据包的 GD 环和 GD 包的编号，允许的取值范围可查阅 CPU 的技术数据。上述编号是用 STEP 7 配置 GD 数据表时设置的。

RET_VAL 是返回的故障信息，故障信息代码可以查阅相关的文献。

5.4.5 不用连接组态的 MPI 通信

不用连接组态的 MPI 通信用于 S7-300 之间、S7-300 与 S7-400 之间、S7-300/400 与 S7-200 之间的通信，是一种应用广泛的通信方式。

1. 需要双方编程的 S7-300/400 之间的通信

首先建立一个项目，对两个 PLC 的 CPU 进行 MPI 网络组态，假设 A 站和 B 站的 MPI 地址分别设置为 2 和 3。下面程序的功能是将 A 站中 M20～M24 中的数据发送到 B 站的 M30～M34。

在 A 站的循环中断组织块 OB35 中调用系统功能 SFC 65 “X_SEND”，将 MB20～MB24 中 5B 的数据发送到 B 站。在 B 站的 OB1 中调用系统功能 SFC 66 “X_RCV”，接收 A 站发送的数据，并存放到 MB30～MB34 中。

下面是发送方 A 站的 OB35 中的程序：

```
Network 1：通过 MPI 发送数据
      CALL  "X_SEND"
       REQ     :=TRUE               //激活发送请求
       CONT    :=TRUE               //发送完成后保持连续
       DEST_ID:=W#16#3              //接收方的 MPI 地址
       REQ_ID  :=DW#16#1            //任务标识符
       SD      :=P#M 20.0 BYTE 5    //本地 PLC 发送区
       RET_VAL:=LW0
       BUSY    :=L2.0               //=1：发送未完成
```

REQ 等号之后的值输入“1”后自动变为“TRUE”。下面是接收方（B 站）的 OB1 中的程序。

```
Network 1：从 MPI 接收数据
      CALL  "X_RCV"
       EN_DT   :=TRUE               //将接收到的数据复制到接收区
       RET_VAL:=LW0                 //返回的错误代码，=W#16#7000 时无错误
       REQ_ID  :=LD2                //SFC 65“X_SEND”的任务标识符
       NDA     :=L6.0               //为 0 没有新的排队数据；为 1 且 EN_DT 为 1 新数据被复制
       RD      :=P#M 30.0 BYTE 5    //本地 PLC 的数据接收区
```

2. 只需一个站编程的 S7-300/400 之间的通信

假设 A 站和 B 站的 MPI 地址分别为 2 和 3，B 站不用编程，在 A 站的循环中断组织块 OB35 中调用发送功能 SFC 68 “X_PUT”，将 MB40～MB49 中 10B 的数据发送到 B 站 MB50～MB59 中。同时 A 站调用接收功能 SFC 67 “X_GET”，将对方的 MB60～MB69 中 10B 的数据读入到本站 MB70～MB79 中。下面是 A 站 OB35 的程序。

```
Network 1：用 SFC 68 从 MPI 发送数据
       CALL  "X_PUT"
```

```
        REQ     :=TRUE                    //激活发送请求
        CONT    :=TRUE                    //发送完成后保持连接
        DEST_ID :=W#16#3                  //接收方的 MPI 地址
        VAR_ADDR:=P#M 50.0 BYTE 10        //对方的数据接收区
        SD      :=P#M 40.0 BYTE 10        //本地的数据发送区
        RET_VAL :=LW0                     //返回的故障信息
        BUSY    :=L2.1                    //为 1，发送未完成
Network 2: 用 SFC 67 从 MPI 读取对方的数据到本地 PLC 的数据区
        CALL  "X_GET"
        REQ     :=TRUE                    //激活请求
        CONT    :=TRUE                    //接收完成后保持连接
        DEST_ID :=W#16#3                  //对方的 MPI 地址
        VAR_ADDR:=P#M 60.0 BYTE 10        //要读取对方的数据区
        RET_VAL :=LW4                     //返回的故障信息
        BUSY    :=L2.2                    //为 1，发送未完成
        RD      :=P#M 70.0 BYTE 10        //本地的数据接收区
```

SFC 69 “X_ABORT” 可以中断一个由 SFC “X_SEND”“X_GET” 或 “X_PUT” 建立的连接。如果上述 SFC 的工作已完成，即 BUSY=0，调用 SFC 69 “X_ABORT” 后，通信双方的链接资源被释放。

5.5　AS-i 网络通信

AS-i 是用于现场自动化设备（即传感器和执行器）的双向数据通信网络，位于工厂自动化网络的最底层。AS-i 已被列入 IEC 62026 国际标准的第 2 部分。AS-i 特别适用于连接需要传送开关量的传感器和执行器等设备。例如，读取各种接近开关、光电开关、压力开关、温度开关、物料位置开关的状态，控制各种阀门、声光报警器、继电器盒接触器等，AS-i 也可以传送模拟量数据。

5.5.1　网络结构概况

AS-i 属于主从式网络，每个网段只能有一个主站（图 5-30）。主站是网络通信的中心，负责网络的初始化以及设置从站的地址和参数等。它具有错误校验功能，发现传输错误将重发报文。传输的数据很短，一般只有 4 位。

网络结构概况

AS-i 从站是 AS-i 系统的输入通道和输出通道，它们仅在被 AS-i 主站访问时才被激活。接到命令时，它们触发动作或者将信息传送给主站。

AS-i 电源模块的额定电压为 DC 24V，最大输出电流为 2A。AS-i 所有分支电路的最大总长度为 100m，可以用中继器延长。传输介质可以是屏蔽的或非屏蔽的两芯电缆，支持总线供电，即两根电缆同时可以做信号线和电源线。网络树形结构允许电缆中任意点作为新分支的起点。

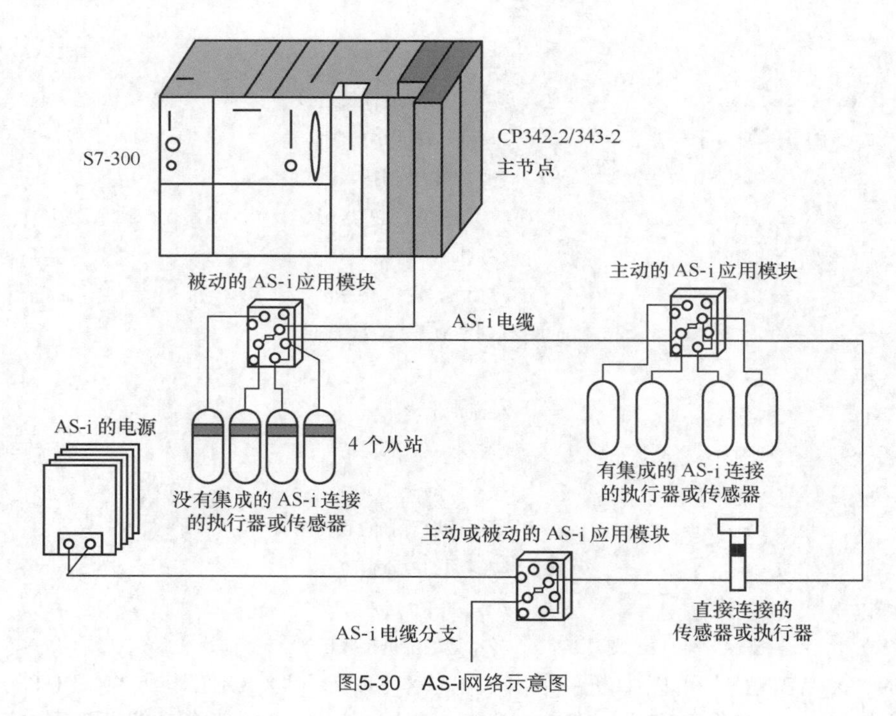

图5-30　AS-i网络示意图

5.5.2　寻址方式分类

1. 标准寻址模式

AS–i 的节点（从站）地址为 5 位二进制数，每一个标准从站占一个 AS–i 地址，最多可以连接 31 个从站，地址 0 仅供产品出厂时使用，在网络中应改用别的地址。每一个标准 AS–i 从站可以接收 4 位数据或发送 4 位数据，所以一个 AS–i 总线网段最多可以连接 124 个二进制输入点和 124 个输出点，对 31 个标准从站的典型轮询时间为 5ms，因此 AS–i 适用于工业过程开关量高速输入/输出的场合。

寻址方式分类

用于 S7–200 的通信处理器 CP242–2 和用于 S7–300、ET 200M 的通信处理器 CP342–2 都属于标准 AS–i 主站。

2. 扩展的寻址模式

在扩展的寻址模式中，两个从站分别作为 A 从站和 B 从站，使用相同的地址，这样使可寻址从站的最大个数增加到 62 个。由于地址的扩展，使用扩展寻址模式时，每个从站的二进制输出减少到 3 个，每个从站最多 4 点输入和 3 点输出。一个扩展的 AS–i 主站可以操作 186 个输出点和 248 个输入点。使用扩展寻址模式时对从站的最大轮询时间为 10ms。

5.5.3　主从通信方式

AS–i 是单主站系统，AS–i 通信处理器（CP）作为主站控制现场的通信过程。主从通信过程如图 5–31 所示，主站轮流询问每个从站，询问后等待从站的响应。

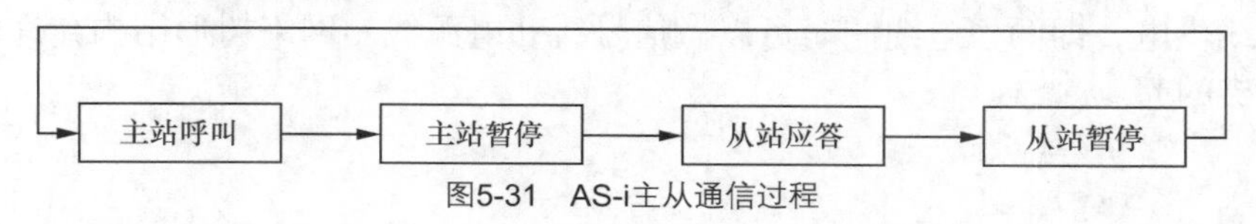

图5-31　AS-i主从通信过程

地址是 AS–i 从站的标识符，可以用专用的地址单元或主站来设置各从站的地址。

AS–i 使用电流调制的传输技术保证了通信的高可靠性。主站如果检测到传输错误或从站的故障，将会发送报文给 PLC，提醒用户进行处理。在正常运行时增加或减少从站，不会影响其他从站的通信。

根据扩展的 AS–i 接口技术规范 V2.1 最多允许连接 62 个从站，主站可以对模拟量进行处理。AS–i 的报文主要有主站呼叫发送报文和从站应答报文，如图 5–32 所示。在主站呼叫发送报文中，ST 是起始位，其值为 0。SB 是控制位，为 0 或为 1 时分别表示传送的是数据或命令。A4～A0 是从站地址，I4～I0 为数据位。PB 是奇偶校验位，在报文中不包括结束位在内各位中 1 的个数应为偶数。EB 是结束位，其值为 1。在 7 个数据位组成的从站应答报文中，ST、PB 和 EB 的意义与取值与主站呼叫发送报文的相同。

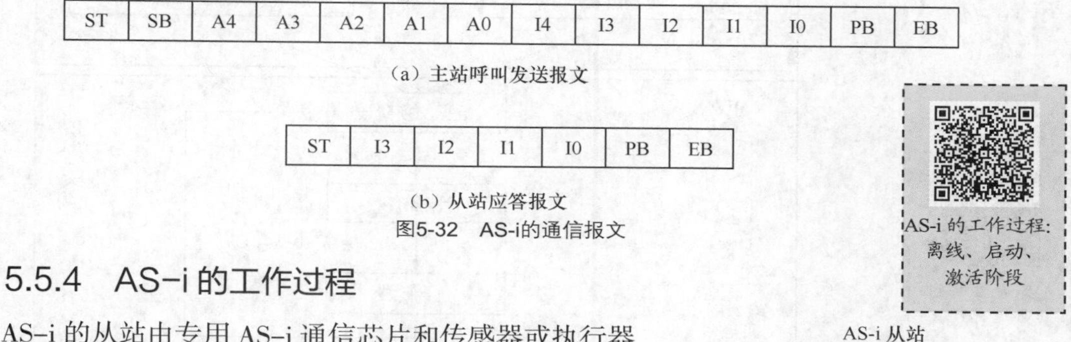

图5-32　AS-i的通信报文

AS-i 的工作过程：离线、启动、激活阶段

5.5.4　AS–i 的工作过程

AS–i 的从站由专用 AS–i 通信芯片和传感器或执行器部分组成。AS–i 的从站包括以下功能单元：电源供给单元、通信的发送器和接收器、微处理器、数据输入/输出单元、参数输出单元和 EEPROM 存储器芯片，如图 5–33 所示。微处理器是实现通信功能的核心，接收来自主站的呼叫发送报文，对报文进行解码和出错检查，实现主、从站之间的双向通信，把接收到的数据传送给传感器和执行器，向主站发送响应报文。

AS-i 从站
I/O 数据
参数
组态数据
地址

图5-33　AS-i从站

AS–i 的工作阶段示意图如图 5–34 所示。

1. 离线阶段

离线阶段又称为初始化模式，在该阶段设置主站的基本状态。模块上电后或重新启动后被初始化。在初始化期间，所有从站输入和输出数据的映像被设置为 0（未激活）。

2. 启动阶段

在启动阶段，主站检测 AS–i 电缆上连接有哪些从站以及它们的型号。厂家制造 AS–i 从站时通过组态数据，将从站型号永久地保存在从站中，主站可以请求上传这些数据。状态文件中包含了 AS–i 从站的 I/O 分配情况和从站的类型（ID 代码）。主站将检测到的从站存放在检测到的从站列表中。

3. 激活阶段

在激活阶段，主站检测到 AS–i 从站后，通过发送特殊的呼叫激活这些从站。主站处于组

态模式时，所有地址不为 0 的从站被激活。在这一模式，可以读取实际值并将它们作为组态数据保存。主站处于保护模式时，只有储存在主站组态中的从站被激活。如果在网络上发现的实际组态不同于期望的组态，主站将显示出来。主站把激活的从站存入被激活的从站表中。

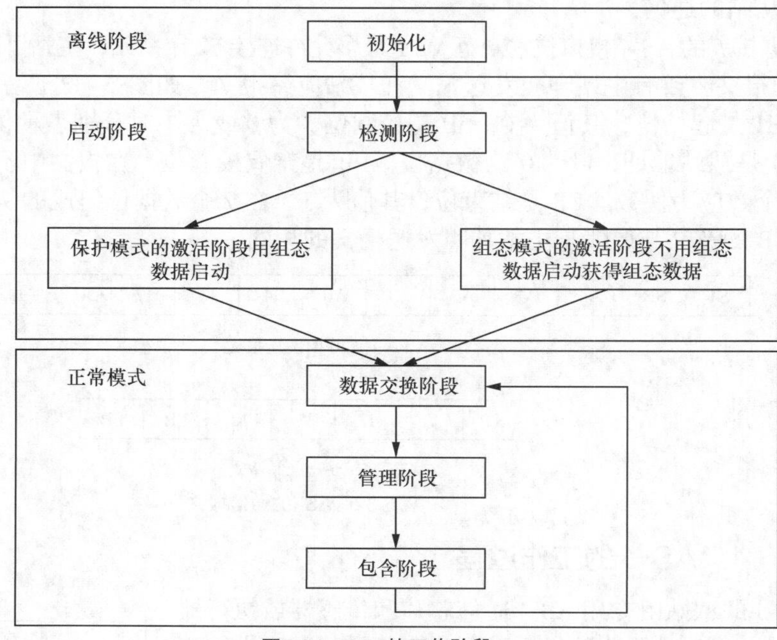

图5-34　AS-i的工作阶段

AS-i 的工作过程：工作模式

4. 工作模式

启动阶段结束后，AS–i 主站切换到正常循环工作模式。

（1）数据交换阶段

在正常模式下，主站将周期性地发送输出数据给各从站，并接收它们返回的应答报文，即输入数据。如果检测出传输过程中出现错误，主站将重复发出询问。

（2）管理阶段

在这一阶段，处理和发送可能用到的控制应用任务，将 4 个参数位发送给从站，例如设置门限值、改变从站的地址。

（3）包含阶段

在这一阶段，新加入的 AS–i 从站将被更新到主站已检测到的从站列表中，如果它们的地址不为 0，将被激活。主站如果处于保护模式，只有储存在主站期望组态中的从站可以被激活。

5.6　工业以太网概况

工业以太网是为工业应用专门设计的，是遵循国际标准 IEEE 802.3（Ethernet）开放式、多供应商、高性能的区域和单元网络。工业以太网已经广泛应用于控制网络最高层，并且有向控制网络中间层和底层（现场层）发展的趋势。

企业内部互联网（Intranet）、外部互联网（Extranet）以及国际互联网（Internet）不但进入了办公室领域，而且已经广泛应用于生成和过程自动化。继 10Mbit/s 以太网成功运行之后，具

有交换功能、全双工和自适应的 100Mbit/s 高速以太网（Fast Ethernet，符合 IEEE 802.3u 标准）也已成功运行多年。SIMATIC NET 可以将控制网络无缝集成到管理网络和互联网中。

工业以太网可以采用下面的方案，如图 5-35 所示。

工业以太网概况

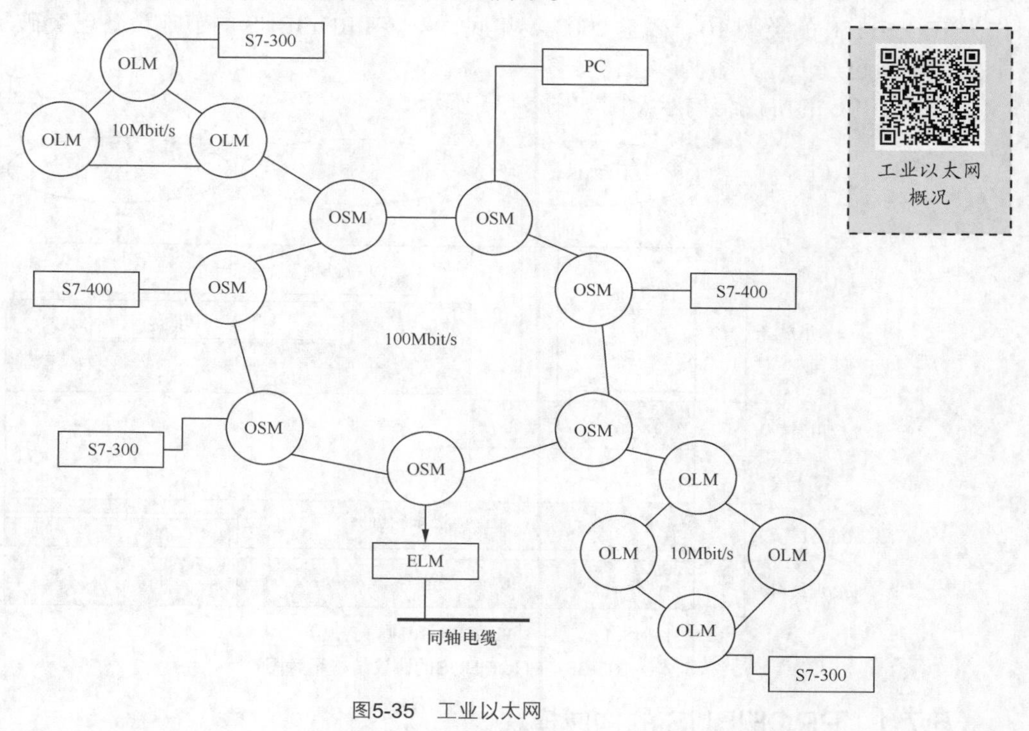

图5-35　工业以太网

网络以三同轴电缆作为传输介质，由若干条总线段组成，每段的最大长度为 500m。一条总线段最多可以连接 100 个收发器，可以通过中继器接入更多的网段。

网络为总线型结构，因为采用了无源设计和一致性接地的设计，极其坚固耐用。网络中各设备共享 10Mbit/s 带宽。

三同轴电缆网络又分别带 1 个或 2 个终端设备接口的收发器，中继器用来将最长 500m 的分支网段接入网络中。

双绞线和光纤网络的传输速率为 10Mbit/s，可以是总线型或星形拓扑结构，使用光纤连接模块（OLM）和电气连接模块（ELM）。

OLM 和 ELM 是安装在 DIN 导轨上的中继器，它们遵循 IEEE 820.3 标准，带有 3 个工业双绞线接口，OLM 和 ELM 分别有 2 个和 1 个 AUI 接口。在一个网络中最多可以连 11 个 OLM 或 13 个 ELM。

高速工业以太网的传输速率为 100Mbit/s，使用光纤交换模块（OSM）或电气交换模块（ESM）。工业以太网与高速工业以太网的数据格式、CSMA/CD 访问方式和使用的电缆都是相同的，但高速以太网最好用交换模块来构建。

5.7　PROFIBUS 介绍

PROFIBUS 已被纳入现场总线的国际标准 IEC 61158 和欧洲标准 EN 50170，并于 2001 年被定为我国机械行业的行业标准（JB/T 10308.3—2001）。PROFIBUS 在 1999 年 12 月通过的 IEC 61156 中被称为 Type 3，PROFIBUS 的基本部分称为 PROFIBUS-V0。在 2002 年新版的 IEC 61156 中增加了 PROFIBUS-V1、PROFIBUS-V2 和 RS-485IS 等内容。新增的 PROFINet 规范作为 IEC 61158 的类型 10。截至 2003 年年底，安装 PROFIBUS 的节点设备已突破了 1000 万个，在中国超过 150 万个。

PROFIBUS 的协议结构示意图如图 5-36 所示。

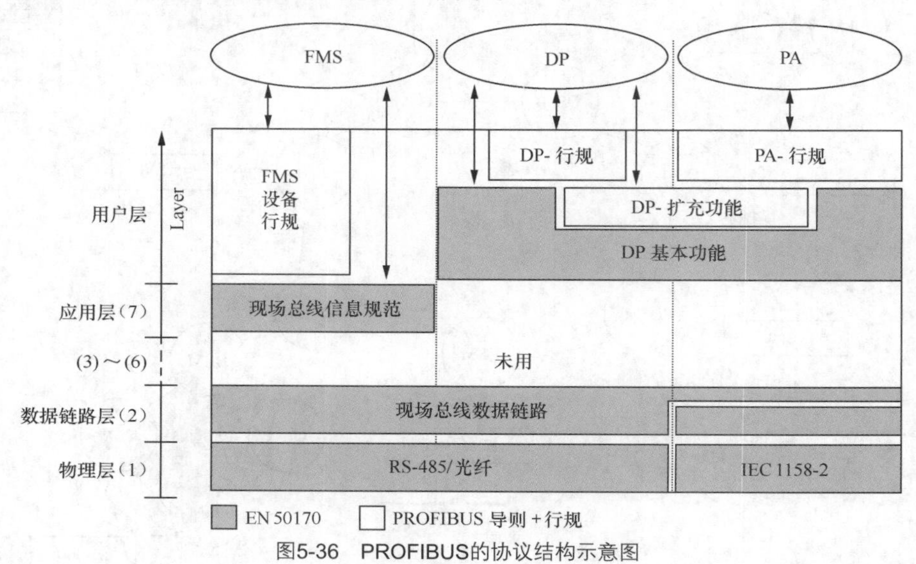

图5-36　PROFIBUS的协议结构示意图

5.7.1　PROFIBUS 的构成模块

1. PROFIBUS-FMS（Fieldbus Message Specification，现场总线报文规范）

它主要用于系统级和车间级不同供应商的自动化系统之间的数据传输，处理单元级（PLC 和 PC）的多主站数据通信，如图 5-37 所示。

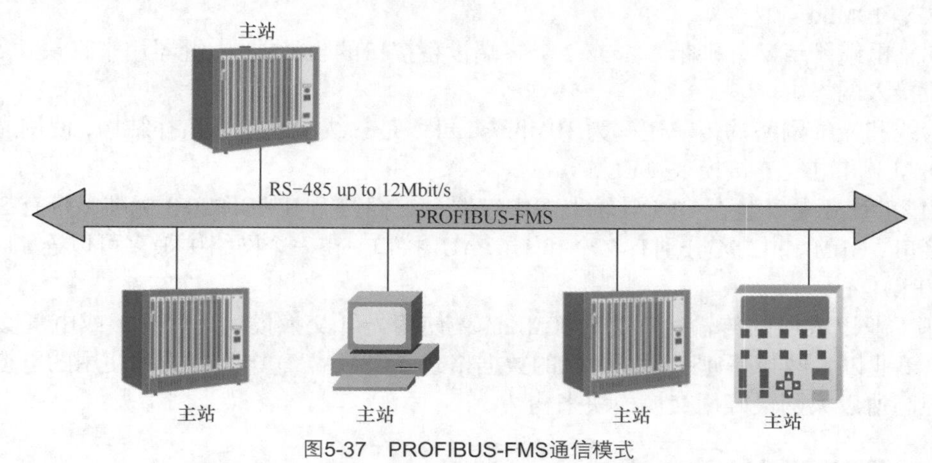

图5-37　PROFIBUS-FMS通信模式

2. PROFIBUS-DP（Decentralized Periphery，分布式外围设备）

它用于自动化系统中单元级控制设备与分布式 I/O（例如 ET 200）的通信。主站之间的通

信为令牌方式，主站与从站之间为主从方式以及这两种方式的混合通信，如图 5-38 所示。

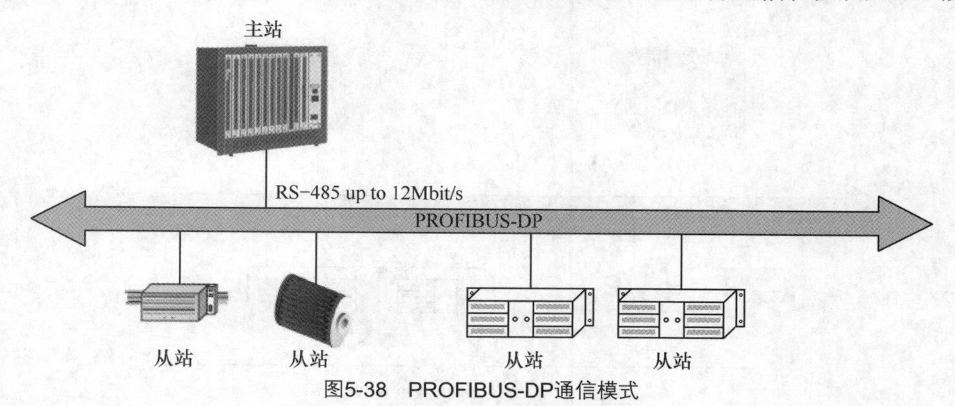

图5-38　PROFIBUS-DP通信模式

3. PROFIBUS-PA（Process Automation，过程自动化）

它用于过程自动化的现场传感器和执行器的低速数据传输，使用扩展的 PROFIBUS-DP 协议。传输技术采用 IEC 1158-2 标准，可以用于防爆区域传感器和执行器与中央控制系统的通信。使用屏蔽双绞线电缆连接，由总线提供电源，如图 5-39 所示。

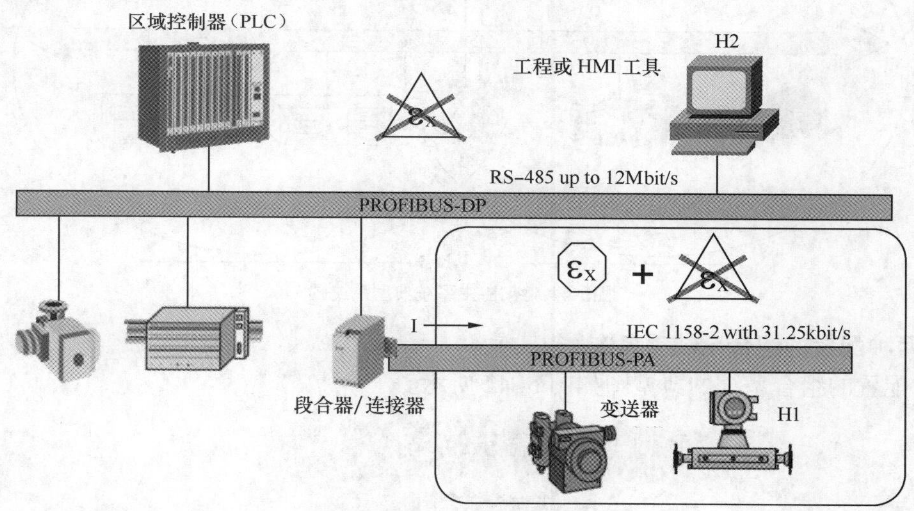

图5-39　PROFIBUS-PA通信模式

5.7.2　PROFIBUS 介质存取协议

PROFIBUS 通信规程采用了统一的介质存取协议，此协议由 OSI 参考模型的第 2 层来实现。

使用介质存取方式时，PROFIBUS 可以实现以下 3 种系统配置。

1. 纯主-从系统（单主站）

单主系统可实现最短的总线循环时间。以 PROFIBUS-DP 系统为例，一个单主系统由一个 DP-1 类主站和 1～125 个 DP-从站组成，典型系统如图 5-40 所示。

2. 纯主-主系统（多主站）

若干个主站可以用读功能访问一个从站。以 PROFIBUS-DP 系统为例，多主系统由多个主设备（1 类或 2 类）和 1～124 个 DP-从设备组成，典型系统如图 5-41 所示。

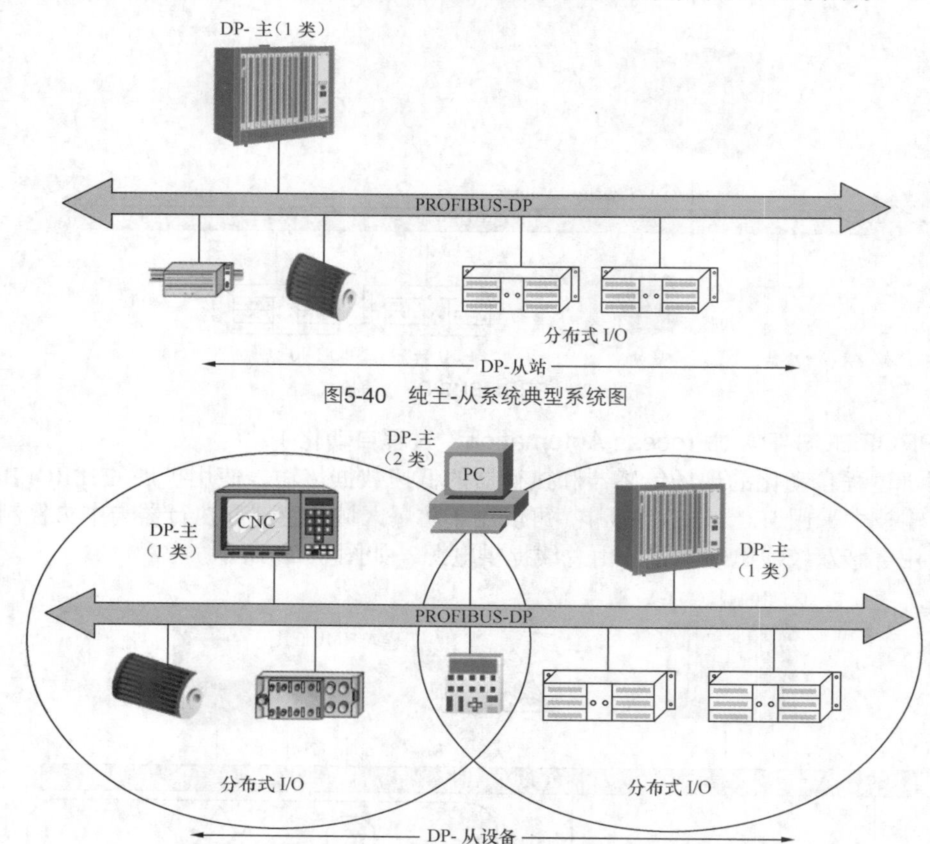

图5-40　纯主-从系统典型系统图

图5-41　纯主-主系统典型系统图

3. 两种配置的组合系统（多主-多从）

两种配置的组合系统的典型图如图 5-42 所示。

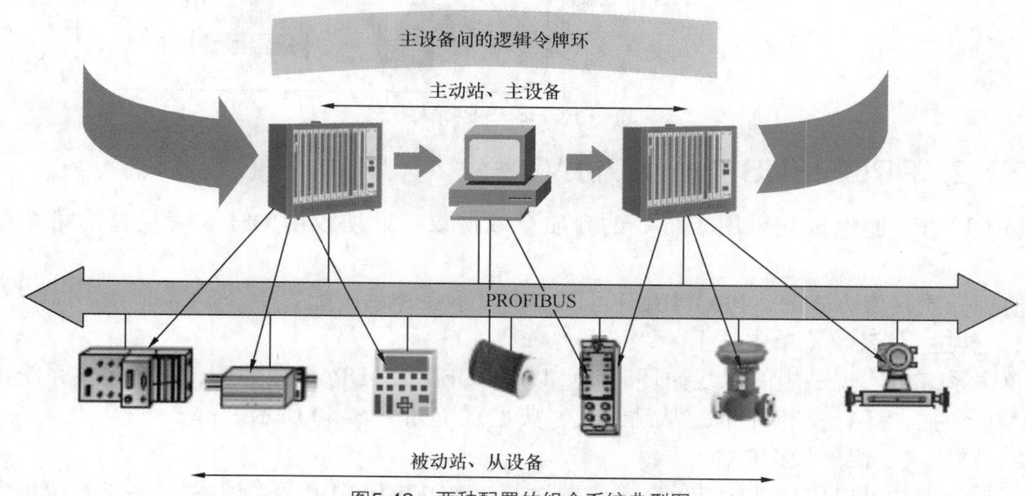

图5-42　两种配置的组合系统典型图

5.7.3 PROFIBUS-DP 设备简介

PROFIBUS-DP 设备可以分为以下几类。

1. 1 类 DP 主站

1 类 DP 主站（DPM1）是系统的中央控制器，DPM1 与 DP 从站循环地交换信息，并对总线通信进行控制。

2. 2 类 DP 主站

2 类 DP 主站（DPM2）是 SP 网络中的编程、诊断和管理设备。DPM2 除了具有 1 类主站的功能外，还可以读取 DP 从站的输入/输出数据和当前的组态数据，并能够给 DP 从站分配新的总线地址。

3. DP 从站

DP 从站是进行输入信息采集和输出信息发送的外围设备，DP 从站只与组态它的 DP 主站交换用户数据，可以向该主站报告本地诊断中断和过程中断。

5.7.4 PROFIBUS 的通信协议

1. PROFIBUS 的数据链路层

PROFIBUS 的总线存取方式如图 5-43 所示。

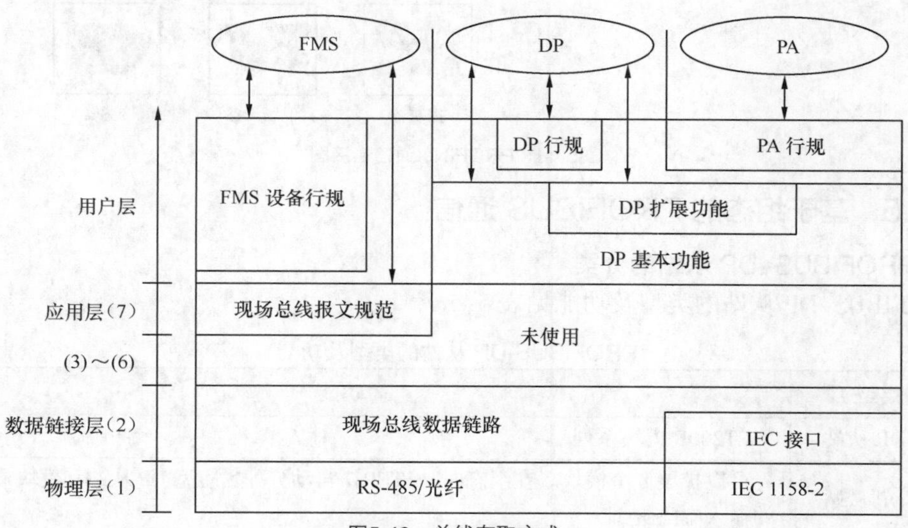

图5-43 总线存取方式

在总线的存取中，有两个基本要求。

1）保证在确切时间间隔中，任何一个站点都有足够的时间来完成通信任务。

2）尽可能简单快速地完成数据的实时传输，因通信协议而增加的数据传输时间应尽量少。

DP 主站与 DP 从站间的通信基于主从传递原理，DP 主站按轮询表依次访问 DP 从站。报文循环由 DP 主站发出的请求帧（轮询报文）和 DP 从站返回的响应帧组成。

2. PROFINet

PROFINet 提供了一种全新的工程方法，即基于组件对象模型（COM）的分布式自动化技术。它以微软的 OLE/COM/DCOM 为技术核心，最大限度地实现了开放性和可扩展性。向下兼容传统工控系统，使分散职能设备组成自动化系统模块化。PROFINet 指定了 PROFIBUS 与国际 IT 标准之间开放和透明的通信；提供了包括设备层和系统层的完整系统模型，保证了 PROFIBUS 和 PROFINet 之间的透明通信。PROFINet 支持从办公室到工业现场的信息集成，其通信连接图如图 5-44 所示。

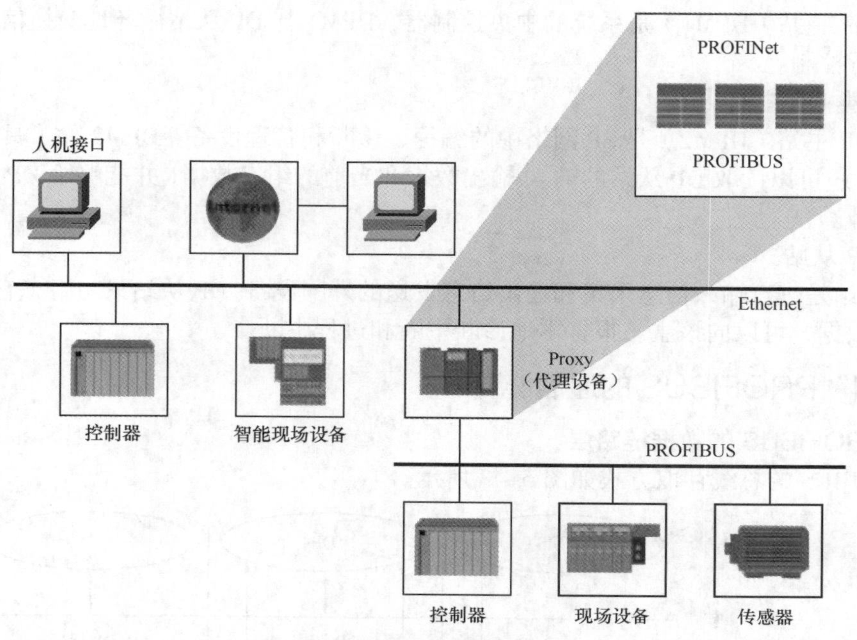

图5-44 PROFINet通信连接图

5.7.5 基于组态的 PROFIBUS 通信

1. PROFIBUS-DP 从站的分类

PROFIBUS-DP 从站的类型及功能见表 5-5。

表 5-5 PROFIBUS-DP 从站的类型及功能

从站类型	功能
紧凑型 DP 从站	ET200B 模块系列
模块式 DP 从站	可以扩展 8 个模块。在组态时，STEP 7 自动分配紧凑型 DP 从站和模块式 DP 从站的输入/输出地址
智能从站（I 从站）	某些型号的 CPU 可以作为 DP 从站。智能 DP 从站提供给 DP 主站的输入/输出区域不是实际的 I/O 模块使用的 I/O 区域，而是从站 CPU 专门用于通信的输入/输出映像区

2. PROFIBUS-DP 网络的组态

通过以下实例来介绍 PROFIBUS-DP 网络组态的步骤。

在本例中，主站是 CPU416-2DP，将 DP 从站 ET 200B-16DI/16DO、ET 200M 和作为智能从站的 CPU315-2DP 连接起来，其传输速率为 1.5Mbit/s。

1）生成一个 STEP 7 项目 DP 主从通信 1，如图 5-45 所示。

2）设置 PROFIBUS 网络。鼠标右键单击“DP 主从通信 1”对象，在弹出的快捷菜单中选择 Insert New Object→PROFIBUS 命令，如图 5-46 所示，生成网络对象 PROFIBUS(1)。

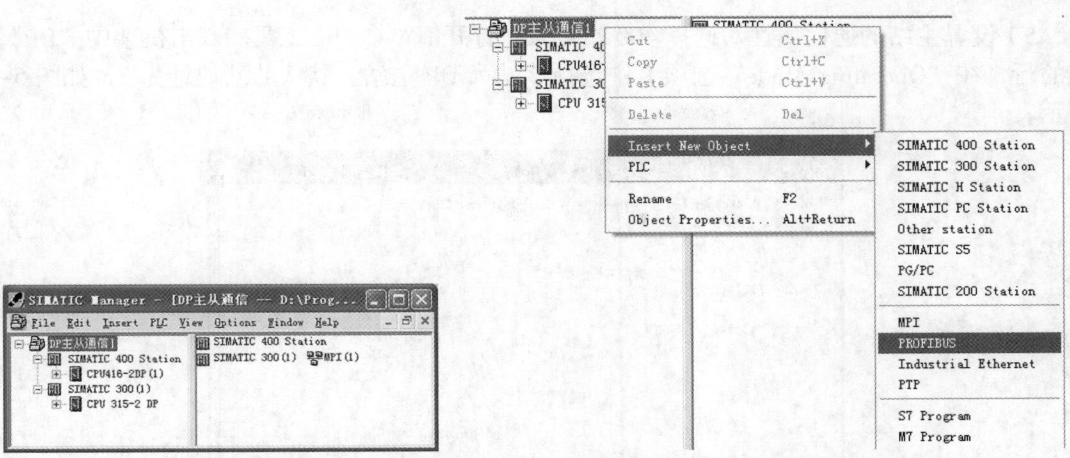

图5-45　SIMATIC管理器　　　　图5-46　插入一个网络对象PROFIBUS

3）双击网络对象 PROFIBUS(1)，打开的网络组态工具 NetPro 窗口，如图 5-47 所示。

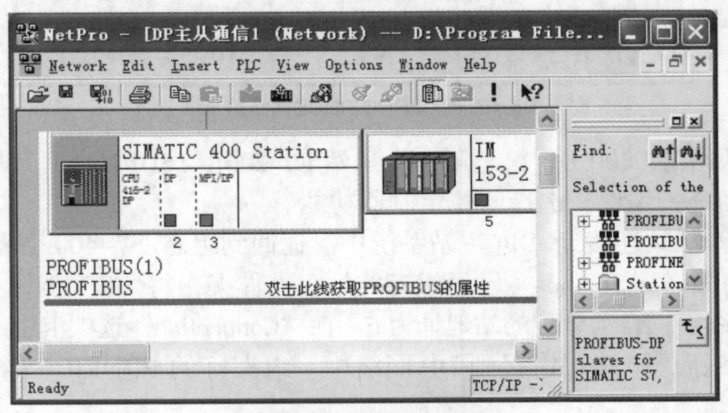

图5-47　打开的网络组态工具NetPro

4）双击图 5-47 中的 PROFIBUS 网络线，设置传输速率为 1.5Mbit/s，总线行规为 DP，最高站地址使用默认值 126，如图 5-48 所示。

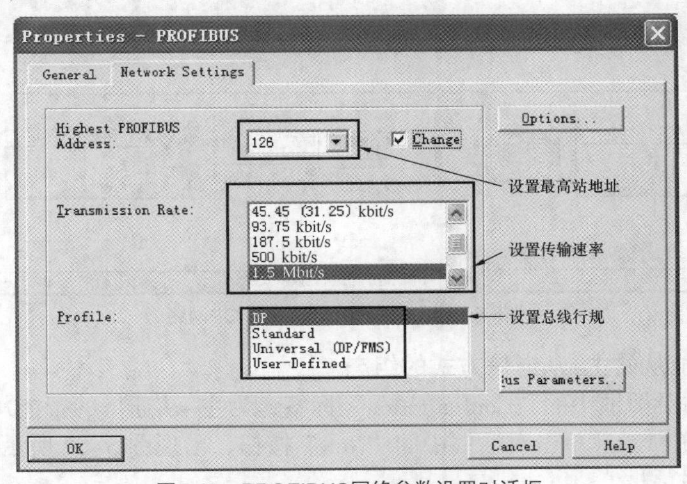

图5-48　PROFIBUS网络参数设置对话框

5）设置主站的通信属性。选择 400 站对象，打开 HW Config 工具。双击机架中“DP”所在的行，在“Operating Mode”选项卡中选择该站为 DP 主站。默认的站地址为 2，如图 5-49 所示。

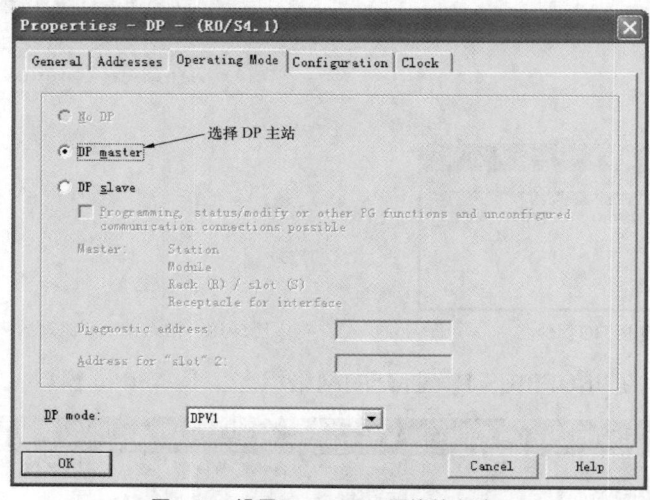

图5-49　设置PROFIBUS网络的主站

6）组态 DP 从站 ET 200 B。组态第一个从站 ET 200B-16DI/16DO，设置站地址为 4。各站的输入/输出自动统一编址，选择监控定时器功能。

7）将智能 DP 从站连接到 DP 主站系统中。返回到组态 S7-400 站硬件的屏幕。打开\PROFIBUS-DP\Configured Stations（已经组态的站）文件夹，将“CPU31×”拖到屏幕左上方的 PROFIBUS 网络线上，自动分配的站地址为 6。在“Connection”选项卡中选中 CPU315-2DP，单击“Connect”按钮，该站被连接到 DP 网络中。组态好的 PROFIBUS-DP 网络如图 5-50 所示。

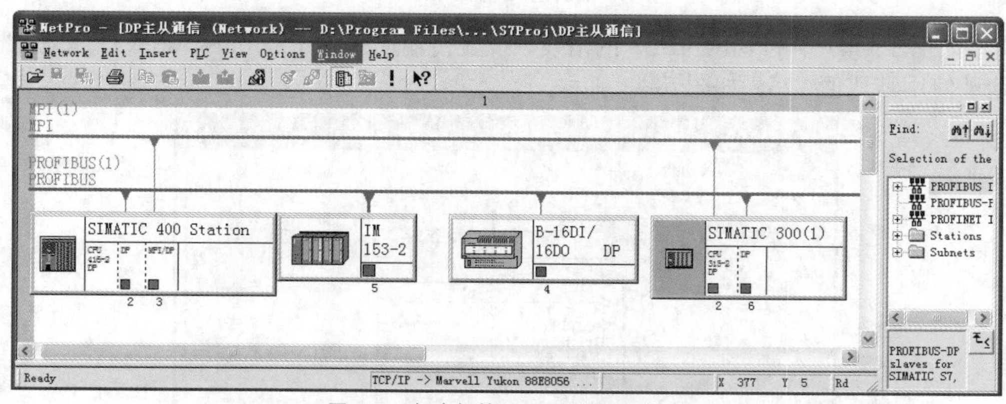

图5-50　组态好的PROFIBUS-DP网络

3. 主站与智能从站主-从通信方式的组态

单击 DP 从站对话框中的“Configuration”标签，为主-从通信的智能从站配置输入/输出区地址，如图 5-51 所示。单击对话框中的“New”按钮，出现图 5-52 所示的设置 DP 从站输入/输出区地址的对话框。

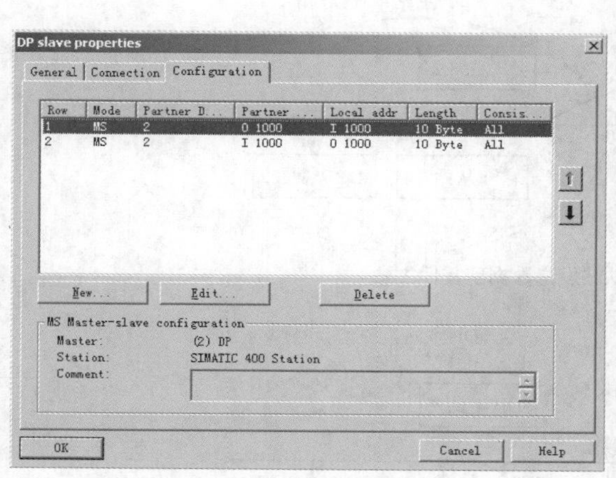

图5-51　DP主-从通信地址的组态

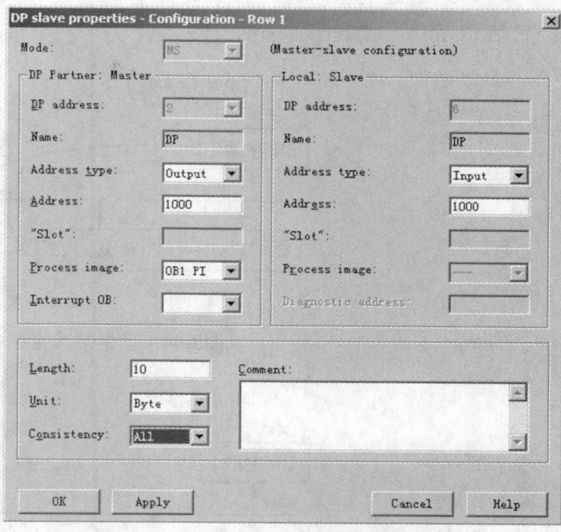

图5-52　DP从站输入/输出区地址对话框

4. 直接数据交换通信方式的组态

直接数据交换（Direct Data Exchange）简称为 DX，又称为交叉通信。在直接数据交换通信的组态中，智能 DP 从站或 DP 主站的本地输入地址区被指定为 DP 通信伙伴的输入地址区。智能 DP 从站或 DP 主站从这些地址输入区来接收 PROFIBUS-DP 通信伙伴发送给它的 DP 主站的输入数据。在选型时应注意某些 CPU 没有直接数据交换功能。

1）单主站系统中 DP 从站发送数据到智能从站（I 从站），其示意图如图 5-53 所示。使用这种组态，从 DP 从站来的输入数据可以迅速传送给 PROFIBUS-DP 子网智能从站（I 从站）。所有 DP 从站或其他职能从站原则上都能提供用于 DP 从站之间直接数据交换的数据，只有智能 DP 从站才能接收这些数据。

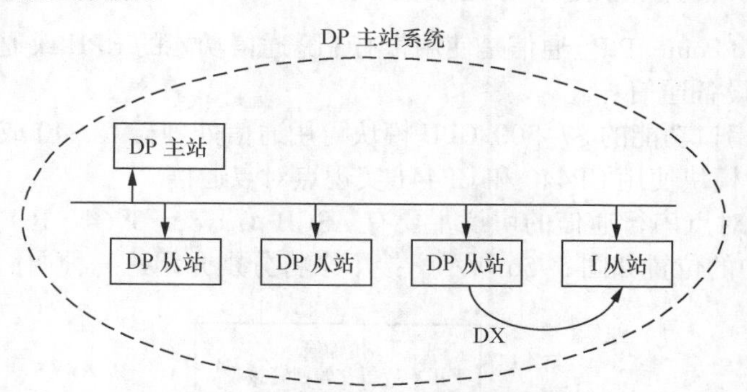

图5-53　单主站系统中DP从站发送数据到智能从站

2）多主站系统中从站发送数据到其他主站，如图 5-54 所示。同一个物理 PROFIBUS-DP 子网中有几个 DP 主站的系统称为多主站系统。智能 DP 从站或简单 DP 从站的输入数据，可以被同一物理 PROFIBUS-DP 子网中不同 DP 主站系统的主站直接读取。这种通信方式也叫作“共享输入”，因为输入数据可以跨 DP 主站系统使用。

3）多主站系统中从站发送数据到智能从站，如图 5-55 所示。在这种组态下，DP 从站的输入数据可以被同一物理 PROFIBUS-DP 子网的智能从站读取。而这个智能从站可以在同一个主站系统或其他主站系统中。

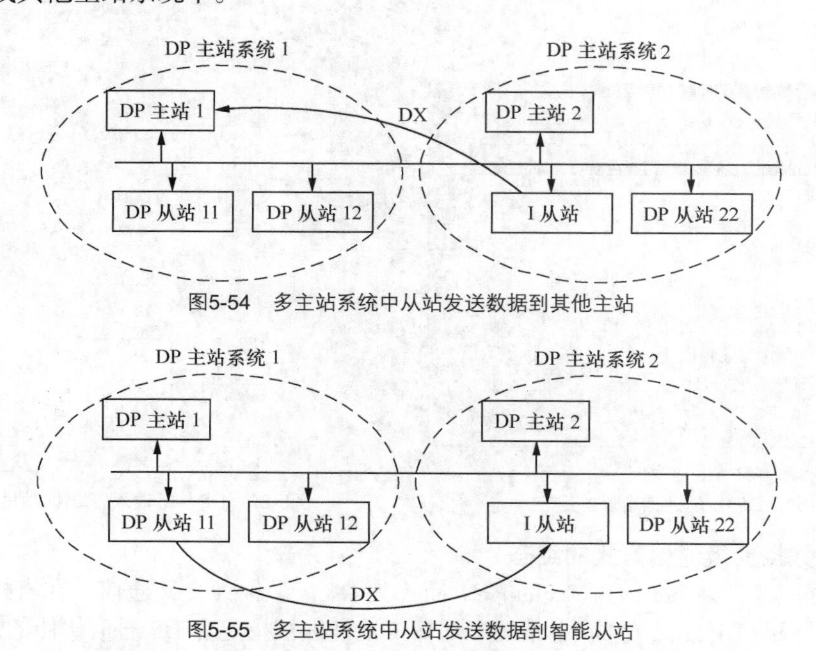

图5-54　多主站系统中从站发送数据到其他主站

图5-55　多主站系统中从站发送数据到智能从站

原则上所有 DP 都可以提供用于 DP 从站之间进行直接数据交换的输入数据，这些输入数据只能被智能 DP 从站使用。

5.8　点对点通信

5.8.1　点对点通信的硬件与通信协议

点对点（Point to Point，PtP）通信是使用带有 PtP 通信功能的 CPU 或通信处理器，与 PLC、计算机等带串口的设备通信。

没有集成 PtP 串口功能的 S7-300 CPU 模块可用通信处理器 CP340 或 CP341 实现点对点通信。S7-400 CPU 模块使用 CP440 和 CP441 实现点对点通信。

S7-300/400 点对点串行通信的协议主要有 ASCII Driver、3964（R）和 RK512。它们在 ISO 7 层参考模型中的位置如图 5-56 所示，接下来将分别介绍这三种通信协议。

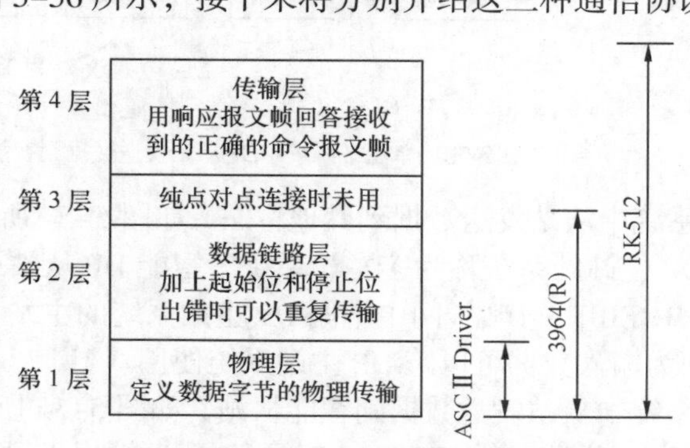

图5-56　PtP协议在ISO参考模型中的位置

5.8.2　ASCII Driver 通信协议

1. ASCII Driver 的报文帧格式

ASCII Driver 用于控制 CPU 和一个通信伙伴之间点对点连接的数据传输，可以将全部发送报文帧发送到 PtP 接口，提供一种开放式的报文帧结构。接收方必须在参数中设置一个报文帧的结束判据，发送报文帧的结构可能不同于接收报文帧的结构。

使用 ASCII Driver 可以发送和接收开放式的数据（所有可以答应的 ASCII 字符），8 个数据位的字符帧可以发送和接收 00～FFH 之间的所有字符；7 个数据位的字符帧可以发送和接收所有 00～7FH 之间的所有字符。

ASCII Driver
通信协议

ASCII Driver 可以用结束字符、帧的长度和字符延迟时间作为报文帧结束的判据。用户可以在 3 个结束判据中选择一个。

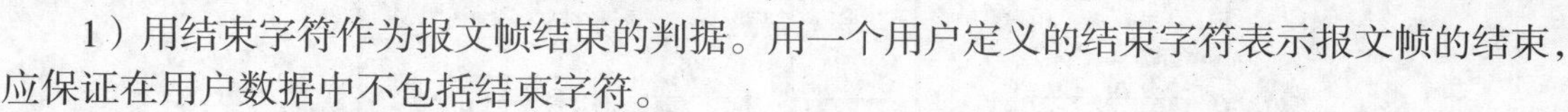

1）用结束字符作为报文帧结束的判据。用一个用户定义的结束字符表示报文帧的结束，应保证在用户数据中不包括结束字符。

2）用固定的字节长度（1～1024 个字节）作为报文帧结束的判据。如果在接收完设置的字符之前，字符延迟时间到，将停止接收，同时生成一个出错报文。接收到的字符长度大于设置的固定长度，多余的字符将被删除。接收到的字符长度小于设置的固定长度，报文帧将被删除。

3）用字符延迟时间作为报文帧结束的判据。报文帧没有设置固定的长度和结束符；接收方在约定的字符延迟时间内（图 5-57）未收到新的字符则认为报文帧结束（超时结束）。

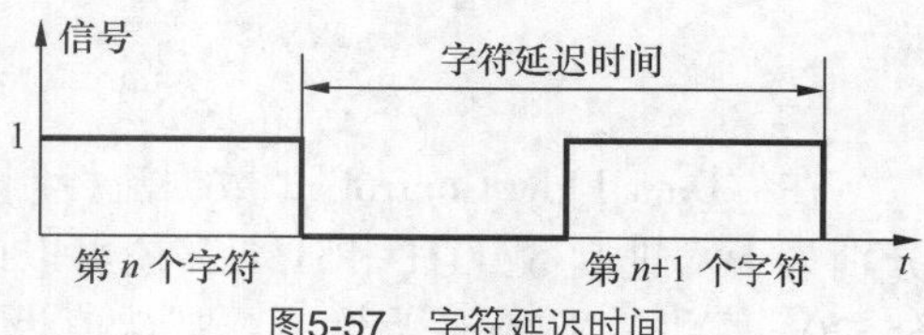

图5-57　字符延迟时间

2. ASCII Driver 的参数设置

下面以 CPU313C-2PtP 为例来介绍 ASCII Driver 的 ASCII 通信参数的设置。

（1）基本参数的设置

打开 PtP 属性对话框，首先在最上面的选择框中选择通信协议为“ASCII”，如图 5-58 所示。在“Addresses”选项卡中，可以定义输入的起始地址，关闭该选项卡时自动修改结束地址。系统选择的默认起始地址为 1023。

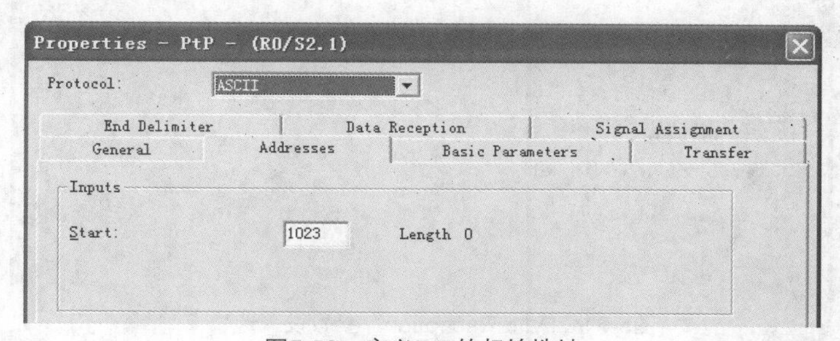

图5-58　定义PtP的起始地址

在“Basic Parameters”（基本参数）选项卡中，如图 5-59 所示，可以选择是否允许诊断中断和 CPU 进入 STOP 模式时对通信的处理（停止或继续）。在“Transfer”（传输）选项卡中，如图 5-60 所示，可以设置通信速率（300～38400kbit/s）、数据位的位数（7 位或 8 位）、结束位的位数（1 位或 2 位）和奇偶校验方式。Odd、Even 和 None 分别是奇校验、偶校验和无校验，当数据位的位数为 7 时不能选择无校验。

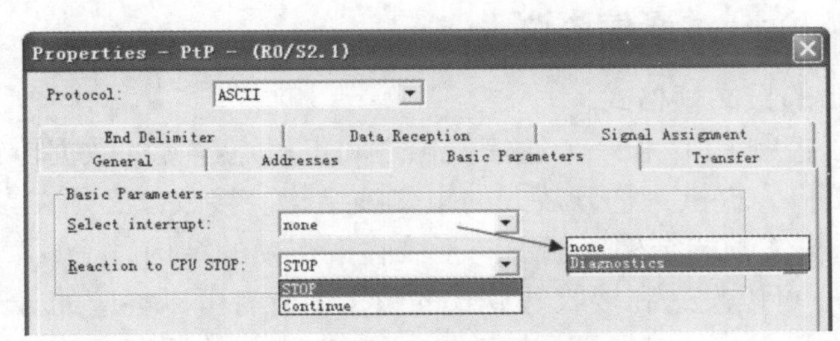

图5-59　“基本参数”设置选项卡

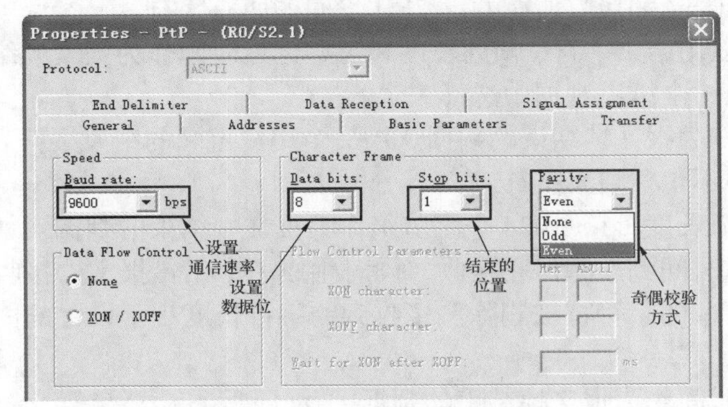

图5-60　“Transfer”参数设置选项卡

在“Data Flow Control”（数据流控制）选项组中，可以设置 XON 和 XOFF 字符，默认值分别为十六进制数 11H 和 13H，还可以设置在发送之后等待接收到 XON 字符的时间（20～65530ms）。它以 10ms 为增量，默认值为 20000ms。

在“Data Reception”（数据接收）选项卡中，如图 5-61 所示，如果选择“Clear CPU receive buffer at startup”复选框，CPU 从 STOP 模式切换到 RUN 模式时清除接收缓冲区；如果选择“Prevent overwriting”复选框，可以防止在接收缓冲区装载时数据被改写。

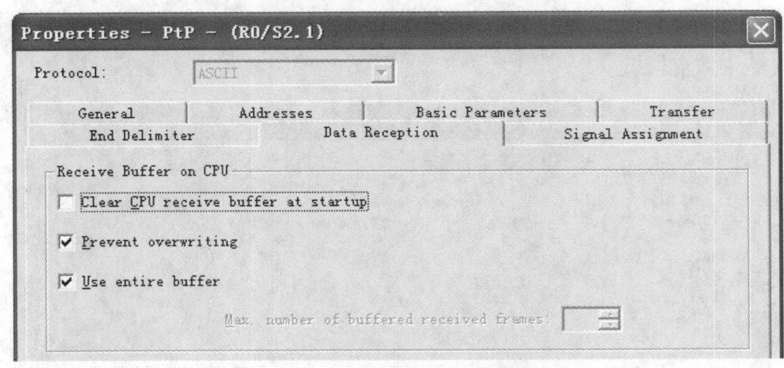

图5-61“Data Reception”参数设置选项卡

（2）报文帧结束判断的设置

在图 5-62 所示的“End Delimiter”（结束分界符）选项卡中，可以选择 3 种报文帧的判据，见表 5-6。

（3）信号组态

信号组态对话框如图 5-63 所示。对话框中各个选项的含义见表 5-7。

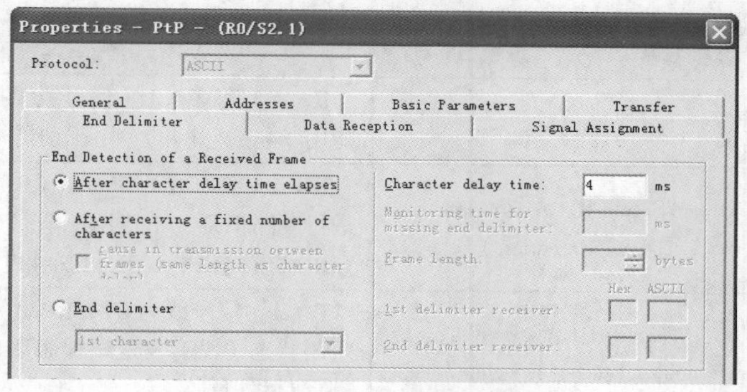

图5-62 “End Delimiter”参数设置选项卡

表 5-6　　3 种报文帧判据的说明

选项	说明
After character delay time elapses	默认选项，若选择该选项，则用字符延迟时间（1～65535ms，默认值为 4ms）作为报文帧结束的判据，最短的字符延迟时间与传输速率有关，传输速率为 38.4kbit/s 时，字符延迟时间为 1ms
After receiving a fixed number of characters	若选择该选项，则用固定字节长度作为报文帧结束的判据。在这种情况，接收到报文帧的长度总是相同的
End delimiter	报文帧的结束判据，若选择该选项，用一个或两个结束符来表示报文帧的结束，在报文的正文中不允许出现与结束标志相同的字符，以避免通信伙伴误认为报文帧结束

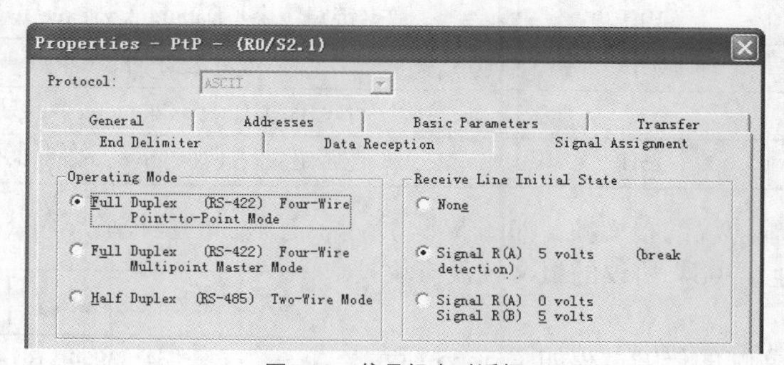

图5-63　信号组态对话框

表 5-7　　信号组态对话框中各个选项的含义

选项名称		含义
运行模式（Operating Mode）	“Full Duplex（RS-422）Four-Wire Point-to-Point Mode”	4 线点对点全双工（RS-422）模式
	“Full Duplex（RS-422）Four-Wire Multipoint Master Mode”	全双工（RS-422）4 线多点主站模式
	“Half Duplex（RS-485）Two-Wire Mode”	半双工（RS-485）双线模式，CPU 可以作主站或从站

续表

选项名称		含义
“Receive Line Initial State”（接收线的初始状态）	“None（无）”	R（A）和 R（B）信号线无初始电压，该设置只能用于总线联网的专用驱动器
	“Signal R（A）5 vlots（break detection）”	R（A）信号线为 5V，R（B）信号线为 0V，只能进行断路识别，不能用于全双工（RS-422）4 线多点主站模式和半双工（RS-485）双线操作模式
	“Signal R（A）0 volts，Signal R（B）5 vlots”	R（A）信号线为 0V，R（B）信号线为 5V，表示空闲状态（没有发送站被激活），在该状态下不能进行断路识别

3964（R）通信协议

5.8.3　3964（R）通信协议

3964（R）协议用于 CP 或 CPU31xC-2PtP 和一个通信伙伴之间的点对点数据传输。

1. 3964（R）协议使用的控制字符与报文帧格式

3964（R）协议将控制字符（表 5-8）添加到用户数据中，控制字符用来表示报文帧的开始和结束。通信伙伴使用这些控制字符检查数据是否被正确和完整的接收。

表 5-8　3964（R）协议使用的控制字符

控制字符	数值	说明
STX	02H	被传送文本的起始点
DLE	10H	数据链路转换（Data Link Escape）或肯定应答
ETX	03H	被传送文本的结束点
BCC	—	块校验字符（Block Check Character），只用于 3964（R）
NAK	15H	否定应答（Negative Acknowledge）

3964（R）传输协议的报文帧，如图 5-64 所示，有附加的块校验字符（BCC），用来增强数据传输的完整性，3964 协议的报文帧没有块校验字符。

STX	正文（发送的数据）	DLE	ETX	BCC

图5-64　3964（R）报文帧格式

3964（R）报文帧的传输过程如图 5-65 所示。首先用控制字符建立通信链路，然后用通信链路传输正文，最后在传输完成后用控制字符断开通信链路。3964（R）的正文字符是完全透明的，即任何字符都可以用在正文中。为了避免接收方将正文中的字符 10H（即 DLE）误认为是报文结束标志，正文中如果有字符 10H，在发送时将会自动重发一次。接收方在收到两个连续 10H 时将会自动剔除一个。

2. 建立发送数据的连接

发送方首先应发送控制字符 STX。在“应答延迟时间（ADT）”到来之前，接收发来的控制字符 DLE，表示通信链路已成功建立。如果通信伙伴返回 NAK 或返回除 DLE 和 STX 之外的其他控制代码，或应答延迟时间到时没有应答，程序将再次发送 STX，重试连接。若达到

约定的重试次数，都没有成功建立通信链路，程序将放弃建立连接，并发送NAK给通信伙伴，同时通过输出参数STATUS向功能块P_SND_RK报告出错。

3. 3694（R）通信协议的参数设置

设置3694（R）通信协议的参数时，“Addresses”“Basic Parameters”“Data Reception”与“Signal Assignment”选项卡中的参数设置方法与ASCII Driver通信协议中的相同。

在“Transfer”选项卡中，如图5-65所示，除了设置通信速率、数据位和结束位的位数以及奇偶校验位以外，还可以设置参数。图5-66对话框中各个选项的名称及说明见表5-9。

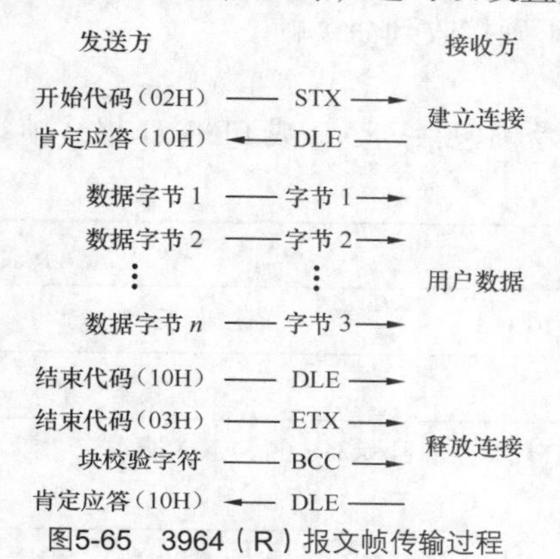

图5-65 3964（R）报文帧传输过程

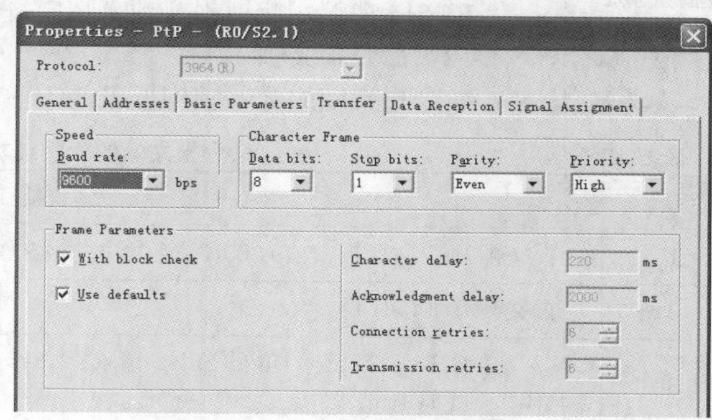

图5-66 3694（R）通信协议的参数设置

表5-9 3694（R）通信协议的参数设置的选项

选项名称	说明
使用块校验（With block check）	选择使用块校验时，当接收方检测到字符串“DLE、ETX、BCC”便中断数据接收。它将进行上述的块校验操作。 未选择使用块校验时，接收方检测到DLE、ETX字符串便停止接收操作。如果是无错误的接收，它将发送DLE字符给通信伙伴，否则将发送NAK字符
优先级（Priority）	在优先级选择框内，可以选择高优先级（High）或低优先级（Low）。默认的设置为“High”。可以选择是否使用块校验（With block check）。必须为两个通信伙伴设置不同的优先级，即一个为高优先级，另一个为低优先级
字符延迟时间（Character delay time）	定义了报文中接收的两个相邻字符之间允许的最大时间间隔。设置范围为20～65530ms，间隔为10ms，默认值为220ms
应答延迟时间（Acknowledgement delay time）	定义了当建立连接或关闭连接时与通信伙伴之间的应答最大允许时间。建立连接时的应答延迟时间是指发送STX和通信伙伴返回DLE应答之间的延迟时间，断开连接时的应答延迟时间是发送方发出的DLE、ETX和接收方发出DLE应答之间的延迟时间。设置范围为20～65530ms，间隔为10ms，默认值为2000ms
连接尝试（Connection retries）	定义了建立一个连接的最大尝试次数（1～255次），默认值为6次
传输尝试（Transmit retries）	定义了出错时传输一个报文帧的最大尝试次数，包括第1个报文帧，可以设置为1～255，默认值为6次

5.8.4 RK512 通信协议

RK512 协议又称为 RK512 计算机连接，用于控制与一个通信伙伴之间的点对点数据传输。与 3964（R）协议相比，RK512 协议包括 ISO 参考模型的物理层（第 1 层）、数据链路层（第 2 层）和传输层（第 4 层），提供了较高的数据完整性和先进的寻址选项。

RK512 通信协议：报文帧

1. RK512 的报文帧

（1）响应报文帧

RK512 协议用响应报文帧来响应每个正确接收到命令帧。

（2）命令报文帧

命令报文帧的标题结构见表 5-10。命令帧包括 SEND 或 FETCH 报文帧。

表 5-10 命令报文帧的标题结构

字节	说明
1	报文帧 ID，命令报文帧为 00H，连续命令报文帧为 FFH
2	报文帧 ID（00H）
3	“A”（41H）：带目标 DB 的 SEND 请求；“O”（4FH）：带目标 DX 的 SEND 请求；“E”（45H）：FETCH 请求
4	被传送的数据来自（发送时只能选“D”）“D”（44H）：数据块；“X”（58H）：扩展数据块；“E”（45H）：输入字节；“A”（41H）：输出字节；“M”（4DH）：存储字节；“T”（54H）：时间单元；“Z”（5AH）：计数器单元
5，6	SEND 请求的数据目标或 FETCH 请求的数据源，例如字节 5=DB 号，字节 6=DW 号
7，8	数据长度：根据类型，被传送数据长度的字节数或字数
9	处理器系通信标志位（KM）的字节编号；如果没有指定处理器通信标志位，输入数值 FFH
10	位 0～3：处理器通信标志位的位编号。如果没有指定处理器通信标志位，输入数值 FH 位 4～7：CPU 编号（1～4）；如果没有设置 CPU 编号（其值为 0），但是设置了处理器通信标志位，输入数值 0H；如果没有设置 CPU 编号或处理器标志位，输入数值 FH

SEND（发送）报文帧：当传送一个 SEND 报文帧时，CPU 将传送一个包括用户数据的指令帧，通信伙伴返回一个不带用户数据的响应报文帧。

FETCH（读取）报文帧：FETCH 报文帧用来读取通信伙伴的数据区，它是带有用户数据区地址的命令帧，通信伙伴返回一个带有用户数据的响应报文帧。

（3）连续报文帧（Continuation Message Frame）

如果数据长度超过 128B，发送的报文帧将自动地分为 SEND（或 FETCH）报文帧和连续报文帧。

（4）响应报文帧

在发送命令报文帧后，RK512 在监控时间内等待通信伙伴的响应报文帧。监控时间的长短取决于传输速率（波特率），传输速率为 300bit/s～75.8kbit/s 时，监控时间为 10s。响应报文帧由 4 个字节组成，见表 5-11。

根据响应报文帧中的错误编号，将自动生成功能块的输出参数“STATUS”中的事件号。

表 5-11　　响应报文帧

字节	说明
1	报文帧 ID（标识符）：响应报文帧为 00H，连续报文帧为 FFH
2	报文帧 ID（00H）
3	指定为 00H
4	响应报文帧中通信伙伴的错误编号：00H 表示传输过程中没有出现错误，>00H 为错误编号

2. SEND 报文帧的数据传输过程

RK512 协议用 SEND 报文帧发送数据的传输过程如图 5-67 所示。

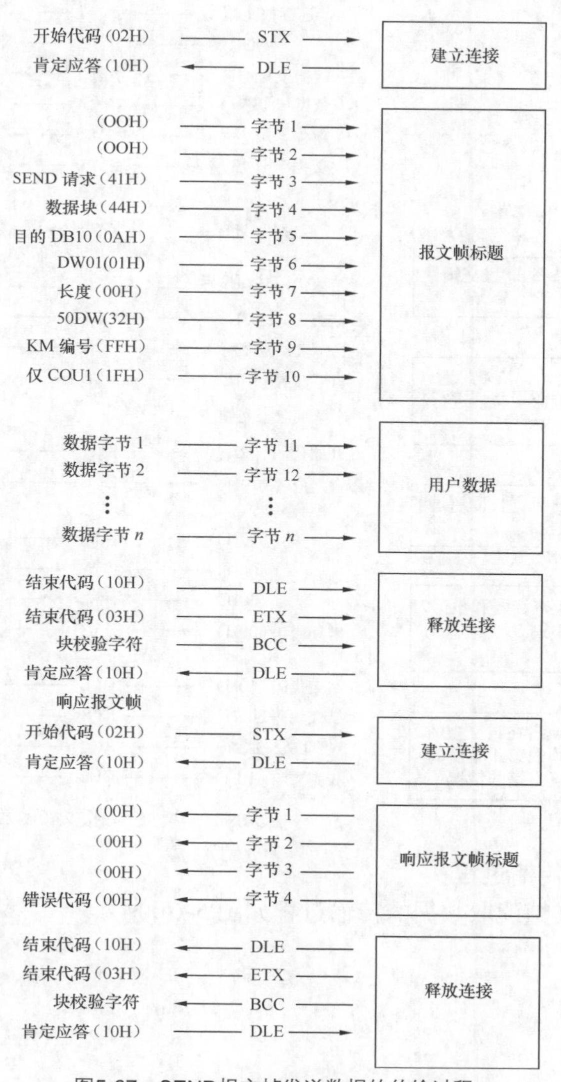

图5-67　SEND报文帧发送数据的传输过程

RK512 通信协议：报文帧数据传输过程

SEND 请求需按照图 5-68 所示的顺序执行。

3. 连续 SEND 报文帧

如果用户数据长度超过 128B，它将被启动一个连续 SEND 报文帧，其处理方法与 SEND 报文帧相同。

发送的字节如果超出了 128B，多余的字节将自动在一个或多个连续报文帧中发送。

使用一个连续响应报文帧发送一个连续 SEND 报文帧时的数据传输过程如图 5-69 所示。

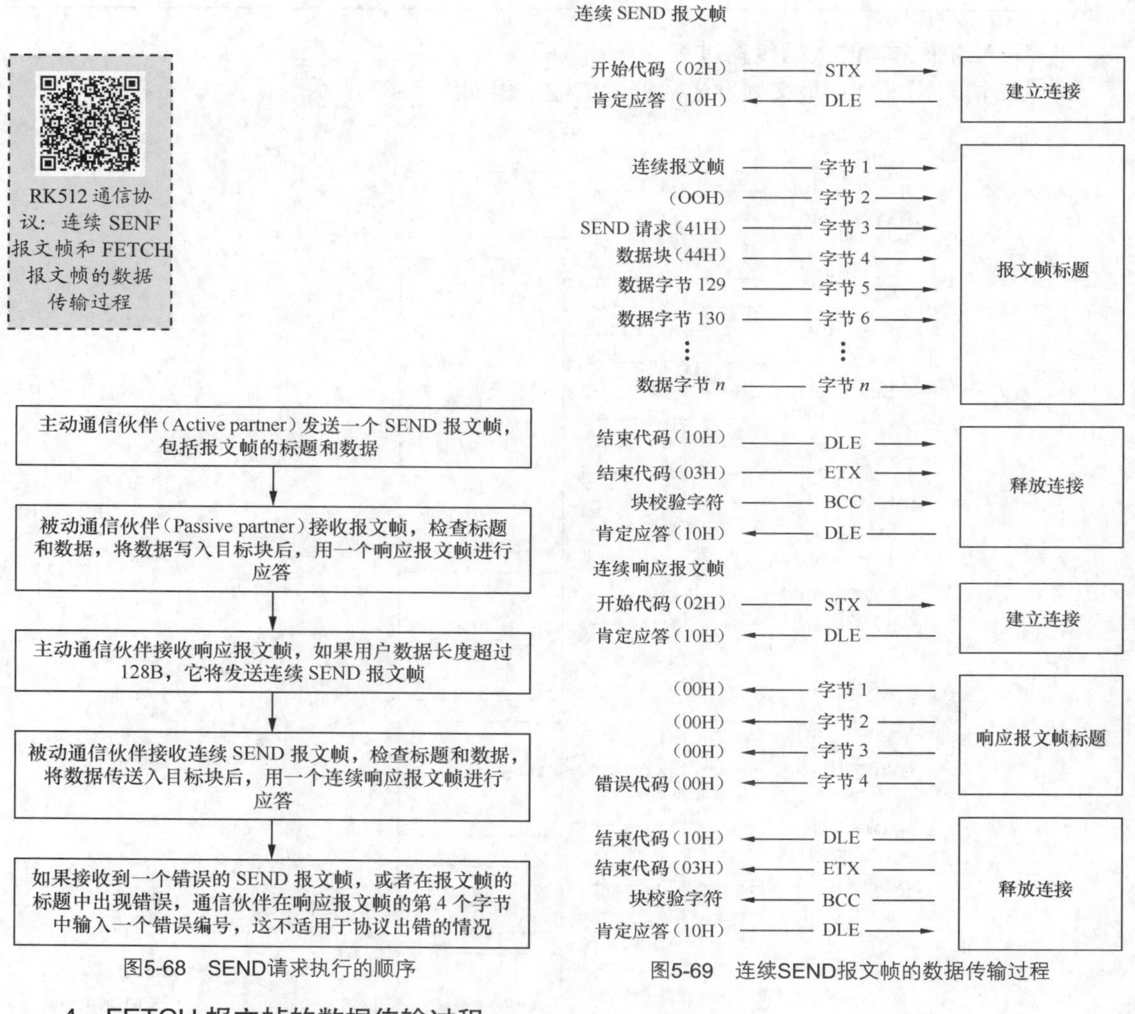

图5-68 SEND请求执行的顺序

图5-69 连续SEND报文帧的数据传输过程

4. FETCH 报文帧的数据传输过程

RK512 协议用 FETCH 报文帧读取数据的传输过程如图 5-70 所示。

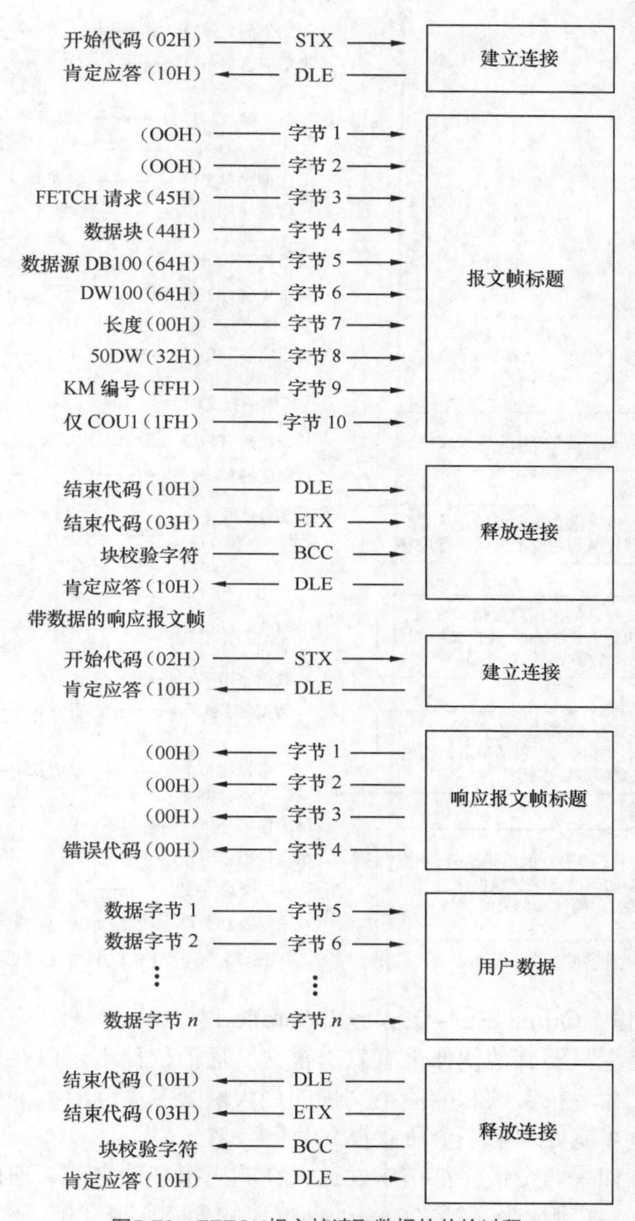

图5-70　FETCH报文帧读取数据的传输过程

FETCH 请求需按图 5-71 所示的顺序执行。

如果在第 4 个字节中有一个不等于 0 的出错编号，响应报文帧中不包含任何数据。

如果被请求的数据超过 128B，将自动用一个或多个连续报文帧读取额外的字节。

如果接收到一个错误的 FETCH 报文帧，或者在报文帧的标题中出现一个错误，通信伙伴在响应报文帧的第 4 个字节中输入一个错误编号。出现协议错误时，在响应报文帧中不包含信息。RK512 协议用一个连续响应报文帧读取数据的传输过程如图 5-72 所示。

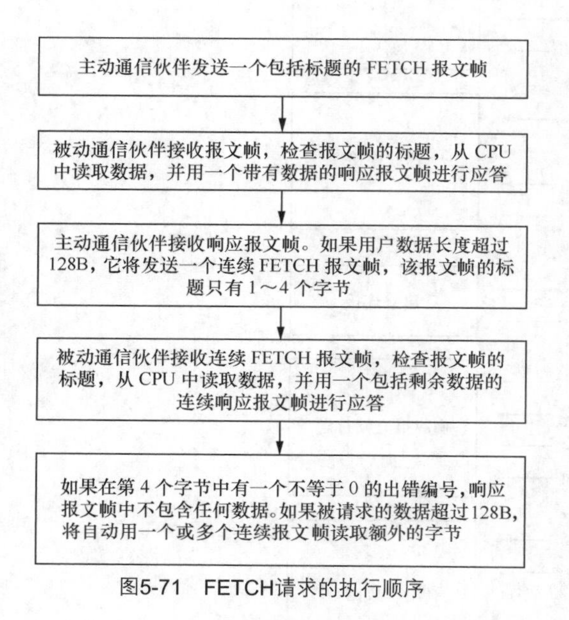

图5-71　FETCH请求的执行顺序

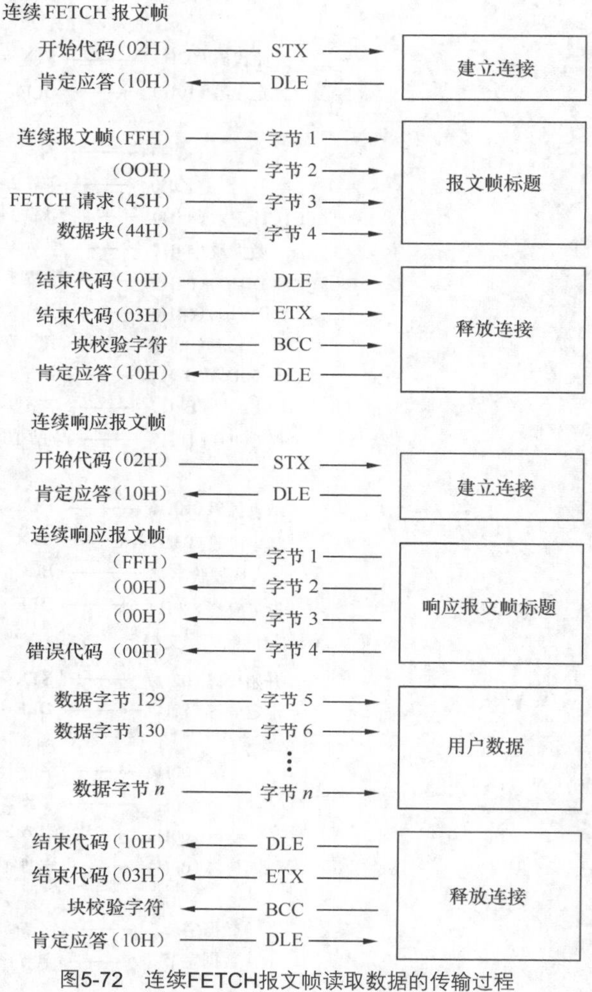

图5-72　连续FETCH报文帧读取数据的传输过程

5. 伪全双工操作（Quasi-Full-Duplex Operation）

伪全双工操作是指只要其他伙伴没有发送报文，通信伙伴就可以在任何时候发送命令报文帧和响应报文帧。命令报文帧和响应报文帧的最大嵌套深度为 1，即只有前一个报文帧被响应报文帧应答后，才能处理下一个命令报文帧。

在某些情况下，如果两个伙伴都请求发送，在响应报文帧之前，通信伙伴可以发送一个 SEND 报文帧。例如，在响应报文帧之前，通信伙伴的 SEND 报文帧已经进入了发送缓冲区。

伪全双工工作方式如图 5-73 所示，直到通信伙伴发送完 SEND 报文帧，才发送响应第 1 个连续 SEND 报文帧的连续响应报文帧。

6. RK512 通信的参数设置

由于 3964（R）是 RK512 通信的一部分，RK512 协议的参数与 3964（R）协议的参数基本相同。但是二者有下列区别：RK512 的字符固定设为 8 位，没有接收缓冲区，也没有接收数据的参数。必须在使用的系统功能块（SFB）中规定数据目标和数据源的参数。

图5-73　伪全双工工作方式

5.9　本章小结

本章主要介绍了 S7-300/400 系列 PLC 的几种主要的通信方式，包括 MPI 网络、AS-i 网络、工业以太网、PROFIBUS 通信协议和点对点通信协议等。

① 熟悉 S7 通信的分类，S7-300/400 系列通信网络的组成及其国际标准。

② 了解工业以太网的通信方案，包括三同轴电缆网络、双绞线和光纤网络以及高速以太网。

③ 了解执行传感器接口 AS-i 网络，包括它的网络结构、寻址模式、通信方式、通信接口和工作阶段等内容。

④ 掌握 MPI 网络与全局数据通信，学会利用 MPI 网络组态的一般步骤。

⑤ 掌握 PROFIBUS 的组成、通信协议以及基于组态的 PROFIBUS 通信等。

实践篇

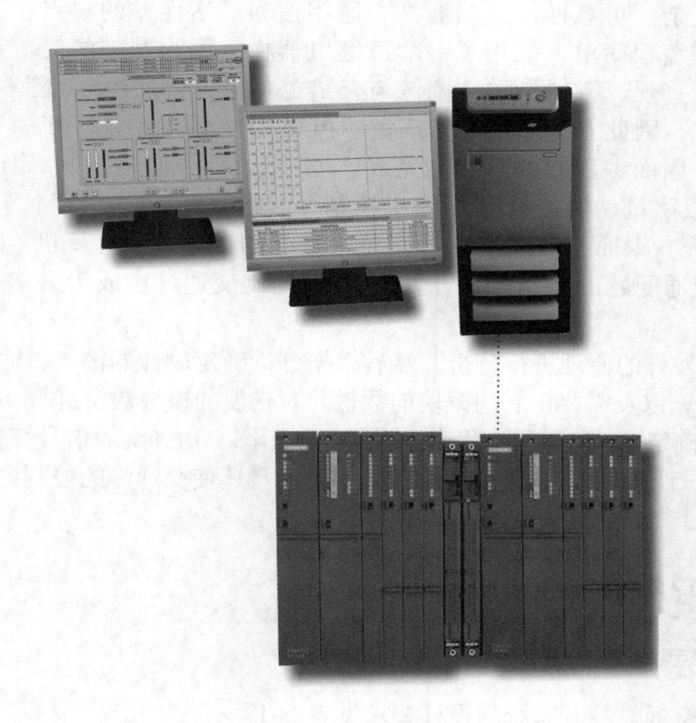

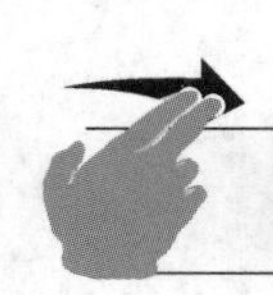

第6章 交通灯控制应用实例

随着现代科学技术的发展，对于交通灯的控制不断地在工艺、性能等各方面进行改进，使交通灯的控制变得更加方便，实现的功能更加强大。我国早期对交通灯的控制有两种：电子线路控制系统和继电器控制系统。电子线路控制系统虽然能实现交通灯的基本要求，但是由于电子线路比较复杂，容易出现问题并且查找问题比较困难，早在继电器控制系统出现之时已销声匿迹了。继电器控制系统由于故障率高、可靠性差、控制方式不灵活以及消耗功率大等缺点，目前已逐渐被淘汰。我国目前交通灯控制系统主要有两种控制方式：PLC 控制系统和智能化控制系统。智能化控制系统虽然在智能控制方面有较强的功能，但是也存在抗扰性差，系统设计复杂，一般维修人员难以掌握维修技术等缺陷。而 PLC 控制系统本着运行可靠性高，使用维修方便，抗干扰性强，设计和调试周期较短等优点，已成为人们的新宠。

PLC 是微机技术与传统的继电接触控制技术相结合的产物，克服了继电接触控制系统中机械触点接线复杂、可靠性低、功耗高、通用性和灵活性差的缺点，充分利用了微处理器的优点，语言编程简单，采用了一套以继电器梯形图为基础的简单指令形式，使用户程序编制形象、直观、方便易学；调试与查错也都很方便。PLC 还是一种用于自动化控制的专用计算机，因此它的应用非常广泛。PLC 是工业专用计算机，这种计算机采用面向用户的指令，因而编程方便。它能完成"逻辑运算、顺序控制、定时、计数和算术操作"，还具有"数字量、模拟量输入/输出控制"的能力；并且容易与"工业控制系统连为一体"，易于扩充。因而，可以说 PLC 是近乎理想的工业控制计算机。随着人们生活水平的不断提高和交通问题的日益严重，发展 PLC 控制交通灯已成为必然，并且会受到越来越多人的关注。

首先对交通信号灯的原理进行分析，然后根据分析确定设计的输入、输出点数，进而确定所要选用的 PLC，以及需要扩展的模块的数量并对扩展的模块数量进行 I/O 编址，最后利用输入、输出点数确定 I/O 接线图、程序流程图和梯形图，达到交通信号灯自动控制的目的。利用 PLC 控制交通灯不仅可以实现交通灯的作用，而且还使交通灯的控制更加方便，实现的功能更加强大。

6.1 系统总统设计

6.1.1 功能要求

十字路口 4 路交通灯控制系统的设计要求见表 6–1。

表 6-1　十字路口 4 路交通灯控制系统的设计要求

1	1.1 启动/关闭开关控制信号灯工作
	1.2 开关接通，系统开始工作，先点亮南北红灯与东西绿灯
	1.3 开关断开，所有信号灯都熄灭
2	2.1 南北绿灯和东西绿灯不能同时亮
	2.2 如果同时亮时，应关闭信号灯系统，并报警
3	3.1 南北红灯持续亮 25s（南北红灯同时亮）东西绿灯持续亮 20s
	3.2 东西绿灯持续亮 20s 时，东西绿灯启动闪烁 3s 后熄灭
	3.3 东西绿灯熄灭时，东西黄灯亮且维持 2s
	3.4 东西黄灯 2s 后熄灭，东西红灯亮
	3.5 东西红灯亮/南北红灯熄灭+南北绿灯亮
4	4.1 东西红灯亮持续 30s，南北绿灯亮持续 25s
	4.2 南北绿灯亮 25s 后闪烁 3s 熄灭+南北黄灯亮
	4.3 南北黄灯亮 2s 后熄灭+南北红灯亮+东西绿灯亮
5	周而复始

6.1.2　方案选择与设计

对图 6–1 所示的十字路口交通灯的 4 路共 12 个交通灯进行方位编号，以便设计中调取数字代码。

结合图 6–2 和表 6–1，得出相关信号灯的位置和开启状态结果如下：

步骤 1：南北红灯（1、7）亮，东西绿灯（6、12）亮。

步骤 2：南北红灯（1、7）继续亮，东西绿灯（6、12）闪。

步骤 3：南北红灯（1、7）继续亮，东西黄灯（5、11）亮。

步骤 4：东西红灯（4、10）亮，南北绿灯（3、9）亮。

步骤 5：东西红灯（4、10）继续亮，南北绿灯（3、9）闪。

步骤 6：东西红灯（4、10）继续亮，南北黄灯（2、8）亮。

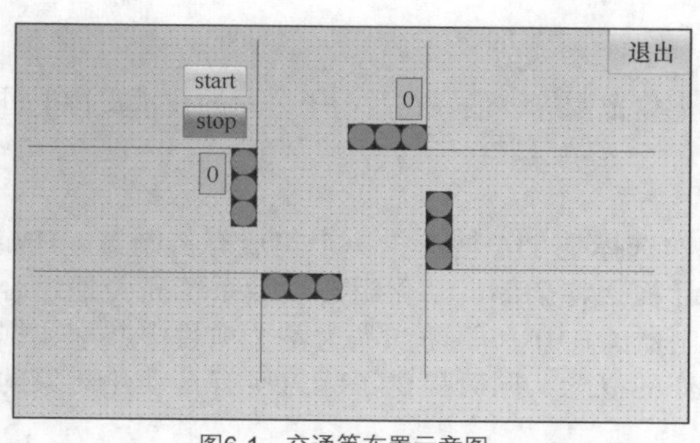

图6-1　交通等布置示意图

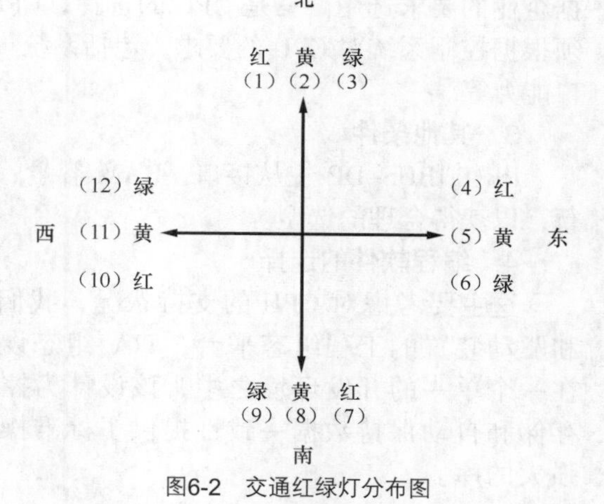

图6-2　交通红绿灯分布图

将上述步骤结果翻译为时序图，如图 6-3 所示。

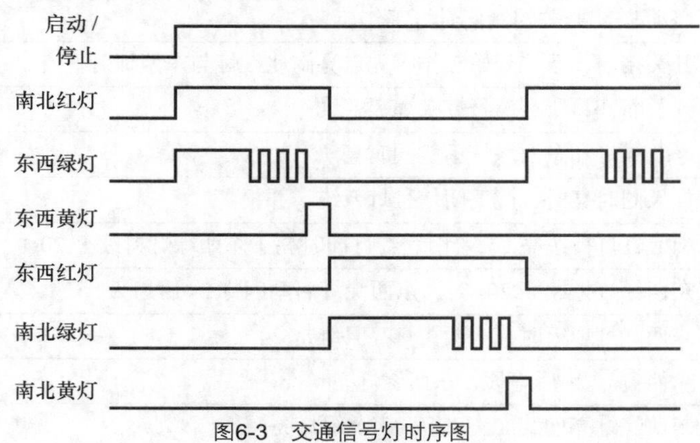

图6-3　交通信号灯时序图

6.2　硬件设计

6.2.1　PLC 型号确定

S7-300 PLC 是根据生产工艺所需的功能和容量进行选型，并考虑 PLC 维护的方便性、备件的通用性，以及是否易于扩展和有无特殊功能等要求。选型时要注意以下几个方面。

1. 有关参数的确定

一是输入/输出点数（I/O 点数）的确定。这是确定 PLC 规模的一个重要依据，一定要根据实际情况留出适当余量和扩展余地。二是 PLC 存储容量的确定。注意，当系统有模拟量信号存在或要进行大量数据处理时，其存储容量应选大一些。

2. 系统软、硬件的选择

一是扩展方式的选择，S7-300 PLC 有多种扩展方式，实际选用时，可通过控制系统接口模块扩展机架、PROFIBUS-DP 现场总线、通信模块、运程 I/O 及 PLC 子站等多种方式来扩展 PLC 或预留扩展口。二是 PLC 的联网，包括 PLC 与计算机联网和 PLC 之间相互联网两种方式。因 S7-300 PLC 的工业通信网络淡化了 PLC 与 DCS 的界限，联网的解决方案很多，用户可根据企业的要求选用。三是 CPU 的选择，CPU 的选型是合理配置系统资源的关键，选择时必须根据控制系统对 CPU 的要求，包括系统集成功能、程序块数量限制、各种位资源、MPI 接口能力等。

3. 其他条件

PROFIBUS-DP 主从接口、RAM 容量、温度范围等，最好在西门子公司的技术支持下进行，以获得合理的选型。

4. 编程软件的选择

这主要考虑对 CPU 的支持状况，我们的选择是 TIA 博途，一个集成有控制器、HMI 和驱动装置的工程组态平台，TIA 组态设计框架将全部自动化组态设计系统完美地组合在一个单一的开发环境之中，该设计为控制器、HMI 和驱动产品为整个项目中共享数据存储和自动保持数据一致性提供了标准操作的概念，同时提供了涵盖所有自动化对象的强大的库。

6.2.2　设计遵循规则

设计应遵循的规则如下。

1）满足被控设备或生产过程的控制要求。

2）在满足控制要求的前提下，力求简单、经济，操作方便。

3）保证控制系统工作安全可靠。

4）考虑到今后的发展改进，应适当留有进一步扩展的余地。

6.2.3　PLC I/O 设计

交通灯的硬件设计包括输入/输出 PLC 地址编号、输入/输出分配。根据交通灯的控制要求，该系统要求有 1 个启动开关，1 个停止开关，共 2 个输入点，12 盏灯，东西方向、南北方向的同一类灯可以共用 1 个点，故用 6 个输出就可以。交通输入/输出信号与 PLC 地址编号对照表见表 6-2，输入/输出分配线图如图 6-4 所示。

表 6-2　输入/输出信号与 PLC 地址编号对照表

输入信号		输出信号	
名称	编号	名称	编号
启动开关	M2.0	南北绿灯	Q0.0
停止开关	M2.1	南北红灯	Q0.1
—	—	南北黄灯	Q0.2
—	—	东西绿灯	Q1.0
—	—	东西红灯	Q1.1
—	—	东西黄灯	Q1.2

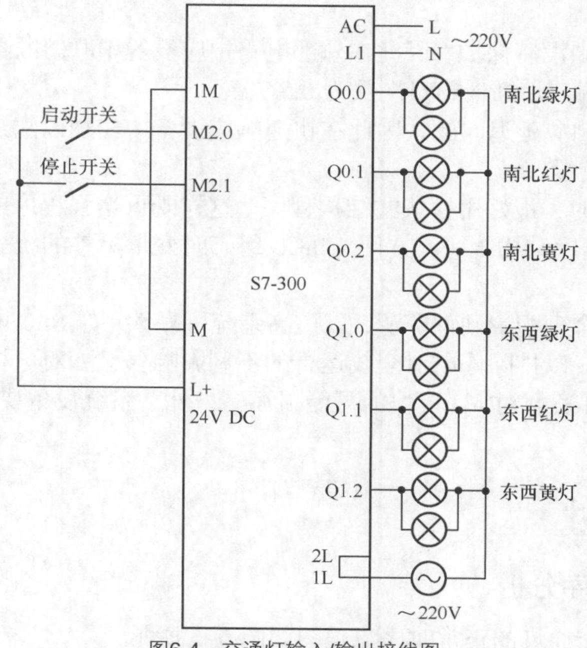

图6-4　交通灯输入/输出接线图

6.2.4 设计建议

1. 设计要点

（1）抗干扰设计

来自电源线的杂波能造成系统电压畸变，导致系统内电气设备的过电压、过负荷、过热甚至烧毁元器件，造成 PLC 等控制设备误动作。所以，在电源入口处应设置屏蔽变压器或电源滤波等防干扰设施。其中，电源滤波器的地线要以最短线路接到中央保护地。对于直流电源，则可加装微分电容加以干扰抑制。 应合理配置 PLC 的使用环境，提高系统抗干扰能力。具体采取的措施有：远离高压柜、高频设备、动力屏以及高压线或大电流动力装置；通信电缆和模拟信号电缆尽量不与其他屏（盘）或设备共用电缆沟；PLC 柜内不用荧光灯等。另外，PLC 虽适合工业现场，但使用中也应尽量避免直接震动和冲击、阳光直射、油雾、雨淋等；不要在有腐蚀性气体、灰尘过多、发热体附近应用；避免导电性杂物进入控制器。

（2）保护接地设计

可采用截面面积不小于 $10mm^2$ 的保护导线接好配电板的保护地；相邻的控制柜接触良好并与地可靠连接。同时要做好防雷保护接地，通常总线电缆使用屏蔽电缆且屏蔽层两端接地，或模拟信号电缆采取两层屏蔽，外层屏蔽两端接地等措施。另外，为防止感应雷进入系统，可采用浪涌吸收器。

（3）信号屏蔽设计

信号的屏蔽非常关键，一般可采取屏蔽电缆传送模拟信号。注意，对多个模拟信号共用一根多芯屏蔽电缆或用两种屏蔽电缆传送时，信号间一定要做好屏蔽。而且电缆的屏蔽层一端（一般在控制柜端）要可靠接地。当现场没有或无法设置硬点时，可在操作界面上采取软按键的方法解决走向选择或控制方式选择等问题。此外，与变频器、智能仪表等的连接，最好还是采用信号线直接相连的方式。

2. 设计建议

1）PLC 输出电路中没有保护，因此在外部电路中应设置串联熔断器等保护装置，以防止负载短路造成 PLC 损坏。熔断器容量一般为 0.5A。

2）PLC 存在 I/O 响应延迟问题，因此在快速响应设备中应加以注意。MPI 通信协议虽简单易行，但响应速度较慢。

3）编制控制程序时，最好用模块式结构程序。这样既可增强程序的可读性，方便调试和维护工作；又能使数据库结构统一，方便 WinCC 组态时变量标签的统一编制和设备状态的统一显示。

4）硬件资源。要合理配置硬件资源，以提高系统可靠性。如 PLC 电源配电系统要配备冗余的 UPS 不间断电源，以排除停电对全线运行的不利影响。又如对电机的控制回路要进行继电器隔离，以消除外部负载对 I/O 模块的可能损坏。另外，系统设备要采用独立的接地系统，以减少杂波干扰。

6.3 软件设计

6.3.1 系统程序分析

根据设计要求，交通灯的正常时序流程图如图 6-5 所示。

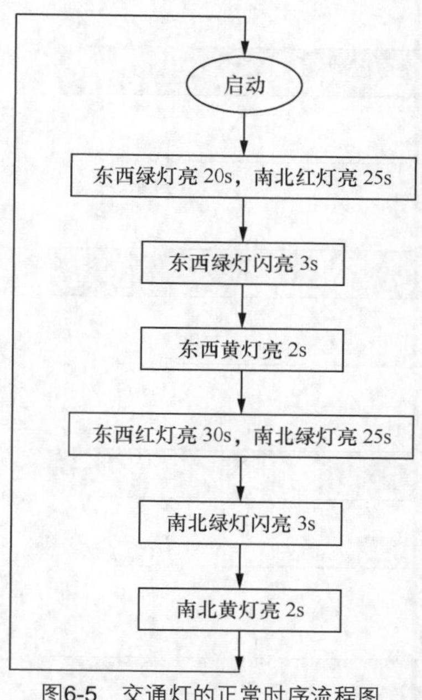

图6-5　交通灯的正常时序流程图

6.3.2　程序设计

当按下启动按钮时，信号灯系统开始工作，且先南北红灯亮，东西绿灯亮。当按下停止按钮时，所有信号灯都熄灭。

根据交通灯控制系统的控制要求和程序分析，设计的梯形图如图 6-6 所示。

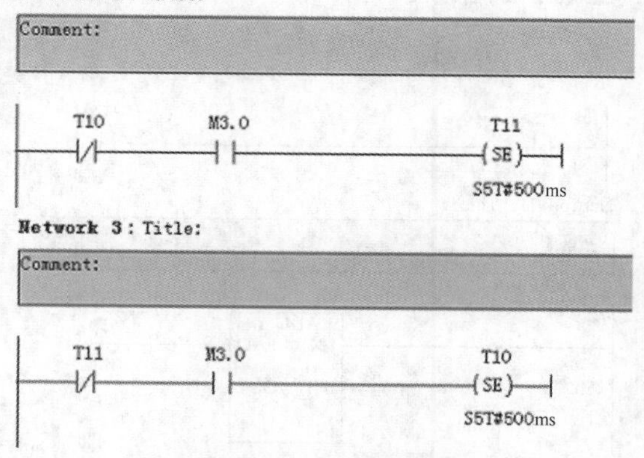

图6-6　交通灯控制系统的梯形图设计

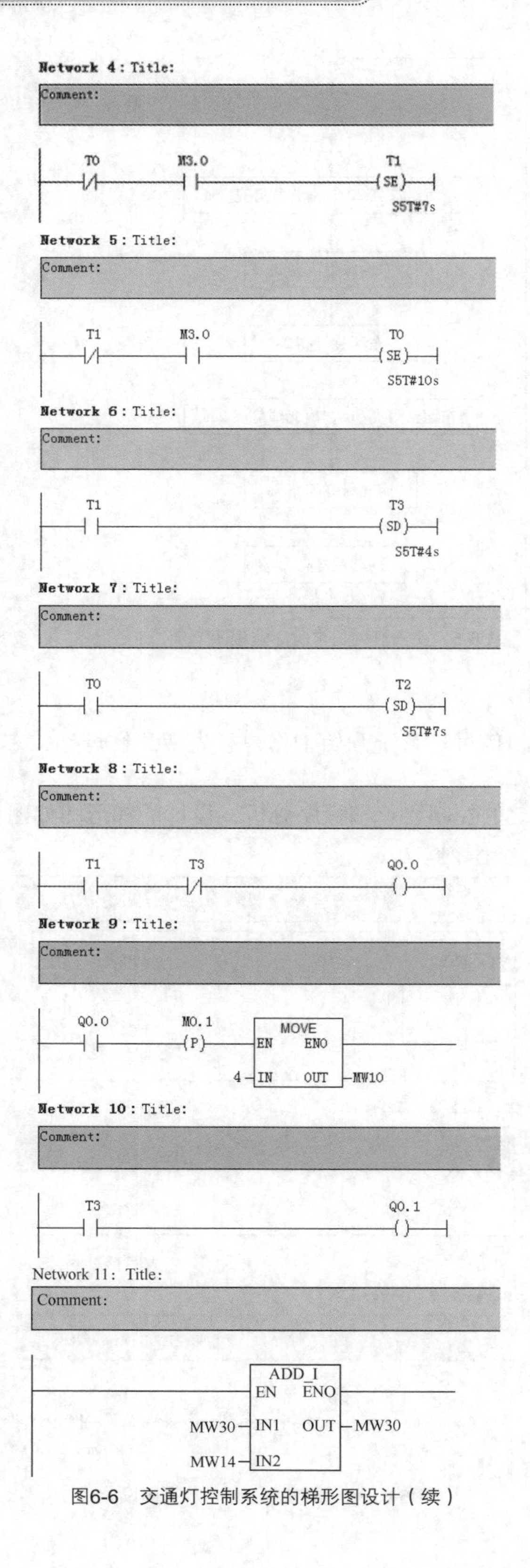

图6-6　交通灯控制系统的梯形图设计（续）

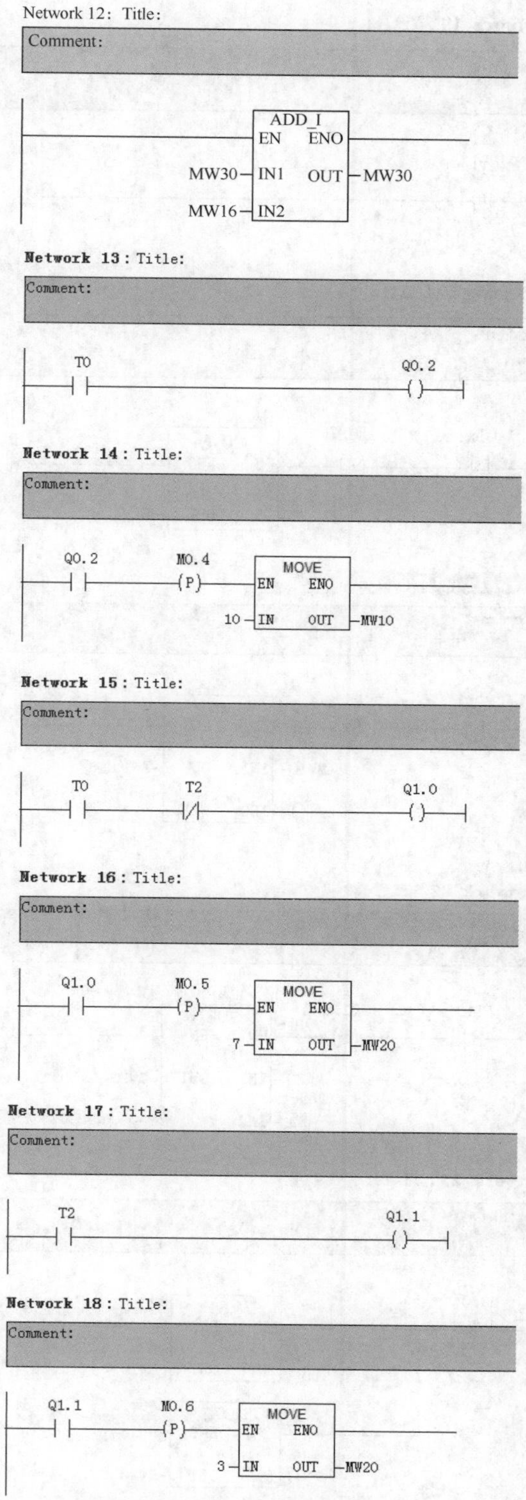

Network 12：Title:

Comment:

ADD_I
EN　ENO
MW30 — IN1　OUT — MW30
MW16 — IN2

Network 13：Title:

Comment:

T0　Q0.2

Network 14：Title:

Comment:

Q0.2　M0.4 (P)
MOVE
EN　ENO
10 — IN　OUT — MW10

Network 15：Title:

Comment:

T0　T2　Q1.0

Network 16：Title:

Comment:

Q1.0　M0.5 (P)
MOVE
EN　ENO
7 — IN　OUT — MW20

Network 17：Title:

Comment:

T2　Q1.1

Network 18：Title:

Comment:

Q1.1　M0.6 (P)
MOVE
EN　ENO
3 — IN　OUT — MW20

图6-6　交通灯控制系统的梯形图设计（续）

Network 19 : Title:

Comment:

T1 Q1.2

Network 20 : Title:

Comment:

Q1.2 M0.7 (P)

MOVE EN ENO

7 IN OUT MW20

Network 21 : Title:

Comment:

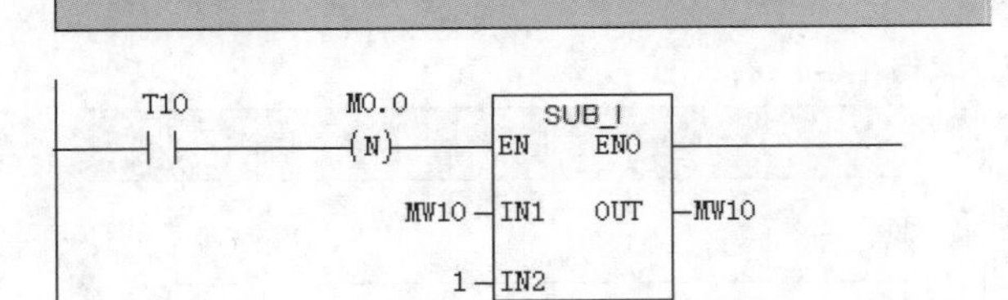

Network 22 : Title:

Comment:

T10 M1.0 (N)

SUB_I EN ENO

MW20 IN1 OUT MW20

1 IN2

Network 23 : Title:

Comment:

M3.0

MOVE EN ENO

0 IN OUT MW10

MOVE EN ENO

0 IN OUT MW20

图6-6　交通灯控制系统的梯形图设计（续）

6.3.3　语句表设计

下面对程序的器件号功能进行描述，梯形图对应的语句表见表 6-3。

表 6-3　梯形图对应的语句表

步序	器件号	说明
0	M2.0	启动按钮
1	M2.1	停止按钮
2	M3.0	介质
3	T10	0.5s 脉冲
4	T11	0.5s 脉冲
5	Q0.0	南北绿灯输出
6	Q0.1	南北红灯输出
7	Q0.2	南北黄灯输出
8	Q1.0	东西绿灯输出
9	Q1.1	东西红灯输出
10	Q1.2	东西黄灯输出
11	T0	南北红灯东西绿灯时间定时器
12	T1	南北绿灯东西红灯时间定时器
13	T2	东西黄灯时间定时器
14	T3	南北黄灯时间定时器
15	（SD）	通电延时定时器
16	（SE）	断电延时定时器
17	（P）	上升沿脉冲
18	（N）	下降沿脉冲

6.4　本章小结

将 PLC 用于对交通信号灯的控制，主要是考虑其具有对使用环境适应性强的特性，同时其内部定时器资源十分丰富，可对目前普遍使用的“渐进式”红绿灯信号进行精确控制，特别对多岔路口的控制可方便地实现。目前大多数品牌的 PLC 内部均配有实时时钟，通过编程控制可对信号灯实施全天候无人化管理。由于 PLC 本身具有通信联网功能，所以将同一条道路上的信号灯组成局域网进行统一调度管理，根据实时路况，可缩短车辆通行的等候时间，实现科学化管理。

在我国，交通道路拥挤已严重制约经济快速持续发展，影响人们的日常生活。本系统作为城市十字路口交通信号的控制系统，为我国“智能交通系统”全面开发提供了大力支持。

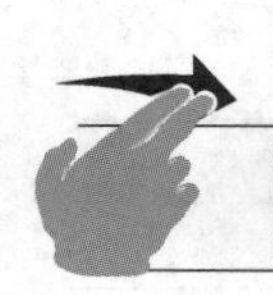

第7章 在步进电机控制系统中的应用

步进电机已成为除直流电动机和交流电动机以外的第三类电动机，传统电动机作为机电能量转换装置，在人类的生产和生活进入电气化过程中起着关键的作用。可是在人类社会进入自动化时代的今天，传统电动机的功能已不能满足工厂自动化和办公自动化等各种运动控制系统的要求。为了适应这些要求，发展了一系列新的具备控制功能的电动机系统，其中具有自己的特点，且应用十分广泛的一类便是步进电机。

步进电机的发展与计算机工业密切相关。步进电机在计算机外围设备中取代小型直流电动机以后，设备的性能得到提高，同时也促进了步进电机的发展。另外，微型计算机和数字控制技术的发展，又将作为数控系统执行部件的步进电机推广应用到其他领域，如电加工机床、小功率机械加工机床、测量仪器、光学和医疗仪器以及包装机械等。任何一种产品成熟的过程，基本上都是规格品种逐步统一和简化的过程。现在，步进电机的发展已归结为单段式结构的磁阻式、混合式和爪极结构的永磁式三类。爪极电动机价格便宜，性能指标不高，混合式和磁阻式主要作为高分辨率电动机，由于混合式步进电机具有控制功率小，运行平稳性较好等特点而逐步处于主导地位。最典型的产品是两相 8 极 50 齿的电动机，步距角 1.8° /0.9° （全步/半步）；还有五相 10 极 50 齿和一些转子 100 齿的两相和五相步进电机，五相电动机主要用于运行性能较高的场合。截至目前，工业发达国家的磁阻式步进电机已极少见。

7.1 系统总统设计

7.1.1 步进电机概况

1. 步进电机简介

在经历了一个大的发展阶段后，目前步进电机发展趋于平缓。然而，由于步进电机的工作原理和其他电动机有很大的差别，具有其他电动机所没有的特性。因此，步进电机沿着小型、高效、低价的方向发展。

步进电机的运行是在专用的脉冲电源供电下进行的，其转子走过的步数或者说转子的角位移量，与输入脉冲数严格成正比。另外，步进电机动态响应快，控制性能好，只要改变输入脉冲的顺序，就能方便地改变其旋转方向。这些特点使得步进电机与其他电动机有很大的差别。因此，步进电机的上述特点，使得由它和驱动控制器组成的开环数控系统，既具有较高的控制精度，良好的控制性能，又能稳定可靠地工作。

2. 步进电机的分类

1）永磁式步进电机一般为两相，转矩和体积较小，步进角一般为 7.5° 或 15° 。

2）反应式步进电机一般为三相，可实现大转矩输出，步进角一般为 1.5°，但噪声和振动都很大。

3）混合式步进电机是指混合了永磁式和反应式步进电机的优点，它又分为两相和五相。两相步进电机的步进角一般分为 1.8°，而五相步进电机的步进角一般为 0.72°。混合式步进电机的应用最为广泛。

3. 步进电机的基本参数

（1）电机固有步距角

电机固有步距角表示控制系统每发一个步进脉冲信号，电机所转动的角度。电机出厂时给出了一个步距角的值，这个步距角可以称为“电机固有步距角”，它不一定是电机实际工作时的真正步距角，真正的步距角和驱动器有关。

（2）步进电机的相数

步进电机的相数是指电机内部的线圈组数，目前常用的有两相、三相、四相、五相步进电机。电机相数不同，其步距角也不同，一般两相电机的步距角为 0.9°/1.8°，三相电机的步距角为 0.75°/1.5°，五相电机的步距角为 0.36°/0.72°。在没有细分驱动器时，用户主要靠选择不同相数的步进电机来满足自己对步距角的要求。如果使用细分驱动器，则“相数”将变得没有意义，用户只需在驱动器上改变细分数，就可以改变步距角。

（3）保持转矩

保持转矩是指步进电机通电但没有转动时，定子锁住转子的力矩。它是步进电机最重要的参数之一，通常步进电机在低速时的力矩接近保持转矩。由于步进电机的输出力矩随速度的增大而不断衰减，输出功率也随速度的增大而变化，所以保持转矩就成了衡量步进电机最重要的参数之一。比如，当人们说 2N·m 的步进电机，在没有特殊说明的情况下是指保持转矩为 2N·m 的步进电机。

（4）钳制转矩

钳制转矩是指步进电机没有通电的情况下，定子锁住转子的力矩。由于反应式步进电机的转子不是永磁材料，所以它没有钳制转矩。

4. 步进电机的主要特点

步进电机的主要特点如下。

1）一般步进电机的精度为步进角的 3%～5%，且不累积。

2）步进电机外表允许的最高温度取决于不同电机磁性材料的退磁点，步进电机温度过高时会使电机的磁性材料退磁，从而导致力矩下降乃至于失步，因此电机外表允许的最高温度应取决于不同电机磁性材料的退磁点。一般来讲，磁性材料的退磁点都在 130℃以上，有的甚至高达 200℃以上，所以步进电机外表温度在 80～90℃完全正常。

3）步进电机的力矩会随转速的升高而下降。当步进电机转动时，电机各相绕组的电感将形成一个反向电动势；频率越高，反向电动势越大。在它的作用下，电机随频率（或速度）的增大而相电流减小，从而导致力矩下降。

4）步进电机低速时可以正常运转，但若高于一定速度就无法启动，并伴有啸叫声。步进电机有一个技术参数：空载启动频率，即步进电机在空载情况下能够正常启动的脉冲频率，如果脉冲频率高于该值，电机不能正常启动，可能发生丢步或堵转。在有负载的情况下，启动频率应更低。如果要使电机达到高速转动，脉冲频率应有加速过程，即启动频率较低，然后按一定加速度升到所希望的高频。

7.1.2 步进电机的工作特性

1. 步进电机特性简述

步进电机是一种将数字式电脉冲信号转换成机械角位移的机电元件，每一个脉冲信号可以使步进电机前进一步，转过的角度与控制脉冲的个数呈严格的正比关系。其运行速度与控制脉冲频率呈严格的正比关系，正是这个特点，使其可以和现代数字控制技术相结合，成为比较理想的执行元件。步进电机主要应用于开环位置控制系统中。目前，步进电机在数控机床、计算机外围设备、钟表、包装机械、食品机械中得到广泛的应用。

步进电机由定子和转子两部分组成。以两相步进电机为例，定子上有两组相对的磁极，每对磁极缠有同一绕组，形成一相。定子和转子上分布着大小、间距相同的多个小齿。当步进电机某一相通电形成磁场后，在电磁力的作用下，转子被强行推动到最大磁导率（或最小磁阻）的位置。步进电机接收到一个脉冲信号，驱动步进电机就转过一个步距角 θ，对于一个 m 相 n 拍的步进电机来说，每走完 n 拍，转子就转过一个齿距角 ϕ，所以齿距角 ϕ 与步距角 θ 的关系为：

$$\theta=\frac{\phi}{n}=\frac{360^{\circ}}{\text{转子齿数}\times n}$$

从控制原理上，步进电机可以分为反应式、永磁式和混合式步进电机三大类；按照控制绕组的相数可以分为两相、三相、四相……

2. 步进电机的主要参数

步进电机的主要参数如下。

① 相数：产生不同对极 N、S 磁场的激磁线圈对数，用 m 表示。

② 拍数：完成一个磁场周期性变化所需脉冲数或导电状态，或指步进电机走过一个齿距角所需脉冲数，用 n 表示。

③ 齿距角：步进电机的转子上均匀地分布着许多小齿，相邻两个小齿的中心线间的角度称为齿距角，用 ϕ 表示。

④ 步距角：对应一个脉冲信号，步进电机转过的角位移，用 θ 表示。

本设计中用到的步进电机为两相步进电机。该步进电机转子共有 50 个齿，所以齿距角为 7.2°。步进电机每相电流为 0.2A，相电压为 5V。

3. 步进电机的驱动电路

本设计中用到的步进电机的驱动电路图如图 7-1 所示。

图 7-1 中 TL1～TL4 对应的是面板上的插孔。图中标注的 A 极、B 极分别表示步进电机的定子的两相绕组的四个端子。

4. 两相步进电机的通电方式

① 单四拍通电方式：每次只有一相绕组通电，四拍构成一定循环。两相绕组按照 A—B—A 的次序轮流通电。每拍转子转动 1/4 转子齿距。

② 双四拍通电方式：每次有两相绕组同时通电，两相控制绕组按 AB—A—AB 的次序轮流通电。每拍转子转动的角度与单四拍相等都是 1/4 转子齿距，但与单四拍的空间定位不重合。

③ 单、双八拍的通电方式：上两种通电方式的循环拍数等于 4，称为满步通电方式。若通电方式等于 8，称为半步通电方式，即按 A—AB—B—B—A—A 的次序通电。每拍转子转动 1/8 转子齿距。

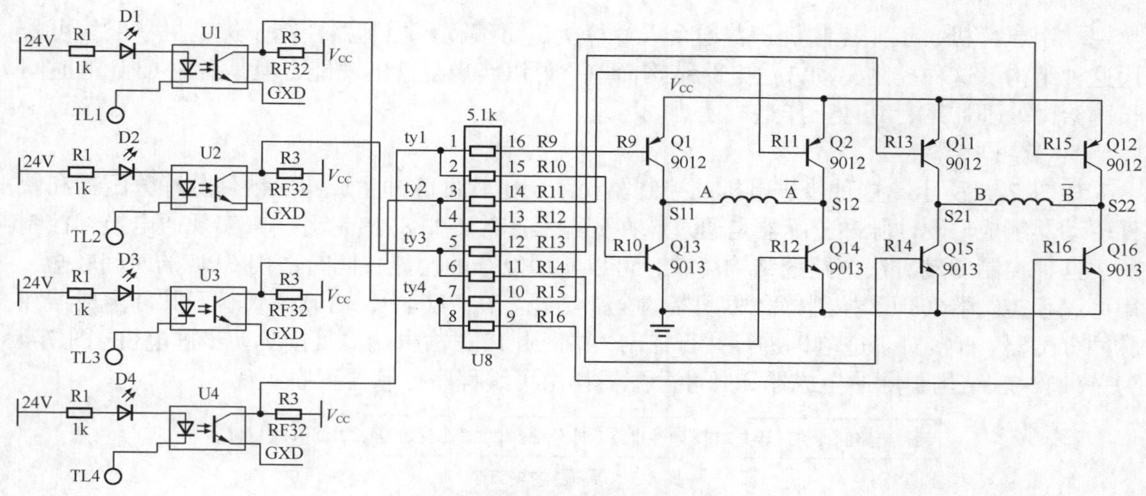

图7-1　两相步进电机驱动电路图

在上述通电方式中，改变通电的循环方向即可改变步进电机的转动方向，改变通电的频率，即可改变步进电机的转速。

7.1.3　步进电机设计方法

1．步进电机的控制方式

典型的步进电机控制系统如图 7–2 所示。

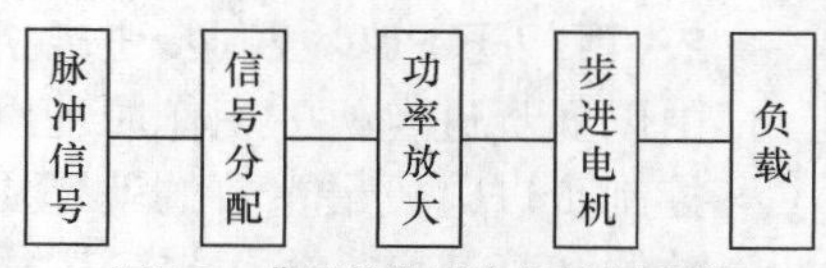

图7-2　典型的步进电机控制系统

步进电机基本原理：它是一种将电脉冲信号转换成直线位移或角位移的执行元件，每当对其施加一个电脉冲时，其输出转过一个固定的角度。步进电机的输出位移量与输入脉冲个数成正比，其转速与单位时间内输入的脉冲数（即脉冲频率）成正比，其转向与脉冲分配到步进电机的各相绕组的脉冲顺序有关。所以只要控制指令脉冲的数量、频率及电机绕组通电的顺序，便可控制步进电机的输出位移量、速度和转向。步进电机的机理是基于最基本的电磁铁作用，可简单地定义为，根据输入的脉冲信号，每改变一次励磁状态就前进一定的角度或长度，若不改变励磁状态则保持一定位置而静止的电动机。从广义上讲，步进电机是一种受电脉冲信号控制的无刷式直流电机，也可看作在一定频率范围内，转速与控制脉冲频率同步的同步电动机。

步进电机的控制和驱动方法很多，按照使用的控制装置可以分为普通集成电路控制、单片机控制、工业控制机控制、可编程控制器控制等几种；按照控制结构可分为硬脉冲生成器硬脉冲分配结构（硬–硬结构）、软脉冲生成器软脉冲分配器结构（软–软结构）、软脉冲生成器硬脉冲分配器结构（软–硬结构）。

1）硬–硬结构

如图 7–3 所示，这种步进电机的控制驱动系统由硬件电路脉冲生成器、硬件电路脉冲分配器、驱动器组成。这种控制驱动方式运行速度比较快，但是电路复杂，功能单一。

2）软–软结构

如图 7–4 所示，这种步进电机的控制驱动系统由软件程序脉冲生成器、软件程序脉冲分配器、驱动器组成，而软件程序脉冲生成器和脉冲分配器都由微处理器或微控制器通过编程实现。用单片机、工业控制机、普通个人计算机、可编程序控制器控制步进电机一般均可采用这种结构。这种控制驱动方法电路结构简单，可以实现复杂的功能，但是占用 CPU 的时间长，给微处理器运行其他工作造成困难。

3）软–硬结构

如图 7–5 所示，这种步进电机的控制驱动系统由软件脉冲生成器、硬件脉冲分配器和硬件驱动器组成。硬件脉冲分配器是通过脉冲分配器芯片（如 8713 芯片）来实现通电换相控制的。这种控制驱动方法电路的结构简单，可以实现复杂的功能，同时占用 CPU 的时间较短，用可编程控制器实现了控制器和驱动器的全部功能。在 PLC 中，由软件代替了脉冲生成器和脉冲分配器，直接对步进电机进行并行控制，并且由 PLC 输出端口直接驱动步进电机。图 7–4 为一种软–软结构，脉冲生成器和脉冲分配器均由可编程序控制器程序实现。

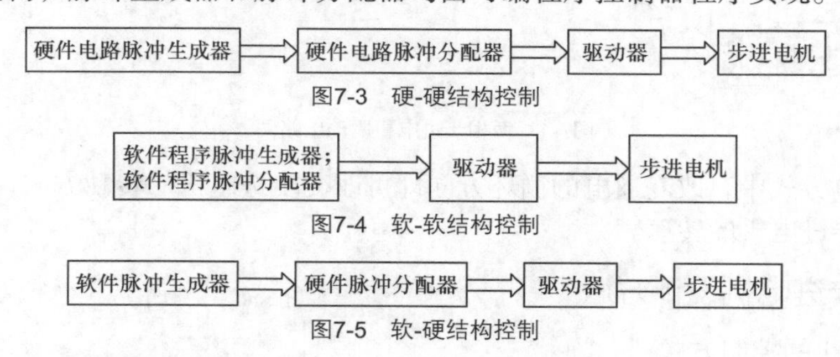

图7-3　硬-硬结构控制

图7-4　软-软结构控制

图7-5　软-硬结构控制

2. 西门子 PLC 控制步进电机

由以上步进电机的工作原理以及工作方式我们可以看出：

控制步进电机最重要的就是要生产出符合要求的控制脉冲。西门子 PLC 本身带有高速脉冲计数器和高速脉冲发生器，其发出的频率最大为 10kHz，能够满足步进电机的要求。对 PLC 提出两个特性要求：一是在此应用的 PLC 最好具有实时刷新技术的 PLC，使输出信号的频率可以达到数千赫兹或更高。其目的是使脉冲能有较高的分配速度，充分利用步进电机的速度响应能力，提高整个系统的快速性。二是 PLC 本身的输出端口应该采用大功率晶体管，以满足步进电机各相绕组数十伏脉冲电压、数安培脉冲电流的驱动要求。

对输入电机的相关脉冲控制，从而达到对步进电机两相绕组的 24V 直流电源的依次通、断，形成旋转磁场，使步进电机转动。

7.2 硬件设计

7.2.1 硬件设计

1. 西门子 PLC 的介绍

PLC 实质是一种专用于工业控制的计算机，其硬件结构与微型计算机基本上相同。

中央处理单元（CPU）是 PLC 的控制中枢。它按照 PLC 系统程序赋予的功能接收并存储从编程器输入的用户程序和数据；检查电源、存储器、I/O 以及警戒定时器的状态，并能诊断用户程序中的语法错误。当 PLC 投入运行时，首先它以扫描的方式接收现场各输入装置的状态和数据，并分别存入 I/O 映像区，然后从用户程序存储器中逐条读取用户程序，经过命令解释后将按指令的规定执行逻辑或算数运算的结果送入 I/O 映像区或数据寄存器内。等所有的用户程序执行完毕之后，最后将 I/O 映像区的各输出状态或输出寄存器内的数据传送到相应的输出装置，如此循环运行，直到停止运行。

为了进一步提高 PLC 的可靠性，近年来对大型 PLC 还采用双 CPU 构成冗余系统，或采用三 CPU 的表决式系统。这样，即使某个 CPU 出现故障，整个系统仍能正常运行。

存储器存放系统软件的存储器称为系统程序存储器。存放应用软件的存储器称为用户程序存储器。

PLC 常用的存储器类型如下。

1）RAM 是一种读/写存储器（随机存储器），其存取速度最快，由锂电池支持。

2）EPROM 是一种可擦除的只读存储器。在断电情况下，存储器内的所有内容保持不变。

3）EEPROM 是一种电可擦除的只读存储器。使用编程器就能很容易地对其所存储的内容进行修改。

空间的分配。虽然各种 PLC 的 CPU 的最大寻址空间各不相同，但是根据 PLC 的工作原理，其存储空间一般包括三个区域：系统程序存储区、系统 RAM 存储区（包括 I/O 映像区和系统软设备存储区等）和用户程序存储区。

1）系统程序存储区：在系统程序存储区中存放着相当于计算机操作系统的系统程序，包括监控程序、管理程序、命令解释程序、功能子程序、系统诊断子程序等。由制造厂商将其固化在 EPROM 中，用户不能直接存取。它和硬件一起决定了该 PLC 的性能。

2）系统 RAM 存储区：系统 RAM 存储区包括 I/O 映像区以及各类软设备，如逻辑线圈、数据寄存器、计时器、计数器、变址寄存器、累加器等存储器。

• I/O 映像区：由于 PLC 投入运行后，只是在输入采样阶段才依次读入各输入状态和数据，在输出刷新阶段才将输出的状态和数据送至相应的外设。因此，它需要一定数量的存储单元（RAM）以存放 I/O 的状态和数据，这些单元称作 I/O 映像区。一个开关量 I/O 占用存储单元中的一个位（bit），一个模拟量 I/O 占用存储单元中的一个字（16 个 bit）。因此，整个 I/O 映像区可看作两个部分组成：开关量 I/O 映像区和模拟量 I/O 映像区。

• 系统软设备存储区：除了 I/O 映像区以外，系统 RAM 存储区还包括 PLC 内部各类软设备（逻辑线圈、计时器、计数器、数据寄存器和累加器等）的存储区。该存储区又分为具有失电保持的存储区域和无失电保持的存储区域，前者在 PLC 断电时，由内部的锂电池供电，数据不会遗失。

3）用户程序存储区：存放用户根据实际控制要求或生产工艺流程编写的具体控制程序。不同类型 PLC，其存储容量各不相同。

CPU313C（图 7–6）集成有 3 个用于高速计数或高频脉冲输出的特殊通道，3 个通道位于 CPU313C 集成数字量输出点首位字节的最低三位，这三位通常情况下可以作为普通的数字量输出点来使用。在需要高频脉冲输出时，可通过硬件设置定义这三位的属性，将其作为高频脉冲输出通道来使用。作为普通数字量输出点使用时，其系统默认地址为 Q124.0、Q124.1、Q124.2（该地址用户可根据需要自行修改），作为高速脉冲输出时，对应的通道分别为 0 通道、1 通道、2 通道（通道号为固定值，用户不能自行修改）。每一通道都可输出最高频率为 2.5kHz（周期为 0.4ms）的高频脉冲。CPU313C 中，X2 前接线端子 22 号、23 号、24 号分别对应通道 0、通道 1 和通道 2。另外，每个通道都有自己的硬件控制门，0 通道的硬件门对应 X2 前接线端子的 4 号接线端子，对应的输入点默认地址为 I124.2。1 号通道硬件门 7 号接线端子，对应的输入点默认地址为 I124.5，而 2 号通道硬件门为 12 号接线端子，对应的输入点默认地址为 I125.0。

2. **西门子 PLC 应用中需要注意的问题**

1）温度：PLC 要求环境温度在 0～55℃，安装时不能放在发热量大的元件下面，四周通风散热的空间应足够大。

2）湿度：为了保证 PLC 的绝缘性能，空气的相对湿度应小于 85%（无露珠）。

3）震动：应使 PLC 远离强烈的震动源，防止震动频率为 10～55Hz 的频繁或连续震动。当使用环境不可避免震动时，必须采取减震措施，如采用减震胶等。

4）空气：避免有腐蚀和易燃的气体，如氯化氢、硫化氢等。对于空气中有较多粉尘或腐蚀性气体的环境，可将 PLC 安装在封闭性较好的控制室或控制柜中。

5）电源：PLC 对于电源线带来的干扰具有一定的抵制能力。在可靠性要求很高或电源干扰特别严重的环境中，可以安装一台带屏蔽层的隔离变压器，以减少设备与地之间的干扰。一般 PLC 都有直流 24 V 输出提供给输入端，当输入端使用外接直流电源时，应选用直流稳压电源。普通的整流滤波电源，由于纹波的影响，容易使 PLC 接收到错误信息。

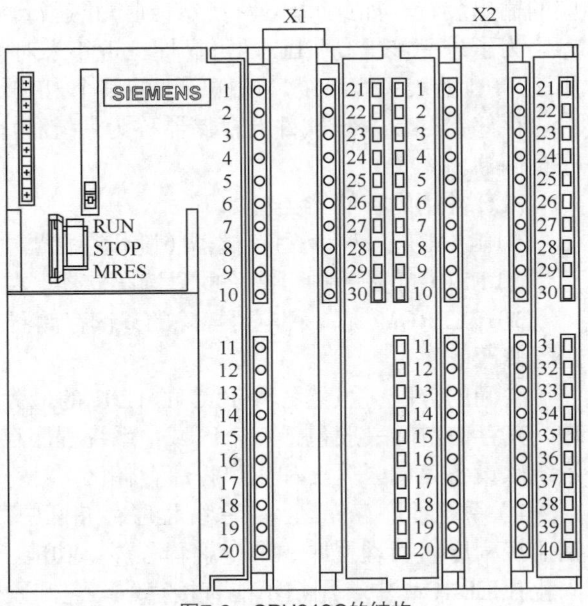

图7-6 CPU313C的结构

3. **控制系统中干扰及其来源**

影响 PLC 控制系统的干扰源，大多产生在电流或电压剧烈变化的部位，其原因是电流改变产生磁场，对设备产生电磁辐射；磁场改变产生电流，高速的电流变化产生电磁波，电磁波对其具有强烈的干扰。

1）强电干扰。由于电网覆盖范围广，电网受到空间电磁干扰而在线路上感应电压。尤其是电网内部的变化，刀开关操作浪涌、大型电力设备启停、交直流传动装置引起的谐波、电网短路暂态冲击等，都通过输电线路传到电源原边。

2）柜内干扰。控制柜内的高压电器、大的电感性负载、混乱的布线都容易对 PLC 造成一定程度的干扰。

3）来自接地系统混乱时的干扰。正确接地既能抑制电磁干扰的影响，又能抑制设备向外发出干扰；而错误接地反而会引入严重的干扰信号，使 PLC 系统将无法正常工作。

4）来自 PLC 系统内部的干扰。主要由系统内部元器件及电路间的相互电磁辐射产生，如逻辑电路相互辐射及其对模拟电路的影响，模拟地与逻辑地的相互影响及元器件间的相互不匹配使用等。

5）变频器干扰。一是变频器启动及运行过程中产生的谐波对电网造成传导干扰，引起电网电压畸变，影响电网的供电质量；二是变频器的输出会产生较强的电磁辐射干扰，影响周边设备的正常工作。

4. **主要抗干扰措施**

1）合理处理电源以抑制电网引入的干扰

对于电源引入的电网干扰可以安装一台带屏蔽层的变比为 1：1 的隔离变压器，以减少设备与地之间的干扰，还可以在电源输入端串接 LC 滤波电路。

2）合理安装与布线

动力线、控制线以及 PLC 的电源线和 RS-485 网线应分别配线，分别用自己的桥架或线槽。PLC 应远离强干扰源，柜内 PLC 应远离动力线（二者之间距离应大于 200 mm），与 PLC 装在同一个柜子内的电感性负载，如功率较大的继电器、接触器的线圈，应并联 RC 消弧电路。PLC 的输入与输出最好分开走线，开关量与模拟量也要分开敷设。模拟量信号的传送应采用屏蔽线，屏蔽层应一端或两端接地，接地电阻应小于屏蔽层电阻的 1/10。交流输出线和直流输出线不要用同一根电缆，输出线应尽量远离高压线和动力线，避免并行。

5. 正确选择接地点以完善接地系统

PLC 控制系统的地线包括系统地、屏蔽地、交流地和保护地等。接地系统混乱对 PLC 系统的干扰主要是各个接地点电位分布不均，不同接地点间存在地电位差，引起地环路电流，影响系统正常工作。

1）安全地或电源接地：将电源线接地端和柜体连线接地为安全接地。

2）系统接地：PLC 控制器为了与所控的各个设备同电位而接地叫作系统接地。接地电阻值不得大于 4Ω，一般需将 PLC 设备系统地和控制柜内开关电源负端接在一起，作为控制系统地。

3）信号与屏蔽接地：一般要求信号线必须要有唯一的参考地。

7.2.2　硬件图设计

本系统选用的是两相四线的步进电机，PLC 与驱动器和步进电机的接线图如图 7-7 所示。其含义是：步进电机的四根引出线分别是红色、绿色、黄色和蓝色。其中，红色引出线应该与步进驱动器的 A+接线端子相连，绿色引出线应该与步进驱动器的 A–接线端子相连，黄色引出线应该与步进驱动器的 B+接线端子相连，蓝色引出线应该与步进驱动器的 B–接线端子相连。

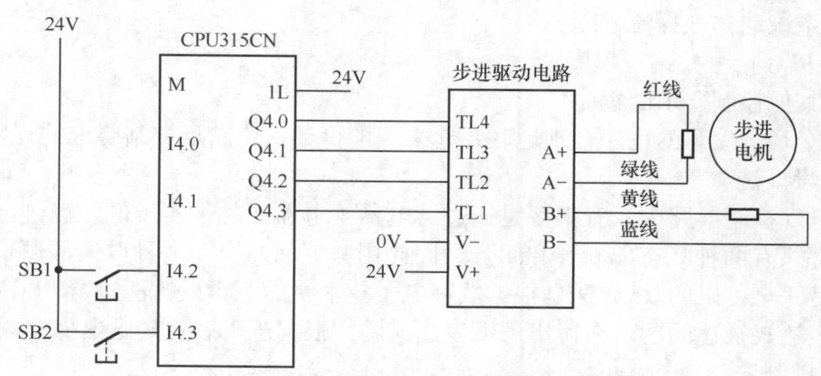

图7-7　PLC与驱动器和步进电机的接线图

7.3　软件设计

7.3.1　编程语言

PLC 程序是 PLC 指令的有序集合，PLC 运行程序就是按照一定的顺序，执行集合中的一条条指令。指令是指示 PLC 动作的文字代码或图形符号。使用的编程语言不同，这些文字代码和图形符号就不相同。但从本质上来讲，指令的实质都是二进制机器码。与普通的计算机一样，PLC 的编程软件通过编译系统把 PLC 程序编译成机器代码。

PLC 提供了功能较为完整的编程语言，以适应 PLC 在工业环境中的应用。利用 PLC 的编程语言，按照不同的控制要求编制不同的控制程序，这相当于设计和改变继电器控制的硬件接线，也就是所谓的“可编程序”。

PLC 的编程语言一般有五种：顺序功能图（Sequential Function Chart，SFC）、梯形图（Ladder Diagram，LD）、功能块图（Function Block Diagram，FBD）、指令表（Instruction List，IL）和结构文本（Structured Text，ST）。其中，顺序功能图（SFC）、梯形图（LD）、功能块图（FBD）是图形编程语言，指令表（IL）和结构文本（ST）是文字语言。梯形图（LD）是目前使用最广泛的 PLC 图形编程语言，梯形图与继电器控制系统的电路图相似，比较易于掌握，程序表达清楚。本系统 PLC 程序的编制采用梯形图语言，编程软件为 STEP 7。该软件能够完成制作程序、对可编程控制器 CPU 的写入/读出、监控程序运行、调试程序、PLC 错误诊断等一系列功能。

7.3.2 程序设计经验与方法

在工程中，对 PLC 应用程序的设计有多种方法，这些方法的使用，也因各个设计人员的技术水平和喜好有较大的差异。现将常用的几种应用程序的设计方法简要介绍如下。

1. 经验设计法

经验设计法也叫凑试法。在掌握一些典型控制环节和电路设计的基础上，根据被控对象对控制系统的具体要求，凭经验进行选择、组合。这种方法对于一些简单的控制系统的设计是比较奏效的，可以收到快速、简单的效果。经验设计法的具体步骤如下。

1）确定输入/输出电器。

2）确定输入和输出点的个数、选择 PLC 机型、进行 I/O 分配。

3）做出系统动作工程流程图。

4）选择 PLC 指令并编写程序。

5）编写其他控制要求的程序。

6）将各个环节编写的程序合理地联系起来，即得到一个满足控制要求的程序。

2. 逻辑设计法

在工业电气控制线路中，有很多是通过继电器等电器元件来实现的。而继电器、交流接触器的触点都只有两种状态即断开和闭合，因此用“0”和“1”两种取值的逻辑代数设计电气控制线路是完全可以的。该方法是根据数字电子技术中的逻辑设计法进行 PLC 程序的设计，它使用逻辑表达式描述问题。在得出逻辑表达式后，根据逻辑表达式画出梯形图。

3. 顺序控制法

对那些按动作的先后顺序进行控制的系统，非常适合使用顺序控制设计法进行编程。顺序控制法规律性很强，虽然编程十分长，但程序结构清晰、具有可读性。在用顺序控制设计法编程时，功能图是很重要的工具。功能图能够清楚地表现出系统各工作步的功能、步与步之间的转换顺序及其转换条件。

功能图由流程步、有向线段、转移和动作组成，在使用时它有一些使用规则，具体如下：

1）步于步之间必须用转移隔开。

2）转移与转移之间必须用步隔开。

3）转移和步之间用有向线段连接，正常画顺序功能图的方向是从上向下或则从左向右。按照正常顺序画图时，有向线段可以不加箭头，否则必须加箭头。

一个顺序功能图中至少有一个初始步。

7.3.3　设计指令介绍

1. 传送指令（MOVE）

如图 7–8 所示，MOVE（赋值指令）可以由使能（EN）输入端的信号激活。将在输入端 IN 的特定值复制到输出端 OUT 上的特定地址中。ENO 和 EN 具有相同的逻辑状态。MOVE 只能复制 Byte（字节）、Word（字）或 DWord（双字）数据对象。用户定义的数据类型（例如数组或结构）必须使用系统功能“BLKMOVE”（SFC 20）进行复制。

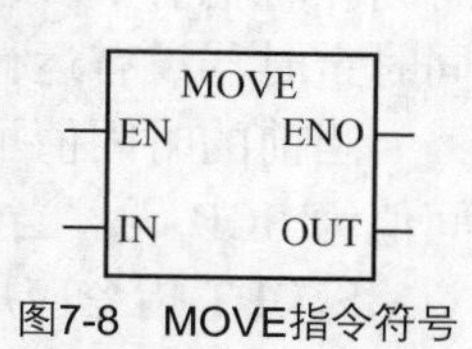

图7-8　MOVE指令符号

MOVE 指令的应用举例：

如图 7–9 所示，如果 I0.0 为“1”，则执行指令。MW10 的内容被复制到当前打开的数据块的数据字 12 中。如果执行指令，则 Q4.0 为“1”。

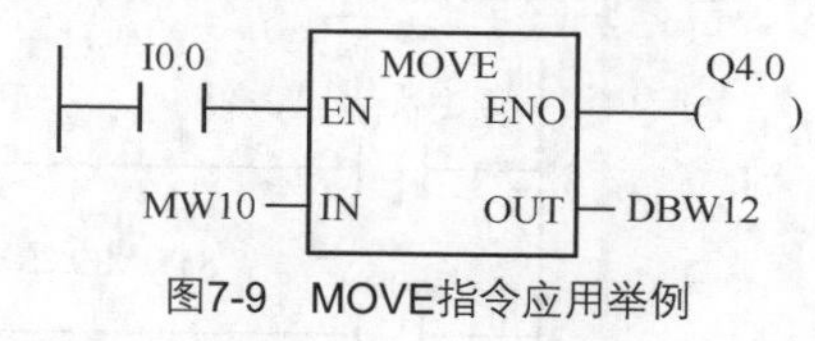

图7-9　MOVE指令应用举例

2. 加计数器指令（S_CU）

如图 7–10 所示，S_CU（加计数器）在输入端 S 出现上升沿时使用输入端 PV 上的数值预置。如果在输入端 R 上的信号状态为“1”，则计数器复位，计数值被置为“0”。如果输入端 CU 上的信号状态从“0”变为“1”，并且计数器的值小于“999”，则计数器加“1”。

如果计数器被置位，并且输入端 CU 上的 RLO=1，计数器将相应地在下一扫描循环计数，即使没有从上升沿到下降沿的变化或从下降沿到上升沿的变化。

如果计数值大于“0”，则输出 Q 上的信号状态为“1”；如果计数值等于“0”，则输出 Q 上的信号状态为“0”。

S_CU 指令的应用举例：

如图 7–11 所示，如果 I0.2 从“0”变为“1”，计数器使用 MW10 的值预置。如果 I0.0 的信号状态从“0”变为“1”，且 C10 的值小于“999”，计数器 C10 的值将加“1”。如果 C10 不等于“0”，则 Q4.0 为“1”。

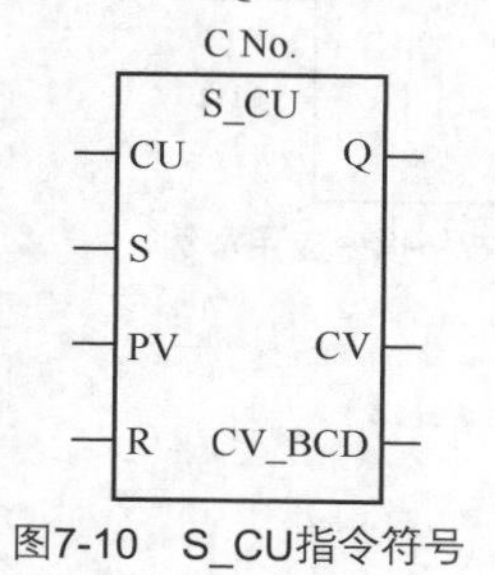

图7-10　S_CU指令符号

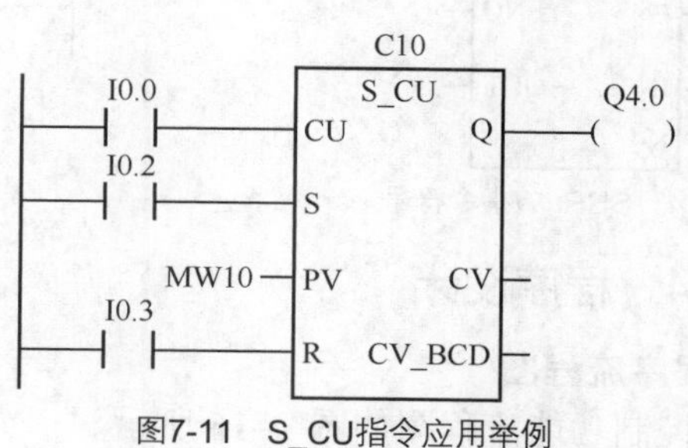

图7-11　S_CU指令应用举例

3. 接通延时 S5 定时器指令（S_ODT）

如图 7-12 所示，S_ODT（接通延时 S5 定时器指令）用于在启动（S）输入端出现上升沿时，启动指定的定时器。为了启动定时器，信号变化总是必要的。只要 S 输入端的信号状态为“1”，则定时器就按输入端 TV 上设定的时间间隔继续运行。当时间已经结束，未出现错误并且 S 输入端的信号状态仍为“1”，则输出 Q 的信号状态为“1”。当定时器正在运行时，如果 S 输入端的信号状态从“1”变为“0”，则定时器停止运行。此时，输出 Q 的信号状态为“0”。

当定时器运行时，如果复位（R）输入端从“0”变为“1”，则定时器复位。同时，当前时间和时基清零。此时，输出 Q 的信号状态为“0”。如果在输入端 R 的信号状态为逻辑“1”，同时定时器没有运行，输入端 S 为“1”，则定时器复位。

当前的时间值可以在输出 BI 和 BCD 扫描出来。BI 上的时间值为二进制值，BCD 上的时间值为 BCD 码。当前的时间值等于初始 TV 值减去定时器启动以来的历时时间。

S_ODT 指令应用举例：

如图 7-13 所示，如果输入端 I0.0 的信号状态从“0”变为“1”（RLO 出现上升沿），则启动定时器 T5。如果规定的 2s 时间已结束，输入 I0.0 的信号状态仍为“1”，则输出 Q4.0 为“1”。如果输入 I0.0 的信号状态从“1”变为“0”，则定时器停止运行，Q4.0 为“0”（如果 I0.1 的信号状态从“0”变为“1”，则定时器复位，而不管定时器是否正在运行）。

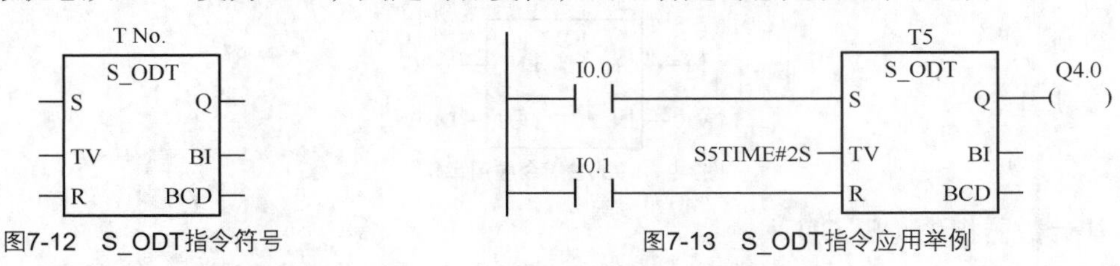

图7-12 S_ODT指令符号　　图7-13 S_ODT指令应用举例

4. 字右移指令（SHR_W）

如图 7-14 所示，SHR_W（字右移指令）可以由使能（EN）输入端的逻辑“1”信号激活。SHR_W 指令用于将输入 IN 位的位 0 到位 15 逐位右移，位 16 到位 31 不受影响。输入 N 指定移位的位数。如果 N 大于 16，该命令将“0”写入输出 OUT，并将状态字中的位 CC 0 和 OV 清零。从左边到需填充空出位的所有位将填入 N 个零。移位操作的结果可以在输出 OUT 中扫描。如果 N 不等于“0”，则通过 SHR_W 指令将 CC 0 位和 OV 位清零。ENO 和 EN 具有相同的信号状态。

SHR_W 指令应用举例：

如图 7-15 所示，如果 I0.0 为逻辑“1”，则 SHR_W 方块激活。MW0 装入，并右移使用 MW2 指定的位数。其结果被写入 MW4 中，Q4.0 置位。

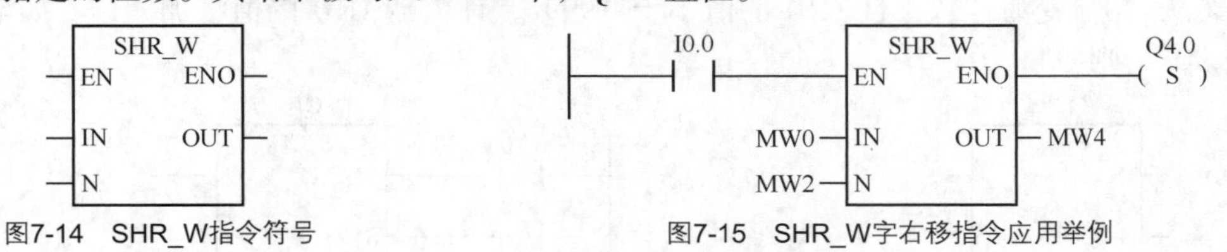

图7-14 SHR_W指令符号　　图7-15 SHR_W字右移指令应用举例

7.3.4 程序设计

1. 程序流程图

PLC 控制功能流程图如图 7-16 所示。

2. 软件模块

以工作框图为基本依据，结合考虑控制的具体要求，首先可将梯形图程序分成 4 个模块进行编程：步进速度选择；启动、停止和清零；移位步进控制功能模块；A、B、C 三相绕组对象控制。然后，将各模块进行连接，最后经过调试、完善，实现控制要求。

3. 梯形图程序设计

控制步进电机的各输入开关及控制 A、B 两相绕组工作的输出端在 PLC 中的 I/O 编址如图 7-17 所示。

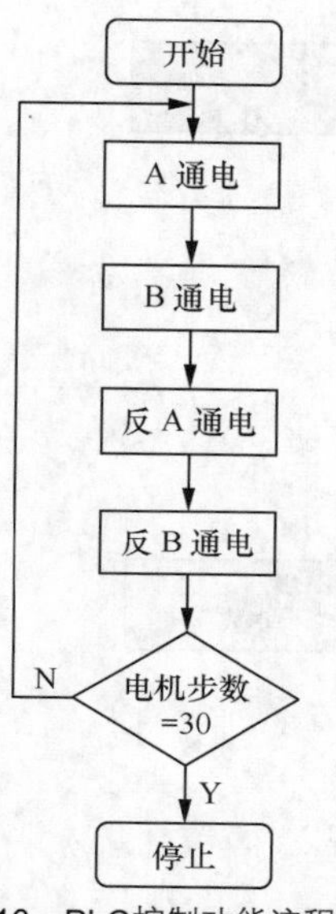

图7-16　PLC控制功能流程图

	状态	符号	地址		数据类型
1		A相	Q	4.0	BOOL
2		B相	Q	4.2	BOOL
3		八拍逆起	I	0.5	BOOL
4		八拍顺起	I	0.4	BOOL
5		单四逆起	I	0.1	BOOL
6		单四顺起	I	0.0	BOOL
7		反A相	Q	4.1	BOOL
8		反B相	Q	4.3	BOOL
9		双四逆起	I	0.3	BOOL
10		双四顺起	I	0.2	BOOL
11		停止	I	0.6	BOOL
12					

图7-17　PLC控制步进电机系统的I/O编址

7.3.5　步进电机程序设计

1. 主程序

步进电机主程序的梯形图如图 7-18 所示。

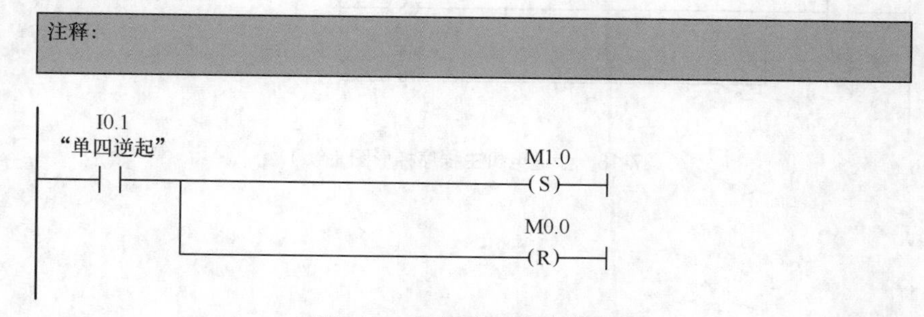

图7-18　步进电机主程序梯形图

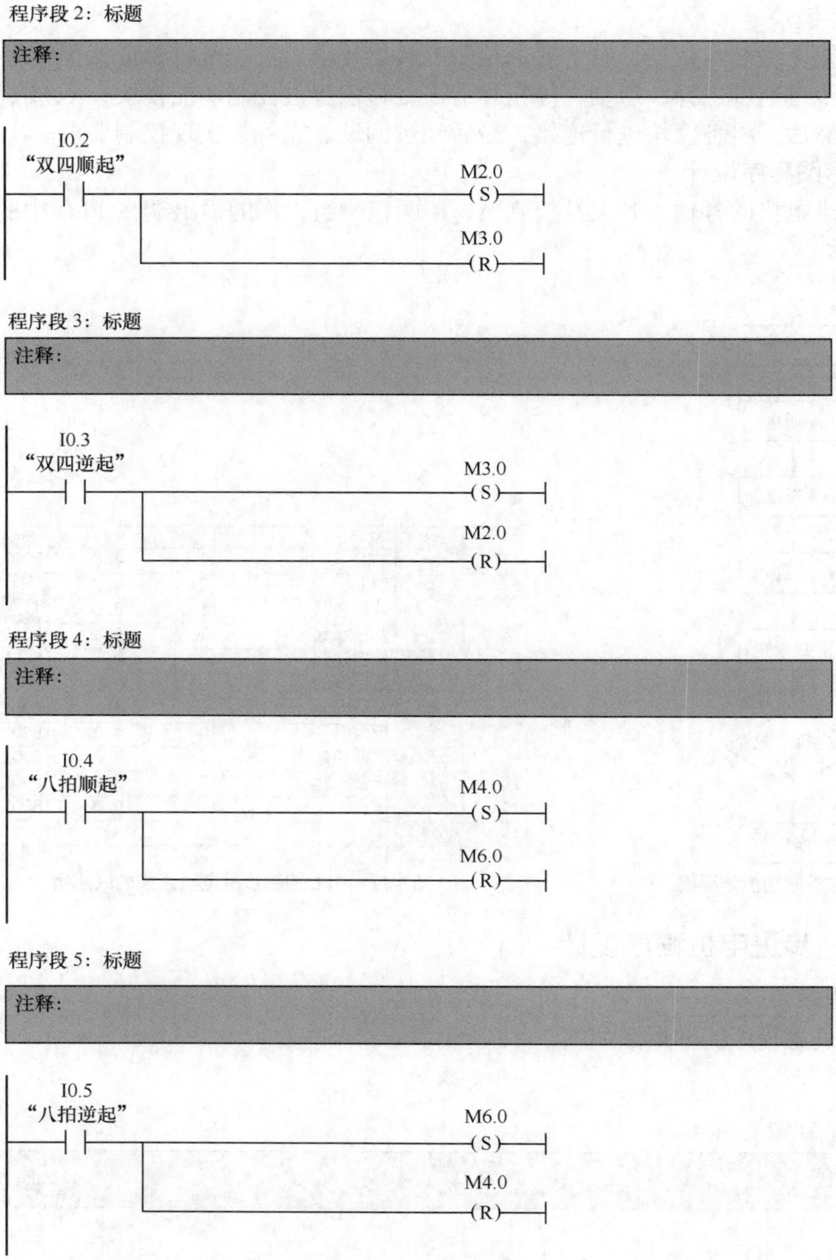

程序段 2：标题

注释：

I0.2 "双四顺起" —| |— M2.0 —(S)—| ; M3.0 —(R)—|

程序段 3：标题

注释：

I0.3 "双四逆起" —| |— M3.0 —(S)—| ; M2.0 —(R)—|

程序段 4：标题

注释：

I0.4 "八拍顺起" —| |— M4.0 —(S)—| ; M6.0 —(R)—|

程序段 5：标题

注释：

I0.5 "八拍逆起" —| |— M6.0 —(S)—| ; M4.0 —(R)—|

图7-18　步进电机主程序梯形图（续）

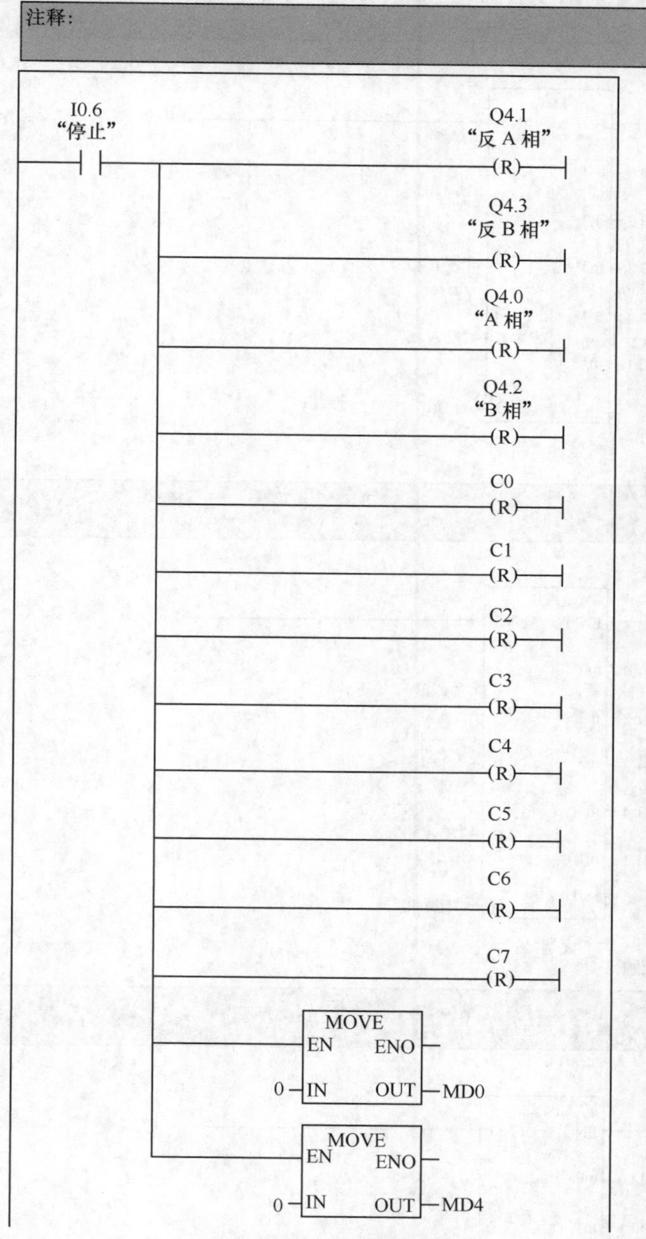

图7-18　步进电机主程序梯形图（续）

程序段 7：标题

注释：

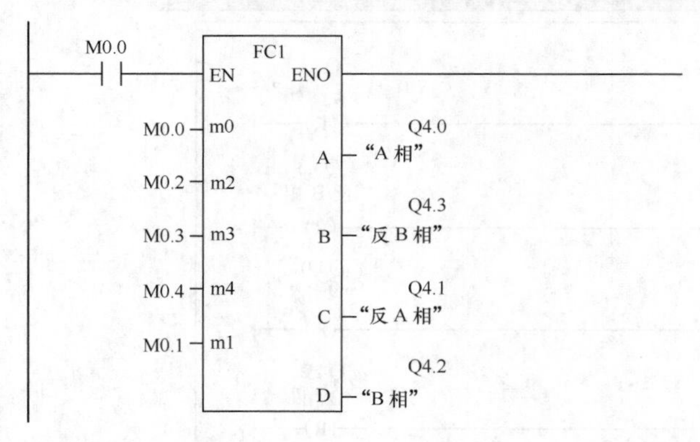

程序段 8：标题

注释：

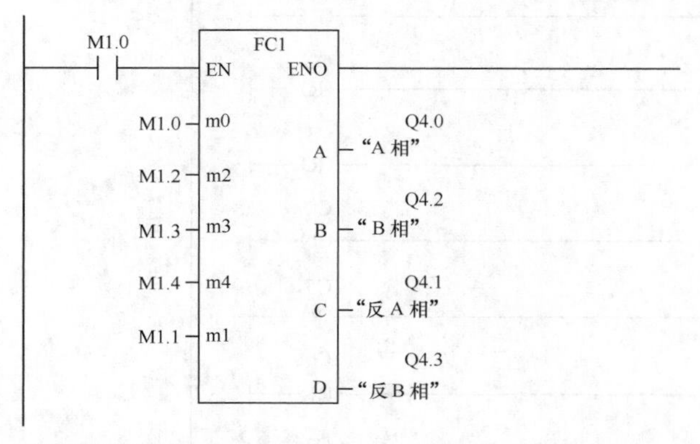

程序段 9：标题

注释：

M2.0
FC2
EN
ENO
M2.0 m0
Q4.0
A “A 相”
M2.1 m1
Q4.3
B “反 B 相”
M2.2 m2
M2.3 m3
Q4.1
C “反 A 相”
M2.4 m4
Q4.2
D “B 相”

图7-18 步进电机主程序梯形图（续）

程序段 10：标题

注释：

M3.0
FC2
EN　ENO
M3.0 — m0
M3.1 — m1
M3.2 — m2
M3.3 — m3
M3.4 — m4
A — Q4.0 “A 相”
B — Q4.2 “B 相”
C — Q4.1 “反 A 相”
D — Q4.3 “反 B 相”

程序段 11：标题

注释：

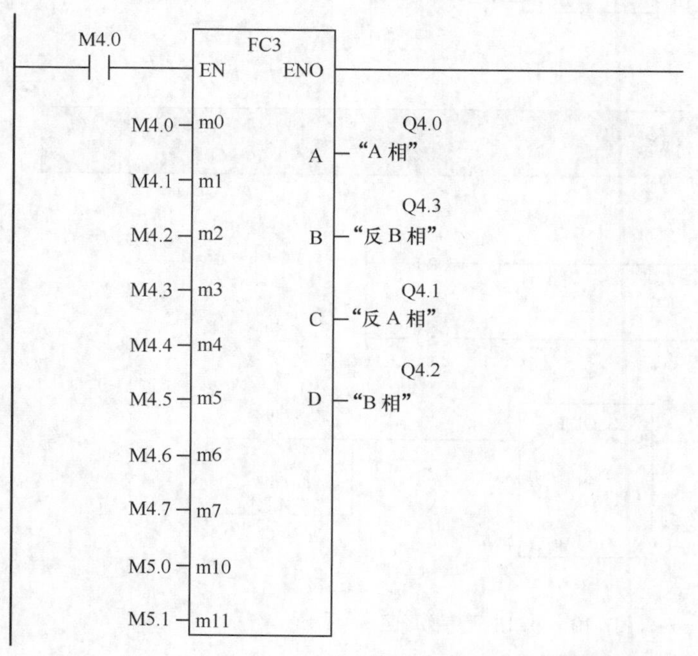

图7-18　步进电机主程序梯形图（续）

2. 单四拍程序

单四拍程序梯形图如图 7–19 所示。

程序段 1：标题

注释：

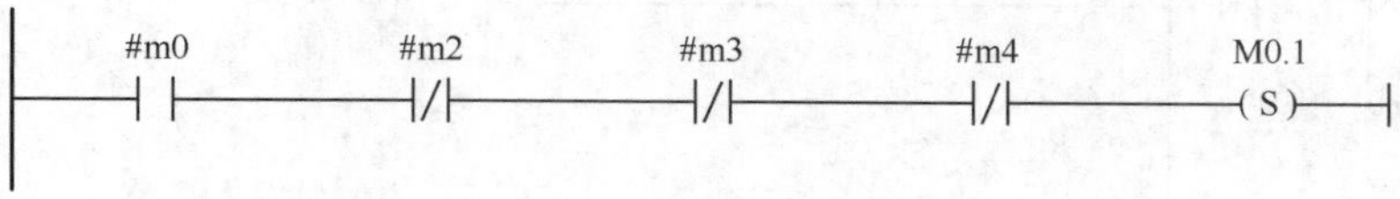

#m0 #m2 #m3 #m4 M0.1

(S)

程序段 2：标题

注释：

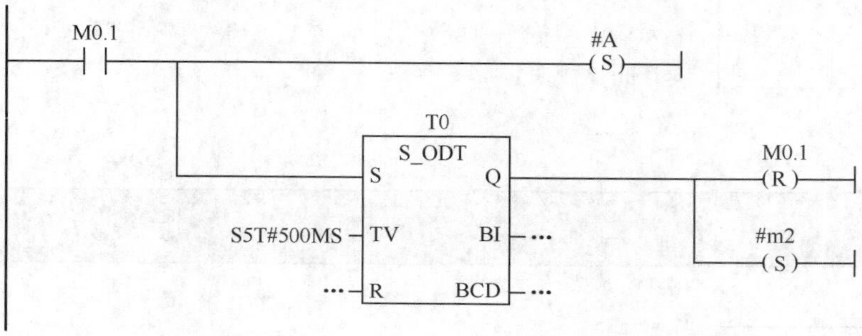

M0.1 #A

(S)

T0

S_ODT

S Q

M0.1

(R)

S5T#500MS TV BI ...

#m2

(S)

... R BCD ...

程序段 3：标题

注释：

#m2 #A

(R)

#B

(S)

T1

S_ODT

S Q

#m2

(R)

S5T#500MS TV BI ...

#m3

(S)

... R BCD ...

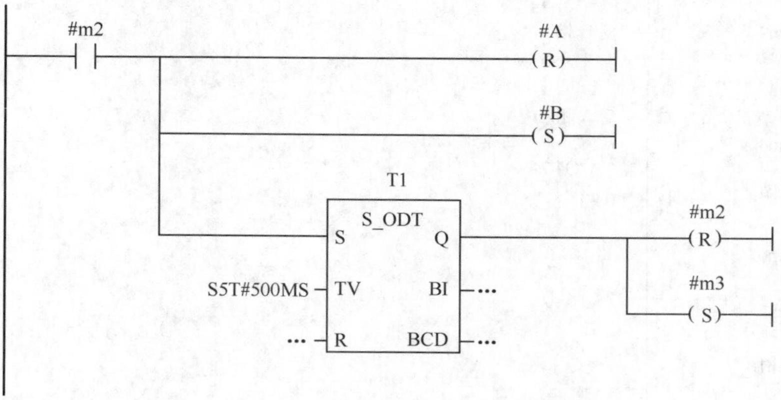

图7-19 单四拍程序梯形图

程序段 4：标题

注释：

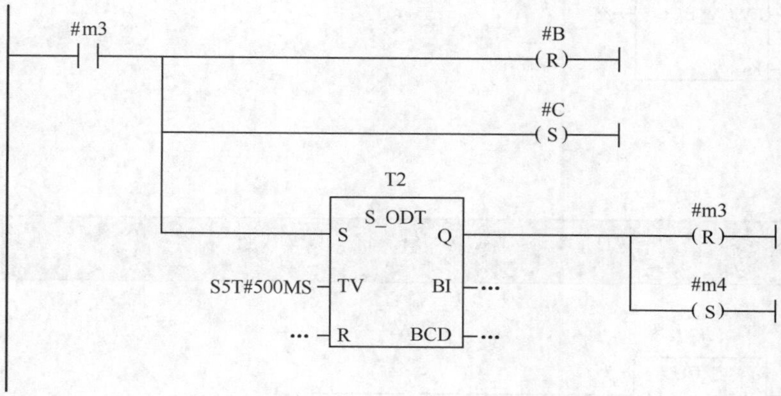

#m3

#B
(R)

#C
(S)

T2
S_ODT
S　Q
S5T#500MS – TV　BI –…
… – R　BCD –…

#m3
(R)

#m4
(S)

程序段 5：标题

注释：

#m4

#C
(R)

#D
(S)

T3
S_ODT
S　Q
S5T#500MS – TV　BI –…
… – R　BCD –…

#m4
(R)

#D
(R)

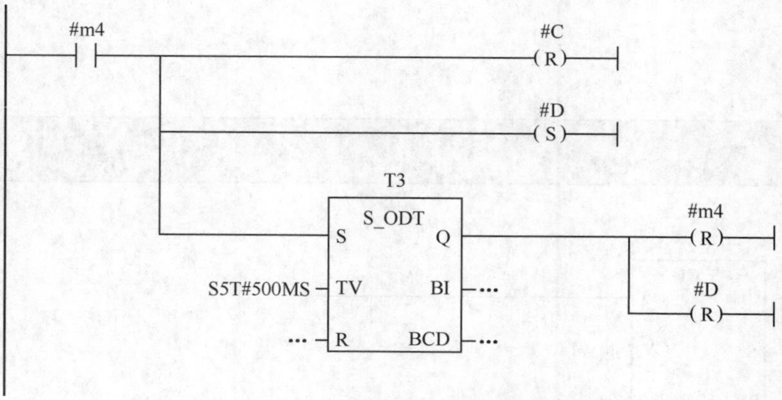

图7-19　单四拍程序梯形图（续）

程序段 6：标题

注释：

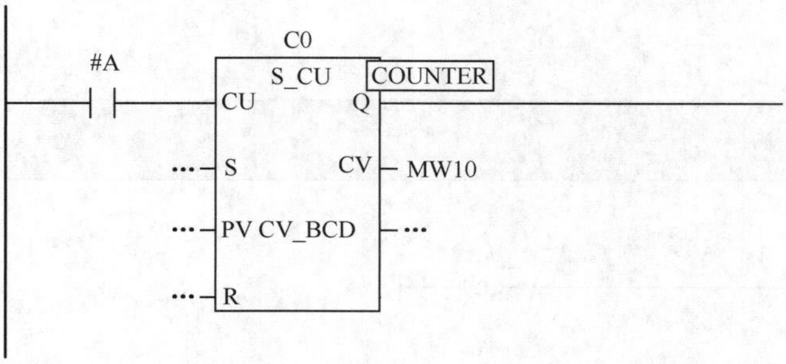

程序段 7：标题

注释：

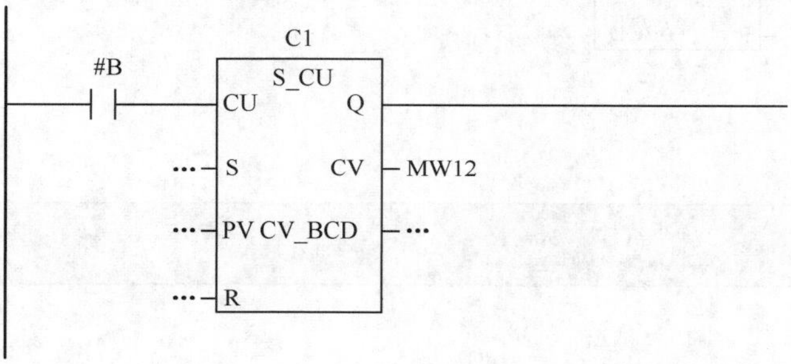

程序段 8：标题

注释：

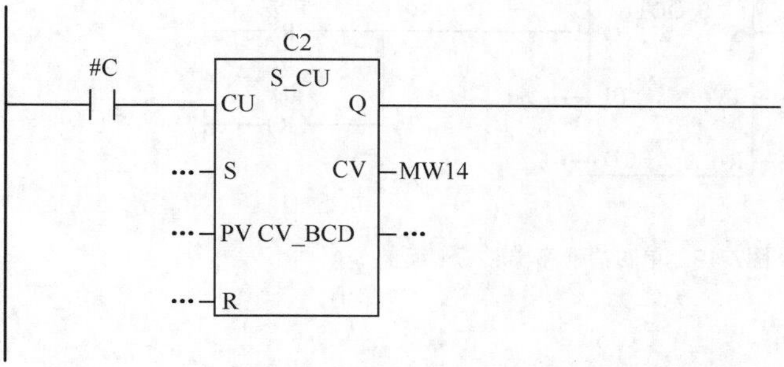

图7-19　单四拍程序梯形图（续）

程序段 9：标题

注释：

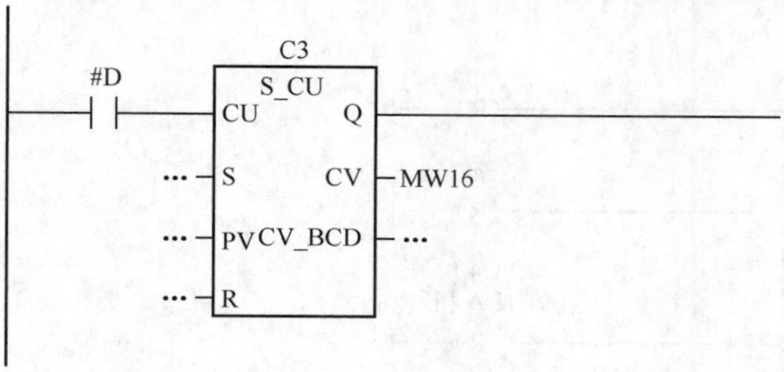

程序段 10：标题

注释：

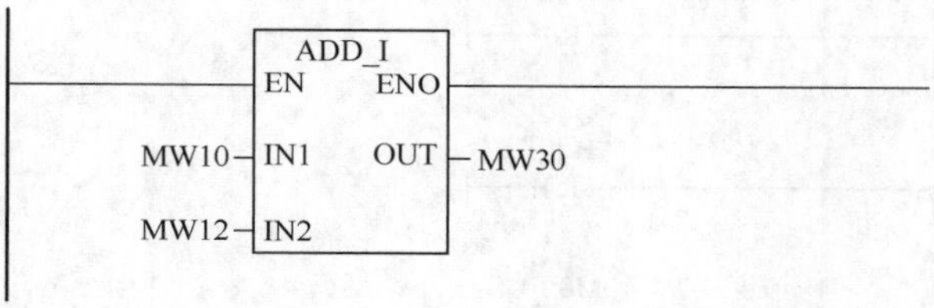

程序段 11：标题

注释：

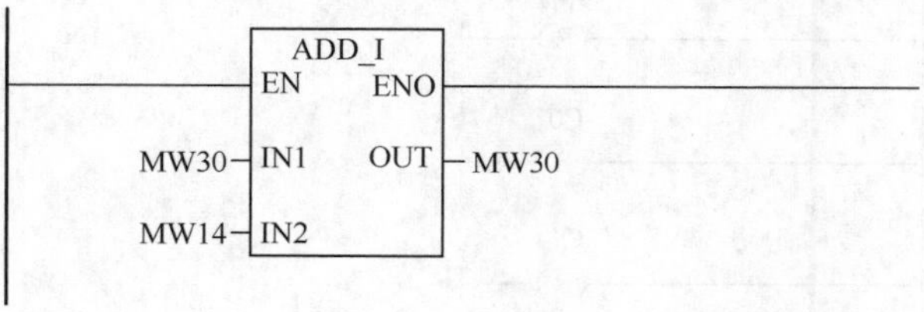

程序段 12：标题

注释：

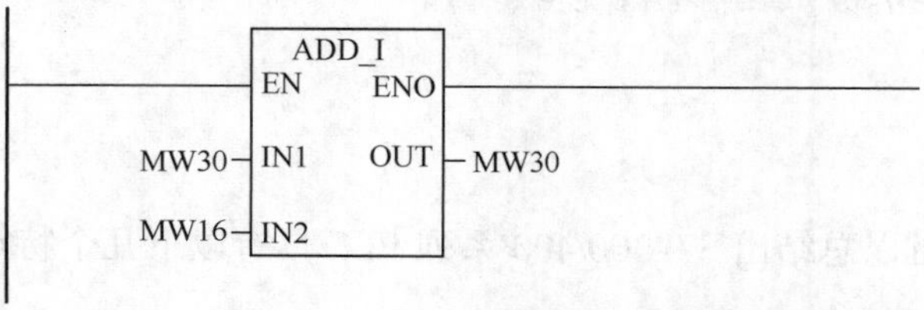

图7-19　单四拍程序梯形图（续）

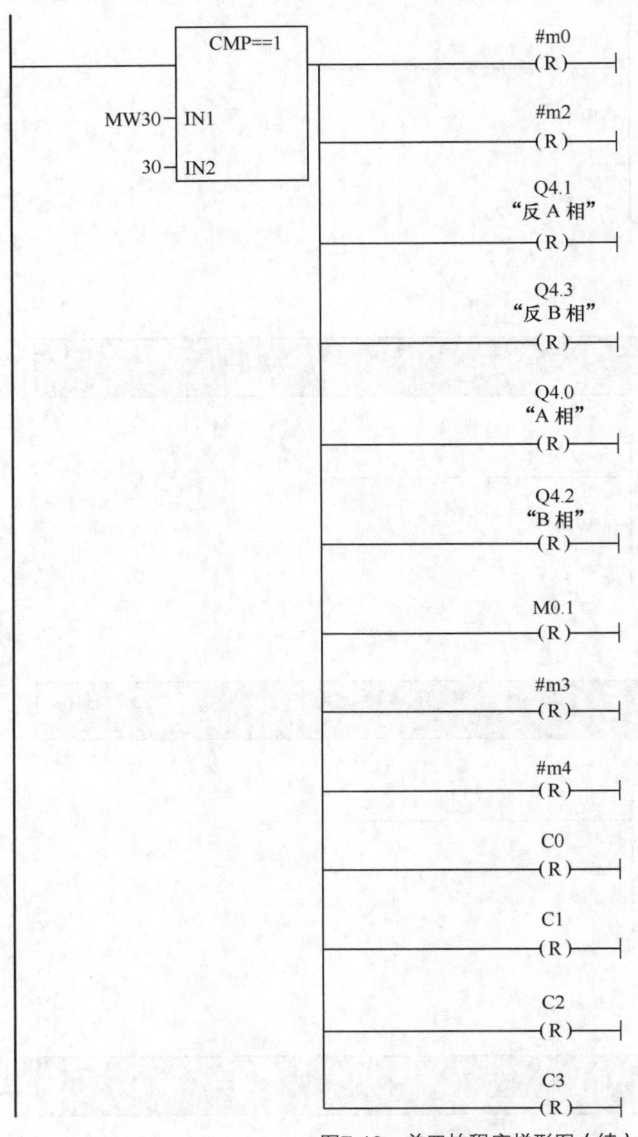

图7-19 单四拍程序梯形图（续）

7.4 本章小结

通过对本控制系统的设计，可以总结出 S7-300/400 系列 PLC 具有以下几个特点。

① 可靠性高，抗干扰能力强。

② 编程简单，使用方便。

③ 设计、安装容易，维护工作量少。

④ 体积小，能耗低。

⑤ 性价比较高。

在本次设计中，利用软、硬件结合，实现对步进电机工作状态的自动控制和精确控制。利用 PLC 输出的时序脉冲和方向信号，改变对步进电机绕组的通电方式和通电顺序，来准确控制步进电机的正转、反转等工作状态。通过设定不同延时计时器的数值，来改变步进电机的工作频率。目前利用可编程序控制器（即 PLC 技术）可以方便地实现对电机速度和位置的控制，方便地进行各种步进电机的操作，完成各种复杂的工作，它代表了先进的工业自动化技术水平，促进了机电一体化的实现。

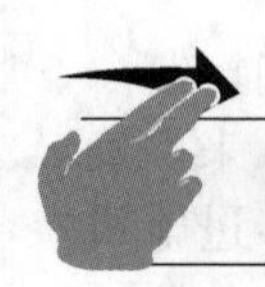

第8章 啤酒发酵自动控制应用实例

啤酒发酵是非常复杂的生化变化过程，在啤酒酵母所含的酶的作用下，其主要代谢产物是酒精和二氧化碳，还有一系列的副产物，如醇类、醛类、酯类、酮类和硫化物等。这些发酵物决定了啤酒的风味、泡沫、色泽和稳定性等各项理化性能，使啤酒具有其独特的风味。

啤酒发酵是放热反应的过程，随着反应的进行，罐内的温度会逐渐升高，随着二氧化碳等产物的不断产生，密闭罐内的压力会逐渐升高。发酵过程中的温度、压力直接影响啤酒的质量和生产效率，因此，对发酵过程中的温度、压力进行控制就显得十分重要。

8.1 总体规划

一个啤酒发酵控制系统，要满足实际生产的要求，就要满足以下几个条件。

1）必须要符合啤酒发酵的工艺要求。

2）必须为用户提供较合理的控制解决方案。

3）符合流程控制的一般要求，包括温度的采集和控制、压力的采集和控制、控制过程中的保护等。

8.1.1 功能要求

目前，啤酒发酵通常采用锥形大罐——“一罐法”进行发酵，即前酵、后续发酵过程及储酒等阶段均在同一个大罐中进行。在前酵过程中，酵母通过有氧呼吸进行大量的繁殖，大部分发酵糖类分解。在这个过程初期，反应放出的热量会使温度自然上升。随着反应的进行，酵母的活性变大，反应放热继续增加，双乙酰含量逐渐减少，而芳香类醇含量增多。后续发酵过程是前酵的延续，进一步使残留的糖分解成二氧化碳溶于酒内达到饱和；再降温到-1～0℃，使其低温陈酿，从而促进酒的成熟和澄清。

在啤酒发酵过程中，其对象特性是时变的，并且滞后。正是这种时变性和时滞性造成了温度控制的困难，而发酵温度直接影响啤酒的风味、品质和产量，因而控制精度要求较高。

温度、浓度和时间是发酵过程中最主要的参数，三者之间相互制约，又相辅相成。发酵温度低，浓度下降慢，发酵副产物少，发酵周期长。反之，发酵温度高，浓度下降快，发酵副产物增多，发酵周期短。因而，必须根据产品的种类、酵母菌种、麦汁成分，控制在最短时间内达到发酵度和代谢产物的要求。

8.1.2 控制过程

啤酒发酵对象的时变性、时滞性及其不确定性，决定了发酵罐控制必须采用特殊的控制算法。由于每个发酵罐都存在个体的差异，而且在不同的工艺条件、不同的发酵菌种下，对象特性也不尽相同。因此，很难找到或建立某一确切的数学模型来进行模拟和预测控制。

为了节省能源，降低生产成本，并且能够满足控制的要求，发酵罐的温度控制选择了检测发酵罐的上、中、下 3 段的温度，通过上、中、下 3 段液氨进口的二位式电磁阀来实现发酵罐温度的控制，原理图如图 8-1 所示。

对于采用外部冷媒间接换热方式来控制体积大、惯性大的发酵罐温度的情况，采用普通的控制方案极易引起大的超调和持续的震荡，很难取得预期的控制效果。在不同的季节，甚至在同一个季节的不同发酵罐，要求生产不同品种的啤酒，这样就要求每个发酵罐具有各自独立的工艺控制曲线。这不仅要求高精度、高稳定性的控制，还要求控制系统有极大的灵活性。

根据锥形发酵罐的特性将发酵的全过程分成几个阶段，即麦汁进罐、自然升温、还原双乙酰、一次降温、停留观察、二次降温和低温储酒，各阶段温度的曲线图如图 8-2 所示。

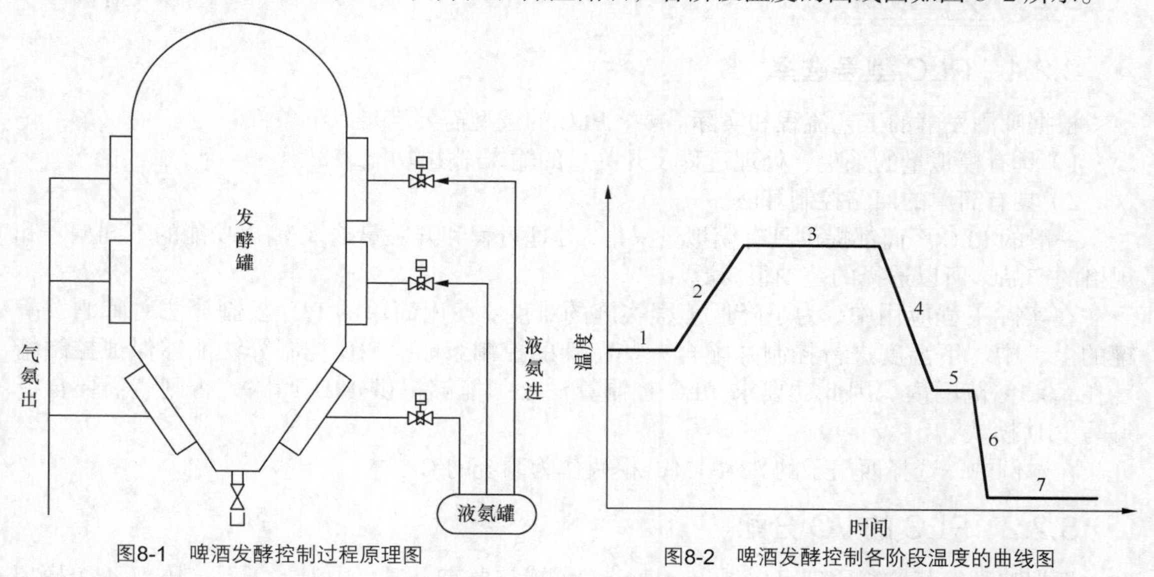

图8-1 啤酒发酵控制过程原理图

图8-2 啤酒发酵控制各阶段温度的曲线图

在各个阶段，对象的特性相对稳定，温度和压力的控制方面存在一定的规律性。在发酵开始前，根据工艺的要求预先设定工艺控制的温度、压力曲线；在发酵过程中，根据发酵进行的程度（发酵时间、糖度、双乙酰含量），发酵罐上、中、下 3 段温度的差异，以及 3 段温度各自的变化趋势，自动正确地选择各个阶段相应的控制策略，从而达到预期的控制效果。

各个阶段的说明见表 8-1。

表 8-1 各个阶段的说明

阶段	名称	说明
时间段 1	麦汁进料过程	在此过程中，由糖化阶段产生的麦汁原料经由连接管道从糖化罐进入发酵罐中

续表

阶段	名称	说明
时间段 2	自然升温过程	在麦汁进料过程中，随着酵母的加入，酵母菌逐渐开始生长和繁殖。在这个过程中，麦汁在酵母菌的作用下发生化学变化，产生大量的二氧化碳和热量，这就使原料的温度逐渐上升
时间段 3	还原双乙酰过程	在自然升温发酵过程中，化学反应能产生一种学名叫双乙酰的化学物质。这种物质对人体健康不利而且会降低啤酒的品质，所以在这个过程中需要将其除去，增强啤酒的品质
时间段 4～6	降温过程	在啤酒发酵完成后，降温过程其实属于啤酒发酵的后续过程，其作用是将发酵过程中加入的酵母菌进行沉淀、排出
时间段 7	低温储酒过程	降温过程完成以后，已经发酵完成的原料继续储存在发酵罐等待过滤、稀释、杀菌等

8.2 硬件设计

8.2.1 PLC 型号选择

根据啤酒发酵的工艺流程和实际需要，PLC 的选型需要满足以下条件。

1）具有模拟量的采集、处理过程及开关量的输入/输出功能。

2）具有简单的回路控制算法。

一般的 PLC 厂商都提供具有模拟量采集、处理过程和开关量输入/输出功能的不同型号和规格的产品，所以选择的范围很广泛。

在实际工程应用中，为了降低工程实施的难度，使用简单的 PID 控制算法对啤酒发酵罐的上、中、下温度进行控制并配合一些特殊的控制策略。PID 控制算法能够保证控制精度在± 0.5℃范围内。因此，要求 PLC 控制算法必须能够提供 PID 回路，否则就需要自行编写 PID 模块。

在本例中，选择西门子的 S7-315DP 模块作为系统的 CPU。

8.2.2 PLC 的 I/O 分配

根据啤酒发酵控制原理可以得出：每个发酵罐需要有上温、中温、下温、压力 4 个模拟量需要测量，有些情况需要对发酵罐的液位进行测量；上温、中温、下温 3 个温度各需要一个二位式电磁阀进行控制，罐内压力需要一个二位式电磁阀进行控制。所以每个发酵罐的 I/O 点数为 5 个模拟量、4 个开关量。

8.2.3 PLC 其他资源分配

除 PLC 必需的 I/O 之外，另外涉及的设备仪表有啤酒温度变送器、压力变送器、液位变送器等。

根据啤酒发酵过程的特点，啤酒发酵过程的最低温度一般为-1℃，最高温度一般为 12℃，一般可以选择量程为-5～45℃或者-10～90℃的温度变送器。压力变送器可以选择的量程为 0～200kPa 或者 0～400kPa。

8.2.4　PLC 硬件设计

根据系统的规模和现场的实际要求，设计出系统的硬件设备图如图 8–3 所示。

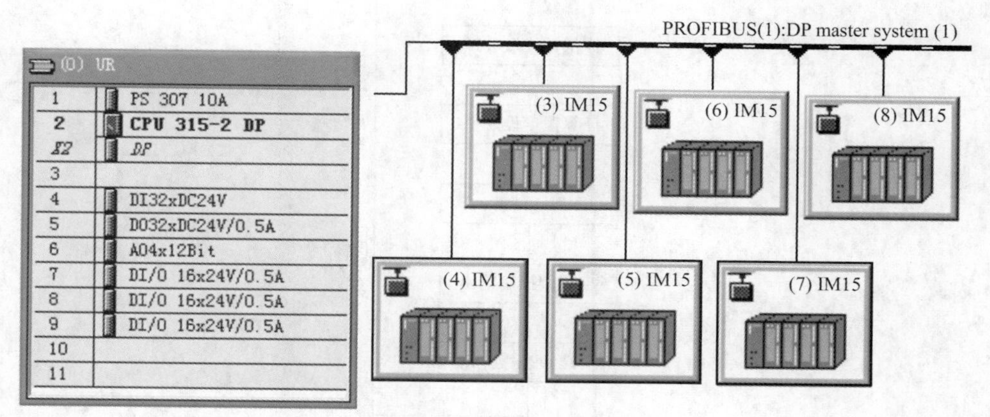

图8-3　系统硬件设备图

各个 PROFIBUS 从站的硬件资源配置可以根据所处现场的实际情况来决定，这些从站的硬件配置基本上是相同的，这里仅列出一个站的资源，见表 8–2。

表 8-2　硬件资源

编号	I/O 部件
1	DI32 × DC 24V
2	DI32 × DC 24V/0.5A
3	AO4 × 12bit
4	DI/O16 × 24V/0.5A
5	DI/O16 × 24V/0.5A
6	DI/O16 × 24V/0.5A

8.3　系统 PLC 程序设计

在发酵过程中，根据发酵进行的程度（发酵时间、糖度、双乙酰含量等），发酵罐上、中、下 3 段温度的差异，3 段温度各自的变化趋势以及需要达到的预定控制效果，采用自动或由操作人员手动选择控制的方法。

程序中设定了手动操作和自动控制选择开关，在任意阶段都能够实现两者的切换，实现温度、压力的手动/自动选择控制。程序中有人工阶段选择开关，可以在任意阶段间跳转，从而避免了因操作人员操作失误而无法实现后续程序正常运行的情况。

8.3.1　控制过程设计

根据 8.1.2 节中工艺流程的介绍，可以总结出啤酒发酵控制过程的程序流程图如图 8–4 所示。

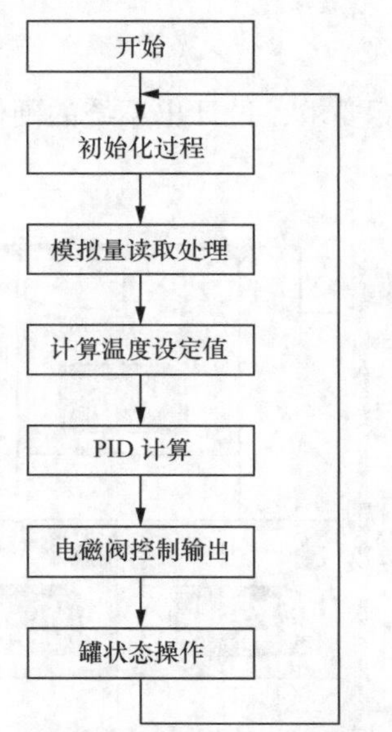

图8-4　啤酒发酵控制过程的程序流程图

8.3.2　PLC 功能模块程序设计

（1）计算出啤酒发酵时间

在程序中必须能够得到每个发酵罐的起始发酵时间，然后由当前时间计算出罐内啤酒的发酵时间。这个过程中需要考虑每个月的天数以及该年是否为闰年等问题。

（2）计算当前时刻的设定温度

处在发酵过程中的每一个发酵罐根据各自的生产需要，都有一个工艺设定曲线。在计算出发酵的时间后，可以通过计算得到当前时刻的设定温度。

（3）计算当前时刻的电磁阀开度

计算出当前时刻的设定温度之后，可以计算出温度的偏差值，使用简单的 PID 控制回路就可以计算出电磁阀的开度。由于电磁阀是二位式的，所以阀的开关动作为占空比连续变化的 PWM 输出。电磁阀 PWM 输出波形如图 8-5 所示。

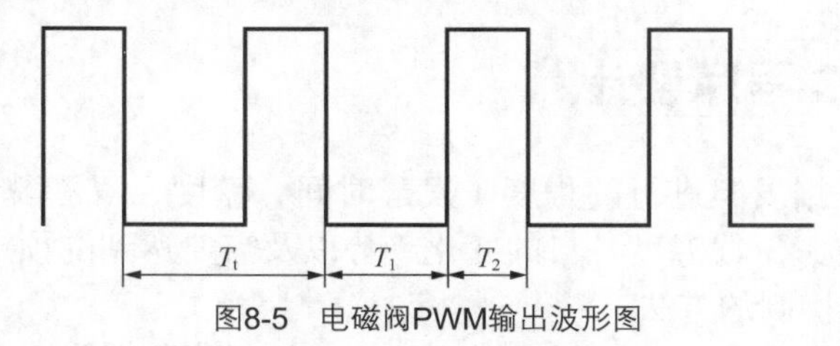

图8-5　电磁阀PWM输出波形图

图 8-5 中 T_t 为电磁阀动作周期，T_1 为电磁阀关闭时间，T_2 为电磁阀打开时间。T_t、T_1、T_2 之间的关系为 $T_t= T_1+T_2$。电磁阀的阈位值=$T_2/T_t \times 100\%$。

8.4　系统程序模块

本控制系统需要用到的模块如图 8-6 所示，它们的含义将在程序中逐一介绍。

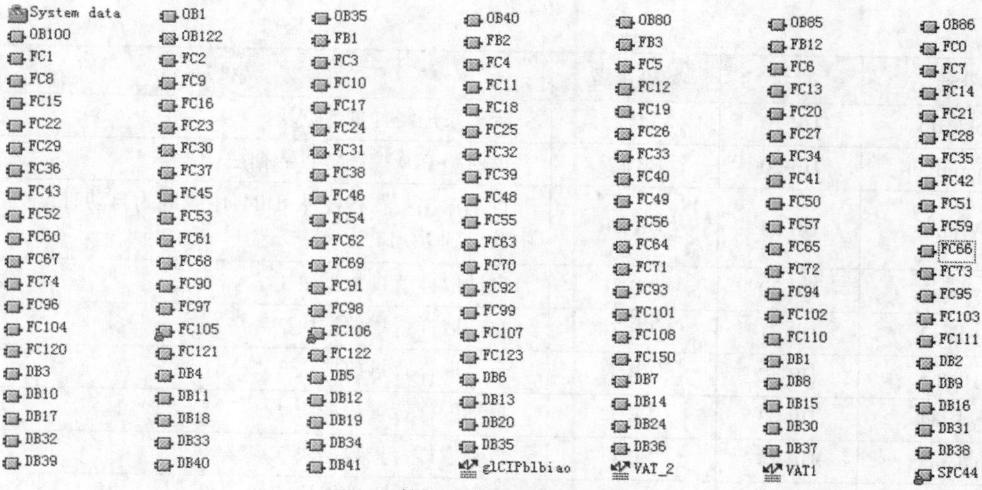

System data OB1 OB35 OB40 OB80 OB85 OB86
OB100 OB122 FB1 FB2 FB3 FB12 FC0
FC1 FC2 FC3 FC4 FC5 FC6 FC7
FC8 FC9 FC10 FC11 FC12 FC13 FC14
FC15 FC16 FC17 FC18 FC19 FC20 FC21
FC22 FC23 FC24 FC25 FC26 FC27 FC28
FC29 FC30 FC31 FC32 FC33 FC34 FC35
FC36 FC37 FC38 FC39 FC40 FC41 FC42
FC43 FC45 FC46 FC48 FC49 FC50 FC51
FC52 FC53 FC54 FC55 FC56 FC57 FC59
FC60 FC61 FC62 FC63 FC64 FC65 FC66
FC67 FC68 FC69 FC70 FC71 FC72 FC73
FC74 FC90 FC91 FC92 FC93 FC94 FC95
FC96 FC97 FC98 FC99 FC101 FC102 FC103
FC104 FC105 FC106 FC107 FC108 FC110 FC111
FC120 FC121 FC122 FC123 FC150 DB1 DB2
DB3 DB4 DB5 DB6 DB7 DB8 DB9
DB10 DB11 DB12 DB13 DB14 DB15 DB16
DB17 DB18 DB19 DB20 DB24 DB30 DB31
DB32 DB33 DB34 DB35 DB36 DB37 DB38
DB39 DB40 DB41 glCIPblbiao VAT_2 VAT1 SFC44

图8-6 控制系统需要用到的程序块

为了编程方便，在工程里定义了符号，见表 8-3。

表 8-3 符号表

符号	地址	数据类型	说明
mnld	DB 1	DB 1	读取模拟量：程序中使用 SCALE 模块从 IO 口读入模拟量到 DB1 变量
kgl	DB 2	DB 2	开关量输入/输出：程序中使用 A 指令从 IO 口读入数字量到 DB2 变量
nbsj	DB 3	DB 3	内部数据（上位机和下位机交互的有关数据）
A_or_M	DB 4	DB 4	手自动切换：其中变量值表明了是自动还是手动
M_out	DB 5	DB 5	手动输出：在程序从 DB4 中判断为手动时，从 DB5 中输出到 I/O 口
nbsj1	DB 6	DB 6	内部数据 1
fjg1	DB 7	FB 1	发酵罐 1 温度控制背景数据块
fjg2	DB 8	FB 1	发酵罐 2 温度控制背景数据块
fjg3	DB 9	FB 1	发酵罐 3 温度控制背景数据块
fjg4	DB 10	FB 1	发酵罐 4 温度控制背景数据块
fjg5	DB 11	FB 1	发酵罐 5 温度控制背景数据块
fjg6	DB 12	FB 1	发酵罐 6 温度控制背景数据块
fjg7	DB 13	FB 1	发酵罐 7 温度控制背景数据块
fjg8	DB 14	FB 1	发酵罐 8 温度控制背景数据块
fjg9	DB 15	FB 1	发酵罐 9 温度控制背景数据块
fjg10	DB 16	FB 1	发酵罐 10 温度控制背景数据块
fjg11	DB 17	FB 1	发酵罐 11 温度控制背景数据块
fjg12	DB 18	FB 1	发酵罐 12 温度控制背景数据块

续表

符号	地址	数据类型	说明
bpbkzdb	DB 19	FB 2	变频泵控制背景数据块
loop_pid_db	DB 20	FB 12	单回路 PID 控制背景数据块
A_out	DB 24	DB 24	自动输出：在程序从 DB4 中判断为自动时，从 DB24 中输出到 I/O 口
qydata1	DB 30	FB 3	自动取样背景数据块 1
qydata2	DB 31	FB 3	自动取样背景数据块 2
qydata3	DB 32	FB 3	自动取样背景数据块 3
qydata4	DB 33	FB 3	自动取样背景数据块 4
qydata5	DB 34	FB 3	自动取样背景数据块 5
qydata6	DB 35	FB 3	自动取样背景数据块 6
qydata7	DB 36	FB 3	自动取样背景数据块 7
qydata8	DB 37	FB 3	自动取样背景数据块 8
qydata9	DB 38	FB 3	自动取样背景数据块 9
qydata10	DB 39	FB 3	自动取样背景数据块 10
qydata11	DB 40	FB 3	自动取样背景数据块 11
qydata12	DB 41	FB 3	自动取样背景数据块 12
fjg_6_qy_db444	FC 1	FC 1	完成了模拟量开关量采集和输出功能（程序手动模式）
fjgwdkz	FB 2	FB 2	变频器控制
bpqkz	FB 3	FB 3	自动取样控制
pid_con	FB 12	FB 12	PID 控制
caiyang/shuchu	FC 1	FC 1	完成了模拟量开关量采集和输出功能（程序手动模式）
wdzhkz	FC 2	FC 2	温度转换控制
12fztimer	FC 3	FC 3	12min 定时器
3fztimer	FC 4	FC 4	3min 定时器
pidjs	FC 5	FC 5	PID 计算
k5g10	FC 6	FC 6	5s 开 10s 关脉冲定时器
10k15g	FC 7	FC 7	10s 开 15s 关脉冲定时器
1fztimer	FC 8	FC 8	1min 定时器
10fztimer	FC 9	FC 9	10min 定时器
30mztimer	FC 10	FC 10	30s 定时器
5mztimer	FC 11	FC 11	5s 定时器
10mztimer	FC 12	FC 12	10s 定时器
OFFDELAY	FC 13	FC 13	开泵关泵延时控制
subjs	FC 14	FC 14	计时控制子程序

续表

符号	地址	数据类型	说明
qyzkz	FC 15	FC 15	取样总控制
CO_2cpkz	FC 16	FC 16	CO_2除泡控制
5fztimer	FC 17	FC 17	5min 定时器
S7 from S5 input control	FC 18	FC 18	从 S7 到 S5 的开关量输入控制
gCIPbengkz	FC 19	FC 19	罐 CIP 进泵出泵控制
kgl output control	FC 20	FC 20	开关量输出控制
S7 to S5 output control	FC 21	FC 21	从 S7 到 S5 的开关量输出控制
jmhsgCIPbengkz	FC 22	FC 22	酵母回收罐 CIP 进泵、出泵循环泵控制
jskz	FC 23	FC 23	发酵罐单罐计时程序
bpbkz	FC 24	FC 24	变频泵控制
subjskz	FC 25	FC 25	计时控制子程序
spjs	FC 26	FC 26	发酵罐温度 SP 自计算
flowinglj	FC 27	FC 27	流量累计子程序
zqjrtjkz	FC 28	FC 28	蒸汽加热温度调节控制
fjszkz	FC 29	FC 29	分计时控制
bzdkz	FC 30	FC 30	清洗泵连锁控制
mzjg_step1	FC 31	FC 31	麦汁进罐前管路清洗（麦汁进罐第 1 步）
mzjg_step2	FC 32	FC 32	麦汁顶水（麦汁进罐第 2 步）
mzjg_step3	FC 33	FC 33	转进罐（麦汁进罐第 3 步）
jmgxhcy	FC 34	FC 34	酵母循环充氧控制
jmtj	FC 35	FC 35	酵母添加
mzjg_step4	FC 36	FC 36	水顶麦汁（麦汁进罐第 4 步）
mzjg_step5	FC 37	FC 37	洗管路（麦汁进罐第 5 步）
mzjg_step6	FC 38	FC 38	麦汁进罐过程结束（第 6 步）
mzglCIP_step1	FC 39	FC 39	—
jmhs_step1	FC 40	FC 40	—
jmhs_step2	FC 41	FC 41	—
jmhs_step3	FC 42	FC 42	—
yzjm	FC 43	FC 43	—
chujiu	FC 45	FC 45	—
plCIPblbiao	VAT 1	—	—
VAT_2	VAT 2	—	—
VAT_1	VAT 3	—	—

8.4.1 I/O 采样程序设计

本程序的任务是采集 I/O 信号（包括模拟量信号），并把模拟量信号转换成工程量。本程序是在功能 FC1 中编写的，其语句表程序如下。

```
Network 1:
//开关量采样
      L     P#0.0
      LAR1
      L     P#0.0
      LAR2
      L     280
n1:   T     #loopjsq
      OPN   "kgl"                                  //将 DI 量的值读入到 DB2 中
      CLR
      A     I [AR1,P#0.0]
      =     DBX [AR2,P#0.0]
      L     P#0.1
      +AR1
      +AR2
      L     #loopjsq
      LOOP  n1
Network 2:
//模拟量采样
//发酵罐 1#2#3#温度
      L     P#256.0                                //PIW 起始地址
      LAR1
      L     P#0.0                                  //DB1 温度起始地址
      LAR2
      L     7
n4:   T     #loopjsq
      L     PIW [AR1,P#0.0]
      T     #cyzc

      CALL  "wdzhkz"                               //温度转换控制，将模拟量转换成工程量
       inputpiw:=#cyzc
       outputpi:=#jg

      OPN   "mnld"
      L     #jg
      T     DBD [AR2,P#0.0]                        //将转换成的工程量传送到 DB1 中
```

```
      L     P#4.0
      +AR1
      L     P#4.0
      +AR2
      L     #loopjsq
      LOOP  n4

//发酵罐 4#5#6#的温度
      L     P#288.0                     //PIW 起始地址
      LAR1
      L     P#32.0                      //DB1 温度起始地址
      LAR2
      L     6
n5:   T     #loopjsq
      L     PIW [AR1,P#0.0]
      T     #cyzc

      CALL  "wdzhkz"                    //温度转换控制，将模拟量转换成工程量
       inputpiw:=#cyzc
       outputpi:=#jg

      OPN   "mnld"
      L     #jg
      T     DBD [AR2,P#0.0]             //将转换后的工程量传送到 DB1 中
      L     P#4.0
      +AR1
      L     P#4.0
      +AR2
      L     #loopjsq
      LOOP  n5

//发酵罐 7#8#9#温度
      L     P#320.0                     //PIW 起始地址
      LAR1
      L     P#64.0                      //DB1 温度起始地址
      LAR2
      L     6
n6:   T     #loopjsq
      L     PIW [AR1,P#0.0]
```

```
      T     #cyzc

      CALL  "wdzhkz"                                        //温度转换控制，将模拟量转换成工程量
       inputpiw:=#cyzc
       outputpi:=#jg

      OPN   "mnld"
      L     #jg
      T     DBD [AR2,P#0.0]                      //将转换成的工程量传送到 DB1 中
      L     P#4.0
      +AR1
      L     P#4.0
      +AR2
      L     #loopjsq
      LOOP  n6

//发酵罐 10#11#12#温度
      L     P#352.0                              //PIW 起始地址
      LAR1
      L     P#96.0                               //DB1 温度起始地址
      LAR2
      L     6
n7:   T     #loopjsq
      L     PIW [AR1,P#0.0]
      T     #cyzc

      CALL  "wdzhkz"                                        //温度转换控制，将模拟量转换成工程量
       inputpiw:=#cyzc
       outputpi:=#jg

      OPN   "mnld"
      L     #jg
      T     DBD [AR2,P#0.0]                      //将转换成的工程量传送到 DB1 中
      L     P#4.0
      +AR1
      L     P#4.0
      +AR2
      L     #loopjsq
      LOOP  n7
```

```
//D 区倒罐系统控制温度 1TIC_0 001，D 区倒罐系统控制温度 2TIC_0 002
//D 区热水温度 1TIC_0 003，D 区热水温度 2TIC_0 004
      L     P#384.0                        //PIW 起始地址
      LAR1
      L     P#128.0                        //DB1 温度起始地址
      LAR2
      L     4
n8:   T     #loopjsq
      L     PIW [AR1,P#0.0]
      T     #cyzc

      CALL  "wdzhkz"
       inputpiw:=#cyzc
       outputpi:=#jg

      OPN   "mnld"
      L     #jg
      T     DBD [AR2,P#0.0]
      L     P#4.0
      +AR1
      L     P#4.0
      +AR2
      L     #loopjsq
      LOOP  n8

//酵母回收流量控制量
      CALL  "scale"
       IN      :=PIW400
       HI_LIM  :=3.000000e+002
       LO_LIM  :=0.000000e+000
       BIPOLAR:=FALSE
       RET_VAL:=#jgfh
       OUT     :="mnld".FI_0 001

//出酒管流量控制量
      CALL  "scale"
       IN      :=PIW402
       HI_LIM  :=3.000000e+002
```

```
      LO_LIM :=0.000000e+000
      BIPOLAR:=FALSE
      RET_VAL:=#jgfh
      OUT    :="mnld".FIC_0 002

//倒罐系统流量
     CALL  "scale"
      IN     :=PIW404
      HI_LIM :=4.500000e+001
      LO_LIM := -5.000000e+000
      BIPOLAR:=FALSE
      RET_VAL:=#jgfh
      OUT    :="mnld".FI_0 003

//进麦汁管路电导率
     CALL  "scale"
      IN     :=PIW410
      HI_LIM :=2.000000e+003
      LO_LIM :=0.000000e+000
      BIPOLAR:=FALSE
      RET_VAL:=#jgfh
      OUT    :="mnld".SIC_0 001

//出麦汁管路温度
     CALL  "scale"
      IN     :=PIW408
      HI_LIM :=1.550000e+002
      LO_LIM :=0.000000e+000
      BIPOLAR:=FALSE
      RET_VAL:=#jgfh
      OUT    :="mnld".TIS_0 001

//麦汁充氧
     CALL  "scale"
      IN     :=PIW416
      HI_LIM :=7.380000e+002
      LO_LIM :=0.000000e+000
      BIPOLAR:=FALSE
      RET_VAL:=#jgfh
```

```
    OUT    :="mnld".EFT_0 001

//麦汁充氧
    CALL  "scale"
     IN     :=PIW418
     HI_LIM :=1.800000e+002
     LO_LIM :=0.000000e+000
     BIPOLAR:=FALSE
     RET_VAL:=#jgfh
     OUT    :="mnld".EFT_0 002

//麦汁酵母添加
    CALL  "scale"
     IN     :=PIW420
     HI_LIM :=4.500000e+001
     LO_LIM := -5.000000e+000
     BIPOLAR:=FALSE
     RET_VAL:=#jgfh
     OUT    :="mnld".FC_0 004

//麦汁酵母添加
    CALL  "scale"
     IN     :=PIW422
     HI_LIM :=1.800000e+002
     LO_LIM :=0.000000e+000
     BIPOLAR:=FALSE
     RET_VAL:=#jgfh
     OUT    :="mnld".FI_0 005

//管路CIP电导率
    CALL  "scale"
     IN     :=PIW424
     HI_LIM :=2.000000e+002
     LO_LIM :=0.000000e+000
     BIPOLAR:=FALSE
     RET_VAL:=#jgfh
     OUT    :="mnld".PI_0 001

//大罐CIP清洗电导率
```

```
      CALL  "scale"
       IN     :=PIW426
       HI_LIM :=2.000000e+002
       LO_LIM :=0.000000e+000
       BIPOLAR:=FALSE
       RET_VAL:=#jgfh
       OUT    :="mnld".by11

//管路 CIP 温度
      CALL  "scale"
       IN     :=PIW428
       HI_LIM :=1.000000e+002
       LO_LIM :=0.000000e+000
       BIPOLAR:=FALSE
       RET_VAL:=#jgfh
       OUT    :="mnld".by12

//管路 CIP 清洗温度
      CALL  "scale"
       IN     :=PIW430
       HI_LIM :=1.000000e+002
       LO_LIM :=0.000000e+000
       BIPOLAR:=FALSE
       RET_VAL:=#jgfh
       OUT    :="mnld".by13

      CALL  "scale"
       IN     :=PIW416
       HI_LIM :=3.000000e+002
       LO_LIM :=0.000000e+000
       BIPOLAR:=FALSE
       RET_VAL:=#jgfh
       OUT    :="mnld".by10


       BEU
```

发酵罐的温度信号转换程序的作用是将从 PIW 通道中读入的模拟量信号转换成工程量，以便以后的温度调节使用。本程序是在 FC2 模块内编写的，其语句表程序如下。

```
Network 1:
      A(
```

```
      A(
      L     #inputpiw
      ITD
      T     #temp1
      SET
      SAVE
      CLR
      A     BR
      )
      JNB   _001
      L     #temp1
      DTR
      T     #temp2
      SET
      SAVE
      CLR
_001: A     BR
      )
      JNB   _002
      L     #temp2
      L     1.000000e+001
      /R
      T     #outputpi
_002: NOP   0
```

8.4.2　温度控制程序设计

本程序是控制发酵罐温度，是在模块 FB1 内编写的。FB1 内部的临时变量见表 8-4。

表 8-4　FB1 内部的临时变量

编号	内部变量	说明
1	con_states	间歇总状态：0——非状态；1——CIP；2——空罐；3——后续发酵过程降温、储酒、过滤状态的一种（根据不同情况进行选择）；4——麦汁进罐；5——发酵；6——出酒过滤
2	fj_states	发酵状态：0——非发酵状态；1——主要发酵过程；2——主要发酵过程降温；3——后续发酵过程；4——后续发酵过程降温；5——储酒；6——过滤至一半
3	ti0x01	发酵罐上部温度（x 代表发酵罐罐号）
4	ti0x02	发酵罐下部温度
5	ti0x03	发酵罐中部温度
6	zjswsp	主要发酵过程上部温度设定值
7	zjxwsp	主要发酵过程下部温度设定值

续表

编号	内部变量	说明
8	zjsxcz	主要发酵过程上部温度和下部温度差值
9	zjjwsxcz	主要发酵过程降温上部温度和下部温度差值
10	zjjw_time	主要发酵过程降温过程总时间
11	hjswsp	后续发酵过程上部温度设定值
12	hjxwsp	后续发酵过程下部温度设定值
13	hjsxcz	后续发酵过程上部温度和下部温度差值
14	hjjwsxcz	后续发酵过程降温上部温度和下部温度差值大于 2
15	hjjwsxcz1	后续发酵过程降温上部温度和下部温度差值小于 2
16	hjjw_time	后续发酵过程降温过程总时间
17	zjiuswsp	储酒上部温度设定值
18	zjiuxwsp	储酒下部温度设定值
19	zjiusxcz	储酒上部温度和下部温度差值
20	spvalue	主要发酵过程降温实时上部温度设定值
21	spvalue1	主要发酵过程降温实时下部温度设定值
22	spvalue2	后续发酵过程降温实时上部温度设定值
23	spvalue3	后续发酵过程降温实时下部温度设定值
24	fvo001	发酵罐上阀输出控制
25	fvo002	发酵罐中阀输出控制
26	fvo003	发酵罐下阀输出控制

模块 FB1 中语句表程序如下。

```
Network 1:
//麦汁进罐 100%时的温度控制
      L     #con_states            //如果是控制状态 4，麦汁进罐
      L     4
      ==I
      JC    m1                     //跳转到 m1

      L     #con_states            //如果是控制状态 5，发酵
      L     5
      ==I
      JCN   end1                   //结束模块

m1:   NOP   0
      CLR
```

```
L     #fj_states                //如果是控制状态 4，麦汁进罐，发酵状态是 0——非发酵状态
L     0
==I
JC    end1                      //结束模块

CLR
L     #fj_states                //如果是控制状态 4，麦汁进罐，发酵状态是 1——主要发酵过程状态
L     1
==I
JC    aa1                       //主要发酵过程保温控制

CLR
L     #fj_states                //如果是控制状态 4，麦汁进罐，发酵状态是 2——主要发酵过程降温状态
L     2
==I
JC    aa2                       //主要发酵过程降温控制

CLR
L     #fj_states                //如果是控制状态 4，麦汁进罐，发酵状态是 3——后续发酵过程保温状态
L     3
==I
JC    aa3                       //后续发酵过程保温控制

CLR
L     #fj_states                //如果是控制状态 4，麦汁进罐，发酵状态是 4——后续发酵过程降温状态
L     4
==I
JC    aa4                       //后续发酵过程降温控制

CLR
L     #fj_states                //如果是控制状态 4，麦汁进罐，发酵状态是 5——储酒状态
L     5
==I
JC    aa5                       //储酒控制

CLR
L     #fj_states                //如果是控制状态 4，麦汁进罐，发酵状态是 6——过滤状态
L     6
==I
```

```
      JC    aa6                       //过滤控制

      JU    END

//主要发酵过程保温控制
aa1:  NOP   0
      L     #zjxwsp
      L     #zjsxcz
      +R
      T     #zjswsp
      R     #fvo003                   //下阀不开

      CLR
      L     #ti0x01                   //主要发酵过程上阀控制
      L     #zjswsp
      -R
      L     2.000000e-001
      >R
      S     #fvo001

      CLR
      L     #ti0x01
      L     #zjswsp
      -R
      L     1.000000e-001
      <=R
      R     #fvo001

      CLR                             //主要发酵过程根据下温控制上中阀
      L     #ti0x02                   //主要发酵过程中阀控制，下阀不开
      L     #zjxwsp
      -R
      L     2.000000e-001
      >R
      S     #fvo002
      S     #fvo001

      CLR
      L     #ti0x02
```

```
      L     #zjxwsp
      -R
      L     1.000000e-001
      <=R
      R     #fvo002
      R     #fvo001
      JU    eee3

//主要发酵过程降温控制
aa2:  NOP   0

      L     #zjjwtime
      DTR
      T     #zjjwtimer

      CALL  "spjs"              //温度设定值计算过程
       tn   :=#zjjw_time
       tn_1 :=0.000000e+000
       szn  :=#zjxwsp
       szn_1:=#hjxwsp
       tf   :=#zjjwtimer
       spn  :=#spvalue1

      SET
      L     #spvalue1           //上温设定值计算
      L     #zjjwsxcz
      +R
      T     #spvalue
      L     #ti0x01             //主要发酵降温过程上阀控制
      L     #spvalue
      -R
      L     2.000000e-001
      >R
      S     #fvo001
      L     #ti0x01
      L     #spvalue
      -R
      L     1.000000e-001
      <=R
```

```
      R     #fvo001
      L     #ti0x02                         //主要发酵降温过程中下阀控制
      L     #spvalue1
      -R
      L     2.000000e-001
      >R
      S     #fvo002
      S     #fvo003

      CLR
      L     #ti0x02
      L     #spvalue1
      -R
      L     1.000000e-001
      <=R
      R     #fvo003
      R     #fvo002
      JU    eee3

//后续发酵过程保温控制
aa3:  NOP   0
      L     #hjxwsp
      L     #hjsxcz
      +R
      T     #hjswsp
      L     #ti0x01                         //后续发酵保温过程上阀控制
      L     #hjswsp
      -R
      L     2.000000e-001
      >R
      S     #fvo001
      L     #ti0x01
      L     #hjswsp
      -R
      L     1.000000e-001
      <=R
      R     #fvo001
      L     #ti0x02                         //后续发酵保温过程中下阀控制
      L     #hjxwsp
```

```
      -R
      L     2.000000e-001
      >R
      S     #fvo002
      S     #fvo003
      L     #ti0x02
      L     #hjxwsp
      -R
      L     1.000000e-001
      <=R
      R     #fvo002
      R     #fvo003
      JU    eee3

//后续发酵过程降温控制
aa4:  NOP   0

      L     #hjjwtime
      DTR
      T     #hjjwtimer

      CALL  "spjs"
       tn   :=#hjjw_time
       tn_1 :=0.000000e+000
       szn  :=#hjxwsp
       szn_1:=#zjiuxwsp
       tf   :=#hjjwtimer
       spn  :=#spvalue3

      CLR                                       //后续发酵降温过程温度小于 2℃
      L     #ti0x01
      L     2.000000e+000
      >R
      JC    dd3
      SET
      L     #spvalue3
      L     #hjjwsxcz1
      +R
      T     #spvalue2
```

```
      JU    dd4

dd3:  NOP   0
      SET
      L     #spvalue3
      L     #hjjwsxcz
      +R
      T     #spvalue2

dd4:  NOP   0
      L     #ti0x01                                  //后续发酵降温过程上阀控制
      L     #spvalue2
      -R
      L     2.000000e-001
      >R
      S     #fvo001
      L     #ti0x01
      L     #spvalue2
      -R
      L     1.000000e-001
      <=R
      R     #fvo001
      L     #ti0x02                                  //后续发酵降温过程中下阀控制
      L     #spvalue3
      -R
      L     2.000000e-001
      >R
      S     #fvo002
      S     #fvo003

      CLR
      L     #ti0x02
      L     #spvalue3
      -R
      L     1.000000e-001
      <=R
      R     #fvo002
      R     #fvo003
```

```
      CLR                                          //后续发酵降温过程温度小于 2℃，不开上阀
      L     #ti0x01
      L     2.000000e+000
      >R
      JC    ddd3
      R     #fvo001
ddd3: JU    eee3
      JU    eee3

//储酒控制
aa5:  NOP   0

      L     #zjiuxwsp
      L     #zjiusxcz
      +R
      T     #zjiuswsp
      L     #ti0x01                          //储酒过程上阀控制
      L     #zjiuswsp
      -R
      L     3.000000e-001
      >R
      S     #fvo001
      L     #ti0x01
      L     #zjiuswsp
      -R
      L     2.000000e-001
      <=R
      R     #fvo001
      L     #ti0x02                          //储酒过程中下阀控制
      L     #zjiuxwsp
      -R
      L     3.000000e-001
      >R
      S     #fvo002
      S     #fvo003

      CLR
      L     #ti0x02
      L     #zjiuxwsp
```

```
      -R
      L     2.000000e-001
      <=R
      R     #fvo002
      R     #fvo003
      JU    eee3

aa6:  NOP   0
      R     #fvo001
//    R     #fvo002

      L     #zjiuxwsp
      L     #zjiusxcz
      +R
      T     #zjiuswsp
      L     #ti0x02                         //储酒过程中下阀控制
      L     #zjiuxwsp
      -R
      L     3.000000e-001
      >R
      S     #fvo002
      S     #fvo003
      CLR
      L     #ti0x02
      L     #zjiuxwsp
      -R
      L     2.000000e-001
      <=R
      R     #fvo002
      R     #fvo003

eee3: NOP   0

//当储酒 0%时，上阀不开
      L     #fjflag
      L     0
      ==I
      JCN   n1
      R     #fvo001
```

```
        R      #fvo002
        R      #fvo003
        BEU

n1:   NOP   0
//当储酒 75%时，上阀不开
        L      #fjflag
        L      2
        ==I
        JCN    END
        R      #fvo001

END:  BEU                              //结束

end1: R      #fvo001
       R      #fvo002
       R      #fvo003
       BEU
```

8.4.3　发酵罐单罐计时程序设计

本程序的作用是计算发酵罐发酵过程中各个阶段的进行时间。本程序是在模块 FC23 中编写的，FC23 内部的临时变量见表 8-5。

表 8-5　　FC23 内部的临时变量

编号	内部变量	说明
1	fig_constant	间歇总状态：0——非状态；1——脏罐；2——CIP；3——空罐；4——麦汁进罐；5——发酵；6——出酒过滤
2	fj_states	发酵状态：0——非发酵状态；1——主要发酵过程；2——主要发酵过程降温；3——后续发酵过程；4——后续发酵过程降温；5——储酒；6——过滤至一半
3	fjgcsj1	主要发酵过程保温时间
4	fjgcsj2	主要发酵过程降温时间
5	fjgcsj3	后续发酵过程保温时间
6	fjgcsj4	后续发酵过程降温时间
7	fjgcsj5	储酒时间
8	fjgcsj6	总发酵时间

FC23 中的语句表程序如下所示。

```
Network 1:
        SET
        L      #fjg_constat                     //如果该发酵罐控制状态是发酵状态
```

```
      L     5
      ==I
      JCN   n                              //如果不是发酵状态则结束本模块
      CALL  "subjskz"                      //调用计时子程序
       start :=TRUE
       result:=#fjgcsj6

      SET
      L     #fj_states                     //停止温控
      L     0
      ==I
      JC    end

      CLR                                  //主要发酵过程
      L     #fj_states
      L     1
      ==I
      JCN   n1
      CALL  "subjskz"
       start :=TRUE
       result:=#fjgcsj1
      BEU

n1:   CLR                                  //主要发酵过程降温
      L     #fj_states
      L     2
      ==I
      JCN   n2
      CALL  "subjskz"
       start :=TRUE
       result:=#fjgcsj2                    //主要发酵过程降温计时
      BEU

n2:   CLR                                  //后续发酵过程
      L     #fj_states
      L     3
      ==I
      JCN   n3
      CALL  "subjskz"
```

```
      start :=TRUE
      result:=#fjgcsj3                  //后续发酵过程保温计时
     BEU

n3:  CLR                                //后续发酵过程降温
     L    #fj_states
     L    4
     ==I
     JCN  n4
     CALL  "subjskz"                    //后续发酵过程降温计时
      start :=TRUE
      result:=#fjgcsj4

n4:  CLR                                //储酒
     L    #fj_states
     L    5
     ==I
     JCN  end
     CALL  "subjskz"                    //储酒计时
      start :=TRUE
      result:=#fjgcsj5

end: BEU

n:   NOP  0                             //如果发酵罐没有处于发酵状态，将所有计时清零
     CALL  "subjskz"                    //调用计时控制子程序 FC25
      start :=FALSE
      result:=#fjgcsj1
     CALL  "subjskz"                    //调用计时控制子程序 FC25
      start :=FALSE
      result:=#fjgcsj2
     CALL  "subjskz"                    //调用计时控制子程序 FC25
      start :=FALSE
      result:=#fjgcsj3
     CALL  "subjskz"                    //调用计时控制子程序 FC25
      start :=FALSE
      result:=#fjgcsj4
     CALL  "subjskz"                    //调用计时控制子程序 FC25
      start :=FALSE
```

```
      result:=#fjgcsj5
      CALL  "subjskz"                        //调用计时控制子程序 FC25
      start :=FALSE
      result:=#fjgcsj6
     BEU                                     //程序结束
```

分计时控制程序的作用是对各个发酵罐的发酵时间进行逐一计算，是在模块 FC29 中编写的。FC29 内的语句表程序如下。

```
 Network 1:
     CALL  "jskz"                            //调用发酵罐单罐计时控制（FC23）
                                             //将 FC23 所需的变量值传入
      fjg_constat:="nbsj".fjg1states          //发酵罐控制状态
      fj_states  :="nbsj".fjg1fjzt            //发酵状态
      fjgcsj1    :="nbsj".zjtime1             //主要发酵过程保温时间
      fjgcsj2    :="nbsj".zjjwtime1           //主要发酵过程降温时间
      fjgcsj3    :="nbsj".hjtime1             //后续发酵过程保温时间
      fjgcsj4    :="nbsj".hjjwtime1           //后续发酵过程降温时间
      fjgcsj5    :="nbsj".zjiutime1           //储酒时间
      fjgcsj6    :="nbsj".fjtime1             //发酵总时间
                                             //以下均相同，不再进行注释
     CALL  "jskz"
      fjg_constat:="nbsj".fjg2states
      fj_states  :="nbsj".fjg2fjzt
      fjgcsj1    :="nbsj".zjtime2
      fjgcsj2    :="nbsj".zjjwtime2
      fjgcsj3    :="nbsj".hjtime2
      fjgcsj4    :="nbsj".hjjwtime2
      fjgcsj5    :="nbsj".zjiutime2
      fjgcsj6    :="nbsj".fjtime2

     CALL  "jskz"
      fjg_constat:="nbsj".fjg3states
      fj_states  :="nbsj".fjg3fjzt
      fjgcsj1    :="nbsj".zjtime3
      fjgcsj2    :="nbsj".zjjwtime3
      fjgcsj3    :="nbsj".hjtime3
      fjgcsj4    :="nbsj".hjjwtime3
      fjgcsj5    :="nbsj".zjiutime3
      fjgcsj6    :="nbsj".fjtime3
```

```
CALL  "jskz"
 fjg_constat:="nbsj".fjg4states
 fj_states  :="nbsj".fjg4fjzt
 fjgcsj1    :="nbsj".zjtime4
 fjgcsj2    :="nbsj".zjjwtime4
 fjgcsj3    :="nbsj".hjtime4
 fjgcsj4    :="nbsj".hjjwtime4
 fjgcsj5    :="nbsj".zjiutime4
 fjgcsj6    :="nbsj".fjtime4

CALL  "jskz"
 fjg_constat:="nbsj".fjg5states
 fj_states  :="nbsj".fjg5fjzt
 fjgcsj1    :="nbsj".zjtime5
 fjgcsj2    :="nbsj".zjjwtime5
 fjgcsj3    :="nbsj".hjtime5
 fjgcsj4    :="nbsj".hjjwtime5
 fjgcsj5    :="nbsj".zjiutime5
 fjgcsj6    :="nbsj".fjtime5

CALL  "jskz"
 fjg_constat:="nbsj".fjg6states
 fj_states  :="nbsj".fjg6fjzt
 fjgcsj1    :="nbsj".zjtime6
 fjgcsj2    :="nbsj".zjjwtime6
 fjgcsj3    :="nbsj".hjtime6
 fjgcsj4    :="nbsj".hjjwtime6
 fjgcsj5    :="nbsj".zjiutime6
 fjgcsj6    :="nbsj".fjtime6

CALL  "jskz"
 fjg_constat:="nbsj".fjg7states
 fj_states  :="nbsj".fjg7fjzt
 fjgcsj1    :="nbsj".zjtime7
 fjgcsj2    :="nbsj".zjjwtime7
 fjgcsj3    :="nbsj".hjtime7
 fjgcsj4    :="nbsj".hjjwtime7
 fjgcsj5    :="nbsj".zjiutime7
 fjgcsj6    :="nbsj".fjtime7
```

```
CALL  "jskz"
 fjg_constat:="nbsj".fjg8states
 fj_states  :="nbsj".fjg8fjzt
 fjgcsj1    :="nbsj".zjtime8
 fjgcsj2    :="nbsj".zjjwtime8
 fjgcsj3    :="nbsj".hjtime8
 fjgcsj4    :="nbsj".hjjwtime8
 fjgcsj5    :="nbsj".zjiutime8
 fjgcsj6    :="nbsj".fjtime8

CALL  "jskz"
 fjg_constat:="nbsj".fjg9states
 fj_states  :="nbsj".fjg9fjzt
 fjgcsj1    :="nbsj".zjtime9
 fjgcsj2    :="nbsj".zjjwtime9
 fjgcsj3    :="nbsj".hjtime9
 fjgcsj4    :="nbsj".hjjwtime9
 fjgcsj5    :="nbsj".zjiutime9
 fjgcsj6    :="nbsj".fjtime9

CALL  "jskz"
 fjg_constat:="nbsj".fjg10states
 fj_states  :="nbsj".fjg10fjzt
 fjgcsj1    :="nbsj".zjtime10
 fjgcsj2    :="nbsj".zjjwtime10
 fjgcsj3    :="nbsj".hjtime10
 fjgcsj4    :="nbsj".hjjwtime10
 fjgcsj5    :="nbsj".zjiutime10
 fjgcsj6    :="nbsj".fjtime10

CALL  "jskz"
 fjg_constat:="nbsj".fjg11states
 fj_states  :="nbsj".fjg11fjzt
 fjgcsj1    :="nbsj".zjtime11
 fjgcsj2    :="nbsj".zjjwtime11
 fjgcsj3    :="nbsj".hjtime11
 fjgcsj4    :="nbsj".hjjwtime11
 fjgcsj5    :="nbsj".zjiutime11
```

```
    fjgcsj6    :="nbsj".fjtime11

   CALL  "jskz"
    fjg_constat:="nbsj".fjg12states
    fj_states  :="nbsj".fjg12fjzt
    fjgcsj1    :="nbsj".zjtime12
    fjgcsj2    :="nbsj".zjjwtime12
    fjgcsj3    :="nbsj".hjtime12
    fjgcsj4    :="nbsj".hjjwtime12
    fjgcsj5    :="nbsj".zjiutime12
    fjgcsj6    :="nbsj".fjtime12
```

8.4.4　流量累积子程序

该程序主要实现的功能是流量累积，是在模块 FC27 中编写的，FC27 内部的临时变量见表 8-6。

表 8-6　FC27 内部的临时变量

编号	内部变量	说明
1	qic_in	进罐的流量瞬时值
2	qic_out	出酒流量瞬时值
3	fjg_states	发酵罐状态
4	dfzt	底阀状态

FC27 内的语句表如下。

```
Network 1:
     L    #fjg_states            //如果发酵罐控制状态是 1——脏罐状态
     L    1
     ==I
     JC   b1
     L    #fjg_states            //如果发酵罐控制状态是 2——CIP 状态
     L    2
     ==I
     JC   b1
     L    #fjg_states            //如果发酵罐控制状态是 3——空罐状态
     L    3
     ==I
     JC   b1

     L    #fjg_states            //如果发酵罐控制状态是 4——麦汁进罐
     L    4
```

```
      ==I
      JCN   a1                    //如果控制状态不是 4

      CLR                         //累积流量
      A     #dfzt
      JCN   end
      L     #qic_in
      L     3.600000e+003
      /R
      L     #qic_lj
      +R
      T     #qic_lj
      JU    end

a1:   L     #fjg_states           //如果是出酒过滤阶段
      L     6
      ==I
      JCN   end
      CLR
      A     #dfzt                 //减小累积的流量
      JCN   end
      L     #qic_out
      L     3.600000e+003
      /R
      L     #qic_lj
      TAK
      -R
      T     #qic_lj
      L     #qic_lj
      L     0.000000e+000         //其他状态下，累积的流量全部清零
      <R
      JCN   end
      L     0.000000e+000
      T     #qic_lj
end:  BEU

b1:   L     0.000000e+000
      T     #qic_lj

      BEU
```

8.4.5 单罐储酒控制程序设计

本程序主要实现的功能是控制发酵罐出酒。本程序是在模块 FC45 中编写的。FC45 的语句表程序如下所示。

```
Network 1: 出酒停止按钮
      L     "nbsj1".chujiugnumber          //需要储酒的罐号是否相符
      L     #gnumber
      ==I
      JCN   end                            //不相符则结束整个模块
      CLR
      A     "nbsj1".chujiustart            //判断出酒启动按钮的状态
      JCN   aa1
      L     6                              //设置发酵罐控制状态为出酒状态
      T     #states
      S     #fvo_0x051                     //打开发酵罐底阀 1/2/3
      S     #fvo_0x052
      S     #fvo_0x053

      CLR
      A     #lal0x01                       //如果发酵罐液位低信号有效，那么关闭底阀
      JC    aa1
      R     #fvo_0x051

aa1:  CLR
      A     "nbsj1".chujiustop             //如果停止出酒按钮按下，那么结束模块
      JCN   end
      R     "nbsj1".chujiustop             //清除开始/结束出酒按钮
      R     "nbsj1".chujiustart
      R     #fvo_0x051                     //关闭底阀 1/2，打开底阀 3
      R     #fvo_0x052
      S     #fvo_0x053

end:  NOP   0
Network 2:
      L     "nbsj".glcipnumber             //管路 CIP 发酵罐罐号
      L     #gnumber
      ==I
      JCN   end1
```

```
      CLR
      O     "nbsj".rsjCIPstep1          //热杀菌 CIP 第一步
      O     "nbsj".qmCIPstep1           //全面 CIP 第一步
      R     #fvo_0x051
      R     #fvo_0x052
      R     #fvo_0x053

      CLR
      O     "nbsj".ybCIPstep6           //一般 CIP 第六步
      O     "nbsj".qmCIPstep7           //全面 CIP 第七步
      O     "nbsj".rsjCIPstep3          //热杀菌 CIP 第三步
      R     #fvo_0x051
      R     #fvo_0x052
      S     #fvo_0x053

      CALL  "glCIPmain"

end1: NOP   0
```

8.4.6 出酒控制程序

本程序主要实现的功能是控制各个发酵罐的出酒过程，是在模块 FC46 中编写的。FC46 中的语句表程序如下。

```
      CALL  "chujiu"                    //调用单罐出酒模块 FC45
       gnumber  :=1                     //罐号设置为 1
       lal0x01  :="kgl".LAL_0101        //罐液位低传感器信号
       fvo_0x051:="A_out".FVO_01051     //底阀 1 状态
       fvo_0x052:="A_out".FVO_01052     //底阀 2 状态
       fvo_0x053:="A_out".FVO_01053     //底阀 3 状态
       states   :="nbsj".fjg1states     //发酵罐状态
                                        //下面 2 号发酵罐的程序与 1 号相同，这里就不再注释
      CALL  "chujiu"
       gnumber  :=2
       lal0x01  :="kgl".LAL_0201
       fvo_0x051:="A_out".FVO_02051
       fvo_0x052:="A_out".FVO_02052
       fvo_0x053:="A_out".FVO_02053
       states   :="nbsj".fjg2states

      CALL  "chujiu"
```

```
  gnumber  :=3
  lal0x01  :="kgl".LAL_0301
  fvo_0x051:="A_out".FVO_03051
  fvo_0x052:="A_out".FVO_03052
  fvo_0x053:="A_out".FVO_03053
  states   :="nbsj".fjg3states

 CALL  "chujiu"
  gnumber  :=4
  lal0x01  :="kgl".LAL_0401
  fvo_0x051:="A_out".FVO_04051
  fvo_0x052:="A_out".FVO_04052
  fvo_0x053:="A_out".FVO_04053
  states   :="nbsj".fjg4states

 CALL  "chujiu"
  gnumber  :=5
  lal0x01  :="kgl".LAL_0501
  fvo_0x051:="A_out".FVO_05051
  fvo_0x052:="A_out".FVO_05052
  fvo_0x053:="A_out".FVO_05053
  states   :="nbsj".fjg5states
 CALL  "chujiu"
  gnumber  :=6
  lal0x01  :="kgl".LAL_0601
  fvo_0x051:="A_out".FVO_06051
  fvo_0x052:="A_out".FVO_06052
  fvo_0x053:="A_out".FVO_06053
  states   :="nbsj".fjg6states

 CALL  "chujiu"
  gnumber  :=7
  lal0x01  :="kgl".LAL_0701
  fvo_0x051:="A_out".FVO_07051
  fvo_0x052:="A_out".FVO_07052
  fvo_0x053:="A_out".FVO_07053
  states   :="nbsj".fjg7states

 CALL  "chujiu"
```

```
 gnumber  :=8
 lal0x01  :="kgl".LAL_0801
 fvo_0x051:="A_out".FVO_08051
 fvo_0x052:="A_out".FVO_08052
 fvo_0x053:="A_out".FVO_08053
 states   :="nbsj".fjg8states

CALL  "chujiu"
 gnumber  :=9
 lal0x01  :="kgl".LAL_0901
 fvo_0x051:="A_out".FVO_09051
 fvo_0x052:="A_out".FVO_09052
 fvo_0x053:="A_out".FVO_09053
 states   :="nbsj".fjg9states

CALL  "chujiu"
 gnumber  :=10
 lal0x01  :="kgl".LAL_1001
 fvo_0x051:="A_out".FVO_10051
 fvo_0x052:="A_out".FVO_10052
 fvo_0x053:="A_out".FVO_10053
 states   :="nbsj".fjg10states
CALL  "chujiu"
 gnumber  :=11
 lal0x01  :="kgl".LAL_1101
 fvo_0x051:="A_out".FVO_11051
 fvo_0x052:="A_out".FVO_11052
 fvo_0x053:="A_out".FVO_11053
 states   :="nbsj".fjg11states

CALL  "chujiu"
 gnumber  :=12
 lal0x01  :="kgl".LAL_1201
 fvo_0x051:="A_out".FVO_12051
 fvo_0x052:="A_out".FVO_12052
 fvo_0x053:="A_out".FVO_12053
 states   :="nbsj".fjg12states
```

8.5　本章小结

啤酒发酵过程是一个比较复杂的物理、化学过程，整个工艺过程从进料、保温、发酵、降温、储酒到出料，以及后续一些工段如空罐、洗罐等。在控制算法方面只涉及 PID 的单回路控制，使得这个控制过程显得十分简单，但是这里所涉及的只是整个工艺流程中的一部分，其余大部分程序将随现场用户需求以及其控制工艺的不同而改变。

因此，本实例同样适用于有 PID 算法的控制任务，也可以稍加改动用于白酒的酿造控制之中。

参考文献

[1] SIMATIC S7-300 和 S7-400 编程的梯形图（LAD）. 西门子公司，2017.

[2] SIMATIC 用于 S7-300/400 系统和标准功能的系统软件参考手册. 西门子公司，2013.

[3] 武丽. 电气控制与 PLC 应用技术[M]. 北京：机械工业出版社，2018.

[4] 孙蓉，王臣业，张兰勇. 西门子 S7-300/400 PLC 实践与应用[M]. 北京：机械工业出版社，2013.

[5] S7-300/400 编程语句表（STL）. 西门子公司，2017.

[6] 王占富，谢丽萍，岂兴明. 西门子 S7-300/400 系列 PLC 快速入门与实践[M]. 北京：人民邮电出版社，2010.

[7] 用于 S7-300 和 S7-400 编程的梯形图（LAD）. 西门子公司，2010.